高等学校数学讲练教程系列

高等数学分级讲练教程

主　编　仉志余
副主编　王建军

U0230209

北京大学出版社
PEKING UNIVERSITY PRESS

图书在版编目(CIP)数据

高等数学分级讲练教程/仇志余主编. —北京：北京大学出版社，
2005.1

（高等学校数学讲练教程系列）

ISBN 978-7-301-08388-8

Ⅰ. 高… Ⅱ. 仇… Ⅲ. 高等数学-高等学校-教学参考资料
Ⅳ. O13

中国版本图书馆 CIP 数据核字（2004）第 128026 号

书　　　　名：高等数学分级讲练教程
著作责任者：主编　仇志余　　副主编　王建军
责 任 编 辑：刘　勇　曾琬婷
标 准 书 号：ISBN 978-7-301-08388-8/O・0629
出 版 发 行：北京大学出版社
地　　　　址：北京市海淀区成府路 205 号　　100871
网　　　　址：http://www.pup.cn
电　　　　话：邮购部 62752015　发行部 62750672　理科部 62752021
　　　　　　　出版部 62754962
电 子 邮 箱：zpup@pup.pku.edu.cn
印 　刷 　者：北京大学印刷厂
经 　销 　者：新华书店
　　　　　　　890 mm×1240 mm　　A5　　11 印张　　320 千字
　　　　　　　2005 年 1 月第 1 版　　2016 年 7 月第 9 次印刷
定　　　　价：25.00 元

内 容 简 介

　　本书是高等院校工科各专业数学公共课"高等数学"的学习辅导书，与国内多套现行全国优秀教材《高等数学》配套，可同步使用. 为了配合同类高校各专业"高等数学"课程的教学和学生的学习，编者精心策划，按专题组织了多年参与教学改革并取得丰富经验的第一线教师，编写了这套《高等数学分级讲练教程系列》辅导教材. 本书是《高等数学分级讲练教程》. 全书共分为十二个专题，内容包括函数、极限与连续、导数与微分、中值定理与导数的应用、不定积分、定积分、定积分的应用、向量代数与空间解析几何、多元函数微分法及其应用、重积分、曲线积分与曲面积分、无穷级数和微分方程. 每个专题均分为如下六个模块：内容提要、基本要求、释疑解难、方法指导、同步训练（分 A，B 两级习题）、学习札记. 本书还分别在专题六和专题十二后安排了期末考试模拟试题各三套，以供教师和读者选用.

　　本书的重点是"释疑解难"和"方法指导". "释疑解难"部分对于本专题易于混淆的概念和解题过程中容易出现的错误做了简要清晰的说明，以帮助学生克服难点. "方法指导"目的是使学生通过本部分练习，加强对基本概念、基本方法的理解和掌握；强调解题方法，特别是通过提供一题多解，启发学生掌握通用方法，学会运用技巧和养成灵活多样、举一反三的科学素质.

　　本书按照教育部颁布的《高等学校工科本科高等数学课程教学基本要求》进行编写，注重数学思想、方法和技巧三位一体，结合了作者在教学第一线总结出的学习高等数学的认知规律与解题方法.

　　本书可作为高等院校工科各专业本科大学生学习"高等数学"的辅导教材，也可作为任课教师的教学参考书. 对于报考硕士研究生的高年级大学生，本书也是复习备考的良师益友.

作者简介

仇志余 数学教授,硕士生导师。1957年12月生,山东寿光人。现任太原工业学院副院长,兼任中国优选法统筹法与经济数学研究会理事,山西省数学会常务理事,山西省管理科学研究会副理事长等职。1982年毕业于山东大学数学系以来,一直担任高校数学教学和数学科学研究工作。研究领域主要有常微分方程与泛函微分方程的定性理论及其在经济、金融和管理科学中的应用等。先后主持或参与过7个省级和国家级科研项目;多次参加国际国内学术会议,在国际国内重要学术刊物上发表学术论文60余篇,多篇已被SCI、EI、ISTP、美国《数学评论》、德国《数学摘评》等收录。主编高校教材7套,其中一套被评为普通高等教育"十一五"国家级规划教材。先后主持省部级教学研究项目10个,其中已获得省人民政府教学成果一等奖两项、二等奖一项,主讲的"线性代数"课程成为首届国家级精品课程;还获得省部级优秀教材一等奖两个、二等奖一个。三次被评为省部级优秀教师或优秀中青年骨干教师,2003年被评为山西省教学名师,2004年被国家教育部授予"全国优秀教育工作者"称号。现为山西省大学数学优秀教学团队负责人。

前　　言

　　自 1999 年高校扩招以来,毋庸置疑,入学新生数学基础参差不齐。为了满足不同层次学生的需要,充分体现因材施教原则,我校对"高等数学"等课程实行了分级教学改革试点。经过四年实践,效果突出,因此,于 2003 年经专家评审,省教育厅批准,该试点已成为省级教学改革立项课题。为了总结经验,推动教改试点向纵深层次发展,也为了配合同类高校各专业"高等数学"课程的教学和学生的学习,我们精心策划,按专题组织了多年参与教学改革并取得丰富经验的部分教师,编写了这套《高等学校数学讲练教程系列》辅导教材。本套辅导教材包括《高等数学分级讲练教程》、《线性代数分级讲练教程》、《概率论与数理统计分级讲练教程》,共三册。本书是《高等数学分级讲练教程》,它是根据 1995 年原国家教委批准的《高等学校工科本科高等数学课程教学基本要求》并配合多套现行全国优秀教材《高等数学》的内容而编写的。

　　高等数学是工科院校各专业最重要的基础课之一,它不仅是学习后续课程及在各个科学领域中进行科学研究和工程实践的必要基础,而且对学生综合能力的培养起着重要作用。如何更好地指导学生学好这门课程,加深学生对所学内容的理解与掌握,提高其综合运用知识解决实际问题的能力,是我们编写本书的目的。全书共分为十二个专题,内容包括函数、极限与连续、导数与微分、中值定理与导数的应用、不定积分、定积分、定积分的应用、向量代数与空间解析几何、多元函数微分法及其应用、重积分、曲线积分与曲面积分、无穷级数与微分方程。每个专题均分为如下六个模块:一、内容提要;二、基本要求;三、释疑解难;四、方法指导;五、同步训练(分 A,B 两级)(答案提示在附录一);六、学习札记。

　　"内容提要"和"基本要求"概括出本专题的内容要点和要求掌握的程度,利于学生总结梳理重点。"释疑解难"部分对于本专题易于混淆的概念和解题过程中容易出现的错误做了简要清晰的说明，以帮助学生克服难点。"方法指导"目的是使学生通过本部分练习，加强对基本概念、基本方法的理解和掌握；强调解题方法，特别是通过提供一题多解，启发学生掌握通用方法，学会运用技巧和养成灵活多样、举一反三的科学素质。"同步训练"分为 A，B 两级，A 级是对基本要求进行强化训练部分，B 级是综合提高部分；这两部分的习题都经过精心选择，既基本又典型，既相互照应又互不重复；重点突出，循序渐进；标注"*"的习题为知识点跨度比较大的相对综合性习题，便于同学在复习与提高阶段参考。在附录一中对"同步训练"中的 A 级题目提供了参考答案，并对 B 级题目给出了解题要点，供读者参考。"学习札记"是为读者特设的记录学习经验和采集经典的空间。本书还分别在专题六和专题十二后安排了期末考试模拟试题各三套，以供读者掌握过级考试难易程度。本书既是大学本科生学习高等数学有益的辅导材料，又是有志考研同学进级的良师益友。需要说明的是：为了对解题方法进行归纳和总结，特别是有益于考研同学的提高，我们将某些例题和习题跨章进行了处理。

　　本书由仇志余教授任主编，王建军副教授任副主编。本书的责任执笔是：宋智民(专题一、八)，张晋珠(专题二)，赵治荣(专题三、九)，王波(专题四)，王建军(专题五)，王晓霞(专题六)，樊孝仁(专题七)，高玉洁(专题十)，阎乙伟(专题十一)，阮豫红(专题十二)。仇志余教授制定编写方案，负责全书统稿，并对部分内容进行了较大修改。此外，还有张俊祥、武长虹、寇静、尹礼寿、李灿、郭尊光、王颖、阎喜红、赵丽霞、于彩娴等老师也为此书的出版做了相应的工作。

　　本套系列教程的编写与出版，得到了山西省教育厅和北京大学出版社的大力支持与帮助，在此一并致谢！

　　由于编者水平和时间紧迫等原因，书中不当之处在所难免，敬请各位同仁与读者不吝指正。

编　者

2004 年 10 月于太原

目　　录

专题一 函数、极限与连续

【一】内容提要

1. 函数的概念;单调函数、有界函数、奇偶函数、周期函数;基本初等函数;反函数;复合函数;初等函数(含双曲函数与反双曲函数);分段函数;建立函数关系.

2. 数列极限的概念;收敛数列的性质;函数极限的概念与性质;左、右极限及其与极限的关系;无穷小与无穷大的概念及它们之间的关系;无穷小的性质(有限个无穷小之和是无穷小,有界函数与无穷小乘积是无穷小,无穷小与极限的关系);无穷小的比较;极限运算法则;两个重要极限;极限存在准则(夹逼准则,单调有界准则);数列极限与函数极限的关系.

3. 函数在一点的连续性;函数在一点左连续和右连续;函数在区间上的连续性;函数的间断点及其类型;连续函数的和、差、积、商的连续性;连续函数的反函数的连续性;连续函数的复合函数的连续性;基本初等函数与初等函数的连续性;闭区间上连续函数的性质.

【二】基本要求

1. 理解函数的概念.
2. 了解函数的单调性、奇偶性、周期性和有界性.
3. 了解反函数的概念和理解复合函数的概念.
4. 熟悉基本初等函数的性质及其图形.
5. 能列出简单实际问题中的函数关系.
6. 理解极限的概念,并能在学习过程中逐步加深对极限思想的理解.
7. 掌握极限的四则运算法则.

8. 了解两个极限存在准则(夹逼准则和单调有界准则),掌握两个重要极限求极限的方法.

9. 理解无穷小、无穷大的概念,掌握无穷小的比较.

10. 理解函数在一点连续的概念,会判断间断点的类型.

11. 了解初等函数的连续性,知道在闭区间上连续函数的性质(介值定理和最大值、最小值定理).

【三】释疑解难

1. 一切初等函数在定义域内连续这种说法对吗?

答 一切初等函数在其定义区间内是连续的,如果改为在定义域内连续就不对. 例如 $y=\sqrt{\sin x-1}$ 是初等函数,其定义域为 $x=2k\pi+\dfrac{\pi}{2}$ (k 为整数),它是孤立的点,不构成区间,从而该函数在定义域内不连续.

2. 记号 $\lim\limits_{n\to\infty}x_n=a$ 含有哪些意思?

答 记号"$\lim\limits_{n\to\infty}x_n=a$"的意思是:其一表示数列 x_n 收敛,其二表示 a 为 x_n 的极限. 如果 x_n 不收敛,就绝对不能用这个记号,否则会导致错误. 例如 $x_1=\sqrt{2}$,$x_{n+1}=\sqrt{2+2x_n}$ ($n=1,2,\cdots$),若记 $\lim\limits_{n\to\infty}x_n=a$,在 $x_{n+1}=\sqrt{2+2x_n}$ 两边取极限,有 $a=\sqrt{2+2a}$,从而 $a=-\sqrt{2}$;另一方面,由 x_n 的构造知 $x_n\geqslant\sqrt{2}$,应有 $\lim\limits_{n\to\infty}x_n\geqslant\sqrt{2}$,与 $a=-\sqrt{2}$ 矛盾,这是由于数列 x_n 发散,作记号 $\lim\limits_{n\to\infty}x_n=a$ 是不合理的缘故.

3. 在函数极限 $\lim\limits_{x\to x_0}f(x)=A$ 的"ε-δ"定义中,$x\neq x_0$ 如何解释?

答 在函数极限 $\lim\limits_{x\to x_0}f(x)=A$ 的"ε-δ"定义中的"对任给 $\varepsilon>0$,$\exists\ \delta>0$,当 $0<|x-x_0|<\delta$ 时,有 $|f(x)-A|<\varepsilon$ 成立"定量描述了 $\lim\limits_{x\to x_0}f(x)$ 存在. 此时,极限值是多少与 $f(x)$ 在 x_0 的取值情况无关,而只与 $f(x)$ 在 x_0 的去心邻域中的取值情况有关.

4. 在复合函数极限定理中,为什么要求在 x_0 的某去心邻域内,

$\varphi(x) \neq u_0$?

答 在复合函数极限定理中,设 $\lim\limits_{x \to x_0} \varphi(x) = u_0$. 如果 $f(u)$ 在点 u_0 连续,则有

$$\lim_{x \to x_0} f[\varphi(x)] = f[\lim_{x \to x_0} \varphi(x)] = f(u_0) = \lim_{u \to u_0} f(u);$$

如果 $f(u)$ 在点 u_0 不连续,还需要求当 $x \neq x_0$ 时,$\varphi(x) \neq u_0$,且当 $\lim\limits_{u \to u_0} f(u) = A$,这样才有 $\lim\limits_{x \to x_0} f[\varphi(x)] = A = \lim\limits_{u \to u_0} f(u)$. 如果无 $x \neq x_0$ 时,$\varphi(x) \neq u_0$ 这个条件,上述结论不一定成立.

例如,$u = \varphi(x) = \begin{cases} 0, & x \neq 0, \\ 1, & x = 0, \end{cases}$ $f(u) = \begin{cases} 1, & u \neq 0, \\ 0, & u = 0, \end{cases}$ 直接复合,则有

$$f[\varphi(x)] = \begin{cases} 1, & x = 0, \\ 0, & x \neq 0, \end{cases}$$

求极限有 $\lim\limits_{x \to 0} f[\varphi(x)] = 0$,而 $\lim\limits_{u \to u_0 = 0} f(u) = 1$,二者不等. 这是由于当 $x \neq x_0 = 0$ 时,$\varphi(x) = u_0 = 0$,不满足 $x \neq x_0$,$\varphi(x) \neq u_0$ 这个条件,导致 $\lim\limits_{x \to x_0} f[\varphi(x)] \neq \lim\limits_{u \to u_0} f(u)$.

5. 注意一些重要概念之间的关系:

(1) 若数列收敛,则它必有界;但有界数列未必收敛. 如 $x_n = (-1)^n$,x_n 有界,但 x_n 发散.

(2) 若数列 y_n 为无穷大,则它必无界,但无界数列未必是无穷大. 如 $y_n = [1 + (-1)^n]^n$,则 y_n 无界,但 y_n 并非是无穷大.

(3) 若函数 $f(x)$ 在 x_0 处连续,则 $\lim\limits_{x \to x_0} f(x)$ 必存在;反之,极限 $\lim\limits_{x \to x_0} f(x)$ 存在,但 $f(x)$ 在 x_0 未必连续.

【四】方法指导

例 1 设 $f(x) = \begin{cases} x - \sin x, & x \geqslant 0, \\ x^2, & x < 0, \end{cases}$ 求:(1) $f(x)$ 的定义域;(2) $f(-x)$ 的表达式;(3) $f[f(x)]$ 的表达式.

解 (1) 易知 $f(x)$ 的定义域为 $(-\infty, +\infty)$.

(2) $f(-x)=\begin{cases}-x-\sin(-x), & x\leqslant 0 \\ (-x)^2, & x>0\end{cases}=\begin{cases}-x+\sin x, & x\leqslant 0, \\ x^2, & x>0.\end{cases}$

(3) $f[f(x)]=\begin{cases}f(x)-\sin f(x), & f(x)\geqslant 0 \\ [f(x)]^2, & f(x)<0\end{cases}$

$\qquad\qquad=\begin{cases}x-\sin x-\sin(x-\sin x), & x\geqslant 0, \\ x^2-\sin x^2, & x<0.\end{cases}$

解(3)时应注意 $x\in(-\infty,+\infty)$ 时, $f(x)$ 是非负的.

例 2 证明 $f(x)=x-[x]$ $(x\in(-\infty,+\infty))$ 是以 1 为周期的周期函数.

证明 因

$$f(x+1)=(x+1)-[x+1]=(x+1)-[x]-1$$
$$=x-[x]=f(x),$$

故 $f(x)$ 是以 1 为周期的周期函数.

例 3 证明函数 $f(x)=\dfrac{1}{x}$ 在开区间 $(0,1)$ 内无界.

证明 对任意给定的 $M>0$, 由于 $\dfrac{1}{M+1}\in(0,1)$, 若令 $x_1=\dfrac{1}{M+1}$, 则有

$$|f(x_1)|=\left|\dfrac{1}{\dfrac{1}{M+1}}\right|=M+1>M,$$

因此 $f(x)=\dfrac{1}{x}$ 在 $(0,1)$ 内无界.

注意：若设 $0<a<1$, 则 $f(x)=\dfrac{1}{x}$ 在 $(a,1)$ 内有界, 这是因为取 $M=\dfrac{1}{a}$, 对任意 $x\in(a,1)$, 有 $|f(x)|=\dfrac{1}{x}<\dfrac{1}{a}=M$.

例 4 用"ε-δ"方法证明 $\lim\limits_{x\to 3}\dfrac{x-3}{x^2-9}=\dfrac{1}{6}$.

分析 只需证明：$\forall\,\varepsilon>0$, 总存在 $\delta>0$, 使得当 $0<|x-3|<\delta$ 时, 恒有 $\left|\dfrac{x-3}{x^2-9}-\dfrac{1}{6}\right|<\varepsilon$ 成立.

证明 $\forall\,\varepsilon>0$, 现要找符合上述要求的 δ. 因为 $x\neq 3$, 所以

$$\left|\dfrac{x-3}{x^2-9}-\dfrac{1}{6}\right|=\left|\dfrac{1}{x+3}-\dfrac{1}{6}\right|=\dfrac{1}{6}\left|\dfrac{x-3}{x+3}\right|.$$

要使 $\left|\dfrac{x-3}{x^2-9}-\dfrac{1}{6}\right|<\varepsilon$，只需

$$\frac{1}{6}\left|\frac{x-3}{x+3}\right|<\varepsilon.$$

（如果由此得出 $0<|x-3|<6|x+3|\varepsilon$，而取 $\delta=6|x+3|\varepsilon$，就认为符合要求的 δ 找到了，那是错误的，因为极限定义中的 δ 只是与 ε 有关的数，它不依赖于 x。）

由于是 $x\to3$ 时的极限，只需考虑 $x=3$ 的邻域内的 x，所以可令 $|x-3|<1$，即 $2<x<4$。于是

$$\frac{1}{6}\left|\frac{x-3}{x+3}\right|<\frac{|x-3|}{30}.$$

因此，要使 $\dfrac{1}{6}\left|\dfrac{x-3}{x+3}\right|<\varepsilon$，只需 $|x-3|<1$，且 $\dfrac{1}{30}|x-3|<\varepsilon$，即只需 $|x-3|<1$，且 $|x-3|<30\varepsilon$。

现取 $\delta=\min(1,30\varepsilon)$，则当 $0<|x-3|<\delta$ 时，恒有 $\dfrac{1}{6}\left|\dfrac{x-3}{x+3}\right|<\varepsilon$ 成立，此时 $\left|\dfrac{x-3}{x^2-9}-\dfrac{1}{6}\right|<\varepsilon$ 亦成立。

这样就证明了：对于任给的 $\varepsilon>0$，存在 $\delta=\min(1,30\varepsilon)$，使得当 $0<|x-3|<\delta$ 时，恒有 $\left|\dfrac{x-3}{x^2-9}-\dfrac{1}{6}\right|<\varepsilon$ 成立。所以

$$\lim_{x\to3}\frac{x-3}{x^2-9}=\frac{1}{6}.$$

本例对弄清用"ε-δ"定义证明极限的逻辑思路是有益的，要认真领会论证过程的每一步骤。

例 5 设 $x_1=1$，$x_2=1+\dfrac{x_1}{1+x_1}$，$\cdots$，$x_n=1+\dfrac{x_{n-1}}{1+x_{n-1}}$ $(n=2,3,\cdots)$，求 $\lim\limits_{n\to\infty}x_n$。

分析 这是一个递归数列极限问题，先证明 $\lim\limits_{n\to\infty}x_n$ 存在，一般可以利用单调有界原理。

解 因 $x_n=1+\dfrac{x_{n-1}}{1+x_{n-1}}$ $(n=2,3,\cdots)$，而 $x_1=1$，故 $x_n>0$ $(n=1,2,\cdots)$；而

$$x_2-x_1=1+\frac{x_1}{1+x_1}-1=\frac{x_1}{1+x_1}=\frac{1}{2}>0,$$

5

故 $x_2 > x_1$.

设 $x_k > x_{k-1}$ 成立,现证 $x_{k+1} > x_k$ 成立.

因

$$x_{k+1} - x_k = \left(1 + \frac{x_k}{1+x_k}\right) - \left(1 + \frac{x_{k-1}}{1+x_{k-1}}\right)$$
$$= \frac{x_k - x_{k-1}}{(1+x_k)(1+x_{k-1})} > 0,$$

故 $x_{k+1} > x_k$.

由数学归纳法知 $x_{n+1} > x_n$ $(n = 1, 2, \cdots)$,从而 $\{x_n\}$ 为单调递增数列.

又 $x_n = 1 + \frac{x_{n-1}}{1+x_{n-1}} < 1 + 1 = 2$,故 $\{x_n\}$ 有界,由单调有界原理知 $\lim\limits_{n \to \infty} x_n$ 存在.

设 $\lim\limits_{n \to \infty} x_n = a$,在等式

$$x_n = 1 + \frac{x_{n-1}}{1+x_{n-1}}$$

两边令 $n \to \infty$ 取极限得 $a = 1 + \dfrac{a}{1+a}$,解得 $a = \dfrac{1 \pm \sqrt{5}}{2}$. 由于 $x_n > 0$,所以 $a \geqslant 0$,故 $\lim\limits_{n \to \infty} x_n = \dfrac{1 + \sqrt{5}}{2}$.

例 6 证明 $\lim\limits_{x \to 5+0} \dfrac{1}{\sqrt{x-5}} = +\infty$.

分析 只需证明对于任意给定的正数 M(不论它多么大),总存在 $\delta > 0$,使得当 $0 < x - 5 < \delta$ 时,总有 $\dfrac{1}{\sqrt{x-5}} > M$ 成立.

证明 对于任意给定的正数 M,现要找符合上述要求的 δ.

欲使 $\dfrac{1}{\sqrt{x-5}} > M$,就要 $x - 5 < \dfrac{1}{M^2}$,于是存在 δ,$\delta = \dfrac{1}{M^2}$,当 $0 < x - 5 < \delta$ 时,不等式 $\dfrac{1}{\sqrt{x-5}} > M$ 成立,即 $\lim\limits_{x \to 5+0} \dfrac{1}{\sqrt{x-5}} = +\infty$.

例 7 证明函数 $f(x) = x\cos x$ 是区间 $[0, +\infty)$ 上的无界函数,但当 $x \to +\infty$ 时,$f(x)$ 不是无穷大量.

分析 $f(x)$ 在 $[0, +\infty)$ 上无界,指的是:对任意 $M > 0$,存在

$\bar{x} \in [0, +\infty)$，使得 $|f(\bar{x})| > M$. 当 $x \to +\infty$ 时，$f(x)$ 为无穷大量(记为 $\lim\limits_{x \to +\infty} f(x) = \infty$)，指的是：对任意 $M > 0$，存在 $G > 0$，使当 $x > G$ 时，总有 $|f(x)| > M$.

证明 对 $\forall M > 0$，取正整数 n，使 $\bar{x} = 2n\pi > M$，而 $|f(\bar{x})| = 2n\pi > M$，故 $f(x)$ 在 $[0, +\infty)$ 上无界. 又取 $x_n = 2n\pi + \dfrac{\pi}{2}$，则当 $n \to \infty$ 时，$x_n \to +\infty$，但 $f(x_n) = 0$，因此当 $x \to +\infty$ 时，$f(x)$ 不是无穷大量.

例 8 研讨极限 $\lim\limits_{x \to 0} \dfrac{1}{1 + a^{\frac{1}{x}}}$ $(a > 1)$.

解 由于 $\lim\limits_{x \to +0} \dfrac{1}{x} = +\infty$，$\lim\limits_{x \to -0} \dfrac{1}{x} = -\infty$，所以 $\lim\limits_{x \to +0} a^{\frac{1}{x}} = +\infty$，$\lim\limits_{x \to -0} a^{\frac{1}{x}} = 0$，易知 $\lim\limits_{x \to +0} \dfrac{1}{1 + a^{\frac{1}{x}}} = 0$，$\lim\limits_{x \to -0} \dfrac{1}{1 + a^{\frac{1}{x}}} = 1$，从而 $\lim\limits_{x \to 0} \dfrac{1}{1 + a^{\frac{1}{x}}}$ 不存在.

例 9 求 $\lim\limits_{x \to 0} x\left[\dfrac{1}{x}\right]$.

解 因当 $x \neq 0$ 时，有不等式

$$\dfrac{1}{x} - 1 < \left[\dfrac{1}{x}\right] \leqslant \dfrac{1}{x}.$$

上式同乘以 x，若 $x > 0$，$1 - x < x\left[\dfrac{1}{x}\right] \leqslant 1$；若 $x < 0$，$1 \leqslant x\left[\dfrac{1}{x}\right] < 1 - x$，取单侧极限 $\lim\limits_{x \to +0} x\left[\dfrac{1}{x}\right] = 1$，$\lim\limits_{x \to -0} x\left[\dfrac{1}{x}\right] = 1$，从而 $\lim\limits_{x \to 0} x\left[\dfrac{1}{x}\right] = 1$.

例 10 设 $\lim\limits_{x \to 0} \dfrac{\ln\left(1 + \dfrac{\varphi(x)}{\sin x}\right)}{a^x - 1} = b$ $(a > 0, a \neq 1)$，求 $\lim\limits_{x \to 0} \dfrac{\varphi(x)}{x^2}$.

解 因当 $x \to 0$ 时，$a^x - 1 = e^{x \ln a} - 1 \sim x \ln a$. 由题设知极限为 b，而分母 $a^x - 1 \to 0$ $(x \to 0)$，从而必有 $\lim\limits_{x \to 0} \ln\left(1 + \dfrac{\varphi(x)}{\sin x}\right) = 0$，继而有 $\dfrac{\varphi(x)}{\sin x} \to 0$ $(x \to 0)$. 于是有如下等价无穷小

$$\ln\left(1 + \dfrac{\varphi(x)}{\sin x}\right) \sim \dfrac{\varphi(x)}{\sin x} \sim \dfrac{\varphi(x)}{x} \quad (x \to 0).$$

将各等价无穷小代入题设极限，有

$$\lim\limits_{x \to 0} \dfrac{\ln\left(1 + \dfrac{\varphi(x)}{\sin x}\right)}{a^x - 1} = \lim\limits_{x \to 0} \dfrac{\dfrac{\varphi(x)}{x}}{x \ln a} = \lim\limits_{x \to 0} \dfrac{\varphi(x)}{x^2} \cdot \dfrac{1}{\ln a} = b,$$

所以
$$\lim_{x \to 0} \frac{\varphi(x)}{x^2} = b\ln a.$$

例 11 设 $\lim\limits_{x \to -\infty} (\sqrt{x^2 - x + 1} - ax + b) = 4$，求 a 和 b.

解 因为

$$\lim_{x \to -\infty} (\sqrt{x^2 - x + 1} - ax + b)$$

$$= \lim_{x \to -\infty} (-x) \left(\sqrt{1 - \frac{1}{x} + \frac{1}{x^2}} + a - \frac{b}{x} \right) = 4,$$

知
$$\lim_{x \to -\infty} \left(\sqrt{1 - \frac{1}{x} + \frac{1}{x^2}} + a - \frac{b}{x} \right) = 0.$$

由此，得 $a = -1$，为求 b 需将 $a = -1$ 代入原极限式中，由

$$\lim_{x \to -\infty} (\sqrt{x^2 - x + 1} - ax + b) = \lim_{x \to -\infty} \frac{x^2 - x + 1 - (x + b)^2}{\sqrt{x^2 - x + 1} - (x + b)}$$

$$= \lim_{x \to -\infty} \frac{-(2b + 1)x + (1 - b^2)}{\sqrt{x^2 - x + 1} - x - b}$$

$$= \lim_{x \to -\infty} \frac{-(2b + 1)x + (1 - b^2)}{-x\sqrt{1 - \frac{1}{x} + \frac{1}{x^2}} - x - b}$$

$$= \lim_{x \to -\infty} \frac{(2b + 1) - \frac{1 - b^2}{x}}{\sqrt{1 - \frac{1}{x} + \frac{1}{x^2}} + 1 + \frac{b}{x}} = \frac{2b + 1}{2} = 4$$

得到 $b = \frac{7}{2}$.

解此题需注意，因 $x \to -\infty$，故

$$\sqrt{x^2 - x + 1} = (-x)\sqrt{1 - \frac{1}{x} + \frac{1}{x^2}}.$$

例 12 计算下列极限：

(1) $\lim\limits_{x \to +\infty} [\sin\ln(1 + x) - \sin\ln x]$; (2) $\lim\limits_{x \to 0} \frac{(1 + x)^x - 1}{x^2}$;

(3) $\lim\limits_{x \to 0} \frac{e^x - e^{\sin x}}{x - \sin x}$; (4) $\lim\limits_{x \to \infty} \left(\frac{x - 1}{x + 3} \right)^{x^2 \sin \frac{2}{x}}$.

解 （1）由三角函数的和差化积公式,有

$$\sin\ln(1+x) - \sin\ln x$$

$$= 2\sin\frac{\ln(1+x)-\ln x}{2}\cos\frac{\ln(1+x)+\ln x}{2}$$

$$= 2\sin\left[\frac{1}{2}\ln\left(1+\frac{1}{x}\right)\right]\cos\left[\frac{1}{2}\ln x(1+x)\right].$$

而由 $\lim\limits_{x\to+\infty}\frac{1}{2}\ln\left(1+\frac{1}{x}\right)=0$,有 $\lim\limits_{x\to+\infty}\sin\left[\frac{1}{2}\ln\left(1+\frac{1}{x}\right)\right]=0$,又

$$\left|\cos\left[\frac{1}{2}\ln x(1+x)\right]\right|\leqslant 1,$$

由有界变量与无穷小之积仍然是无穷小知

$$\lim\limits_{x\to+\infty}\left[\sin\ln(1+x)-\sin\ln x\right]=0.$$

（2）利用等价无穷小代换方法:

$$\lim\limits_{x\to 0}\frac{(1+x)^x-1}{x^2}=\lim\limits_{x\to 0}\frac{e^{x\ln(1+x)}-1}{x^2}=\lim\limits_{x\to 0}\frac{x\ln(1+x)}{x^2}$$

$$=\lim\limits_{x\to 0}\frac{x^2}{x^2}=1.$$

（3）利用变量替换:

$$\lim\limits_{x\to 0}\frac{e^x-e^{\sin x}}{x-\sin x}=\lim\limits_{x\to 0}\frac{e^{\sin x}(e^{x-\sin x}-1)}{x-\sin x}=\lim\limits_{x\to 0}e^{\sin x}\lim\limits_{x\to 0}\frac{e^{x-\sin x}-1}{x-\sin x}$$

$$\xlongequal{x-\sin x=t}\lim\limits_{t\to 0}\frac{e^t-1}{t}=1.$$

（4）$\lim\limits_{x\to\infty}\left(\dfrac{x-1}{x+3}\right)^{x^2\sin\frac{2}{x}}=\lim\limits_{x\to\infty}e^{x^2\sin\frac{2}{x}\ln\left(\frac{x-1}{x+3}\right)}$,其中

$$\lim\limits_{x\to\infty}x^2\sin\frac{2}{x}\ln\left(\frac{x-1}{x+3}\right)=\lim\limits_{x\to\infty}\frac{\sin\frac{2}{x}}{\frac{1}{x}}\ln\left(\frac{x-1}{x+3}\right)^x$$

$$=2\lim\limits_{x\to\infty}\ln\left[\frac{1-\frac{1}{x}}{1+\frac{3}{x}}\right]^x=2\ln\left[\frac{\lim\limits_{x\to\infty}\left(1-\frac{1}{x}\right)^x}{\lim\limits_{x\to\infty}\left(1+\frac{3}{x}\right)^x}\right]$$

$$=2\ln\frac{e^{-1}}{e^3}=2\ln(e^{-4})=-8,$$

所以,原极限 $=e^{-8}$.

例 13 利用函数的连续性证明：若 $\lim\limits_{x \to x_0} f(x)$，$\lim\limits_{x \to x_0} g(x)$ 存在，且 $\lim\limits_{x \to x_0} f(x) > 0$，则

$$\lim_{x \to x_0} f(x)^{g(x)} = \Big[\lim_{x \to x_0} f(x)\Big]^{\lim\limits_{x \to x_0} g(x)}.$$

证明
$$\lim_{x \to x_0} f(x)^{g(x)} = \lim_{x \to x_0} e^{g(x)\ln f(x)}$$
$$= e^{\lim\limits_{x \to x_0}(g(x)\ln f(x))} \quad \text{（指数函数的连续性）}$$
$$= e^{\lim\limits_{x \to x_0} g(x)\,\lim\limits_{x \to x_0}\ln f(x)}$$
$$= e^{\lim\limits_{x \to x_0} g(x)\ln\lim\limits_{x \to x_0} f(x)} \quad \text{（对数函数的连续性）}$$
$$= \Big[\lim_{x \to x_0} f(x)\Big]^{\lim\limits_{x \to x_0} g(x)}.$$

*例 14 求极限 $\lim\limits_{n \to +\infty}\Big(n\tan\dfrac{1}{n}\Big)^{n^2}$①.

分析 可化为求 $\lim\limits_{x \to +\infty}\Big(x\tan\dfrac{1}{x}\Big)^{x^2}$.

解法 1 $\lim\limits_{x \to +\infty}\Big(x\tan\dfrac{1}{x}\Big)^{x^2} \overset{t=1/x}{=\!=\!=\!=\!=} \lim\limits_{t \to +0}\Big(1+\dfrac{\tan t - t}{t}\Big)^{\frac{t}{\tan t - t} \cdot \frac{\tan t - t}{t^3}} =$ $e^{\lim\limits_{t \to +0}\frac{\tan t - t}{t^3}}$，其中 $\lim\limits_{t \to 0}\dfrac{\tan t - t}{t} = 0$. 现计算 $\lim\limits_{t \to 0}\dfrac{\tan t - t}{t^3}$，由洛必达法则（见教材第三章），有

$$\lim_{t \to 0}\frac{\tan t - t}{t^3} = \lim_{t \to 0}\frac{\dfrac{1}{\cos^2 t} - 1}{3t^2} = \frac{1}{3}\lim_{t \to 0}\frac{(1-\cos t)(1+\cos t)}{t^2\cos^2 t}$$

$$= \frac{1}{3} \cdot \frac{1}{2} \cdot 2 = \frac{1}{3},$$

故
$$\lim_{x \to +\infty}\Big(x\tan\frac{1}{x}\Big)^{x^2} = e^{\frac{1}{3}},$$

因此
$$\lim_{n \to +\infty}\Big(n\tan\frac{1}{n}\Big)^{n^2} = e^{\frac{1}{3}}.$$

---

① 本例在解题过程中用到了洛必达法则，对初学者而言此例可跳过去，到学完教材第三章中的洛必达法则后再返回到此例进行阅读. 作者的用意是把求极限的方法进行归类，以提高学生的综合解题能力，故做了跨章处理. 以下再遇到跨章处理的内容，其含意与此处说明相同，不再赘述.

解法 2　$\lim\limits_{x\to+\infty}\ln\left(x\tan\dfrac{1}{x}\right)^{x^2}=\lim\limits_{x\to+\infty}x^2\ln\left(x\tan\dfrac{1}{x}-1+1\right)$

$$=\lim_{x\to+\infty}\frac{\ln\left[\left(x\tan\dfrac{1}{x}-1\right)+1\right]}{\dfrac{1}{x^2}}=\lim_{x\to+\infty}\frac{x\tan\dfrac{1}{x}-1}{\dfrac{1}{x^2}}$$

$$=\lim_{x\to+\infty}x^2\left(x\tan\dfrac{1}{x}-1\right)\xlongequal{t=\frac{1}{x}}\lim_{t\to0}\frac{\tan t-t}{t^3}$$

$$=\lim_{t\to0}\frac{\sin t-t\cos t}{t^3\cos t}=\lim_{t\to0}\frac{\sin t-t\cos t}{t^3}$$

$$=\lim_{t\to0}\frac{t\sin t}{3t^2}=\frac{1}{3},$$

因此　　　　　　　　　　$\lim\limits_{n\to+\infty}\left(n\tan\dfrac{1}{n}\right)^{n^2}=\mathrm{e}^{\frac{1}{3}}.$

例 15　设 $f(x+t)=f(x)+f(t)$，$x,t\in(-\infty,+\infty)$. 证明：若 $f(x)$ 在 $x_0=0$ 处连续，则 $f(x)$ 在 $(-\infty,+\infty)$ 内连续.

分析　对任一 $x\in(-\infty,+\infty)$，只要证明 $f(x)$ 在 x 处连续即可.

证明　$\lim\limits_{\Delta x\to0}\Delta y=\lim\limits_{\Delta x\to0}\left[f(x+\Delta x)-f(x)\right]=\lim\limits_{\Delta x\to0}f(\Delta x)=f(0)$ （$f(x)$ 在 $x_0=0$ 处连续），在等式 $f(x+t)=f(x)+f(t)$ 中，令 $t=0$ 得 $f(x+0)=f(x)+f(0)$，故 $f(0)=0$，于是

$$\lim_{\Delta x\to0}\left[f(x+\Delta x)-f(x)\right]=0,$$

由连续性定义知 $f(x)$ 在 x 处连续.

例 16　求 a,b 的值，使函数 $f(x)=\lim\limits_{n\to\infty}\dfrac{x^{2n-1}+ax^2+bx}{x^{2n}+1}$ 在其定义域内连续.

解　由函数 $f(x)$ 的表达式知

$$f(x)=\lim_{n\to\infty}\frac{x^{2n-1}+ax^2+bx}{x^{2n}+1}=\begin{cases}\dfrac{1}{x}, & |x|>1,\\[2mm] ax^2+bx, & |x|<1,\\[2mm] \dfrac{a+b+1}{2}, & x=1,\\[2mm] \dfrac{a-b-1}{2}, & x=-1,\end{cases}$$

当 $|x| \neq 1$ 时,由对应的解析表达式知,$f(x)$ 连续. 要求 a,b 使 $f(x)$ 在其定义域 $(-\infty, +\infty)$ 内连续,只需求 a,b,使 $f(x)$ 在 $x = \pm 1$ 处连续即可. 由于

$$\lim_{x \to 1+0} f(x) = \lim_{x \to 1+0} \frac{1}{x} = 1,$$

$$\lim_{x \to 1-0} f(x) = \lim_{x \to 1-0} (ax^2 + bx) = a + b,$$

$f(x)$ 在 $x = 1$ 处连续,故 $a + b = 1$.

同理由 $f(x)$ 在 $x = -1$ 处连续,可得 $a - b = -1$.

由方程组 $\begin{cases} a+b=1, \\ a-b=-1 \end{cases}$ 解得 $a=0, b=1$. 所以,当 $a=0, b=1$ 时,$f(x)$ 在其定义域内连续.

由上例可知,研究分段函数的连续性,在分段区间内可直接由所对应的解析表达式利用初等函数的连续性结论判断,而在分界点处则要用连续性的定义判断.

例 17   设函数

$$f(x) = \begin{cases} \dfrac{ax\sin x + b\cos 2x + 1}{\sin^2 x}, & x \in \left[-\dfrac{\pi}{2}, \dfrac{\pi}{2}\right], x \neq 0, \\ 3, & x = 0, \end{cases}$$

试确定常数 a,b,使函数 $f(x)$ 在点 $x=0$ 处连续.

解   欲使函数 $f(x)$ 在点 $x=0$ 处连续,必须

$$\lim_{x \to 0} \frac{ax\sin x + b\cos 2x + 1}{\sin^2 x} = 3,$$

所以 $\lim\limits_{x \to 0}(ax\sin x + b\cos 2x + 1) = 0$,由此确定 $b = -1$,将 $b = -1$ 代入原式,有

$$\lim_{x \to 0} \frac{ax\sin x - \cos 2x + 1}{\sin^2 x} = \lim_{x \to 0} \left(\frac{ax}{\sin x} + \frac{1 - \cos 2x}{\sin^2 x} \right)$$

$$= a + \lim_{x \to 0} \frac{2x^2}{\sin^2 x} = a + 2$$

$$= 3 \quad \left(1 - \cos 2x \sim \frac{1}{2}(2x)^2 \ (x \to 0) \right),$$

故 $a = 1$,这样当 $a = 1, b = -1$ 时,函数 $f(x)$ 在点 $x = 0$ 连续.

例 18   求证方程

$$x(x-3)(x+3)+3m(x-1)(x+1)=0 \quad (m>0)$$

有三个不相等的实根.

证明 设 $f(x)=x(x-3)(x+3)+3m(x-1)(x+1)$，$f(x)$ 在 $(-\infty,+\infty)$ 内连续. 因

$$f(-3)=24m>0, \quad f(-1)=8>0, \quad f(0)=-3m<0,$$

$$f(1)=-8<0, \quad f(3)=24m>0,$$

由连续函数零点定理知，至少存在点 $\xi_1\in(-1,0)$，使 $f(\xi_1)=0$；存在点 $\xi_2\in(1,3)$，使 $f(\xi_2)=0$. 又因 $\lim\limits_{x\to-\infty}f(x)=-\infty$，所以存在 $c<-3$，使 $f(c)<0$，这样必存在点 $\xi_3\in(c,-3)$ 使 $f(\xi_3)=0$. 所以函数 $f(x)$ 至少有三个不相等的零点，即方程 $f(x)=0$ 至少有三个不相等的实根.

又 $f(x)=0$ 是一个三次代数方程，由高斯定理知，最多有三个根. 综上所述，方程 $f(x)=0$ 有三个不相等的实根.

【五】同步训练

A 级

1. 求下列函数的定义域：

(1) $f(x)=x+\sqrt{\cos(\pi x)-1}$；

(2) $f(x)=1/\lg(2-x)+\sqrt{100-x^2}$；

(3) $f(x)=\arcsin[2x/(1+x)]+\sqrt{1-x^2}$.

2. 求下列函数的反函数及反函数的定义域：

(1) $y=\ln(x+\sqrt{1+x^2})$；   (2) $y=\begin{cases}1+x, & x<2, \\ x^2-1, & x\geqslant 2.\end{cases}$

3. 已知 $f(x)$ 是线性函数，且 $f(-1)=2$，$f(1)=-2$，求 $f(x)$.

4. 设函数 $y=f(\sqrt[3]{x}-1)+t$，且当 $t=x$ 时，$y=1$，求 $f(x)$.

5. 设函数 $y=\dfrac{1}{2x}f(t-x)$，且 $y|_{x=1}=\dfrac{t^2}{2}-t+5$，求 $f(x)$.

6. 设函数 $f(x)=\begin{cases}x^2, & x\leqslant 1, \\ 2-x, & 1<x\leqslant 2,\end{cases}$ 求 $f(x-1)$.

7. 下列函数是由哪些函数复合而成？

(1) $y=(3x^2+2)^{10}$;

(2) $y=\mathrm{e}^{\sqrt{2x+1}}$;

(3) $y=\cos^2 3x$;

(4) $y=\ln^2\left(\cot\dfrac{x}{3}\right)$;

(5) $y=\ln\left(\cot\dfrac{x}{3}\right)^2$;

(6) $y=\sqrt[3]{\ln\cos^2 x}$;

(7) $y=3^{(x+1)^2}$.

8. 讨论函数的奇偶性：

(1) $f(x)=\begin{cases} \mathrm{e}^x, & x>0, \\ 0, & x=0, \\ -\dfrac{1}{\mathrm{e}^x}, & x<0; \end{cases}$

(2) $f(x)=h(x)\left(\dfrac{1}{2^x-1}+\dfrac{1}{2}\right)$, 其中 $h(x)$ 为奇函数.

9. 设 $f(x)f(y)\neq 1$, $f(0)\neq 1$, 且 $f(x+y)=\dfrac{f(x)+f(y)}{1-f(x)f(y)}$, 求 $f(0)$.

10. 设函数 $f(x)=\begin{cases} 1, & x>0, \\ 0, & x=0, \\ -1, & x<0, \end{cases}$ $g(x)=\dfrac{1}{x}$, 求 $f[f(x)]$, $f[g(x)]$ 和 $g[f(x)]$.

11. 设 $f(x)=\begin{cases} 1, & |x|<1, \\ 0, & |x|=1, \\ -1, & |x|>1, \end{cases}$ $g(x)=\mathrm{e}^x$, 求 $f[g(x)]$.

12. 选择题：

(1) 当 $x\to 2$ 时, $y=3x+1\to 7$. 欲使 $|y-7|<0.001$, 则 δ 应不大于(   ).

(A) 0.001;   (B) 0.003;   (C) 0.0003;   (D) 0.01.

(2) 设数列 $x_n=\dfrac{\cos\dfrac{n\pi}{2}}{n}$, 且 $\lim\limits_{n\to\infty}x_n=A$, 当 n 最小取(   )时, 有 $|x_n-A|<0.001$ 成立.

(A) 1000;   (B) 1001;   (C) 99;   (D) 999.

14

(3) 设函数 $f(x) = \begin{cases} \sin\dfrac{1}{x}, & x>0, \\ x\sin\dfrac{1}{x}, & x<0, \end{cases}$ 则 $\lim\limits_{x\to 0}f(x)$ 不存在的原因

是(　　)

(A) $f(0)$ 无意义;

(B) $\lim\limits_{x\to +0}f(x)$ 不存在;

(C) $\lim\limits_{x\to -0}f(x)$ 不存在;

(D) $\lim\limits_{x\to +0}f(x)$ 和 $\lim\limits_{x\to -0}f(x)$ 都不存在.

(4) 设 $f(x) = \begin{cases} \dfrac{|x-1|}{x-1}, & x\neq 1, \\ a, & x=1, \end{cases}$ 且 $\lim\limits_{x\to 1-0}f(x)=a$, 则 $a=$

(　　).

(A) 0;　　(B) 1;　　(C) -1;　　(D) 1 或 -1 均可.

(5) 函数 $f(x)=x\sin x$ (　　).

(A) 在 $(-\infty,+\infty)$ 内无界;　　(B) 在 $(-\infty,+\infty)$ 内有界;

(C) 当 $x\to\infty$ 时为无穷大;　　(D) 当 $x\to\infty$ 时极限存在.

(6) 设数列的通项为

$$x_n = \begin{cases} \dfrac{n^2+\sqrt{n}}{n}, & n \text{ 为奇数}, \\ \dfrac{1}{n}, & n \text{ 为偶数}, \end{cases}$$

则当 $n\to\infty$ 时,x_n 是(　　).

(A) 无穷大量;　　　　　　　　(B) 无穷小量;

(C) 有界变量;　　　　　　　　(D) 无界变量.

(7) 下列结论中正确的是(　　).

(A) 10^{-100} 是无穷小;

(B) $\dfrac{1}{x}\sin\dfrac{1}{x}$ (当 $x\to +0$ 时)是无穷大;

(C) $x\sin\dfrac{1}{x}$ (当 $x\to 0$ 时)是无穷小;

(D) $\ln x$ (当 $x\to +0$ 时)是无穷小.

(8) 下列运算过程中正确的是(　　).

15

(A) $\lim\limits_{n\to\infty}\left(\dfrac{1}{n}+\dfrac{1}{n+1}+\cdots+\dfrac{1}{n+n}\right)$

$\qquad =\lim\limits_{n\to\infty}\dfrac{1}{n}+\lim\limits_{n\to\infty}\dfrac{1}{n+1}+\cdots+\lim\limits_{n\to\infty}\dfrac{1}{n+n}=0+0+\cdots+0=0;$

(B) 当 $x\to0$ 时，$\tan x\sim x,\sin x\sim x$，故

$$\lim\limits_{x\to0}\dfrac{\tan x-\sin x}{x^3}=\lim\limits_{x\to0}\dfrac{x-x}{x^3}=0;$$

(C) 当 $x\to0$ 时，$\tan x\sim x,\sin x\sim x$，故

$$\lim\limits_{x\to0}\dfrac{\sin 2x}{\tan 5x}=\lim\limits_{x\to0}\dfrac{2x}{5x}=\dfrac{2}{5};$$

(D) 当 $x\to0$ 时，$\lim\limits_{x\to0}(1+x)^{\cot x}=1.$

(9) 当 $x\to1$ 时，函数 $f(x)=\dfrac{x^2-1}{x-1}\mathrm{e}^{\frac{1}{x-1}}$ 的极限（　　）.

(A) 等于 2；　　　　　　　　(B) 等于 0；

(C) 为 ∞；　　　　　　　　(D) 不存在但不为 ∞.

(10) 下列等式中不成立的是（　　）.

(A) $\lim\limits_{x\to\frac{\pi}{2}}\dfrac{\cos x}{x-\dfrac{\pi}{2}}=1$；　　　　(B) $\lim\limits_{x\to\infty}x\sin\dfrac{1}{x}=1$；

(C) $\lim\limits_{x\to0}\dfrac{\tan x}{\sin x}=1$；　　　　(D) $\lim\limits_{x\to0}\dfrac{\sin(\tan x)}{x}=1.$

(11) $\lim\limits_{n\to\infty}\left[\dfrac{3}{1^2\cdot2^2}+\dfrac{5}{2^2\cdot3^2}+\cdots+\dfrac{2n+1}{n^2(n+1)^2}\right]=(\quad)$.

(A) 0；　　　(B) 1；　　　(C) 2；　　　(D) ∞.

(12) 下列运算过程正确的是（　　）.

(A) $\lim\limits_{x\to1}\dfrac{x}{x^2-1}=\dfrac{\lim\limits_{x\to1}x}{\lim\limits_{x\to1}(x^2-1)}=\infty$；

(B) $\lim\limits_{x\to0}x\sin\dfrac{1}{x}=\lim\limits_{x\to0}x\lim\limits_{x\to0}\sin\dfrac{1}{x}=0$；

(C) $\lim\limits_{x\to0}x\sin\dfrac{1}{x}=\dfrac{\lim\limits_{x\to0}\sin\dfrac{1}{x}}{\lim\limits_{x\to0}\dfrac{1}{x}}=1$；

(D) $\lim\limits_{x\to\infty}x\sin\dfrac{1}{x}=\lim\limits_{x\to\infty}\dfrac{\sin\dfrac{1}{x}}{\dfrac{1}{x}}=1.$

(13) 设数列 $x_n = 1 + \dfrac{1}{2^2} + \dfrac{1}{3^3} + \cdots + \dfrac{1}{n^n}$，则（　　　）.

(A) $\lim\limits_{n \to \infty} x_n = \lim\limits_{n \to \infty} \dfrac{1}{n^n} = 0$；

(B) $\lim\limits_{n \to \infty} x_n = \lim\limits_{n \to \infty} \dfrac{1 - \left(\dfrac{1}{2^2}\right)^n}{1 - \dfrac{1}{2^2}} = \dfrac{4}{3}$；

(C) 数列单调递增，但无上界，故无极限；

(D) 数列单调递增且有上界，故有极限.

(14) 下列等式中成立的是（　　　）.

(A) $\lim\limits_{x \to \infty} \dfrac{\sin 3x}{3x} = 1$；
(B) $\lim\limits_{x \to 3} \dfrac{\sin(x+3)}{x+3} = 1$；

(C) $\lim\limits_{x \to 0} \dfrac{\arcsin x}{x^2} = 1$；
(D) $\lim\limits_{x \to 0} \dfrac{\sin(\sin x)}{x} = 1$.

(15) 下列极限中，极限值为 e 的是（　　　）.

(A) $\lim\limits_{x \to 0}(1+x)^{-\frac{1}{x}}$；
(B) $\lim\limits_{x \to \infty}\left(1 + \dfrac{1}{x}\right)^{-x}$；

(C) $\lim\limits_{x \to 0}(1-x)^{\frac{1}{x}+2}$；
(D) $\lim\limits_{x \to 0}(1-x)^{-\frac{1}{x}}$.

(16) 极限 $\lim\limits_{x \to 1} 5^{\frac{1}{x-1}}$（　　　）.

(A) $= +\infty$；
(B) $= 0$；

(C) 不存在，且不是 $+\infty$；
(D) $= 1$.

(17) 若 $\lim\limits_{x \to 0}(1+x^2)^{f(x)} = \mathrm{e}$，则 $f(x) = $（　　　）.

(A) $\sin^2 x$；
(B) $\tan^2 x$；
(C) $\cos^2 x$；
(D) $\cot^2 x$.

(18) 若 $f(x)$ 在 $[a,b]$ 上连续，无零点，但有使 $f(x)$ 取正值的点，则 $f(x)$ 在 $[a,b]$ 上（　　　）.

(A) 可取正值也可取负值；
(B) 恒为正；

(C) 恒为负；
(D) 非负.

13. 用定义证明 $f(x) = x^2$ 在点 $x = 3$ 处连续.

14. 设 $\lim\limits_{x \to x_0} f(x) = A$，$\lim\limits_{x \to x_0} g(x)$ 不存在，讨论 $\lim\limits_{x \to x_0}[f(x) + g(x)]$ 是否存在.

15. 设 $\lim\limits_{x \to x_0} f(x) = a$，$a \neq 0$，求证 $\lim\limits_{x \to x_0}|f(x)| = |a|$.

16. 设 $\lim\limits_{x \to x_0} f(x) = a$，$a \neq 0$，证明存在 x_0 的某去心邻域使在该邻域内 $1/f(x)$ 有界.

17. 求下列极限：

(1) $\lim\limits_{x \to 0} \dfrac{e^{5x} - 1}{x}$；

(2) $\lim\limits_{x \to 0} \dfrac{1 - \cos x}{x^2}$；

(3) $\lim\limits_{x \to 0} \dfrac{\ln(1 + x)}{x}$；

(4) $\lim\limits_{x \to 1} \dfrac{x^m - 1}{x^n - 1}$；

(5) $\lim\limits_{x \to 1} \dfrac{x + x^2 + \cdots + x^n - n}{x - 1}$（$n$ 为正整数）；

(6) $\lim\limits_{x \to 0} \dfrac{\cos(\sin x) - \cos x}{x^4}$；

(7) $\lim\limits_{x \to 4} \dfrac{x^2 - x - 12}{\sqrt{x} - 2}$；

(8) $\lim\limits_{x \to \frac{\pi}{3}} \dfrac{8\cos^2 x - 2\cos x - 1}{2\cos^2 x + \cos x - 1}$；

(9) $\lim\limits_{x \to 0} \dfrac{x^2 \sin \dfrac{1}{x}}{|\sin x|}$；

(10) $\lim\limits_{x \to 0} \dfrac{\sqrt{1 + x\sin x} - \sqrt{\cos x}}{x \tan x}$；

(11) $\lim\limits_{x \to 1} \dfrac{x^{n+1} - (n+1)x + n}{x - 1}$；

(12) $\lim\limits_{x \to \frac{\pi}{2}} \left(x - \dfrac{\pi}{2} \right) \cot 2x$；

(13) $\lim\limits_{x \to 0} \dfrac{1 - \cos x^2}{x^2 \sin x^2}$；

(14) $\lim\limits_{x \to 0} \dfrac{\tan\left(x^2 \sin \dfrac{1}{x} \right)}{x^2 \sin \dfrac{1}{x}}$；

(15) $\lim\limits_{x \to 0} \dfrac{x + x^2 \sin \dfrac{1}{x}}{\sin x}$；

(16) $\lim\limits_{x \to \infty} \dfrac{(2x - 3)^{20}(3x + 2)^{30}}{(5x + 1)^{50}}$；

(17) $\lim\limits_{x \to \infty} (e^{\frac{1}{x}} - 1)$；

(18) $\lim\limits_{n \to \infty} \dfrac{n^{\frac{2}{3}} \sin(n^n)}{n + 1}$；

*(19) $\lim\limits_{x \to +\infty} [\cos\ln(1 + x) - \cos\ln x]$.

*18. 求下列极限：

(1) $\lim\limits_{x \to 0} \dfrac{e^{-x^{-2}}}{x^{1000}}$；

(2) $\lim\limits_{x \to 0} \dfrac{1}{x^2} \left[2\arctan\left(\dfrac{1}{x^2} \right) - \pi \right]$；

(3) $\lim\limits_{x \to +0} \dfrac{\ln\tan 2x}{\ln\tan 3x}$；

(4) $\lim\limits_{x \to 1} \left(\dfrac{1}{\ln x} - \dfrac{1}{x - 1} \right)$；

(5) $\lim\limits_{x \to 0} \left(\dfrac{1}{x} - \dfrac{1}{e^x - 1} \right)$；

(6) $\lim\limits_{x \to +\infty} (\sqrt{x + 3} - \sqrt{x})\ln x$；

(7) $\lim\limits_{x \to \frac{\pi}{6}} \dfrac{(x - \pi/6)(1 - 2\sin x)}{[\arctan(x - \pi/6)]^2}$；

(8) $\lim\limits_{x \to \frac{\pi}{2}} \dfrac{2^{\cos^2 x} - 1}{\ln\sin x}$；

$(9)\ \lim\limits_{x\to 0}\left(\dfrac{\sin x}{x}\right)^{1/(1-\cos x)}$;　　　$(10)\ \lim\limits_{x\to +0}\left(\ln\dfrac{1}{x}\right)^{x}$;

$(11)\ \lim\limits_{x\to +0}(1/x)^{\tan x}$;　　　$(12)\ \lim\limits_{x\to +\infty}x^{1/\ln(1+x)}$;

$*(13)\ \lim\limits_{x\to 0}\dfrac{\displaystyle\int_0^x(a^t-b^t)\mathrm{d}t}{\displaystyle\int_0^{2x}t\mathrm{d}t}\ (0<a<b)$;　$*(14)\ \lim\limits_{x\to 0}\dfrac{\displaystyle\int_0^x(\mathrm{e}^t-\mathrm{e}^{-t})\mathrm{d}t}{1-\cos x}$;

$*(15)\ \lim\limits_{x\to 0}\dfrac{\displaystyle\int_0^x\sin t\mathrm{d}t}{\displaystyle\int_0^x t\mathrm{d}t}$;　　　　$*(16)\ \lim\limits_{x\to +0}\dfrac{\displaystyle\int_0^{\sin x}\sqrt{\tan t}\,\mathrm{d}t}{\displaystyle\int_0^{\tan x}\sqrt{\sin t}\,\mathrm{d}t}$.

19. 设函数

$$f(x)=\begin{cases}x+3, & x<0,\\ x^2+1, & 0\leqslant x\leqslant 1,\\ 3-x, & x>1,\end{cases}$$

讨论 $\lim\limits_{x\to 0}f(x)$ 及 $\lim\limits_{x\to 1}f(x)$.

20. 设 $f(x)=\dfrac{px^2+qx+5}{x-5}$,问:

(1) p,q 各取何值时, $\lim\limits_{x\to\infty}f(x)=1$;

(2) p,q 各取何值时, $\lim\limits_{x\to\infty}f(x)=0$;

$*$(3) p,q 各取何值时, $\lim\limits_{x\to 5}f(x)=1$.

21. 若 $\lim\limits_{x\to\infty}\dfrac{(x-1)(x-2)(x-3)(x-4)(x-5)}{(4x-1)^\alpha}=\beta>0$,求 α,β 的值.

22. 设函数 $F(x)=\dfrac{x-1}{\ln|x|}$,试确定实数 a,b 之值,使得当 $x\to a$ 时 $F(x)$ 为无穷小;当 $x\to b$ 时 $F(x)$ 为无穷大.

23. 求 $y=\dfrac{x\arctan(1/(x-1))}{\sin(\pi x/2)}$ 的间断点并判断其类型.

24. 求 $f(x)=\dfrac{2\mathrm{e}^{1/x}+3}{3\mathrm{e}^{1/x}+2}$ 的间断点并判断其类型.

25. 求 $f(x)=\arctan(1/x)$ 的间断点并判断其类型.

26. (1) $x=0$ 是函数 $f(x)=x(1+x)^{1/x}\csc x$ 何种类型的间断点;

(2) 若 $f(x)=\dfrac{e^x-a}{x(x-1)}$ 有无穷间断点 $x=0$ 及可去间断点 $x=$ 1，求 a；

(3) 设 $f(x)=\dfrac{\ln x}{\sin\pi x}$，求 $f(x)$ 的一个可去间断点.

27. 设 $f(x)$ 在 $[0,1]$ 上为非负连续函数，且 $f(0)=f(1)=0$. 试证：对于任一个小于 1 的正数 $L(0<L<1)$，存在 $\xi\in[0,1]$，使得
$$f(\xi)=f(\xi+L).$$

28. 设函数 $f(x)$ 在闭区间 $[a,b]$ 上连续，$a<x_1<x_2<b$，试证：在开区间 (a,b) 内至少有一点 c，使得
$$t_1f(x_1)+t_2f(x_2)=(t_1+t_2)f(c) \quad (\text{其中 } t_1>0, t_2>0).$$

29. 设函数 $f(x)$ 在 $[0,1]$ 上连续且最大值为 4，最小值为 0，试问 $F(x)=[f(x^2)-2]^2-1$ 在 $[-1,1]$ 上至少有几个零点？

30. 设函数 $F(x)=\begin{cases} 1/(1+e^{1/x}), & x\neq 0 \\ 0, & x=0, \end{cases}$ 试研究 $F(x)$ 在点 $x=0$ 处是否左连续和右连续.

31. 设函数 $f(x)=\begin{cases} (ax^2+b)/\ln x, & x>0, x\neq 1 \\ 2, & x=1, \end{cases}$ 试确定 a,b 的值，使 $f(x)$ 在点 $x=1$ 处连续.

*32. 若 $F''(x)$ 存在且 $F'(a)=0$，求 $\lim\limits_{x\to a}\dfrac{F'(x)}{x-a}$.

B 级

1. 设函数 $f(x)=c_1\sin x+c_2\sin 2x+\cdots+c_n\sin nx$，其中 $c_1,c_2,\cdots,$ c_n 为常数，且对任意 $x\neq 0$，有 $|f(x)|\leqslant|\sin x|$，试证明
$$|c_1+2c_2+\cdots+nc_n|\leqslant 1.$$

2. 设函数 $f(x)$ 在 $x=1$ 处连续，且对任意 $x,f(x)=f(\sqrt{x})$，证明 $f(x)$ 是常数.

3. 设 $\lim\limits_{n\to\infty}a_n=a$，按极限定义证明：$\lim\limits_{n\to\infty}\dfrac{a_1+a_2+\cdots+a_n}{n}=a$.

4. 设 $x_1>0$，且 $x_{n+1}=\dfrac{1}{2}\left(x_n+\dfrac{a}{x_n}\right),a>0,n=1,2,3,\cdots$，证明 $\lim\limits_{n\to\infty}x_n$ 存在，并求其极限值.

5. 证明：方程 $x^n+x^{n-1}+\cdots+x^2+x=1$ 在 $(0,1)$ 内必有惟一实

根 $x_n(n=2,3,\cdots)$，并求 $\lim\limits_{n\to\infty}x_n$.

6. 求下列极限：

(1) $\lim\limits_{x\to\frac{\pi}{4}}(\tan x)^{\tan 2x}$；　(2) $\lim\limits_{x\to 0}\left(\dfrac{a^x+b^x+c^x}{3}\right)^{\frac{1}{x}}$；　(3) $\lim\limits_{x\to +0}x^{(x^x-1)}$.

7. 求 $\lim\limits_{n\to\infty}(1+2^n+3^n)^{1/n}$.

8. 设 $0<a<b$，求 $\lim\limits_{n\to\infty}\sqrt[n]{a^n+b^n}$.

9. 设 $f(x)=\dfrac{4x^2+3}{x-1}+ax+b$. 若已知：

(1) $\lim\limits_{x\to\infty}f(x)=0$；　(2) $\lim\limits_{x\to\infty}f(x)=2$；　(3) $\lim\limits_{x\to\infty}f(x)=\infty$.

试求这三种情况下的 a,b 的值.

*10. 已知 $\lim\limits_{x\to 1}\dfrac{\sqrt{x^2+3}-[A+B(x-1)]}{x-1}=0$，试求 A,B 之值.

*11. 试确定常数 a,n，使得当 $x\to 0$ 时，ax^n 与 $x\sin x-\ln(1+x^2)$ 互为等价无穷小.

*12. 设 $f(x),\varphi(x)$ 在 $x=0$ 某邻域内连续，且 $x\to 0$ 时 $f(x)$ 是 $\varphi(x)$ 的高阶无穷小，则当 $x\to 0$ 时，比较无穷小量 $\displaystyle\int_0^x f(t)\sin t\,\mathrm{d}t$ 与 $\displaystyle\int_0^x t\varphi(t)\mathrm{d}t$ 的阶.

*13. 设 $F(x)=\lim\limits_{t\to\infty}t^2\sin\dfrac{x}{t}\left[f\left(x+\dfrac{\pi}{t}\right)-f(x)\right]$，其中 $f(x)$ 可导，试求 $F(x)$ 的表达式.

14. 设 $F(x)$ 在点 x_0 处连续且 $F(x_0)>0$，试证明存在点 x_0 的邻域，在此邻域内 $F(x)>0$.

15. 若 $f(x)$ 在 $(-\infty,+\infty)$ 连续，试用函数在一点连续的 "$\varepsilon\text{-}\delta$" 定义证明：$F(x)=f^2(x)$ 也在 $(-\infty,+\infty)$ 连续.

16. 设函数 $f(x),F(x)$ 适合：$|f(x)|\leqslant|F(x)|$，$F(x)$ 在 $x=0$ 处连续，且 $F(0)=0$，试证：$f(x)$ 在点 $x=0$ 处连续.

17. 设函数

$$f(x)=\begin{cases}\sin^3 x\sin(1/x^3)+\ln(1+3x)/x, & x>-1/3,\ x\neq 0,\\ A, & x=0,\end{cases}$$

问 A 取何值时，$f(x)$ 在点 $x=0$ 处连续.

*18. 讨论函数

$$f(x) = \begin{cases} \left[(1+x)^{1/x}/e\right]^{1/x}, & x > 0, \\ e^{-1/2}, & x \leqslant 0 \end{cases}$$

在点 $x=0$ 处的连续性.

*19. 设 $f(x) = \begin{cases} e^{-1/x^2}, & x \neq 0, \\ 0, & x = 0, \end{cases}$ 试证 $f'(x)$ 为连续函数.

*20. 设 $f(x)$ 在点 $x=0$ 处可微, $f(0)=0$, 又设

$$\varphi(x) = \begin{cases} x + 1/2, & x < 0, \\ \dfrac{\sin x/2}{x}, & x > 0, \end{cases}$$

求极限

$$\lim_{x \to 0} \frac{f(x)(1+x)^{\frac{1+x}{x}} + \varphi(x)\displaystyle\int_0^{2x}\cos t^2 \mathrm{d}t}{x\varphi(x)}.$$

*21. 求极限

$$\lim_{n \to +\infty}\left[\frac{\sin\dfrac{\pi}{n}}{n+1} + \frac{\sin\dfrac{2\pi}{n}}{n+\dfrac{1}{2}} + \cdots + \frac{\sin\dfrac{n\pi}{n}}{n+\dfrac{1}{n}}\right].$$

*22. 设函数 $f(x)$ 在 $(0,2]$ 上连续, 且 $\lim\limits_{x \to +0} f(x) = 3$, 证明 $f(x)$ 在 $(0,2]$ 上有界.

*23. 证明: 设函数 $f(x)$ 在 $[0,+\infty)$ 连续, $\lim\limits_{x \to +\infty} f(x) = A > 0$, 则

$$\lim_{x \to +\infty}\int_0^x f(t)\mathrm{d}t = +\infty.$$

*24. 证明: 设函数 $f(x)$ 在 $[0,+\infty)$ 连续, $\lim\limits_{x \to +\infty} f(x) = A \neq 0$, 则

$$\lim_{n \to +\infty}\int_0^1 f(nx)\mathrm{d}x = A.$$

学 习 札 记

学 习 札 记

专题二　导数与微分

【一】内容提要

1. 导数：导数的概念与几何意义，可导与连续的关系，导数的运算法则，导数的基本公式，隐函数及参数方程的求导法则，高阶导数及莱布尼茨公式．

2. 微分：微分的概念与几何意义，微分运算法则及基本公式，一阶微分形式的不变性，相关变化率．

【二】基本要求

1. 理解导数与微分的概念；了解导数的几何意义；了解函数可导性与连续性的关系．

2. 熟练掌握基本初等函数的导数与微分公式，导数与微分的运算法则及复合函数求导法则．

3. 了解高阶导数的概念，能熟练求出初等函数的一阶、二阶导数，能求出简单函数的 n 阶导数表达式．

4. 掌握隐函数及参数方程所确定函数的一阶、二阶导数的求法．

5. 能用导数描述一些物理量．

6. 会利用一阶微分形式不变性求微分．

7. 能运用微分进行近似计算．

【三】释疑解难

1. $f'(x_0)$ 与 $[f(x_0)]'$ 相等吗？

答 $f'(x_0)$ 与 $[f(x_0)]'$ 是不同的. $f'(x_0)$ 表示函数 $f(x)$ 在 $x=x_0$ 处的导数值,或导函数 $f'(x)$ 在 $x=x_0$ 处的函数值,即 $f'(x_0)=f'(x)|_{x=x_0}$;而 $[f(x_0)]'$ 表示函数 $f(x)$ 在 $x=x_0$ 处的函数值(常数)的导数,其结果总是为零,即 $[f(x_0)]'=0$. 例如,设 $f(x)=\mathrm{e}^x\cos x$,则 $f'(0)=f'(x)|_{x=0}=(\mathrm{e}^x\cos x)'|_{x=0}=(\mathrm{e}^x\cos x-\mathrm{e}^x\sin x)|_{x=0}=1$,而 $[f(0)]'=(1)'=0$.

2. 设 $f(x)$ 在 $x=x_0$ 处可导,问以下解题过程是否正确?

$$\lim_{h\to 0}\frac{f(x_0+h)-f(x_0-h)}{h}$$

$$\xlongequal{x=x_0-h}\lim_{h\to 0}\frac{f(x+2h)-f(x)}{2h}\cdot 2$$

$$=2\lim_{h\to 0}f'(x)=2\lim_{h\to 0}f'(x_0-h)=2f'(x_0).$$

答 不正确.因为,第一,条件中没有说明 $f'(x_0-h)$ 是否存在;第二,条件中也没有提及 $f'(x)$ 是否连续.正确作法如下:

$$\lim_{h\to 0}\frac{f(x_0+h)-f(x_0-h)}{h}$$

$$=\lim_{h\to 0}\left[\frac{f(x_0+h)-f(x_0)}{h}+\frac{f(x_0-h)-f(x_0)}{-h}\right]$$

$$=\lim_{h\to 0}\frac{f(x_0+h)-f(x_0)}{h}+\lim_{h\to 0}\frac{f(x_0-h)-f(x_0)}{-h}$$

$$=f'(x_0)+f'(x_0)=2f'(x_0).$$

3. "若 $y=f(x)$ 在 x_0 处可导,则该函数就必在 x_0 某个小邻域内连续."这个说法对吗?

答 这种说法是错误的.例如,设

$$f(x)=\begin{cases}x^3, & x\text{ 为有理数},\\ -x^3, & x\text{ 为无理数},\end{cases}$$

则

$$\lim_{x\to 0}\frac{f(x)-f(0)}{x}\xlongequal{①}\lim_{x\to 0}\frac{\pm x^3}{x}=0,$$

所以 $f'(0)=0$. 但该函数只在 $x=0$ 处连续,在其他任何点都间断,

---

① 当 x 为有理数时取"+"号,当 x 为无理数时取"−"号.

自然也就不存在任何 $x=0$ 的邻域,使 $f(x)$ 在该邻域内连续了,从而 $y=f(x)$ 在 x_0 处可导,只说明 $f(x)$ 在 x_0 处连续.

4. "设函数 $f(x),g(x)$ 在所讨论范围内可导,且 $f(x) \leqslant g(x)$,则 $f'(x) \leqslant g'(x)$."这个命题对吗?

答 这个命题是错误的.例如,设 $f(x)=\ln x$, $g(x)=-\ln x$,显然在 $(0,1)$ 内 $f(x)<g(x)$,但 $f'(x)=\dfrac{1}{x}>-\dfrac{1}{x}=g'(x)$.

【四】方法指导

例 1 设 $f(x)=x|x(x-2)|$,求 $f'(x)$.

分析 函数表达式中含有绝对值符号时,必须先通过讨论,去掉绝对值符号,将函数表示成分段函数形式.讨论分段函数在分段点的可导性及函数在其定义区间端点处(若有定义)的可导性时,必须用导数定义求导.

解 由题设有

$$f(x)=\begin{cases} x^2(x-2), & x \leqslant 0 \text{ 或 } x \geqslant 2, \\ -x^2(x-2), & 0<x<2. \end{cases}$$

当 $x<0$ 或 $x>2$ 时,$f'(x)=[x^2(x-2)]'=3x^2-4x$.

当 $0<x<2$ 时,$f'(x)=[-x^2(x-2)]'=4x-3x^2$.

因为

$$f'_-(0)=\lim_{x \to -0} \frac{f(x)-f(0)}{x-0}=0,$$

$$f'_+(0)=\lim_{x \to +0} \frac{f(x)-f(0)}{x-0}=0,$$

所以 $\qquad f'(0)=f'_-(0)=f'_+(0)=0.$

又因为

$$f'_-(2)=\lim_{x \to 2-0} \frac{f(x)-f(2)}{x-2}=-4,$$

$$f'_+(2)=\lim_{x \to 2+0} \frac{f(x)-f(2)}{x-2}=4,$$

所以 $f(x)$ 在 $x=2$ 处不可导.

综上所述,知

$$f'(x) = \begin{cases} 3x^2 - 4x, & x < 0 \text{ 或 } x > 2, \\ 0, & x = 0, \\ 4x - 3x^2, & 0 < x < 2. \end{cases}$$

例 2 设 $f(x) = (x-a)\varphi(x)$,其中 $\varphi(x)$ 在 $x = a$ 处连续,求 $f'(a)$.

分析 求可导性没有给出的抽象函数在某点处的导数,用导数定义求.

解 由题设及导数的定义有

$$f'(a) = \lim_{x \to a} \frac{f(x) - f(a)}{x - a} = \lim_{x \to a} \frac{(x-a)\varphi(x)}{x - a}$$
$$= \lim_{x \to a} \varphi(x) = \varphi(a).$$

例 3 设 $f(x) = x^2 + (x-1)\arctan \dfrac{2x-1}{x^3 + x^2 - 1}$,求 $f'(1)$.

分析 求某些具体的初等函数在某点处的导数,也可以用导数定义求导,以简化计算.

解 由导数的定义知

$$f'(1) = \lim_{x \to 1} \frac{f(x) - f(1)}{x - 1}$$
$$= \lim_{x \to 1} \left[(x+1) + \arctan \frac{2x-1}{x^3 + x^2 - 1} \right] = 2 + \frac{\pi}{4}.$$

例 4 设函数 $y = \dfrac{x^2}{1-x} \sqrt[3]{\dfrac{2-x}{(2+x)^2}}$,求 y'.

分析 函数表达式的结构为多项连乘或连除的形式时,若采用四则运算的求导法则,运算过程一般都比较繁杂,但采用对数求导法,往往可以简化求导过程.

解 函数表达式两边先取绝对值再取对数得

$$\ln|y| = 2\ln|x| - \ln|1-x| + \frac{1}{3}\ln|2-x| - \frac{2}{3}\ln|2+x|,$$

两边对 x 求导(注意 y 是 x 的函数)得

$$\frac{1}{y}y' = \frac{2}{x} - \frac{1}{x-1} - \frac{1}{3(2-x)} - \frac{2}{3(2+x)},$$

即

$$y' = \frac{x^2}{1-x}\sqrt[3]{\frac{2-x}{(2+x)^2}}\left[\frac{2}{x} - \frac{1}{x-1} - \frac{1}{3(2-x)} - \frac{2}{3(2+x)}\right].$$

注意 求带绝对值符号函数的导数时,一般应去掉绝对值符号,然后再求其导数,但若用对数求导法求导,取绝对值这一步可略而不写,即省略绝对值符号,求导结果是一样的.

例 5 设 $y = x^{x^x}$ $(x>0, x\neq 1)$,求 y'.

分析 幂指函数求导数的方法:对数求导法和复合函数的求导法则.

解 (1)用对数求导法.对函数表达式两边取对数得

$$\ln y = x^x \ln x,$$

两边对 x 求导得

$$\frac{1}{y}y' = (x^x)'\ln x + x^x \cdot \frac{1}{x}. \tag{①}$$

令 $t = x^x$,则①式化为

$$\ln t = x\ln x,$$

两边对 x 求导得

$$\frac{1}{t} \cdot t' = \ln x + 1,$$

解得 $t' = x^x(\ln x + 1)$,即

$$(x^x)' = x^x(\ln x + 1). \tag{②}$$

将②式代入①式解得

$$y' = x^{x^x}[x^x(\ln x + 1)\ln x + x^{x-1}].$$

(2)用复合函数求导法.已知

$$y = x^{x^x} = e^{\ln x^{x^x}} = e^{x^x \ln x},$$

两边对 x 求导得

$$y' = (e^{x^x\ln x})' = e^{x^x\ln x} \cdot (x^x\ln x)' = x^{x^x}[(x^x)'\ln x + x^x(\ln x)'],$$

由(1)中的②式得

$$y' = x^{x^x}[x^x(\ln x + 1)\ln x + x^{x-1}].$$

例 6 已知 $y = \ln\sqrt{\sin^2 x + \sqrt{e^x + \sqrt{x}}}$,求 y'.

分析 复合函数的求导关键是搞清复合关系,然后根据其复合关系,由外到里一层一层求导即可.

解 由复合函数求导法则得

$$y' = \frac{1}{\sqrt{\sin^2 x + \sqrt{e^x + \sqrt{x}}}}\left(\sqrt{\sin^2 x + \sqrt{e^x + \sqrt{x}}}\right)'$$

$$= \frac{1}{\sqrt{\sin^2 x + \sqrt{e^x + \sqrt{x}}}} \cdot \frac{1}{2\sqrt{\sin^2 x + \sqrt{e^x + \sqrt{x}}}}$$

$$\cdot \left(\sin^2 x + \sqrt{e^x + \sqrt{x}}\right)'$$

$$= \frac{1}{2\left(\sin^2 x + \sqrt{e^x + \sqrt{x}}\right)}$$

$$\cdot \left[2\sin x \cos x + \frac{1}{2\sqrt{e^x + \sqrt{x}}} \cdot (e^x + \sqrt{x})'\right]$$

$$= \frac{1}{2\left(\sin^2 x + \sqrt{e^x + \sqrt{x}}\right)}$$

$$\cdot \left[\sin 2x + \frac{1}{2\sqrt{e^x + \sqrt{x}}} \cdot \left(e^x + \frac{1}{2\sqrt{x}}\right)\right].$$

例 7 设 $y = f[e^x + \sin x]$,且 $f''(x)$ 存在,求 $\dfrac{d^2 y}{dx^2}$.

分析 求抽象函数 $y = f[\varphi(x)]$ 的导数,关键是搞清其复合关系,特别注意 $f'(u)$ 仍是以 x 为自变量,$u = \varphi(x)$ 为中间变量的复合函数.

解 因为

$$\frac{dy}{dx} = \{f[e^x + \sin x]\}' = f'[e^x + \sin x](e^x + \sin x)'$$

$$= f'[e^x + \sin x](e^x + \cos x),$$

所以

$$\frac{d^2 y}{dx^2} = \{f'[e^x + \sin x](e^x + \cos x)\}'$$

$$= \{f'[e^x + \sin x]\}'(e^x + \cos x) + f'[e^x + \sin x](e^x + \cos x)'$$

$$= f''[e^x + \sin x](e^x + \cos x)^2 + f'[e^x + \sin x](e^x - \sin x).$$

注意 $\{f[\varphi(x)]\}'$ $\left(\text{即}\ \dfrac{\mathrm{d}y}{\mathrm{d}x}\right)$ 与 $f'[\varphi(x)]$ 是不同的,其中 $\{f[\varphi(x)]\}'$ 表示复合函数 $y=f[\varphi(x)]$ 对自变量 x 的导数,而 $f'[\varphi(x)]$ 表示 $y=f[\varphi(x)]$ 对中间变量 $\varphi(x)$ 的导数.

例 8 已知 $\begin{cases} x=f'(t)-3, \\ y=tf'(t)-f(t)+2, \end{cases}$ 设 $f''(x)$ 存在且不为零,求 $\dfrac{\mathrm{d}^3y}{\mathrm{d}x^3}$.

分析 应搞清 $\dfrac{\mathrm{d}^2y}{\mathrm{d}x^2}$ 表示 y 对 x 的二阶导数,从而它是由 $\dfrac{\mathrm{d}y}{\mathrm{d}x}$ 对 x 求导得来的,而不是对 t 求导.

解 由于

$$\frac{\mathrm{d}y}{\mathrm{d}x}=\frac{\mathrm{d}y/\mathrm{d}t}{\mathrm{d}x/\mathrm{d}t}=\frac{f'(t)+tf''(t)-f'(t)}{f''(t)}=t,$$

$$\frac{\mathrm{d}^2y}{\mathrm{d}x^2}=\frac{\mathrm{d}}{\mathrm{d}t}\left(\frac{\mathrm{d}y}{\mathrm{d}x}\right)\cdot\frac{1}{\mathrm{d}x/\mathrm{d}t}=\frac{1}{f''(t)},$$

故

$$\frac{\mathrm{d}^3y}{\mathrm{d}x^3}=\frac{\mathrm{d}}{\mathrm{d}t}\left(\frac{\mathrm{d}^2y}{\mathrm{d}x^2}\right)\cdot\frac{1}{\mathrm{d}x/\mathrm{d}t}=\frac{\mathrm{d}}{\mathrm{d}t}\left(\frac{1}{f''(t)}\right)\cdot\frac{1}{f''(t)}$$

$$=-\frac{f'''(t)}{[f''(t)]^2}\cdot\frac{1}{f''(t)}=-\frac{f'''(t)}{[f''(t)]^3}.$$

例 9 已知 $\begin{cases} x=1+t^2, \\ y=(1+t^2)^2, \end{cases}$ 求 $y'_x|_{x=1}$.

分析 因为 $x=1$ 时, $t=0$,而 $t=0$ 时, $x'_t=0$,所以不能用参数求导公式求 $y'_x|_{x=1}$.

但可以先求出由方程 $\begin{cases} x=1+t^2, \\ y=(1+t^2)^2 \end{cases}$ 所确定的函数 $y=f(x)$,然后再求 $y'_x|_{x=1}$.

解 将 $x=1+t^2$ 代入 $y=(1+t^2)^2$ 确定 $y=x^2(x\geqslant1)$,所以

$$y'_x|_{x=1}=2x|_{x=1}=2.$$

注意 当 $x'_t=0$ 或 x'_t 不存在时,不能用参数求导公式求 y'_x,并不意味着 y'_x 不存在.如果 y'_x 存在,可以用消参法或用导数定义求.

例 10 已知 $xy=\mathrm{e}^{x+y}$,求 y'.

分析 求由方程所确定的隐函数 $y=f(x)$ 的一阶导数 y' 的方

法：

（1）方程两边对自变量求导，解出所求的导数；

（2）方程两边求微分，利用一阶微分形式不变性求出隐函数的导数.

解法 1 方程两边对自变量 x 求导，得

$$y + xy' = e^{x+y}(1 + y'),$$

解得

$$y' = \frac{y(x-1)}{x(1-y)}.$$

解法 2 对方程两边求微分，得

$$x\mathrm{d}y + y\mathrm{d}x = e^{x+y}(\mathrm{d}x + \mathrm{d}y),$$

解出 $\mathrm{d}y = \dfrac{e^{x+y} - y}{x - e^{x+y}}\mathrm{d}x$，所以 $y' = \dfrac{y(x-1)}{x(1-y)}$.

例 11 设函数 $f(x)$ 有任意阶导数，且 $f'(x) = f^2(x)$，求 $f^{(n)}(x)$ $(n > 2)$.

分析 求 n 阶导数常用的方法：

（1）直接法：先一阶一阶求导，找出规律后用数学归纳法证明，如本例；

（2）间接法：将函数变形，分解成几个易求 n 阶导数的函数，如例 12；

（3）利用 $(uv)^{(n)} = \sum\limits_{k=0}^{n} C_n^k u^{(n-k)} v^{(k)}$.

解 因为

$$f''(x) = 2f(x)f'(x) = 2f^3(x),$$
$$f'''(x) = 2 \cdot 3f^2(x)f'(x) = 2 \cdot 3f^4(x),$$

故设想

$$f^{(n)}(x) = n!f^{n+1}(x) \quad (n > 2). \qquad ①$$

下面用数学归纳法证明①式.

当 $n = 3$ 时，①式成立；

假设 $n = k$ 时，①式成立，即 $f^{(k)}(x) = k!f^{k+1}(x)$；

当 $n = k+1$ 时，有

$$f^{(k+1)}(x) = k!(k+1)f^k(x)f'(x) = (k+1)!f^{k+2}(x).$$

所以 $\qquad f^{(n)}(x) = n!f^{n+1}(x) \quad (n > 2).$

32

例 12 求函数 $y = \dfrac{1}{x^2 - 4x + 3}$ 的 n 阶导数 $y^{(n)}$.

分析 为了求得 n 阶导数的一般表达式,需要找出各阶导数的规律.因此,对函数及导数运算时可进行适当恒等变形,计算过程中对各阶导数的系数一般不化简,以利于找出其规律.

解 因为

$$y = \frac{1}{x^2 - 4x + 3} = \frac{1}{(x-1)(x-3)} = \frac{1}{2}\left(\frac{1}{x-3} - \frac{1}{x-1}\right)$$

$$= \frac{1}{2}\left[(x-3)^{-1} - (x-1)^{-1}\right],$$

所以

$$y' = \frac{1}{2}\left[(-1)(x-3)^{-2} - (-1)(x-1)^{-2}\right],$$

$$y'' = \frac{1}{2}\left[(-1)(-2)(x-3)^{-3} - (-1)(-2)(x-1)^{-3}\right],$$

$$y''' = \frac{1}{2}\left[(-1)(-2)(-3)(x-3)^{-4}\right.$$

$$\left. - (-1)(-2)(-3)(x-1)^{-4}\right],$$

....

$$y^{(n)} = \frac{1}{2}\left[(-1)^n n!(x-3)^{-(n+1)} - (-1)^n n!(x-1)^{-(n+1)}\right]$$

$$= \frac{(-1)^n n!}{2}\left[\frac{1}{(x-3)^{n+1}} - \frac{1}{(x-1)^{n+1}}\right].$$

例 13 试从 $\dfrac{\mathrm{d}x}{\mathrm{d}y} = \dfrac{1}{y'}$ 导出 $\dfrac{\mathrm{d}^3 x}{\mathrm{d}y^3} = \dfrac{3(y'')^2 - y'y'''}{(y')^5}$.

分析 本题利用了反函数的求导公式和复合函数的求导法则.

解 由于

$$\frac{\mathrm{d}^2 x}{\mathrm{d}y^2} = \frac{\mathrm{d}}{\mathrm{d}y}\left(\frac{1}{y'}\right) = \frac{\mathrm{d}}{\mathrm{d}x}\left(\frac{1}{y'}\right) \cdot \frac{\mathrm{d}x}{\mathrm{d}y} = -\frac{y''}{(y')^2} \cdot \frac{1}{y'} = -\frac{y''}{(y')^3},$$

故

$$\frac{\mathrm{d}^3 x}{\mathrm{d}y^3} = \frac{\mathrm{d}}{\mathrm{d}y}\left[-\frac{y''}{(y')^3}\right] = \frac{\mathrm{d}}{\mathrm{d}x}\left[-\frac{y''}{(y')^3}\right] \cdot \frac{\mathrm{d}x}{\mathrm{d}y}$$

$$= -\frac{y''' \cdot (y')^3 - 3(y')^2(y'')^2}{(y')^6} \cdot \frac{1}{y'} = \frac{3(y'')^2 - y'y'''}{(y')^5}.$$

例 14 设 $f(x)$ 满足 $af(x) + bf\left(\dfrac{1}{x}\right) = \dfrac{c}{x}$,式中 a,b,c 都是常

数,且 $|a| \neq |b|$,求 $f'(x)$.

解 用 $\dfrac{1}{x}$ 替换方程 $af(x)+bf\left(\dfrac{1}{x}\right)=\dfrac{c}{x}$ 中的 x,得到

$$af\left(\dfrac{1}{x}\right)+bf(x)=cx.$$

分别对这两个方程两边关于 x 求导得

$$af'(x)-\dfrac{b}{x^2}f'\left(\dfrac{1}{x}\right)=-\dfrac{c}{x^2},$$

$$-\dfrac{a}{x^2}f'\left(\dfrac{1}{x}\right)+bf'(x)=c,$$

消去 $f'\left(\dfrac{1}{x}\right)$,解得 $f'(x)=\dfrac{c(a+bx^2)}{(b^2-a^2)x^2}$.

例 15 设 $f(x)=\begin{cases}ax+b, & x<0, \\ \ln(1+x), & x\geqslant 0,\end{cases}$ 问:a,b 取何值时,$f'(0)$ 存在?

分析 利用连续性和可微性确定函数中的待定常数,需要搞清可微、连续、极限之间的关系.

解 首先,$f'(0)$ 存在,则 $f(x)$ 在 $x=0$ 处连续,即 $\lim\limits_{x\to 0}f(x)=f(0)$,于是 $\lim\limits_{x\to -0}f(x)=\lim\limits_{x\to -0}(ax+b)=b=f(0)=0$,即 $b=0$;

其次,$f'(0)$ 存在,则 $f'_-(0)=f'_+(0)$. 又当 $x\neq 0$ 时,有

$$f'(x)=\begin{cases}a, & x<0, \\ \dfrac{1}{1+x}, & x>0,\end{cases}$$

于是

$$f'_+(0)=\lim\limits_{x\to +0}\dfrac{1}{1+x}=1, \quad f'_-(0)=\lim\limits_{x\to -0}a=a,$$

所以 $a=1$,同时有 $f'(0)=1$.

【五】同步训练

A 级

1. 选择题:

(1) 设 $f(x)=x(x+1)(x+2)\cdots(x+n)$,则 $f'(0)=($).

34

(A) 0；　　　(B) n；　　　(C) 不存在；　(D) $n!$.

(2) 设 $f(x)$ 在 $x=a$ 处可导,则

$$\lim_{x\to 0}\frac{f(a+x)-f(a-x)}{x}=(\qquad).$$

(A) $2f'(a)$；　(B) $2f(a)$；　(C) 0；　　　　(D) $f'(2a)$.

(3) 曲线 $f(x)=\dfrac{1}{3}x^3+\dfrac{1}{2}x^2+7x+1$ 在 $(0,1)$ 处的切线与 x 轴的交点坐标是(　　).

(A) $\left(\dfrac{1}{3},0\right)$；　　　　　　　(B) $\left(\dfrac{1}{2},0\right)$；

(C) $\left(-\dfrac{1}{7},0\right)$；　　　　　　(D) $\left(-\dfrac{1}{3},0\right)$.

(4) 设 $f(x)$ 在 $x=0$ 的某个邻域内连续,$f(0)=0$,且 $\lim\limits_{x\to 0}\dfrac{f(x)}{\sin 3x}$ $=1$,则 $f(x)$ 在 $x=0$ 的导数 $f'(0)=(\qquad)$.

(A) 0；　　　(B) 1；　　　(C) $\dfrac{1}{3}$；　　　(D) 3.

(5) 若 $f(x)$ 在 x_0 点处可导,则 $|f(x)|$ 在 x_0 点处(　　).

(A) 必可导；　　　　　　(B) 连续但不一定可导；

(C) 一定不可导；　　　　(D) 不连续.

(6) 设 $f(x)=\sin\dfrac{x}{2}+\cos 2x$,则 $f^{(27)}(\pi)$ 的值等于(　　).

(A) 0；　　　(B) $-\dfrac{1}{2^{27}}$；　(C) $2^{27}-\dfrac{1}{2^{27}}$；　(D) 2^{27}.

2. 求下列函数的导数：

(1) $y=\tan x/(1+x^2)$；　　　　(2) $y=\sqrt{x\sqrt{x^3}}$；

(3) $y=(ax^3+bx^2+c)/(a+b)x$；　(4) $y=(\ln x)^x/x^{\ln x}$；

(5) $y=\sqrt{1-x^2}\arccos x+x^2+\sin\dfrac{\pi}{4}$；

(6) $y=2^{\frac{x}{\ln x}}$；　　　　　　　(7) $y=(\log_2 x+\ln x)/x$；

(8) $y=(a/b)^x(b/x)^a(x/a)^b$ $(a>0,b>0)$；

(9) $y=x^{x^a}+x^{x^x}$ $(x>0)$；　　(10) $y=\sqrt{\mathrm{e}^{\frac{1}{x}}\sqrt{x\sin x}}$.

3. 设 $f(x)=3^x$,求 $[f(x)]'$, $f'(x)$, $[f(3)]'$, $f'(3)$, $[f(\sqrt{x})]'$, $f'(\sqrt{x})$, $[f(\sqrt{x})]'|_{x=9}$, $f'(\sqrt{x})|_{x=9}$.

4. 设 $f(x)=(x-1)(x-2)\cdots(x-100)$，求 $f'(1)$.

5. 设 $f'(a)$ 存在，求 $\lim\limits_{x\to a}\dfrac{xf(a)-af(x)}{x-a}$.

6. 设 $f'(t)$ 存在，且 $a\neq 0$，求 $\lim\limits_{x\to 0}\dfrac{1}{x}\left[f\left(t+\dfrac{x}{a}\right)-f\left(t-\dfrac{x}{a}\right)\right]$.

7. 设 $f(x)=\begin{cases} x\arctan\dfrac{1}{x^2}, & x\neq 0, \\ 0, & x=0, \end{cases}$ 讨论 $f(x)$ 在 $x=0$ 处的可导性.

8. 设函数 $\varphi(t)=f(x_0+at)$，又已知 $f'(x_0)=a$，求 $\varphi'(0)$.

9. 设 $f(x)$ 在 $(-\infty,+\infty)$ 内有定义，在 $x=a$ 点处可导，且 $b\neq 0$，并令
$$y=f(a+bx)-f(a-bx),$$
求 $y'(0)$.

10. 设 $f(x)$ 在 $x=0$ 点处可导，且 $f(0)=0$，求
$$\lim_{x\to 0}\frac{f(tx)-f(x)}{x}.$$

11. 求下列函数的 n 阶导数：

(1) $y=\dfrac{1}{6x^2+x-1}$;   (2) $y=\dfrac{x^3}{1+x}$;

(3) $y=f(ax+b)$，其中 $f(x)$ 具有 n 阶导数；

(4) $y=\sin^6 x+\cos^6 x$.

12. 设函数 $y=f(x)$ 由参数方程
$$\begin{cases} \mathrm{e}^x=3t^2+2t+1, \\ t\sin y-y+\dfrac{\pi}{2}=0 \end{cases} \quad (t\text{ 为参数})$$
所确定，求 $y'_x\big|_{t=0}$.

13. 设 $x=\varphi(y)$ 是单调连续函数 $y=f(x)$ 的反函数，且 $f(2)=4$，$f'(2)=-\sqrt{5}$，求 $\varphi'(4)$.

14. 设 $\begin{cases} x=2t+|t|, \\ y=5t^2+4t|t|, \end{cases}$ 求导数 $\dfrac{\mathrm{d}y}{\mathrm{d}x}\bigg|_{t=0}$.

15. 设 $y=f[\varphi(x^2)+\psi^2(x)]$，其中 $f(u),\varphi(x),\psi(x)$ 均可导，求 $\mathrm{d}y$.

16. 设 $y=y(x)$ 由方程 $2^{xy}=x+y$ 确定，求 y'.

36

17. 求下列函数的微分：

(1) $y=e^{x^3}\cos 2x$；

(2) $y=\arctan f'(x)+e^{f(x)}+\ln(1+\pi^2)$；

(3) $y=\ln\tan\dfrac{\arcsin\cos 2x}{2}$；

(4) $y=\sin^2(\ln(3x+1))$；　　(5) $y=\dfrac{\cos x}{1-x^2}$.

18. 设 $y=f[\varphi(2-x^2)]$，又已知 $f(x)$ 和 $\varphi(x)$ 都是可导函数，求当 $\Delta x\to 0$ 时无穷小量 Δy 关于 Δx 的线性主部.

19. 设 $y=f(x)$ 在某点处自变量的增量 $\Delta x=0.2$，对应的函数增量的线性主部为 0.8，求 $y=f(x)$ 在该点处的导数.

20. 设 $y=e^{1+2x}\tan x$，求该函数在 $x=0$ 处的微分 $\mathrm{d}y|_{x=0}$.

21. 设 $y=f(x)$ 由方程 $e^{2x+y}-\cos(xy)=e-1$ 确定，求曲线 $y=f(x)$ 在点 $(0,1)$ 处的切线方程.

22. 设 $f(x)$ 在 $(-\infty,+\infty)$ 内有定义，对任意 x，恒有 $f(x+1)=2f(x)$，且当 $0\leqslant x\leqslant 1$ 时，有 $f(x)=x(1-x^2)$，问 $f'(0)$ 是否存在？

23. 已知曲线 $y=x^2+ax+b$ 和 $2y=-1+xy^3$ 在点 $(1,-1)$ 处相切，求 a,b 的值.

24. 设 $f(x)$ 在 $x=0$ 点处连续，且 $\lim\limits_{x\to 0}\dfrac{f(x)}{x}=A$（常数），证明：
$$f'(0)=A.$$

25. 求过点 $(2,0)$ 且与曲线 $y=\dfrac{1}{x}$ 相切的直线方程.

26. 设函数 $x=x(t)$ 由方程 $\sin t-\displaystyle\int_1^{x-t}e^{-u^2}\,\mathrm{d}u=0$ 所确定，求 $\dfrac{\mathrm{d}^2 x}{\mathrm{d}t^2}\Big|_{t=0}$.

27. 设 $y=f(\ln x)e^{f(x)}$，其中 f 可微，求 $\mathrm{d}y$.

28. 设有极坐标方程 $r=2\theta$，求 $\dfrac{\mathrm{d}y}{\mathrm{d}x}$.

29. 证明：若 $y=f(x)$ 在 x_0 处不连续，则该函数在 x_0 点处不可导.

30. 有一段长为 $5\,\mathrm{m}$ 的梯子贴靠在铅直的墙上，假使其下端沿地板以 $3\,\mathrm{m/s}$ 的速度离开墙脚而滑动.

(1) 当梯子下端离开墙脚 1.4 m 时,其上端下滑之速度为多少?

(2) 何时梯子的上下端能以相同的速率滑动?

(3) 何时梯子的上端下滑速度为 4 m/s?

B 级

1. 已知 $f(x)=\dfrac{(x-1)(x-2)\cdots(x-n)}{(x+1)(x+2)\cdots(x+n)}$,求 $f'(1)$.

2. 设 $f(x)$ 在 $x=2$ 点处连续,且 $\lim\limits_{x\to 2}\dfrac{f(x)}{x-2}=3$,求 $f'(2)$.

3. 设函数 $f(1+x)=af(x)$,且 $f'(0)=b$,其中 a,b 均不为零,问 $f'(1)$ 是否存在? 若存在,求 $f'(1)$.

4. 设 $f(x)$ 在 $x=a$ 的某个邻域内可导,且 $f(a)\neq 0$,求极限

$$\lim_{n\to\infty}\left[\frac{f\left(a+\dfrac{2}{n}\right)}{f(a)}\right]^{n}.$$

5. 设

$$\varphi(x)=\begin{cases}x^2\arctan\dfrac{1}{x}, & x\neq 0,\\[2mm] 0, & x=0,\end{cases}$$

又已知函数 $f(x)$ 在 $x=0$ 处可导,求 $F(x)=f[\varphi(x)]$ 在 $x=0$ 处的导数.

6. 设

$$f(t)=\left(\tan\frac{\pi}{4}t-1\right)\left(\tan\frac{\pi}{4}t^2-2\right)\cdots\left(\tan\frac{\pi}{4}t^{100}-100\right),$$

求 $f'(1)$.

7. 设 $f(x)=(x^{2000}-1)g(x)$, $g(x)$ 在 $x=1$ 点处连续,且 $g(1)=1$,求 $f'(1)$.

8. 试确定常数 a,b 的值,使函数

$$f(x)=\begin{cases}b(1+\sin x)+a+2, & x\geqslant 0,\\ \mathrm{e}^{ax}-1, & x<0\end{cases}$$

处处可导.

9. 设 $y=f\left(\dfrac{\ln f(x)}{f(x)}\right)$,且已知 $f(x)$ 可微,求 $\mathrm{d}y$.

10. 设 $\begin{cases} x=\ln(1+\theta^2), \\ y=\theta-\arctan\theta, \end{cases}$ 求 $y''(x)\Big|_{\theta=1}$.

11. 设 $y=\sin\left[f\left(\dfrac{x}{a}\right)\right]$，其中 f 二阶可导，且 $a\neq0$，求 y'，y''.

12. 已知 $\sqrt{x^2+y^2}=a\mathrm{e}^{\arctan\frac{y}{x}}$ $(a>0)$，求 $\dfrac{\mathrm{d}y}{\mathrm{d}x}$，$\dfrac{\mathrm{d}^2y}{\mathrm{d}x^2}$.

13. 设有方程 $2x-\tan(x-y)=\displaystyle\int_0^{x-y}\sec^2t\mathrm{d}t$，求 $\dfrac{\mathrm{d}^2y}{\mathrm{d}x^2}$.

14. 求函数 $f(x)=\begin{cases} \mathrm{e}^{-1/x^2}, & x\neq0, \\ 0, & x=0 \end{cases}$ 的导数 $f'(x)$，并讨论其连续性.

15. 设 $x=\varphi(y)$ 与 $y=f(x)$ 互为反函数，且已知 $f'(x)=x^4+x^2+1$，求 $\varphi''(y)$.

16. 设 $f(x)=a_1\sin x+a_2\sin2x+\cdots+a_n\sin nx$，其中 $a_1,a_2,\cdots,a_n$ 为常数，且对任意 $x\neq0$，有 $|f(x)|\leqslant|\sin x|$，证明：$|a_1+2a_2+\cdots+na_n|\leqslant1$.

17. 设 $f(x)=\begin{cases} \dfrac{g(x)-\cos x}{x}, & x\neq0, \\ a, & x=0, \end{cases}$ 其中 $g(x)$ 具有二阶导数，且 $g(0)=1$.

(1) 确定 a 的值，使 $f(x)$ 在 $x=0$ 处连续；

(2) 求 $f'(x)$；

(3) 讨论 $f'(x)$ 在 $x=0$ 处的连续性.

18. 设周期为 4 的周期函数 $f(x)$ 在 $(-\infty,+\infty)$ 内可导，又已知

$$\lim_{x\to0}\frac{f(1)-f(1-x)}{2x}=-1,$$

求曲线 $y=f(x)$ 在 $(5,f(5))$ 点处的切线方程.

19. 设对非零的 x,y 有 $f(xy)=f(x)+f(y)$，且 $f'(1)=a$，试证：当 $x\neq0$ 时，有

$$f'(x)=\frac{a}{x}.$$

20. 设 $f(x)=\displaystyle\lim_{n\to\infty}\frac{x^2\mathrm{e}^{n(x-1)}+ax+b}{1+\mathrm{e}^{n(x-1)}}$，求 $f(x)$，并讨论其连续性与可导性.

专题三　中值定理与导数的应用

【一】内容提要

1. 中值定理：罗尔定理、拉格朗日中值定理、柯西中值定理.
2. 洛必达法则.
3. 泰勒公式与麦克劳林公式.
4. 函数单调性的判别法.
5. 函数的极值及其求法与最大值、最小值问题.
6. 曲线的凹凸与拐点.
7. 曲率.

【二】基本要求

1. 理解罗尔定理与拉格朗日中值定理；了解柯西中值定理及泰勒公式.
2. 掌握洛必达法则.
3. 理解函数的极值和曲线的凹凸概念；掌握函数的单调性、极值与曲线的凹凸的判定方法；会解简单的最值问题.
4. 了解曲率及曲率半径概念，会计算曲率.

【三】释疑解难

1. 中值定理有什么意义？

答　中值定理具有一定的几何意义（如教科书所述），这种意义可以理解为函数与导数之间的联系.

2. 为什么不将中值定理中的函数 $f(x)$ 在 $[a,b]$ 上连续和在 (a,b) 内可导合并为 $f(x)$ 在 $[a,b]$ 上可导？

答 条件 $f(x)$ 在 $[a,b]$ 上可导包含了 $f(x)$ 在 $[a,b]$ 上连续,在 (a,b) 内可导,此外还要求 $f(x)$ 在 $x=a$ 处右导数存在,在 $x=b$ 处左导数存在,即该条件对函数 $f(x)$ 的要求高,从而满足此条件的函数比满足中值定理条件的函数少,缩小了能适用中值定理的函数范围.

3. 拉格朗日中值定理的结果有哪些形式?

答 若函数 $f(x)$ 在 $[a,b]$ 上满足拉格朗日中值定理的条件,则对于任意 $x_1,x_2 \in [a,b]$

(1) 当 $x_1 < x_2$ 或 $x_2 < x_1$ 时,有

$$f(x_2) - f(x_1) = f'(\xi)(x_2 - x_1) \quad (\xi \text{ 介于 } x_1 \text{ 与 } x_2 \text{ 之间});$$

(2) 当 $x_1 < x_2$ 或 $x_2 < x_1$ 时,对于(1)中的 ξ,必存在 $\theta \in (0,1)$ 使得 $\xi = x_1 + \theta(x_2 - x_1)$,于是有

$$f(x_2) - f(x_1) = f'[x_1 + \theta(x_2 - x_1)](x_2 - x_1) \quad (0 < \theta < 1);$$

(3) 当 $x_1 < x_2$ 或 $x_2 < x_1$ 时,令 $h = x_2 - x_1$,$x_1 = x$,即 $x_2 = x + h$,于是有

$$f(x + h) - f(x) = hf'(x + h\theta) \quad (0 < \theta < 1).$$

4. 用洛必达法则计算未定式极限应注意哪些问题?

答 应注意以下问题:

(1) 计算的极限必须是 $\dfrac{0}{0}$ 或 $\dfrac{\infty}{\infty}$ 型的未定式,其他未定式应化为上述两种未定式,再使用洛必达法则做计算;

(2) 洛必达法则要求 $\lim\limits_{x \to a} \dfrac{f'(x)}{F'(x)}$ 存在,如果 $\lim\limits_{x \to a} \dfrac{f'(x)}{F'(x)}$ 不存在,则 $\lim\limits_{x \to a} \dfrac{f(x)}{F(x)}$ 不能用洛必达法则计算.

【四】方法指导

例 1 设 $f(x)$ 在 $[a,b]$ $(0 < a < b)$ 上连续,在 (a,b) 内可导,且 $f'(x) > 0$,$af(b) - bf(a) = 0$,证明:在 (a,b) 内至少存在一点 ξ 使

$$\frac{f(\xi)}{f'(\xi)} = \xi.$$

分析 要证 $\xi f'(\xi) - f(\xi) = 0$,只要证 $\dfrac{\xi f'(\xi) - f(\xi)}{\xi^2} = 0$,即证

$$\left[\frac{xf'(x)-f(x)}{x^2}\right]_{x=\xi}=0, \quad \text{亦即} \quad \left[\frac{f(x)}{x}\right]'_{x=\xi}=0.$$

证明　令 $F(x)=\dfrac{f(x)}{x}$，由题设知 $F(x)$ 在 $[a,b]$ 上连续，在 (a,b) 内可导，且

$$F(a)=\frac{f(a)}{a}=\frac{f(b)}{b}=F(b).$$

故由罗尔定理知，至少存在一点 $\xi\in(a,b)$，使

$$F'(\xi)=0, \quad \text{即} \quad \frac{f(\xi)}{f'(\xi)}=\xi.$$

例 2　设 $f(x)$ 在 $[a,b]$ 上连续，在 (a,b) 内可导，证明：在 (a,b) 内至少存在一点 ξ 使

$$bf(b)-af(a)-(b-a)[f(\xi)+\xi f'(\xi)]=0.$$

分析 1　要证 $\dfrac{bf(b)-af(a)}{b-a}=f(\xi)+\xi f'(\xi)$，即证

$$\frac{bf(b)-af(a)}{b-a}=[xf(x)]'_{x=\xi}.$$

证法 1　令 $F(x)=xf(x)$，易知 $F(x)$ 在 $[a,b]$ 上连续，在 (a,b) 内可导. 由拉格朗日中值定理知，在 (a,b) 内至少存在一点 ξ 使

$$\frac{F(b)-F(a)}{b-a}=F'(\xi),$$

即

$$\frac{bf(b)-af(a)}{b-a}=f(\xi)+\xi f'(\xi).$$

分析 2　要证 $bf(b)-af(a)-(b-a)[f(\xi)+\xi f'(\xi)]=0$，即证

$$[bf(b)-af(a)-(b-a)(f(x)+xf'(x))]_{x=\xi}=0.$$

证法 2　令

$$F(x)=[bf(b)-af(a)]x-(b-a)xf(x),$$

易知 $F(x)$ 在 $[a,b]$ 上连续，在 (a,b) 上可导，且

$$F(a)=F(b)=ab[f(b)-f(a)].$$

由罗尔定理知，在 (a,b) 内至少存在一点 ξ，使 $F'(\xi)=0$，即

$$bf(b)-af(a)-(b-a)[f(\xi)+\xi f'(\xi)]=0.$$

例 3　设 $x_1>x_2$，且 $x_1x_2>0$，证明：

$$x_1\mathrm{e}^{x_2}-x_2\mathrm{e}^{x_1}=(1-\xi)\mathrm{e}^{\xi}(x_1-x_2).$$

分析　要证 $x_1\mathrm{e}^{x_2}-x_2\mathrm{e}^{x_1}=(1-\xi)\mathrm{e}^{\xi}(x_1-x_2)$，即证

$$\frac{\mathrm{e}^{x_2}}{x_2}-\frac{\mathrm{e}^{x_1}}{x_1}=\left(\frac{1}{x_2}-\frac{1}{x_1}\right)(1-\xi)\mathrm{e}^{\xi}.$$

证明　令 $f(x)=\dfrac{\mathrm{e}^x}{x}$，$g(x)=\dfrac{1}{x}$，易知 $f(x),g(x)$ 在 $[x_1,x_2]$ 上连续，在 (x_1,x_2) 内可导，且

$$g'(x)=-\frac{1}{x^2}\neq 0 \quad (x_1<x<x_2).$$

由柯西中值定理知，存在 $\xi\in(x_1,x_2)$，使

$$\frac{f(x_2)-f(x_1)}{g(x_2)-g(x_1)}=\frac{f'(\xi)}{g'(\xi)},$$

即　　　　$\dfrac{\mathrm{e}^{x_2}}{x_2}-\dfrac{\mathrm{e}^{x_1}}{x_1}=\left(\dfrac{1}{x_2}-\dfrac{1}{x_1}\right)(1-\xi)\mathrm{e}^{\xi}.$

例 4　设函数 $f(x)$ 与 $g(x)$ 在 $[a,b]$ 上连续，在 (a,b) 内可导，且 $f(a)=f(b)=0$，证明：存在 $\xi\in(a,b)$，使 $f'(\xi)+f(\xi)g'(\xi)=0$.

分析　要证 $\dfrac{f'(\xi)}{f(\xi)}=-g'(\xi)$，积分变形为

$\ln|f(\xi)|=-g(\xi)+\ln|C|$，　　即　　$f(\xi)\mathrm{e}^{g(\xi)}=C$

（导数变形后即为要证）.

证明　令 $F(x)=f(x)\mathrm{e}^{g(x)}$，易知 $F(x)$ 在 $[a,b]$ 上连续，在 (a,b) 内可导，且 $F(a)=F(b)=0$. 由罗尔定理知，存在 $\xi\in(a,b)$，使

$$F'(\xi)=0,\quad 即\quad \frac{f'(\xi)}{f(\xi)}=-g'(\xi).$$

例 5　设 $f(x)$ 在 $[a,b]$ 上连续，在 (a,b) 内可导，且 $f'(x)\neq 0$，试证：存在 $\xi,\eta\in(a,b)$，使

$$\frac{f'(\xi)}{f'(\eta)}=\frac{\mathrm{e}^b-\mathrm{e}^a}{b-a}\mathrm{e}^{-\eta}.$$

分析　将所证等式变形为

$$\frac{f'(\eta)}{\mathrm{e}^{\eta}}=\frac{b-a}{\mathrm{e}^b-\mathrm{e}^a}f'(\xi).$$

上式左端是柯西中值定理中的一端，涉及两个函数 $f(x)$ 及 $g(x)=\mathrm{e}^x$.

证明　易知 $f(x)$ 及 $g(x)=\mathrm{e}^x$ 在 $[a,b]$ 上满足柯西中值定理的

44

条件,于是,存在 $\eta \in (a,b)$ 使

$$\frac{f'(\eta)}{e^\eta} = \frac{f(b) - f(a)}{e^b - e^a}.$$

又由拉格朗日中定理知,存在 $\xi \in (a,b)$,使

$$f(b) - f(a) = f'(\xi)(b - a),$$

所以有

$$\frac{f'(\eta)}{e^\eta} = \frac{f(b) - f(a)}{e^b - e^a} = \frac{b - a}{e^b - e^a} f'(\xi),$$

即存在 $\xi, \eta \in (a,b)$,使 $\dfrac{f'(\xi)}{f'(\eta)} = \dfrac{e^b - e^a}{b - a} e^{-\eta}$.

例 6 设 $f(x)$ 在 $[a,b]$ $(0 < a < b)$ 上连续,在 (a,b) 内可导,试证:存在 $\xi, \eta \in (a,b)$,使 $f'(\xi) = \dfrac{\eta^2 f'(\eta)}{ab}$.

分析 由于上式中 $\xi \neq \eta$,且右端含 a,b,所以可以考虑 $f(x)$ 在 $[a,b]$ $(0 < a < b)$ 上用中值定理.

证明 $f(x)$ 在 $[a,b]$ $(0 < a < b)$ 上满足拉格朗日中值定理的条件,从而存在 $\xi \in (a,b)$ 使

$$f(b) - f(a) = f'(\xi)(b - a),$$

故原问题就归结为证

$$\frac{f(b) - f(a)}{b - a} = \frac{\eta^2}{ab} f'(\eta),$$

即

$$\frac{f(b) - f(a)}{\dfrac{1}{b} - \dfrac{1}{a}} = \frac{f'(\eta)}{-\dfrac{1}{\eta^2}} = -\eta^2 f'(\eta).$$

上式只要 $f(x)$ 和 $g(x) = \dfrac{1}{x}$ 在 $[a,b]$ 上使用柯西中值定理即可得到.

故存在 $\xi, \eta \in (a,b)$,使 $f'(\xi) = \dfrac{\eta^2 f'(\eta)}{ab}$.

*例 7 设 $f(x)$ 在 $[a,b]$ 上可导,且 $f'(x) > 0$,$f(a) > 0$,试证:对图 3-1 所示两个面积函数 $A(t)$ 和 $B(t)$,存在惟一的 $\xi \in (a,b)$ 使得

$$A(\xi) = 1999B(\xi).$$

分析 所证明问题可归结为方程 $A(t) = 1999B(t)$ 在 (a,b) 内有且仅有一个实根.

证明 由定积分的几何意义知

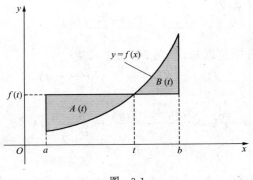

图 3-1

$$A(t) = \int_a^t [f(t) - f(x)]\mathrm{d}x, \quad B(t) = \int_t^b [f(x) - f(t)]\mathrm{d}x.$$

作辅助函数 $F(t) = A(t) - 1999B(t)$，则 $F(t)$ 在 $[a,b]$ 上连续，且

$$F(a) = A(a) - 1999B(a) = -1999\int_a^b [f(x) - f(a)]\mathrm{d}x < 0,$$

$$F(b) = A(b) - 1999B(b) = \int_a^b [f(b) - f(x)]\mathrm{d}x > 0,$$

于是由零点定理知，存在 $\xi \in (a,b)$，使

$$F(\xi) = 0, \quad 即 \quad A(\xi) = 1999B(\xi).$$

又因为

$$F'(t) = A'(t) - 1999B'(t)$$
$$= \left[f(t)\int_a^t \mathrm{d}x - \int_a^t f(x)\mathrm{d}x\right]' + 1999\left[\int_b^t f(x)\mathrm{d}x - f(t)\int_b^t \mathrm{d}x\right]'$$
$$= f'(t)(t - a) + 1999f'(t)(b - t) > 0,$$

故方程 $F(t) = 0$ 在 $[a,b]$ 内最多有一个实根.

综上所述知，$A(t) = 1999B(t)$ 在 (a,b) 内有且仅有一个实根.

例 8 计算 $\lim\limits_{x \to +\infty}\left(\dfrac{2}{\pi}\arctan x\right)^x$.

分析 此极限为 1^∞ 型未定式，应化为 $\dfrac{0}{0}$ 型或 $\dfrac{\infty}{\infty}$ 型未定式.

解 由于

$$\lim_{x \to +\infty}\left(\frac{2}{\pi}\arctan x\right)^x = \lim_{x \to +\infty}\mathrm{e}^{\frac{\ln\left(\frac{2}{\pi}\arctan x\right)}{\frac{1}{x}}},$$

46

而 $$\lim_{x\to+\infty}\frac{\ln\left(\dfrac{2}{\pi}\arctan x\right)}{\dfrac{1}{x}}=\lim_{x\to\infty}\frac{\dfrac{1}{\dfrac{2}{\pi}\arctan x}\cdot\dfrac{\dfrac{2}{\pi}}{1+x^2}}{-\dfrac{1}{x^2}}$$

$$=\lim_{x\to+\infty}\frac{-x^2}{(1+x^2)\arctan x}=-\frac{2}{\pi},$$

所以,原式$=e^{-\frac{2}{\pi}}$.

例 9 计算 $\lim\limits_{x\to\infty}\dfrac{x+\sin x}{x}$.

分析 此极限为 $\dfrac{\infty}{\infty}$ 型未定式,但 $\lim\limits_{x\to\infty}\dfrac{1+\cos x}{1}$ 不存在,所以不能用洛必达法则计算. 这里考虑用其他方法计算.

解 $\lim\limits_{x\to\infty}\dfrac{x+\sin x}{x}=\lim\limits_{x\to\infty}\left(1+\dfrac{\sin x}{x}\right)=1.$

例 10 计算 $\lim\limits_{x\to0}\left(\dfrac{1}{x^2}-\cot^2 x\right)$.

分析 此极限为 $\infty-\infty$ 型未定式,如果将原式化为

$$\lim_{x\to0}\frac{\sin^2 x-x^2\cos^2 x}{x^2\sin^2 x}$$

后,直接使用洛必达法则,计算就会十分复杂.

解 原式$=\lim\limits_{x\to0}\dfrac{\sin^2 x-x^2\cos^2 x}{x^2\sin^2 x}=\lim\limits_{x\to0}\dfrac{\tan^2 x-x^2}{x^2\tan^2 x}$

$=\lim\limits_{x\to0}\dfrac{\tan^2 x-x^2}{x^4}=\lim\limits_{x\to0}\left(\dfrac{\tan x+x}{x}\right)\left(\dfrac{\tan x-x}{x^3}\right)$

$=2\lim\limits_{x\to0}\dfrac{\tan x-x}{x^3}=2\lim\limits_{x\to0}\dfrac{\sec^2 x-1}{3x^2}=\dfrac{2}{3}.$

例 11 计算 $\lim\limits_{n\to\infty}\left(1+\dfrac{1}{n}+\dfrac{1}{n^2}\right)^n$.

分析 此极限为数列极限,应将这个极限归结为函数极限.

解 令 $y=\left(1+\dfrac{1}{x}+\dfrac{1}{x^2}\right)^x$,则

$$\lim_{x\to+\infty}\ln y=\lim_{x\to+\infty}\frac{\ln\left(1+\dfrac{1}{x}+\dfrac{1}{x^2}\right)}{\dfrac{1}{x}}=\lim_{x\to+\infty}\frac{x^4}{x^2+x+1}\cdot\frac{x+2}{x^3}=1,$$

于是 $$\lim_{x \to +\infty} y = \lim_{x \to +\infty} \left(1 + \frac{1}{x} + \frac{1}{x^2}\right)^x = e.$$

特别取 $x=n$, 有 $\lim\limits_{n \to \infty} \left(1 + \frac{1}{n} + \frac{1}{n^2}\right)^n = e$.

例 12 设 $f(x)$ 在 $[0, +\infty)$ 上连续可导, 且 $|f'(x)| < f(x)$, $f(0)=1$, 证明: $f(x) < e^x$ $(x>0)$.

分析 按照利用函数单调性证明不等式的一般方法, 要证 $f(x) < e^x$, 作辅助函数 $F(x) = e^x - f(x)$, 但 $F'(x)$ 的符号无法判别, 因此, 分析要证 $1 - e^{-x} \cdot f(x) > 0$, 作辅助函数 $F(x) = 1 - e^{-x} f(x)$.

证明 令 $F(x) = 1 - e^{-x} f(x)$, 当 $x>0$ 时, 有
$$F'(x) = e^{-x}[f(x) - f'(x)] \geqslant e^{-x}[f(x) - |f'(x)|] > 0.$$
又因 $F(x)$ 在 $x=0$ 处连续, 故 $F(x)$ 在 $[0, +\infty)$ 上严格单调增加, 所以当 $x>0$ 时, 有
$$F(x) > F(0) = 0, \quad 即 \quad f(x) < e^x.$$

例 13 设 $\lim\limits_{x \to 0} \dfrac{f(x)}{x} = 1$, 且 $f''(x) > 0$, 证明: $f(x) \geqslant x$.

分析 若令 $F(x) = f(x) - x$, 则 $F'(x) = f'(x) - 1$, 其符号不能判定. 但注意到 $F''(x) = f''(x) > 0$, 即 $F'(x)$ 单调, 而导数的单调有助于找到原函数的极值, 故可利用极值或最值证明不等式.

证明 因为 $f(x)$ 连续, 且 $\lim\limits_{x \to 0} \dfrac{f(x)}{x} = 1$, 所以
$$f(0) = 0, \quad 且 \quad f'(0) = \lim_{x \to 0} \frac{f(x) - f(0)}{x} = 1.$$
令 $F(x) = f(x) - x$, 则 $F(0) = 0$. 由于 $F'(x) = f'(x) - 1$, 故 $F'(0) = 0$. 又由 $F''(x) = f''(x) > 0$ 知, $F'(x)$ 严格单调增加, 于是当 $x>0$ 时, $F'(x) > F'(0) = 0$, 当 $x<0$ 时, $F'(x) < F'(0) = 0$, 所以 $F(0)$ 为 $F(x)$ 的最小值, 即 $F(x) \geqslant F(0)$, 亦即 $f(x) \geqslant x$.

例 14 求 $y = \sqrt[3]{x^3 - 3x^2 + 1}$ 的极值.

分析 本题直接求极值计算比较复杂, 但注意到若函数 $u = x^3 - 3x^2 + 1$ 的极值为 $u(x_0)$, 则函数 $y = \sqrt[3]{x^3 - 3x^2 + 1}$ 的极值为 $\sqrt[3]{u(x_0)}$.

解 设 $u(x) = x^3 - 3x^2 + 1$, 由 $u'(x) = 3x^2 - 6x = 0$, 求得驻点
$$x_1 = 0, \quad x_2 = 2.$$

又由 $u''(x) = 6x - 6$ 知
$$u''(0) = -6 < 0, \quad u''(2) = 6 > 0,$$
所以 $u(0) = 1$ 为 $u(x)$ 的极大值，$u(2) = -3$ 为 $u(x)$ 的极小值．故 $y(0) = 1$，$y(2) = -\sqrt[3]{3}$ 分别为原式的极大值和极小值．

例 15 求曲线 $\begin{cases} x = t^2, \\ y = 3t + t^3 \end{cases}$ 的拐点．

分析 在求拐点时，曲线方程为直角坐标方程是教科书重点讲解的类型，曲线方程为参数式方程是本题指出的问题．

解 易求得
$$y'_x = \frac{3(1 + t^2)}{2t}, \quad y''_x = \frac{3(t^2 - 1)}{4t^3}.$$

由 $y''_x = 0$，得 $t = \pm 1$. 因为 $x = t^2$，所以，当 t 在 -1 左侧附近取值时，x 在 1 的右侧附近取值，于是，由 $t^2 > 1$，$t^3 < 0$ 知 $y''_x < 0$；当 t 在 -1 的右侧附近取值时，x 在 1 的左侧附近取值，于是由 $t^2 < 1$，$t^3 < 0$ 知 $y''_x > 0$. 故 $(1, -4)$ 是所给曲线的拐点．

同理可求得拐点 $(1, 4)$.

例 16 若曲线 $y = e^x + ax^3$ 有拐点，讨论 a 的取值范围．

分析 函数 $y = e^x + ax^3$ 任意阶可导，故 a 的取值范围要使 $y'' = e^x + 6ax = 0$ 有解，即要使 $e^x = -6ax$ 有解，这相当于要使 $y = e^x$ 与 $y = -6ax$ 有交点．

解 （1）若 $a > 0$（从而 $-6a < 0$），曲线 $y = e^x$ 必与直线 $y = -6ax$ 相交，且易知交点横坐标 x 所对应的曲线上的点是拐点．

（2）若 $a < 0$（从而 $-6a > 0$），曲线 $y = e^x$ 与直线 $y = -6ax$ 相交的极限位置就是该直线与曲线相切时的位置，为此，求该切线所对应的 a 值．

设切点坐标为 (x_0, e^{x_0})，过切点的切线方程为
$$y - e^{x_0} = e^{x_0}(x - x_0).$$

又切线过原点，则
$$0 - e^{x_0} = e^{x_0}(0 - x_0), \quad \text{解出} \quad x_0 = 1,$$

于是切点为 $(1, e)$，切线方程为 $y = ex$，对应的 a 值为 $-\dfrac{e}{6}$. 所以，当

$a < -\dfrac{e}{6}$ 时,曲线 $y = e^x$ 与直线 $y = -6ax$ 相交,且非相切,故此时曲线 $y = e^x + ax^3$ 有拐点.

(3) 若 $a = 0$,曲线 $y = e^x$ 与直线 $y = 0$ 无交点,因此 $y = e^x + ax^3$ 无拐点.

综上所述知,当 $a > 0$ 或 $a < -\dfrac{e}{6}$ 时,所给曲线有拐点.

例 17 求曲线 $y = \dfrac{3}{5}x^{\frac{5}{3}} - \dfrac{3}{2}x^{\frac{2}{3}} + 1$ 的凹凸区间及拐点.

分析 曲线方程为直角坐标形式,可按直角坐标方程情形求凹凸区间及拐点.

解 求得

$$y' = x^{\frac{2}{3}} - x^{-\frac{1}{3}} \quad (x \neq 0),$$

$$y'' = \dfrac{2}{3}x^{-\frac{1}{3}} + \dfrac{1}{3}x^{-\frac{4}{3}} = \dfrac{1}{3}(2x + 1)\dfrac{1}{x\sqrt[3]{x}} \quad (x \neq 0),$$

易知,在 $x = 0$ 处 y'' 不存在,且令 $y'' = 0$,有 $x = -\dfrac{1}{2}$.

当 $x \in \left(-\infty, -\dfrac{1}{2}\right)$ 时, $y'' < 0$,因此 $\left(-\infty, -\dfrac{1}{2}\right)$ 是曲线的凸区间;

当 $x \in \left(-\dfrac{1}{2}, 0\right)$ 时, $y'' > 0$,因此 $\left(-\dfrac{1}{2}, 0\right)$ 是曲线的凹区间;

当 $x \in (0, +\infty)$ 时, $y'' > 0$,因此 $(0, +\infty)$ 是曲线的凹区间.

故点 $\left(-\dfrac{1}{2}, 1 - \dfrac{9\sqrt[3]{2}}{10}\right)$ 是曲线的一个拐点.

【五】同步训练

A 级

1. 求函数 $y = \ln\sin x$ 在 $\left[\dfrac{\pi}{6}, \dfrac{5\pi}{6}\right]$ 上使罗尔定理成立的 ξ 值.

2. 验证罗尔定理对函数 $y = x^3 + 4x^2 - 7x - 10$ 在区间 $[-1, 2]$ 上的正确性,并求对应的 ξ 的值.

3. 验证拉格朗日中值定理对函数 $f(x) = 4x^3 - 5x^2 + x - 2$ 在区

间 $[0,1]$ 上的正确性,并求对应的 ξ 的值.

4. 设 $f(x)=\dfrac{1}{x}$,求满足

$$f(x+\Delta x)-f(x)=f'(x+\theta\Delta x)\Delta x \quad (0<\theta<1)$$

的 θ,其中 x 与 $x+\Delta x$ 同号.

5. 证明:方程 $x^3-3x+c=0$ 在区间 $(0,1)$ 内无两个不同实根.

6. 如果 $0<\beta\leqslant\alpha<\dfrac{\pi}{2}$,试证:

$$\frac{\alpha-\beta}{\cos^2\beta}\leqslant\tan\alpha-\tan\beta\leqslant\frac{\alpha-\beta}{\cos^2\alpha}.$$

7. 确定 $y=\sqrt[3]{(2x-a)(a-x)^2}\ (a>0)$ 的单调区间.

8. 确定 $y=2^{\frac{1}{x-a}}$ 的单调区间.

9. 确定方程 $3x^4-4x^3-6x^2+12x-20=0$ 的实根所在的区间.

10. 试证:当 $x>0$ 时,有 $x>\ln(1+x)>x-\dfrac{x^2}{2}$.

11. 求下列极限:

(1) $\lim\limits_{x\to\infty}\left(1-\dfrac{1}{x^2}\right)^x$; (2) $\lim\limits_{x\to0}\left(\dfrac{\sin x}{x}\right)^{\frac{1}{1-\cos x}}$.

12. 求下列函数的极值:

(1) $y=(x-5)\sqrt[2]{(x+1)^2}$; (2) $y=\mathrm{e}^x\cos x$.

13. 问常数 a,b,c,d 为何值时,函数 $y=ax^3+bx^2+cx+d$ 在 $x=0$ 处有极大值 1,在 $x=2$ 处有极小值 0.

14. 设函数 $f(x)=(x-x_0)^n\varphi(x)\ (n\in\mathbf{N})$,其中 $\varphi(x)$ 在 $x=x_0$ 处连续,且 $\varphi(x_0)\neq0$,试讨论 $f(x)$ 在 x_0 处是否取得极值.

15. 已知 $f(x)=\begin{cases}x^{2x}, & x>0,\\ x+1, & x\leqslant0,\end{cases}$ 问 x 为何值时,$f(x)$ 取得极值.

16. 设 $f(x)$ 在点 x_0 处连续,在 x_0 某个去心邻域内可导,且当 $x\neq x_0$ 时,$(x-x_0)f'(x)>0$,则( ).

(A) $f(x_0)$ 为极大值; (B) $f(x_0)$ 为极小值;

(C) x_0 为 $f(x)$ 的驻点; (D) x_0 不是 $f(x)$ 的极值点.

17. 求曲线 $y=\dfrac{a}{x}\ln\dfrac{a}{x}\ (a>0)$ 的凹凸区间及拐点.

18. 求曲线 $y = 2 - |x^2 - 1|$ 的凹凸区间及拐点.

19. 求曲线 $\begin{cases} x = 2a\cot\theta, \\ y = 2a\sin^2\theta \end{cases}$ 的拐点. .

20. 求 $f(x) = \ln x + \dfrac{1}{x}$ 在 $(0, +\infty)$ 内的最小值.

21. 求曲线 $y = \dfrac{1 + \mathrm{e}^{-x^2}}{1 - \mathrm{e}^{-x^2}}$ 的渐近线.

22. 求曲线 $\begin{cases} x = 3t^2, \\ y = 3t - t^3 \end{cases}$ 在与 $t = 1$ 相应的点处的曲率半径.

23. 求数列 $\{\sqrt[n]{n}\}$ 的最大项.

24. 设 $a > \mathrm{e}$, $0 < x < y < \dfrac{\pi}{2}$, 证明:
$$a^y - a^x > (\cos x - \cos y)a^x \ln a.$$

25. 证明: 数列 $\{x_n\} = \{(n+3)^{\frac{1}{n+3}}\}$ 为递减数列.

26. 求函数 $f(x) = |x|\mathrm{e}^{-|x-1|}$ 的极值.

27. 证明: $x\ln x + y\ln y > (x+y)\ln\dfrac{x+y}{2}$ $(x > 0, y > 0)$.

B 级

1. 证明: 如果 $c_0 + \dfrac{c_1}{2} + \cdots + \dfrac{c_n}{n+1} = 0$, 其中 $c_0, c_1, \cdots, c_n$ 是常数, 则方程 $c_0 + c_1 x + c_2 x^2 + \cdots + c_n x^n = 0$ 在 $(0, 1)$ 内至少有一实根.

2. 证明: 设 $F(x) = x^3 f(x)$, 若函数 $f(x)$ 在 $[0, 1]$ 上存在三阶导数, 且 $f(0) = f(1) = 0$, 则在 $(0, 1)$ 内至少存在一点 ξ, 使 $F'''(\xi) = 0$.

3. 设 $f(x)$ 在 $(-\infty, +\infty)$ 内可导, 且 $f(x) + f'(x) > 0$, 试证: 若 $f(x) = 0$ 有根, 则根必惟一.

4. 设 $f(x)$ 在 $[a, b]$ 上可导, 且 $f(a) = f(b)$, 证明: 存在 $\xi \in (a, b)$, 使
$$f(a) - f(\xi) = \xi f'(\xi).$$

5. 设 $y = f(x)$ 在 $(-\infty, +\infty)$ 内可导, 且
$$f'(x) = (4 - x^2)(2x + 3)\sin^2(x^3),$$
试确定函数的单调区间.

6. 判断方程 $\mathrm{e}^x - |x + 2| = 0$ 有几个实根, 并指出其所在区间.

52

7. 已知函数 $f(x)$ 在 $[0,+\infty)$ 上连续，在 $(0,+\infty)$ 内可微，且 $f'(x)$ 在 $(0,+\infty)$ 内单调增加，$f(0)=0$，证明：$\dfrac{f(x)}{x}$ 在 $(0,+\infty)$ 内单调增加.

8. 设 $f(x)$ 在 $[0,a]$ 上具有二阶导数，且 $f''(x)>0$，$f(0)\leqslant0$，证明：$\dfrac{f(x)}{x}$ 在 $(0,a)$ 内单调增加.

9. 求数列 $\left\{\sqrt[n]{\dfrac{2}{n}}\right\}$ 的最小项.

10. 求函数 $y=x^2\ln(ax)$ $(a>0)$ 的拐点，并求 a 变动时，拐点 M 的轨迹方程.

11. 求由 y 轴上的定点 $(0,b)$ 到抛物线 $x^2=4y$ 上的点的最短距离.

12. 求函数 $y=|x^2-3x+2|$ 在 $[-10,10]$ 上的最大值和最小值.

13. 求曲线 $y=a\ln\left(1-\dfrac{x^2}{a^2}\right)$ $(a>0)$ 上曲率半径为最小的点的坐标.

14. 求函数 $y=\dfrac{x}{x-1}$ 在 $x_0=2$ 处的三阶泰勒公式.

15. 把 $f(x)=\ln(1+\sin^2x)$ 展成麦克劳林公式，要求展开到 x^4 项.

16. 设 $f(x)$ 在 $[a,+\infty)$ 上连续，且当 $x>a$ 时，$f'(x)>k>0$，其中 k 为常数，证明：如果 $f(a)<0$，那么方程 $f(x)=0$ 在 $\left[a,a-\dfrac{f(a)}{k}\right]$ 内有且仅有一个实根.

学习札记

专题四　不定积分

【一】内容提要

1. **原函数**：设函数 $f(x)$ 在区间 I 上有定义，如果存在 $F(x)$，对于区间 I 中任意一个 x，均有 $F'(x)=f(x)$ 或 $\mathrm{d}F(x)=f(x)\mathrm{d}x$，则称 $F(x)$ 为 $f(x)$ 在区间 I 上的一个**原函数**.

2. **不定积分**：函数在区间 I 上的原函数的全体，称为 $f(x)$ 在区间 I 上的**不定积分**，记为 $\displaystyle\int f(x)\mathrm{d}x$. 设 $F(x)$ 为 $f(x)$ 在区间 I 上的一个原函数，则 $\displaystyle\int f(x)\mathrm{d}x=F(x)+C$.

可积性：设 $f(x)$ 是区间 I 上的连续函数，则 $f(x)$ 在区间 I 上的原函数和不定积分一定存在，这时也称 $f(x)$ 在区间 I 上**可积**.

3. 不定积分的性质：

(1) $\displaystyle\int kf(x)\mathrm{d}x=k\int f(x)\mathrm{d}x$；

(2) $\displaystyle\int[f_1(x)\pm f_2(x)\pm\cdots\pm f_k(x)]\mathrm{d}x$
$$=\int f_1(x)\mathrm{d}x\pm\int f_2(x)\mathrm{d}x\pm\cdots\pm\int f_k(x)\mathrm{d}x;$$

(3) $\displaystyle\left[\int f(x)\mathrm{d}x\right]'=f(x)$ 和 $\mathrm{d}\left[\int f(x)\mathrm{d}x\right]=f(x)\mathrm{d}x$；

(4) $\displaystyle\int F'(x)\mathrm{d}x=F(x)+C$ 或 $\displaystyle\int \mathrm{d}F(x)=F(x)+C$.

4. 不定积分的计算方法：

(1) **直接积分法**：利用基本积分公式表可直接求不定积分的方法称为**直接积分法**.

(2) **换元积分法**：分为第一类换元积分法（凑微分法）和第二类换元积分法（变量代替法）.

第一类换元积分法：设函数 $f(u)$ 具有原函数 $F(u)$，$u=\varphi(x)$ 可

导,则 $F[\varphi(x)]$ 是 $f[\varphi(x)]\varphi'(x)$ 的原函数,即有换元公式:

$$\int f[\varphi(x)]\varphi'(x)\mathrm{d}x = F[\varphi(x)] + C.$$

第二类换元积分法:设 $x=\varphi(t)$ 是单调、可导函数,且 $\varphi'(t)\neq 0$. 若 $f[\varphi(t)]\varphi'(t)$ 具有原函数 $\Phi(t)$,则 $\Phi[\varphi^{-1}(x)]$ 是 $f(x)$ 原函数,其中 $\varphi^{-1}(x)$ 是 $\varphi(t)$ 的反函数,即有换元积分公式:

$$\int f(x)\mathrm{d}x \xrightarrow{x=\varphi(x)} \int f[\varphi(t)]\varphi'(t)\mathrm{d}t = \Phi(t) + C$$

$$\xrightarrow{t=\varphi^{-1}(x)} \Phi[\varphi^{-1}(x)] + C.$$

5. 分部积分法:

设 $u=u(x),v=v(x)$ 在区间 I 内具有一阶连续导数,则有分部积分公式:

$$\int u\mathrm{d}v = uv - \int v\mathrm{d}u$$

或 $$\int u(x)v'(x)\mathrm{d}x = u(x)v(x) - \int v(x)u'(x)\mathrm{d}x.$$

6. 几种特殊类型函数的积分:

有理函数的积分、三角函数有理式的积分、简单无理函数的积分、抽象函数的积分、分段函数的积分.

【二】基本要求

1. 理解原函数与不定积分的概念.
2. 掌握不定积分的基本性质和基本公式.
3. 掌握不定积分的换元积分法和分部积分法.
4. 会求几种特殊类型函数的积分.

【三】释疑解难

1. 一个函数的原函数惟一吗?不定积分和原函数一样吗?

答 原函数不惟一.如果函数 $f(x)$ 有原函数 $F(x)$,则其全部原函数可表示为 $F(x)+C$(其中 C 为常数),且任意两个原函数只相差一个常数.

不定积分和原函数是两个不同的概念,不定积分不是一个函数,它是一族函数,它是原函数的全体. $\int f(x)\mathrm{d}x = F(x) + C$ 中的常数 C 不能丢掉.

2. 任意函数都存在原函数吗? 原函数是否一定为连续函数?

答 不是所有的函数都存在原函数,但是连续函数一定存在原函数.

原函数一定是连续函数,因为连续是函数可导的必要条件.

3. 初等函数的导数仍是初等函数,反之,初等函数的原函数还是初等函数吗?

答 不是. 尽管初等函数在其定义域区间上都是连续的,从而它们的原函数都存在. 但是有些函数尽管原函数存在、可积,但是它们的不定积分不能用初等函数表示. 这种情况我们称为积不出来.

常见的积不出来的不定积分有以下几种类型:

$$\int \mathrm{e}^{\pm x^2}\mathrm{d}x; \qquad \int \sin x^2 \mathrm{d}x; \qquad \int \cos x^2 \mathrm{d}x; \qquad \int \frac{\sin x}{x}\mathrm{d}x;$$

$$\int \frac{\cos x}{x}\mathrm{d}x; \qquad \int \frac{\mathrm{d}x}{\ln x}; \qquad \int \sqrt{1-k^2\sin^2 x}\,\mathrm{d}x;$$

$$\int \frac{1}{\sqrt{1-k^2\sin^2 x}}\mathrm{d}x; \quad \int R(x,\sqrt{ax^3+bx^2+cx+d})\mathrm{d}x \ (a\neq 0);$$

$$\int R(x,\sqrt{ax^4+bx^3+cx^2+dx+e})\mathrm{d}x \ (a\neq 0, b\neq 0)\text{等}.$$

在积分过程中,若出现上述情况,就不要再做下去了.

4. 除了教材列出的基本公式外,还常用到哪些积分公式?

答 常用的积分公式还有以下几种:

(1) $\int \frac{1}{x^2}\mathrm{d}x = -\frac{1}{x} + C$;   (2) $\int \frac{1}{\sqrt{x}}\mathrm{d}x = 2\sqrt{x} + C$;

(3) $\int \tan x \mathrm{d}x = -\ln|\cos x| + C$;   (4) $\int \cot x \mathrm{d}x = \ln|\sin x| + C$;

(5) $\int \frac{1}{\cos x}\mathrm{d}x = \int \sec x \mathrm{d}x = \ln|\sec x + \tan x| + C$;

(6) $\int \frac{1}{\sin x}\mathrm{d}x = \int \csc x \mathrm{d}x = \ln|\csc x - \cot x| + C$;

(7) $\displaystyle\int\frac{\mathrm{d}x}{a^2-x^2}=\frac{1}{2a}\ln\left|\frac{a+x}{a-x}\right|+C$;

(8) $\displaystyle\int\frac{\mathrm{d}x}{a^2+x^2}=\frac{1}{a}\arctan\frac{x}{a}+C$;

(9) $\displaystyle\int\sqrt{a^2-x^2}\,\mathrm{d}x=\frac{x}{2}\sqrt{a^2-x^2}+\frac{a^2}{2}\arcsin\frac{x}{a}+C$;

(10) $\displaystyle\int\frac{\mathrm{d}x}{\sqrt{a^2-x^2}}=\arcsin\frac{x}{a}+C$;

(11) $\displaystyle\int\frac{\mathrm{d}x}{\sqrt{x^2\pm a^2}}=\ln|x+\sqrt{x^2\pm a^2}|+C$;

(12) $\displaystyle\int\frac{x\mathrm{d}x}{a^2\pm x^2}=\pm\frac{1}{2}\ln|a^2\pm x^2|+C$;

(13) $\displaystyle\int\sqrt{x^2\pm a^2}\,\mathrm{d}x=\frac{x}{2}\sqrt{x^2\pm a^2}\pm\frac{a^2}{2}\ln|x+\sqrt{x^2\pm a^2}|+C$;

(14) $\displaystyle\int\mathrm{sh}x\mathrm{d}x=\mathrm{ch}x+C,\int\mathrm{ch}x\mathrm{d}x=\mathrm{sh}x+C,$

　　　$\displaystyle\int\mathrm{th}x\mathrm{d}x=\ln\mathrm{ch}x+C$;

(15) $\displaystyle\int\mathrm{e}^{ax}\sin bx\mathrm{d}x=\mathrm{e}^{ax}\cdot\frac{a\sin bx-b\cos bx}{a^2+b^2}+C$;

(16) $\displaystyle\int\mathrm{e}^{ax}\cos bx\mathrm{d}x=\mathrm{e}^{ax}\cdot\frac{b\sin bx+a\cos bx}{a^2+b^2}+C$.

5. 计算积分时常用哪些凑微分公式?

答. 计算积分时常用下面的公式:

$\mathrm{d}x=\dfrac{1}{a}\mathrm{d}(ax+b)$; 　　　　　$x\mathrm{d}x=\dfrac{1}{2a}\mathrm{d}(ax^2+b)$;

$x^n\mathrm{d}x=\dfrac{1}{(n+1)a}\mathrm{d}(ax^{n+1}+b)$; 　$\dfrac{1}{x^2}\mathrm{d}x=-\mathrm{d}\left(\dfrac{1}{x}\right)$;

$\dfrac{1}{x}\mathrm{d}x=\dfrac{1}{a}\mathrm{d}(a\ln x+b)$; 　　　$\dfrac{1}{\sqrt{ax+b}}\mathrm{d}x=\dfrac{2}{a}\mathrm{d}(\sqrt{ax+b})$;

$\cos x\mathrm{d}x=\dfrac{1}{a}\mathrm{d}(a\sin x+b)$; 　　　$\sin x\mathrm{d}x=-\dfrac{1}{a}\mathrm{d}(a\cos x+b)$;

$\sec^2x\mathrm{d}x=\dfrac{1}{a}\mathrm{d}(a\tan x+b)$; 　　$\csc^2x\mathrm{d}x=-\dfrac{1}{a}\mathrm{d}(a\cot x+b)$;

$\dfrac{1}{\sqrt{a^2-x^2}}\mathrm{d}x=\mathrm{d}\left(\arcsin\dfrac{x}{a}\right)$ $(a>0)$;

$\dfrac{1}{a^2+x^2}\mathrm{d}x=\dfrac{1}{a}\mathrm{d}\left(\arctan\dfrac{x}{a}\right)$.

6. 分部积分法被反复运用时有简便方法吗？

答 有. 我们可以用分部积分法的一个推广公式来简化其过程,且可用表格法直观释义.

设 $u=u(x),v=v(x)$ 具有 $n+1$ 阶连续导数,则

$$\int uv^{(n+1)}\mathrm{d}x = uv^{(n)} - u'v^{(n-1)} + u''v^{(n-2)} - u'''v^{(n-3)}$$

$$+ \cdots + (-1)^{n+1}\int u^{(n+1)}v\mathrm{d}x.$$

用表格法表示推广公式如下:

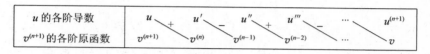

u 的各阶导数	$u \quad u' \quad u'' \quad u''' \quad \cdots \quad u^{(n+1)}$
$v^{(n+1)}$ 的各阶原函数	$v^{(n+1)} \quad v^{(n)} \quad v^{(n-1)} \quad v^{(n-2)} \quad \cdots \quad v$

【四】方法指导

例1 判断正误. 设 $F(x),G(x)$ 均是 $f(x)$ 在区间 I 上的原函数,则有

$$\int f(x)\mathrm{d}x = F(x) + c, \qquad \int f(x)\mathrm{d}x = G(x) + C,$$

即有
$$F(x) + c = G(x) + C,$$
所以
$$F(x) = G(x).$$

分析 因为上式两端的常数 c 和 C 不一定相等,故不能同时去掉.

解 故本题错误.

例2 选择题. 若 $f(x)$ 的导函数是 $\sin x$,则 $f(x)$ 的一个原函数为( ).

(A) $1+\sin x$; (B) $1-\sin x$; (C) $1+\cos x$; (D) $1-\cos x$.

分析 因为 $f'(x)=\sin x$,所以 $f(x)=-\cos x+c$,取 $f(x)=-\cos x$,于是

$$\int f(x)\mathrm{d}x = \int (-\cos x)\mathrm{d}x = -\sin x + C.$$

令 $C=1$,则得 $f(x)$ 的一个原函数为 $1-\sin x$.

注 还可以直接对备选项中的函数直接求导判断.

解 由分析知选(B).

例 3 设 $f'(x^2) = \dfrac{1}{x}, x > 0$，求 $f(x)$.

分析 由于 $f'(x^2) = \dfrac{1}{x}$ 中 x^2 是函数的自变量，故不能直接求原函数. 可以用以下两种方法来求.

解法 1 因为 $f'(x^2) = \dfrac{1}{x}$，所以 $xf'(x^2) = 1$. 则有

$$\int xf'(x^2)\mathrm{d}x = \int \mathrm{d}x, \quad \frac{1}{2}\int f'(x^2)\mathrm{d}(x^2) = x + C_1,$$

即有 $\quad \dfrac{1}{2}f(x^2) = x + C_1, \quad f(x^2) = 2x + C.$

令 $x^2 = t$，则 $x = \sqrt{t}$（因为 $x > 0$），因此 $f(t) = 2\sqrt{t} + C$. 所以

$$f(x) = 2\sqrt{x} + C.$$

解法 2 令 $x^2 = t$，则 $x = \sqrt{t}$（因为 $x > 0$），则 $f'(x^2) = \dfrac{1}{x}$ 可以写成 $f'(t) = \dfrac{1}{\sqrt{t}}$. 则有

$$\int f'(t)\mathrm{d}t = \int \frac{1}{\sqrt{t}}\mathrm{d}t = 2\sqrt{t} + C,$$

即有 $\quad f(t) = 2\sqrt{t} + C.$

所以 $\quad f(x) = 2\sqrt{x} + C.$

例 4 求不定积分 $\displaystyle\int \dfrac{\mathrm{d}x}{\sin^2 x\cos^2 x}$.

解 原式 $= \displaystyle\int \dfrac{\sin^2 x + \cos^2 x}{\sin^2 x \cdot \cos^2 x}\mathrm{d}x = \int \sec^2 x\mathrm{d}x + \int \csc^2 x\mathrm{d}x$

$\quad = \tan x - \cot x + C \quad$（分项法）.

例 5 求不定积分 $\displaystyle\int \dfrac{x^2\mathrm{d}x}{(1-x)^{100}}$.

解 原式 $= \displaystyle\int \dfrac{(1-x)^2 - 2(1-x) + 1}{(1-x)^{100}}\mathrm{d}x$

$\quad = \displaystyle\int [(1-x)^{-98} - 2(1-x)^{-99} + (1-x)^{-100}]\mathrm{d}x$

$\quad = \dfrac{1}{97(1-x)^{97}} - \dfrac{1}{49(1-x)^{98}} + \dfrac{1}{99(1-x)^{99}} + C$

$\quad$（分项法）.

例 6　求不定积分 $\displaystyle\int\frac{1}{1+\sin x}\mathrm{d}x.$

解法 1　原式 $=\displaystyle\int\frac{1-\sin x}{1-\sin^2 x}\mathrm{d}x=\int\frac{1}{\cos^2 x}\mathrm{d}x+\int\frac{\mathrm{d}\cos x}{\cos^2 x}$

$$=\tan x-\frac{1}{\cos x}+C\quad(乘除因子法).$$

解法 2　原式 $=\displaystyle\int\frac{\mathrm{d}x}{1+\cos\left(\dfrac{\pi}{2}-x\right)}=\int\frac{\mathrm{d}(x/2)}{\cos^2\left(\dfrac{\pi}{4}-\dfrac{x}{2}\right)}$

$$=-\int\sec^2\left(\frac{\pi}{4}-\frac{x}{2}\right)\mathrm{d}\left(\frac{\pi}{4}-\frac{x}{2}\right)$$

$$=-\tan\left(\frac{\pi}{4}-\frac{x}{2}\right)+C.$$

　　注　上述积分是属于直接积分法类型. 解这类型题时, 要求读者十分熟悉基本积分表中的公式, 这就要求读者多读例题和多做练习题, 积累一些解题经验, 掌握解题技巧.

　　例 7　求不定积分 $\displaystyle\int\frac{\sin 2x}{\sqrt{a^2\cos^2 x+b^2\sin^2 x}}\mathrm{d}x\ (b\neq 0).$

　　分析　因为

$$(a^2\cos^2 x+b^2\sin^2 x)'$$

$$=a^2\cdot 2\cos x(-\sin x)+b^2\cdot 2\sin x\cos x$$

$$=(b^2-a^2)\sin 2x,$$

所以可采用凑微分法计算此不定积分.

　　解　原式 $=\displaystyle\frac{1}{b^2-a^2}\int\frac{\mathrm{d}(a^2\cos^2 x+b^2\sin^2 x)}{\sqrt{a^2\cos^2 x+b^2\sin^2 x}}$

$$=\frac{2}{b^2-a^2}\sqrt{a^2\cos^2 x+b^2\sin^2 x}+C.$$

　　例 8　求不定积分 $\displaystyle\int\frac{\sin x}{1+\sin x}\mathrm{d}x.$

　　分析　此题不能直接凑微分, 但可以先分子分母同乘一个因子后, 再凑微分.

　　解　原式 $=\displaystyle\int\frac{\sin x(1-\sin x)}{(1+\sin x)(1-\sin x)}\mathrm{d}x=\int\frac{\sin x-\sin^2 x}{\cos^2 x}\mathrm{d}x$

$$=\int\frac{\sin x}{\cos^2 x}\mathrm{d}x-\int\frac{\sin^2 x}{\cos^2 x}\mathrm{d}x$$

$$=-\int\frac{\mathrm{d}(\cos x)}{\cos^2 x}+\int\left(1-\frac{1}{\cos^2 x}\right)\mathrm{d}x$$

$$= \sec x - \tan x + x + C.$$

例 9　求不定积分 $\displaystyle\int \frac{1-\ln x}{(x-\ln x)^2}\mathrm{d}x.$

分析　被积式的分子分母同除以 x^2 后,再凑微分.

解　原式 $= \displaystyle\int \frac{\dfrac{1-\ln x}{x^2}}{\left(\dfrac{x-\ln x}{x}\right)^2}\mathrm{d}x = -\int \frac{1}{\left(\dfrac{x-\ln x}{x}\right)^2}\mathrm{d}\left(\frac{x-\ln x}{x}\right)$

$$= \frac{1}{\dfrac{x-\ln x}{x}} + C = \frac{x}{x-\ln x} + C.$$

注　凑微分是一种常见的方法,要熟悉一些函数的微分形式以及微分的四则运算公式,然后再结合积分表的公式进行.

例 10　求不定积分 $\displaystyle\int \frac{x\mathrm{d}x}{(x^2+1)\sqrt{1-x^2}}.$

分析　因为被积函数 $f(x)$ 中含有 $\sqrt{1-x^2}$,所以应作变换 $x = \sin t$,则 $\mathrm{d}x = \cos t\mathrm{d}t.$

解　原式 $= \displaystyle\int \frac{\sin t \cos t \mathrm{d}t}{(\sin^2 t + 1)\cos t}\mathrm{d}t = -\int \frac{\mathrm{d}(\cos t)}{2-\cos^2 t}$

$$= -2\sqrt{2}\int \left(\frac{1}{\sqrt{2}-\cos t} + \frac{1}{\sqrt{2}+\cos t}\right)\mathrm{d}(\cos t)$$

$$= -\frac{1}{2\sqrt{2}}\ln\left|\frac{\sqrt{2}+\cos t}{\sqrt{2}-\cos t}\right| + C$$

$$= -\frac{1}{2\sqrt{2}}\ln\left|\frac{\sqrt{2}+\sqrt{1-x^2}}{\sqrt{2}-\sqrt{1-x^2}}\right| + C.$$

例 11　求不定积分 $\displaystyle\int \frac{\mathrm{d}x}{(1+x+x^2)^{3/2}}.$

分析　因为分子分母的最高次数 m,n 分别为 0 和 3,$n-m = 3>1$,故可以考虑倒变换. 但是本题中 $1+x+x^2 = \left(x+\dfrac{1}{2}\right)^2 + \dfrac{3}{4}$,故令 $x + \dfrac{1}{2} = \dfrac{1}{t}$,而不是 $x = \dfrac{1}{t}.$

解　原式 $= \displaystyle\int \frac{\mathrm{d}x}{\left[\left(x+\dfrac{1}{2}\right)^2 + \dfrac{3}{4}\right]^{\frac{3}{2}}} = \int \frac{1}{\left(\dfrac{1}{t^2} + \dfrac{3}{4}\right)^{\frac{3}{2}}}\left(-\frac{1}{t^2}\right)\mathrm{d}t$

$$= -\int \frac{t\mathrm{d}t}{\left(1+\frac{3}{4}t^2\right)^{3/2}} = -\frac{2}{3}\int \frac{\mathrm{d}\left(1+\frac{3}{4}t^2\right)}{\left(1+\frac{3}{4}t^2\right)^{3/2}}$$

$$= \frac{4}{3}\left(1+\frac{3}{4}t^2\right)^{-\frac{1}{2}} + C = \frac{4}{3}\left[1+\frac{3}{(2x+1)^2}\right]^{-\frac{1}{2}} + C.$$

例 12 求不定积分 $\displaystyle\int \frac{\mathrm{d}x}{1+\mathrm{e}^{\frac{x}{2}}+\mathrm{e}^{\frac{x}{3}}+\mathrm{e}^{\frac{x}{6}}}$.

分析 本题是由指数函数构成的代数式,可以令 $\mathrm{e}^{\frac{x}{6}}=t$, $\mathrm{d}x = \frac{6}{t}\mathrm{d}t$ 化为有理分式,然后再分解为可直接积分的类型.

解 原式 $\displaystyle= \int \frac{1}{1+t^3+t^2+t} \cdot \frac{6}{t}\mathrm{d}t = \int \frac{1}{(1+t)(t^2+1)} \cdot \frac{6}{t}\mathrm{d}t$

$$= \int \left(\frac{6}{t} - \frac{3}{1+t} - \frac{3t+3}{1+t^2}\right)\mathrm{d}t$$

$$= 6\ln t - 3\ln(1+t) - \frac{3}{2}\ln(1+t^2) - 3\arctan t + C$$

$$= x - 3\ln(1+\mathrm{e}^{\frac{x}{6}}) - \frac{3}{2}\ln(1+\mathrm{e}^{\frac{x}{3}}) - 3\arctan(\mathrm{e}^{\frac{x}{6}}) + C.$$

注 上述例题是换元法的类型.常用的还有以下代换方法.

(1) 三角代换(双曲代换):

若被积函数中含有 $\sqrt{a^2-x^2}$ 时,则令 $x=a\sin t$;

若被积函数中含有 $\sqrt{a^2+x^2}$ 时,则令 $x=a\tan t$ 或 $x=a\mathrm{sh}t$;

若被积函数中含有 $\sqrt{x^2-a^2}$ 时,则令 $x=a\sec t$ 或 $x=a\mathrm{ch}t$.

(2) 倒代换:设 m,n 分别表示分子与分母中变量的最高次数,且 $n-m>1$,则令 $x=\frac{1}{t}$ 方便.

(3) 指数代换:适合于被积函数 $f(x)$ 由 a^x 所构成的代数式,这时令 $a^x=t$ 较方便.

例 13 求不定积分 $\displaystyle\int (x^4-2x^3-1)\mathrm{e}^{2x}\mathrm{d}x$.

分析 这是适合分部积分法的类型,且多项式函数的次数较高,故应采用表格法方便.选取 $u=x^4-2x^3-1$, $v^{(n+1)}=\mathrm{e}^{2x}$.

解 由分部积分法推广的公式有:

$$原式 = \left(\frac{1}{2}x^4 - x^3 - \frac{1}{2} - x^3 + \frac{3}{2}x^2 + \frac{3}{2}x^2 - \frac{3}{2}x - \frac{3}{2}x + \frac{3}{4} + \frac{3}{4} \right) e^{2x} + C$$

$$= \left(\frac{1}{2}x^4 - 2x^3 + 3x^2 - 3x + 1 \right) e^{2x} + C.$$

例 14 求不定积分 $\int x^3 (\ln x)^4 dx$.

解 令 $\ln x = u, x = e^u, dx = e^u du$，由于

$$原式 = \int e^{3u} \cdot u^4 e^u du = \int e^{4u} \cdot u^4 du,$$

由分部积分法推广的公式有：

$$原式 = \left(\frac{1}{4}u^4 - \frac{1}{4}u^3 + \frac{3}{16}u^2 - \frac{3}{32}u + \frac{3}{128} \right) e^{4u} + C$$

$$= \frac{1}{4} \left(\ln^4 x - \ln^3 x + \frac{3}{4}\ln^2 x - \frac{3}{8}\ln x + \frac{3}{32} \right) x^4 + C.$$

注 当被积函数中有幂函数因子、指数函数因子、对数函数因子、三角函数因子和反三角函数因子时，可考虑用分部积分法. 常见的有以下几类：

（1）不定积分为

$$\int P(x)e^{ax}dx, \quad \int P(x)\sin(ax + b)dx,$$

$$\int P(x)\cos(ax + b)dx$$

时，其中 $P(x)$ 为多项式，一般选取：

$$u = P(x), \quad dv = e^{ax}dx$$

$$(dv = \sin(ax + b)dx, dv = \cos(ax + b)dx).$$

（2）不定积分为

$$\int P(x)\ln(ax + b)dx, \quad \int P(x)\arcsin(ax + b)dx,$$

$$\int P(x)\arctan(ax+b)\mathrm{d}x$$

时,其中 $P(x)$ 为多项式,一般选取:

$$u = \ln(ax+b) \text{ 或 } \arcsin(ax+b) \text{ 或 } \arctan(ax+b),$$
$$\mathrm{d}v = P(x)\mathrm{d}x.$$

(3) 不定积分为

$$\int e^{kx}\sin(ax+b)\mathrm{d}x, \quad \int e^{kx}\cos(ax+b)\mathrm{d}x$$

时,u,$\mathrm{d}v$ 可任意选取.

例 15 求不定积分 $\int \sin(\ln x)\mathrm{d}x$.

分析 这是适合分部积分法的类型.连续使用分部积分公式,直到出现循环为止.

解法 1 利用分部积分公式,有

$$\int \sin(\ln x)\mathrm{d}x = x\sin(\ln x) - \int x\cos(\ln x)\cdot\frac{1}{x}\mathrm{d}x$$
$$= x\sin(\ln x) - \int \cos(\ln x)\mathrm{d}x$$
$$= x\sin(\ln x) - x\cos(\ln x) - \int \sin(\ln x)\mathrm{d}x,$$

所以

$$\int \sin(\ln x)\mathrm{d}x = \frac{1}{2}x[\sin(\ln x) - \cos(\ln x)] + C.$$

解法 2 令 $\ln x = t$,$\mathrm{d}x = e^t\mathrm{d}t$. 用分部积分法得

$$\int e^t\sin t\,\mathrm{d}t = e^t\sin t - \int e^t\cos t\,\mathrm{d}t$$
$$= e^t\sin t - e^t\cos t - \int e^t\sin t\,\mathrm{d}t,$$

所以 $\quad \int e^t\sin t\,\mathrm{d}t = \frac{1}{2}(e^t\sin t - e^t\cos t) + C$

$$= \frac{1}{2}x[\sin(\ln x) - \cos(\ln x)] + C.$$

例 16 建立不定积分 $I_n = \int \tan^n x\mathrm{d}x$ 的递推公式.

分析 不定积分中的递推公式一般多用分部积分法求解.

解　$I_n = \int \tan^n x \mathrm{d}x = \int \tan^{n-2} x \cdot \tan^2 x \mathrm{d}x$

$$= \int \tan^{n-2} x \cdot (\sec^2 x - 1) \mathrm{d}x$$

$$= \int \tan^{n-2} x \cdot \sec^2 x \mathrm{d}x - \int \tan^{n-2} x \mathrm{d}x$$

$$= \int \tan^{n-2} x \mathrm{d}(\tan x) - I_{n-2}$$

$$= \frac{1}{n-1} \tan^{n-1} x - I_{n-2}.$$

例 17　求不定积分 $\int \dfrac{x^{3n-1}}{(x^{2n}+1)^2} \mathrm{d}x$.

分析　这是有理分式的不定积分. 但是若墨守成规地做, 会造成很大的困难. 先分析被积函数的特点, 利用凑微分或变量代换尽量简化被积函数.

解　令 $x^n = u$, 则 $\mathrm{d}u = n x^{n-1} \mathrm{d}x$, 于是

$$原式 = \frac{1}{n} \int \frac{u^2}{(1+u^2)^2} \mathrm{d}u = \frac{1}{n} \int \frac{u^2 + 1 - 1}{(1+u^2)^2} \mathrm{d}u$$

$$= \frac{1}{n} \int \left[\frac{1}{1+u^2} - \frac{1}{(1+u^2)^2} \right] \mathrm{d}u$$

$$= \frac{1}{n} \arctan u - \frac{1}{n} \int \frac{1}{(1+u^2)^2} \mathrm{d}u$$

$$= \frac{1}{n} \arctan u - \frac{1}{n} \left[\frac{u}{2(1+u^2)} + \frac{1}{2} \arctan u \right] + C$$

$$= \frac{1}{2n} \arctan u - \frac{u}{2n(1+u^2)} + C$$

$$= \frac{1}{2n} \arctan(x^n) - \frac{x^n}{2n(1+x^{2n})} + C,$$

其中

$$\int \frac{1}{(1+u^2)^2} \mathrm{d}u = \frac{u}{2(u^2+1)} + \frac{1}{2} \arctan u + C$$

是套用递推公式

$$I_n = \int \frac{1}{(x^2+a^2)^n} \mathrm{d}x = \frac{1}{2(n-1)a^2} \left[\frac{x}{(x^2+a^2)^n} + (2n-3) I_{n-1} \right].$$

例 18　求不定积分 $\int \dfrac{1}{1+\sqrt{x}+\sqrt{x+1}}$.

分析 这是无理函数的积分,去掉根号化为有理函数的积分来进行.分子分母有理化是常用去根号的方法.

解 原式 $= \int \dfrac{1+\sqrt{x}-\sqrt{x+1}}{(1+\sqrt{x}+\sqrt{x+1})(1+\sqrt{x}-\sqrt{x+1})}\mathrm{d}x$

$$= \int \dfrac{1+\sqrt{x}-\sqrt{x+1}}{2\sqrt{x}}\mathrm{d}x$$

$$= \sqrt{x}+\dfrac{1}{2}x-\dfrac{1}{2}\int\sqrt{\dfrac{x+1}{x}}\mathrm{d}x.$$

因为

$$\int\sqrt{\dfrac{x+1}{x}}\mathrm{d}x = \int\dfrac{x+1}{\sqrt{x^2+x}}\mathrm{d}x = \int\dfrac{x+1}{\sqrt{\left(x+\dfrac{1}{2}\right)^2-\left(\dfrac{1}{2}\right)^2}}\mathrm{d}x$$

$$\xlongequal{x+\frac{1}{2}=\frac{1}{2}\mathrm{sec}t} \int\dfrac{\dfrac{1}{2}\mathrm{sec}t+\dfrac{1}{2}}{\dfrac{1}{2}\mathrm{tan}t}\cdot\dfrac{1}{2}\mathrm{sec}t\,\mathrm{tan}t\,\mathrm{d}t$$

$$= \dfrac{1}{2}\int(\sec^2 t + \sec t)\mathrm{d}t$$

$$= \dfrac{1}{2}(\tan t + \ln|\sec t + \tan t|) + C$$

$$= \dfrac{1}{2}(2\sqrt{x^2+x} + \ln|2x+1+2\sqrt{x^2+x}|) + C,$$

所以

$$原式 = \sqrt{x} + \dfrac{1}{2}x - \dfrac{1}{2}\sqrt{x^2+x}$$

$$- \dfrac{1}{4}\ln|2x+1+2\sqrt{x^2+x}| + C.$$

例 19 求不定积分 $\displaystyle\int\dfrac{1}{\sin^3 x\cos^5 x}\mathrm{d}x$.

分析 这是三角有理式的积分类型.在这里我们不用代换,而是用 $1=\sin^2 x+\cos^2 x$ 来简化分母.

解 $\dfrac{1}{\sin^3 x\cos^5 x} = \dfrac{\sin^2 x+\cos^2 x}{\sin^3 x\cos^5 x} = \dfrac{1}{\sin x\cos^5 x} + \dfrac{1}{\sin^3 x\cos^3 x}$

$$= \dfrac{\sin^2 x+\cos^2 x}{\sin x\cos^5 x} + \dfrac{\sin^2 x+\cos^2 x}{\sin^3 x\cos^3 x}$$

$$= \frac{2}{\sin x \cos^3 x} + \frac{\sin x}{\cos^5 x} + \frac{1}{\sin^3 x \cos x}$$

$$= \frac{2}{\sin x \cos^3 x} + \frac{\sin x}{\cos^5 x} + \frac{\sin^2 x + \cos^2 x}{\sin^3 x \cos x}$$

$$= 2\frac{\sin^2 x + \cos^2 x}{\sin x \cos^3 x} + \frac{\sin x}{\cos^5 x} + \frac{\cos x}{\sin^3 x} + \frac{1}{\sin x \cos x}$$

$$= \frac{2\sin x}{\cos^3 x} + \frac{\sin x}{\cos^5 x} + \frac{\cos x}{\sin^3 x} + \frac{3}{\sin x \cos x},$$

故

$$原式 = \int \left(\frac{2\sin x}{\cos^3 x} + \frac{\sin x}{\cos^5 x} + \frac{\cos x}{\sin^3 x} + \frac{3}{\sin x \cos x} \right) \mathrm{d}x$$

$$= \frac{1}{4\cos^4 x} + \frac{1}{\cos^2 x} - \frac{1}{2\sin^2 x} + 3\ln|\csc 2x - \cot 2x| + C.$$

例 20 求不定积分 $\displaystyle\int \frac{1}{1 + \sin x + \cos x} \mathrm{d}x$.

分析 这是三角有理式的积分类型. 在这里我们不用代换,而是用倍角公式来简化分母.

解 原式 $\displaystyle= \int \frac{\mathrm{d}x}{2\sin \frac{x}{2} \cos \frac{x}{2} + 2\cos^2 \frac{x}{2}} = \frac{1}{2} \int \frac{\mathrm{d}x}{\cos^2 \frac{x}{2} \left(1 + \tan \frac{x}{2} \right)}$

$$= \int \frac{\mathrm{d}\left(\frac{1}{2}x \right)}{\cos^2 \frac{x}{2} \left(1 + \tan \frac{x}{2} \right)} = \int \frac{1}{1 + \tan \frac{x}{2}} \mathrm{d}\left(\tan \frac{x}{2} \right)$$

$$= \ln \left| 1 + \tan \frac{x}{2} \right| + C.$$

例 21 求不定积分 $\displaystyle\int \sin^5 x \cos^6 x \, \mathrm{d}x$.

分析 这是三角有理式的积分类型. 在这里我们不用代换,而是用积化和差的方法来简化被积函数.

解 原式 $\displaystyle= -\int \sin^4 x \cos^6 x \, \mathrm{d}(\cos x)$

$$= -\int (1 - \cos^2 x)^2 \cos^6 x \, \mathrm{d}(\cos x)$$

$$= -\int (\cos^6 x - 2\cos^8 x + \cos^{10} x) \mathrm{d}(\cos x)$$

$$= -\frac{1}{7}\cos^7 x + \frac{2}{9}\cos^9 x - \frac{1}{11}\cos^{11} x + C.$$

68

例 22 求不定积分 $\int\left[\dfrac{f(x)}{f'(x)}-\dfrac{f^2(x)f''(x)}{f'^3(x)}\right]\mathrm{d}x$.

分析 这是抽象函数的不定积分,其解法同样可以用换元法和分部积分法.

解 原式 $=\displaystyle\int\dfrac{f(x)f'^2(x)-f^2(x)f''(x)}{f'^3(x)}\mathrm{d}x$

$\qquad=\displaystyle\int\dfrac{f(x)}{f'(x)}\cdot\dfrac{f'^2(x)-f(x)f''(x)}{f'^2(x)}\mathrm{d}x$

$\qquad=\displaystyle\int\dfrac{f(x)}{f'(x)}\mathrm{d}\left(\dfrac{f(x)}{f'(x)}\right)=\dfrac{1}{2}\left[\dfrac{f(x)}{f'(x)}\right]^2+C$.

例 23 求不定积分 $\displaystyle\int\max(x^3,x^2,1)\mathrm{d}x$.

分析 这是分段函数的不定积分. 因为连续函数必有原函数,原函数必然连续. 如果分段函数的分界点是函数的第一类间断点,则包含该点在内的函数不存在原函数.

先分别求出各区间段的不定积分表达式;再由原函数的连续性确定出各积分常数的关系.

解 令

$$f(x)=\max(x^3,x^2,1)=\begin{cases}x^3, & x\geqslant 1,\\ x^2, & x\leqslant -1,\\ 1, & |x|<1.\end{cases}$$

当 $x\geqslant 1$ 时,$\displaystyle\int f(x)\mathrm{d}x=\int x^3\mathrm{d}x=\dfrac{1}{4}x^4+C_1$;

当 $x\leqslant -1$ 时,$\displaystyle\int f(x)\mathrm{d}x=\int x^2\mathrm{d}x=\dfrac{1}{3}x^3+C_2$;

当 $|x|<1$ 时,$\displaystyle\int f(x)\mathrm{d}x=\int \mathrm{d}x=x+C_3$.

由于原函数的连续性,有

$$\lim_{x\to 1+0}\left(\dfrac{1}{4}x^4+C_1\right)=\lim_{x\to 1-0}(x+C_3),$$

即 $\dfrac{1}{4}+C_1=1+C_3$,故 $C_1=\dfrac{3}{4}+C_3$;

$$\lim_{x\to -1-0}\left(\dfrac{1}{3}x^3+C_2\right)=\lim_{x\to -1+0}(x+C_3),$$

即 $-\dfrac{1}{3}+C_2=-1+C_3$,故 $C_2=-\dfrac{2}{3}+C_3$.

令 $C_3=C$,则

$$\int \max(x^3, x^2, 1)\mathrm{d}x = \begin{cases} \dfrac{1}{4}x^4 + \dfrac{3}{4} + C, & x \geqslant 1, \\[2mm] \dfrac{1}{3}x^3 - \dfrac{2}{3} + C, & x \leqslant -1, \\[2mm] x + C, & |x| < 1. \end{cases}$$

【五】同步训练

A 级

1. 设 $\int f(x)\mathrm{d}x = x^2 + C$, 则 $\int x f(1-x^2)\mathrm{d}x$ 为（　　）.

(A) $-2(1-x^2)^2 + C$; (B) $2(1-x^2)^2 + C$;

(C) $-\dfrac{1}{2}(1-x^2)^2 + C$; (D) $\dfrac{1}{2}(1-x^2)^2 + C$.

2. 下列解法错在哪里？

$$\int \frac{\cos x}{\sin x}\mathrm{d}x = \int \frac{1}{\sin x}\mathrm{d}\sin x = 1 - \int \sin x \, \mathrm{d}\frac{1}{\sin x}$$

$$= 1 + \int \frac{\cos x}{\sin x}\mathrm{d}x,$$

所以 $0 = 1$.

计算下列不定积分：

3. $\displaystyle\int \frac{\sqrt{1+2\arctan x}}{1+x^2}\mathrm{d}x.$　　4. $\displaystyle\int (x-1)\mathrm{e}^{x^2-2x}\mathrm{d}x.$

5. $\displaystyle\int \frac{\mathrm{d}x}{\sin^2 x + 2\cos^2 x}.$　　6. $\displaystyle\int \mathrm{e}^{\mathrm{e}^x \cos x + x}(\cos x - \sin x)\mathrm{d}x.$

7. $\displaystyle\int \frac{\arctan \dfrac{1}{x}}{1+x^2}\mathrm{d}x.$　　8. $\displaystyle\int \frac{x^2}{(1+x^2)^2}\mathrm{d}x.$

9. $\displaystyle\int \frac{\sqrt{x^2-9}}{x^2}\mathrm{d}x.$　　10. $\displaystyle\int \frac{1}{1+\sqrt{1-x^2}}\mathrm{d}x.$

11. $\displaystyle\int \frac{\mathrm{d}x}{x^2\sqrt{a^2+x^2}}\ (a>0).$　　12. $\displaystyle\int \frac{x+1}{x^2\sqrt{x^2-1}}\mathrm{d}x.$

13. $\displaystyle\int \frac{2^x \mathrm{d}x}{1+2^x+4^x}.$　　14. $\displaystyle\int \frac{\mathrm{d}x}{\sqrt{1+\mathrm{e}^x}+\sqrt{1-\mathrm{e}^x}}.$

15. $\displaystyle\int (x^5+3x^2-2x+5)\cos x \, \mathrm{d}x.$

16. $\int e^{kx}\sin(ax+b)dx.$ 　　　17. $\int x(\arcsin x)^2 dx.$

18. $\int x^n \ln x \, dx \ (n\neq -1).$

19. 求 $I_n=\int \dfrac{1}{(x^2+a^2)^n}dx$ 的递推公式.

20. 求 $I_n=\int \sec^n x \, dx$ 的递推公式.

21. $\int \dfrac{x\cos x}{\sin^3 x}dx.$ 　　　22. $\int \dfrac{1+\sin x}{1+\cos x}e^x dx.$

23. $\int \dfrac{(1+x)e^x}{(2+x)^2}dx.$ 　　　24. $\int \dfrac{x^2 e^x}{(2+x)^2}dx.$

25. $\int \dfrac{\operatorname{arccot} e^x}{e^x}dx.$ 　　　26. $\int \dfrac{dx}{\sqrt{x}+\sqrt[3]{x}}.$

B　级

计算下列不定积分：

1. $\int \dfrac{1}{x(2+x^{10})}dx.$ 　　　2. $\int \dfrac{1-x^7}{x(1+x^7)}dx.$

3. $\int \dfrac{x^{2n-1}}{1+x^n}dx.$ 　　　4. $\int \dfrac{1+2x^3}{(x-1)^{100}}dx.$

5. $\int \dfrac{dx}{x(x^{10}+1)^2}.$ 　　　6. $\int \dfrac{\sqrt{x(x+1)}}{\sqrt{x}+\sqrt{x+1}}dx.$

7. $\int \dfrac{dx}{\sin 2x+2\sin x}.$ 　　　8. $\int \sqrt{1+\sin x}\,dx.$

9. $\int \dfrac{\sin x \, dx}{1+\sin x}.$ 　　　10. $\int \dfrac{\sin x\cos x \, dx}{\sin x+\cos x}.$

11. $\int \sin 4x\cos 2x\cos 3x \, dx.$ 　　　12. $\int \dfrac{\arccos x}{\sqrt{(1-x^2)^3}}dx.$

13. $\int \dfrac{f'(\ln x)}{x\sqrt{f(\ln x)}}dx.$

14. 设 $f(x)=\begin{cases} 1, & x<0, \\ x+1, & 0\leqslant x\leqslant 1, \\ 2x, & x>1, \end{cases}$ 求 $\int f(x)dx.$

15. $\int \sqrt{\dfrac{x}{1-x\sqrt{x}}}dx.$ 　　　16. $\int \arcsin \sqrt{\dfrac{x}{1+x}}dx.$

学习札记

专题五 定 积 分

【一】内容提要

1. 定积分的概念；定积分的存在定理；定积分的几何意义；定积分的性质；定积分的中值定理；积分上限的函数及其导数；牛顿-莱布尼茨公式；定积分的换元积分法.

2. 定积分的分部积分法；定积分的近似计算；无穷限的广义积分的概念；无界函数的广义积分概念.

【二】基本要求

1. 理解定积分的概念及性质、定积分中值定理.

2. 理解变上限的定积分及其求导定理，掌握牛顿-莱布尼茨公式.

3. 掌握定积分的性质及换元积分法和分部积分法；会计算较简单的有理函数的积分.

4. 了解广义积分的概念，会计算较简单的广义积分.

【三】释疑解难

1. 在正确理解定积分的定义中应注意哪些问题呢？

答 （1）定积分是一个积分和的极限，对于确定的函数 $f(x)$ 和确定的积分区间，它是一个确定的常数.

（2）定积分定义中的两个任意性：在定义中对区间的分法和在每个小区间上 ξ_i 的取法都是任意的. 和式不仅与对区间 $[a,b]$ 的分法有关，而且与在每个小区间 $[x_{i-1},x_i]$ 上 ξ_i 的取法有关. 但是和式的极限(定积分)与对区间的分法和在小区间$[x_{i-1}, x_i]$上ξ_i的取法无关.

(3) 借助定义求定积分时,由于函数可积,所以积分和的极限与对于区间$[a, b]$的分法和在$[x_{i-1}, x_i]$上ξ_i的取法无关. 从而计算时可以按特殊的分法与取法,如将区间$[a, b]$ n等分,每个小区间长度为$\Delta x_i = \dfrac{b-a}{n}$,而$\xi_i$可取为每个小区间的端点,以方便计算.

2. 由于$\left(\arctan\dfrac{1+x}{1-x}\right)' = \dfrac{1}{1+x^2}$,故

$$\int_0^{\sqrt{3}} \frac{\mathrm{d}x}{1+x^2} = \arctan\frac{1+x}{1-x}\Bigg|_0^{\sqrt{3}} = -\frac{2}{3}\pi,$$

试指出错误所在?

解 因为$\arctan\dfrac{1+x}{1-x}$在$x=1$处不可导,所以不能在$[0, \sqrt{3}]$上求定积分. 应将所求积分分为两段. 应分为

$$\int_0^1 \frac{\mathrm{d}x}{1+x^2} = \lim_{\varepsilon \to +0}\left(\arctan\frac{1+x}{1-x}\Bigg|_0^{1-\varepsilon}\right) = \frac{\pi}{4},$$

$$\int_1^{\sqrt{3}} \frac{\mathrm{d}x}{1+x^2} = \lim_{\varepsilon \to +0}\left(\arctan\frac{1+x}{1-x}\Bigg|_{1+\varepsilon}^{\sqrt{3}}\right) = \frac{\pi}{12},$$

这里用到$\tan\left(\dfrac{\pi}{4} + \dfrac{\pi}{3}\right) = \dfrac{1+\sqrt{3}}{1-\sqrt{3}}$,$\arctan\dfrac{1+\sqrt{3}}{1-\sqrt{3}} = \dfrac{7}{12}\pi$,故

$$\int_0^{\sqrt{3}} \frac{\mathrm{d}x}{1+x^2} = \int_0^1 \frac{\mathrm{d}x}{1+x^2} + \int_1^{\sqrt{3}} \frac{\mathrm{d}x}{1+x^2} = \frac{\pi}{4} + \frac{\pi}{12} = \frac{\pi}{3}.$$

实际上本题可简算如下:

$$\int_0^{\sqrt{3}} \frac{\mathrm{d}x}{1+x^2} = \arctan x\Bigg|_0^{\sqrt{3}} = \frac{\pi}{3}$$

$\left(\text{因为}\arctan x\text{也是}\dfrac{1}{1+x^2}\text{的一个原函数,且在}[0, \sqrt{3}]\text{上连续}\right)$.

3. 对下列的定积分,作相应的积分变换是否可以?

(1) $\displaystyle\int_{-1}^2 x^2\mathrm{d}x$,令$x^2=t$,$x^2\mathrm{d}x = \dfrac{1}{2}\sqrt{t}\,\mathrm{d}t$,则

$$\int_{-1}^2 x^2\mathrm{d}x = \int_1^4 \frac{1}{2}\sqrt{t}\,\mathrm{d}t.$$

答 可以令$x^2=t$,但相应的要分别考虑在两个单调区间上的积

74

分：

$$\int_{-1}^{2} x^2 \mathrm{d}x = \int_{-1}^{0} x^2 \mathrm{d}x + \int_{0}^{2} x^2 \mathrm{d}x,$$

而且被积表达式也要在对应的积分区间上作变换.

（2）$\int_{-1}^{1}\dfrac{1}{1+x^2}\mathrm{d}x$，令 $x=\dfrac{1}{t}$，$\mathrm{d}x=-\dfrac{1}{t^2}\mathrm{d}t$，则

$$\int_{-1}^{1}\frac{1}{1+x^2}\mathrm{d}x = \int_{-1}^{1}\frac{\mathrm{d}t}{1+t^2}.$$

答　不可以.因令 $x=\dfrac{1}{t}$ 得 $t=\dfrac{1}{x}$，它在 $[-1,1]$ 上有无穷间断点.

【四】方法指导

例 1　利用定义计算定积分 $\displaystyle\int_{1}^{2}(1+x)\mathrm{d}x$.

分析　因为被积函数 $(1+x)$ 在 $[1,2]$ 上连续,从而可积,只要采取特殊的分割区间方法和取特殊的 ξ_i 就容易计算.

解　将 $[1,2]$ 分成 n 等分,子区间长度 $\Delta x_i=\dfrac{1}{n}$，在 $[x_{i-1},x_i]=\left[1+\dfrac{i-1}{n},1+\dfrac{i}{n}\right]$ 上取 $\xi_i=x_{i-1}=1+\dfrac{i-1}{n}$ $(i=1,2,\cdots,n)$，于是

$$f(\xi_i)=f(x_{i-1})=1+1+\frac{i-1}{n}=2+\frac{i-1}{n},$$

从而

$$\sum_{i=1}^{n}f(\xi_i)\Delta x_i = \sum_{i=1}^{n}\left(2+\frac{i-1}{n}\right)\cdot\frac{1}{n}=2+\frac{1}{n^2}\cdot\frac{n^2-n}{2}$$

$$=\frac{5}{2}-\frac{1}{2n},$$

所以　　$\displaystyle\int_{1}^{2}(1+x)\mathrm{d}x = \lim_{n\to\infty}\sum_{i=1}^{n}f(\xi_i)\Delta x_i = 2+\frac{1}{2}=\frac{5}{2}.$

小结　利用定义求定积分,一般需要判断被积函数是否可积,若可积,则积分值与区间的划分及 ξ_i 的取法无关.可以根据问题选择需要的划分,常用的划分有等分及不等分.

例 2　求极限

$$\lim_{n \to \infty} \frac{1}{n} \left(\sqrt{1 + \cos \frac{\pi}{n}} + \sqrt{1 + \cos \frac{2\pi}{n}} + \cdots + \sqrt{1 + \cos \frac{n\pi}{n}} \right).$$

分析 因为原式 $= \dfrac{1}{\pi} \lim\limits_{n \to \infty} \sum\limits_{k=1}^{n} \sqrt{1 + \cos \dfrac{k\pi}{n}} \dfrac{\pi}{n}$，直接计算很不容易，可以考虑利用定积分定义去做. 取积分区间为 $[0, \pi]$，$f(x) = \sqrt{1 + \cos x}$，因为 $f(x)$ 在 $[0, \pi]$ 上连续从而可积，可以考虑用定积分定义去做.

解 原式 $= \dfrac{1}{\pi} \lim\limits_{n \to \infty} \sum\limits_{i=1}^{n} \sqrt{1 + \cos \dfrac{k\pi}{n}} \dfrac{\pi}{n} = \dfrac{1}{\pi} \displaystyle\int_0^{\pi} \sqrt{1 + \cos x}\, dx$

$$= \frac{1}{\pi} \int_0^{\pi} \frac{\sin x}{\sqrt{1 - \cos x}}\, dx = \frac{2}{\pi} \sqrt{1 - \cos x}\, \Big|_0^{\pi} = \frac{2}{\pi} \sqrt{2}.$$

小结 用定积分的定义求这类极限值的关键是仔细分析所求和式，选择适当的可积函数及区间，利用牛顿-莱布尼茨公式求结果. 这也是求极限的一种方法.

例 3 求解下列各题：

(1) 设 $F(x) = \displaystyle\int_{x^2}^{0} x \cos t^2\, dt$，求 $F'(x)$；

(2) $\dfrac{d}{dx} \displaystyle\int_0^x t f(x^2 - t^2)\, dt$.

解 (1) 注意 $F(x)$ 的自变量 x 不仅出现在积分下限，还出现在被积函数中，求解这类题，应设法将被积函数中的 x 与变积分限分离开，所以 $F(x) = x \left(\displaystyle\int_{x^2}^{0} \cos t^2\, dt \right)$，利用乘积公式求导法则，得

$$F'(x) = \int_{x^2}^{0} \cos t^2\, dt + x \left(\int_{x^2}^{0} \cos t^2\, dt \right)'$$

$$= \int_{x^2}^{0} \cos t^2\, dt + x \cdot \left[-\cos (x^2)^2 \right] \cdot 2x$$

$$= \int_{x^2}^{0} \cos t^2\, dt - 2x^2 \cos x^4.$$

(2) 本题的被积函数可通过定积分的换元法将变量 x 与积分变量 t 分离开，令 $t^2 = x^2 - u$，$2t\, dt = -du$，所以

$$\int_0^x t f(x^2 - t^2)\, dt = -\frac{1}{2} \int_{x^2}^{0} f(u)\, du = \frac{1}{2} \int_0^{x^2} f(u)\, du,$$

故

$$\frac{\mathrm{d}}{\mathrm{d}x}\int_0^x tf(x^2-t^2)\mathrm{d}t=\frac{\mathrm{d}}{\mathrm{d}x}\left(\frac{1}{2}\int_0^{x^2}f(u)\mathrm{d}u\right)$$

$$=\frac{1}{2}f(x^2)\cdot 2x=xf(x^2).$$

例 4 求解下列各题:

（1）求极限 $\displaystyle\lim_{x\to 0}\frac{\displaystyle\int_0^x\left[\int_0^{u^2}\arctan(1+t)\mathrm{d}t\right]\mathrm{d}u}{x(1-\cos x)}$；

（2）求极限 $\displaystyle\lim_{x\to+\infty}\frac{\displaystyle\int_0^x(\arctan t)^2\mathrm{d}t}{\sqrt{x^2+1}}$；

（3）求 a,b,c 的值,使 $\displaystyle\lim_{x\to 0}\frac{ax-\sin x}{\displaystyle\int_b^x\frac{\ln(1+t^3)}{t}\mathrm{d}t}=c\ (\neq 0)$.

解 （1）欲求极限的分式的分子是用变上限函数的积分表示的,先对 t 积分,积出来是 u 的函数,再对 u 积分,积出来是 x 的函数;整个分式是 $\dfrac{0}{0}$ 型的未定式,在使用洛必达法则之前,先用等价无穷小化简分式,得

$$\text{原式}=\lim_{x\to 0}\frac{\displaystyle\int_0^x\left[\int_0^{u^2}\arctan(1+t)\mathrm{d}t\right]\mathrm{d}u}{x\cdot\dfrac{x^2}{2}}$$

$$=2\lim_{x\to 0}\frac{\displaystyle\int_0^x\left[\int_0^{u^2}\arctan(1+t)\mathrm{d}t\right]\mathrm{d}u}{x^3}$$

$$=2\lim_{x\to 0}\frac{\displaystyle\int_0^{x^2}\arctan(1+t)\mathrm{d}t}{3x^2}=\frac{2}{3}\lim_{x\to 0}\arctan(1+x^2)$$

$$=\frac{2}{3}\arctan 1=\frac{\pi}{6}.$$

（2）因为当 $x>1$ 时,

$$\int_0^x(\arctan t)^2\mathrm{d}t\geqslant\int_1^x(\arctan t)^2\mathrm{d}t$$

$$\geqslant \int_1^x \left(\frac{\pi}{4}\right)^2 dt = \left(\frac{\pi}{4}\right)^2 (x-1) \to \infty \quad (x \to \infty),$$

所以原题为 $\dfrac{\infty}{\infty}$ 型未定式的极限,故

$$\lim_{x \to +\infty} \frac{\int_0^x (\arctan t)^2 dt}{\sqrt{x^2+1}} = \lim_{x \to +\infty} \frac{(\arctan x)^2}{\dfrac{x}{\sqrt{x^2+1}}} = \frac{\pi^2}{4}.$$

(3) 由 $\lim\limits_{x \to 0} \dfrac{ax - \sin x}{\int_b^x \dfrac{\ln(1+t^3)}{t} dt} = c \neq 0$,且 $\lim\limits_{x \to 0}(ax - \sin x) = 0$,得

$$\lim_{x \to 0} \int_b^x \frac{\ln(1+t^3)}{t} dt = 0,$$

即 $b=0$,因而

$$\lim_{x \to 0} \frac{ax - \sin x}{\int_0^x \dfrac{\ln(1+t^3)}{t} dt} \xlongequal{\frac{0}{0}\text{型}} \lim_{x \to 0} \frac{a - \cos x}{\dfrac{\ln(1+x^3)}{x}} = \lim_{x \to 0} \frac{x(a - \cos x)}{\ln(1+x^3)}$$

$$\xlongequal[x \to 0 \text{时}]{\ln(1+x^3) \sim x^3} \lim_{x \to 0} \frac{x(a - \cos x)}{x^3}$$

$$= \lim_{x \to 0} \frac{a - \cos x}{x^2} = c.$$

由 $\lim\limits_{x \to 0}(a - \cos x) = a - 1 = 0$,得 $a = 1$,代入上式得

$$c = \lim_{x \to 0} \frac{1 - \cos x}{x^2} = \lim_{x \to 0} \frac{\dfrac{x^2}{2}}{x^2} = \frac{1}{2}.$$

所以 $a = 1, b = 0, c = \dfrac{1}{2}$.

例 5 设 $f(x)$ 连续,且 $f(0) = 0$,$f'(0) \neq 0$. 又设

$$F(x) = \int_0^x (x^2 - t^2) f(t) dt,$$

且当 $x \to 0$ 时,$F'(x)$ 与 x^k 是同阶无穷小,求 k 值.

解 先求 $F'(x)$.

$$F'(x) = \left(\int_0^x (x^2 - t^2) f(t) dt \right)' = \left(x^2 \int_0^x f(t) dt - \int_0^x t^2 f(t) dt \right)'$$

$$= 2x \int_0^x f(t) dt + x^2 f(x) - x^2 f(x)$$

$$= 2x \int_0^x f(t)\mathrm{d}t.$$

又当 $x \to 0$ 时, $F'(x)$ 与 x^k 是同阶无穷小,且 $f(0) = 0, f'(0) \neq 0$,得

$$\lim_{x \to 0} \frac{F'(x)}{x^k} = \lim_{x \to 0} \frac{2x \int_0^x f(t)\mathrm{d}t}{x^k} = 2 \lim_{x \to 0} \frac{\int_0^x f(t)\mathrm{d}t}{x^{k-1}}$$

$$= 2 \lim_{x \to 0} \frac{f(x)}{(k-1)x^{k-2}} = 2 \lim_{x \to 0} \frac{1}{(k-1)x^{k-3}} \frac{f(x) - f(0)}{x - 0}$$

$$= 2f'(0) \lim_{x \to 0} \frac{1}{(k-1)x^{k-3}} = c \neq 0,$$

所以 $\lim\limits_{x \to 0} \dfrac{1}{(k-1)x^{k-3}} \neq 0$,从而 $k-3 = 0$,得 $k = 3$.

注意 考虑极限 "$\lim\limits_{x \to 0} \dfrac{f(x)}{(k-1)x^{k-2}}$" 时,不能使用洛必达法则. 因为 $f(x)$ 在 $x = 0$ 的邻域内未必可导.

例 6 设 $f(x)$ 连续,且 $\lim\limits_{x \to 0} \dfrac{f(x)}{x} = 2, \varphi(x) = \int_0^1 f(xt)\mathrm{d}t$,求 $\varphi'(x)$ 并讨论 $\varphi'(x)$ 的连续性.

分析 对 $\varphi(x)$ 不能像例 3(2) 中作变量替换 "$xt = u$" 将 x 与积分变量 t 分开. 因为若令 $xt = u$,则 $\varphi(x)$ 变为 $\varphi(x) = \dfrac{1}{x} \int_0^x f(u)\mathrm{d}u$,这里 $x \neq 0$,与原来 $\varphi(x) = \int_0^1 f(xt)\mathrm{d}t$ 的定义域不同.

解 由 $f(x)$ 的连续性及 $\lim\limits_{x \to 0} \dfrac{f(x)}{x} = 2$,可知

$$f(0) = \lim_{x \to 0} f(x) = 0.$$

当 $x = 0$ 时, $\varphi(0) = \int_0^1 f(0)\mathrm{d}t = 0$;

当 $x \neq 0$ 时, $\varphi(x) = \int_0^1 f(xt)\mathrm{d}t = \dfrac{1}{x} \int_0^x f(u)\mathrm{d}u.$

所以

$$\varphi(x) = \begin{cases} \dfrac{1}{x} \int_0^x f(u)\mathrm{d}u, & x \neq 0, \\ 0, & x = 0. \end{cases}$$

当 $x \neq 0$ 时,

$$\varphi'(x) = \left(\frac{1}{x} \int_0^x f(u)\mathrm{d}u \right)' = \frac{xf(x) - \int_0^x f(u)\mathrm{d}u}{x^2} ;$$

当 $x=0$ 时，

$$\varphi'(0) = \lim_{x \to 0} \frac{\varphi(x) - \varphi(0)}{x - 0} = \lim_{x \to 0} \frac{\int_0^x f(u)\mathrm{d}u}{x^2} = \lim_{x \to 0} \frac{f(x)}{2x} = 1.$$

所以

$$\varphi'(x) = \begin{cases} \dfrac{xf(x) - \displaystyle\int_0^x f(u)\mathrm{d}u}{x^2}, & x \neq 0, \\ 1, & x = 0. \end{cases}$$

因为 $f(x)$ 连续，故 $x \neq 0$ 时，$\varphi'(x)$ 连续. 又

$$\lim_{x \to 0} \varphi'(x) = \lim_{x \to 0} \frac{xf(x) - \int_0^x f(u)\mathrm{d}u}{x^2} = \lim_{x \to 0} \left[\frac{xf(x)}{x^2} - \frac{\int_0^x f(u)\mathrm{d}u}{x^2} \right]$$

$$= \lim_{x \to 0} \frac{f(x)}{x} - \lim_{x \to 0} \frac{\int_0^x f(u)\mathrm{d}u}{x^2} = 2 - 1 = 1 = \varphi'(0),$$

故 $\varphi(x)$ 在 $x=0$ 处也连续，即 $\varphi'(x)$ 为连续函数.

小结 例 3 至例 6 都与积分上限函数有关. 积分上限函数与我们熟悉的初等函数和分段函数有很多不同之处，但它本身有它自己的连续性、可导性及导数公式.

例 7 比较下面积分值的大小：

$$\int_0^1 \mathrm{e}^{x^2}\mathrm{d}x \quad \text{与} \quad \int_0^1 \mathrm{e}^{x^3}\mathrm{d}x.$$

分析 利用定积分的性质.

解 由于当 $0 \leqslant x \leqslant 1$ 时，$x^2 \geqslant x^3$，又因为指数函数是单调增加函数，所以 $\mathrm{e}^{x^2} \geqslant \mathrm{e}^{x^3}$，因此 $\int_0^1 \mathrm{e}^{x^2}\mathrm{d}x > \int_0^1 \mathrm{e}^{x^3}\mathrm{d}x$.

例 8 不计算积分值，试判别 $\int_{-2}^{-1} \left(\dfrac{1}{3} \right)^x \mathrm{d}x$ 与 $\int_0^1 3^x \mathrm{d}x$ 的大小.

分析 因为两个定积分不在同一个积分区间上，因此，需将积分

$\int_{-2}^{-1}\left(\dfrac{1}{3}\right)^x \mathrm{d}x$ 的积分区间调整到 $[0,1]$ 上,作适当变换,然后再比较.

解 作变换 $x+1=-t$,则当 $x=-1$ 时,$t=0$;当 $x=-2$ 时,$t=1$. 所以

$$\int_{-2}^{-1}\left(\frac{1}{3}\right)^x \mathrm{d}x = -\int_{1}^{0}\left(\frac{1}{3}\right)^{-(t+1)} \mathrm{d}t = \int_{0}^{1} 3^{t+1}\mathrm{d}t = \int_{0}^{1} 3^{x+1}\mathrm{d}x.$$

又由于 $x\in[0,1]$,有 $3^{x+1}>3^x$,故 $\int_{0}^{1} 3^{x+1}\mathrm{d}x > \int_{0}^{1} 3^x \mathrm{d}x$,即

$$\int_{-2}^{-1}\left(\frac{1}{3}\right)^x \mathrm{d}x > \int_{0}^{1} 3^x \mathrm{d}x.$$

思考题 作变量替换 $x+2=t$ 可以吗?为什么?

例 9 试估计定积分 $\int_{0}^{2} \mathrm{e}^{x^2-x}\mathrm{d}x$ 的值.

解 因为函数 $f(u)=\mathrm{e}^u$ 是单调增加的,所以,要求被积函数 $f(x)=\mathrm{e}^{x^2-x}$ 在区间 $[0,2]$ 上的最大值和最小值,只需找出 $u=x^2-x$ 在区间 $[0,2]$ 上的最大值和最小值.

由 $u=x^2-x$,得驻点 $x=\dfrac{1}{2}$ $\left(x=\dfrac{1}{2}\in(0,2)\right)$. 又因 $u\left(\dfrac{1}{2}\right)=-\dfrac{1}{4}$,$u(0)=0$,$u(2)=2$,于是在 $[0,2]$ 上,$\mathrm{e}^{-\frac{1}{4}}\leqslant\mathrm{e}^{x^2-x}\leqslant\mathrm{e}^2$. 由估值不等式可知

$$\int_{0}^{2} \mathrm{e}^{-\frac{1}{4}}\mathrm{d}x \leqslant \int_{0}^{2} \mathrm{e}^{x^2-x}\mathrm{d}x \leqslant \int_{0}^{2} \mathrm{e}^2 \mathrm{d}x,$$

即

$$2\mathrm{e}^{-\frac{1}{4}} \leqslant \int_{0}^{2} \mathrm{e}^{x^2-x}\mathrm{d}x \leqslant 2\mathrm{e}^2.$$

例 10 求极限 $\lim\limits_{n\to\infty}\int_{0}^{1}\dfrac{x^n}{1+x^2}\mathrm{d}x$.

分析 直接计算积分比较繁,这类题目往往是通过建立积分不等式求解.

解法 1 当 $0\leqslant x\leqslant 1$ 时,有 $0\leqslant\dfrac{x^n}{1+x^2}\leqslant x^n$,故有

$$0 \leqslant \int_{0}^{1}\frac{x^n}{1+x^2}\mathrm{d}x \leqslant \int_{0}^{1} x^n \mathrm{d}x = \frac{1}{1+n}.$$

又因为 $\lim\limits_{n\to\infty}\dfrac{1}{1+n}=0$,由夹逼定理,有

$$\lim\limits_{n\to\infty}\int_{0}^{1}\frac{x^n}{1+x^2}\mathrm{d}x = 0.$$

解法 2 用积分第一中值定理,有

$$\int_0^1 \frac{x^n}{1+x^2}\mathrm{d}x = \frac{1}{1+\xi^2}\int_0^1 x^n\mathrm{d}x = \frac{1}{1+\xi^2}\frac{1}{1+n} \quad (0 \leqslant \xi \leqslant 1).$$

当 $0 \leqslant \xi \leqslant 1$ 时,$\dfrac{1}{1+\xi^2}$ 有界,而 $\dfrac{1}{n+1} \to 0 \; (n \to \infty)$,由有界变量与无穷小之积仍是无穷小量知

$$\lim_{n\to\infty}\int_0^1 \frac{x^n}{1+x^2}\mathrm{d}x = 0.$$

小结 这部分例题主要是利用定积分的性质求解一些计算题.

例 11 设函数 $f(x)$ 在区间 $[a,b]$ 上连续,且 $f(x)>0$,证明方程

$$\int_a^x f(t)\mathrm{d}t + \int_b^x \frac{1}{f(t)}\mathrm{d}t = 0$$

在开区间 (a,b) 内有惟一的根.

证明 令

$$F(x) = \int_a^x f(t)\mathrm{d}t + \int_b^x \frac{1}{f(t)}\mathrm{d}t,$$

则 $F(x)$ 在 $[a,b]$ 上连续,且

$$F(a) = 0 + \int_b^a \frac{1}{f(t)}\mathrm{d}t = -\int_a^b \frac{\mathrm{d}t}{f(t)} < 0,$$

$$F(b) = \int_a^b f(t)\mathrm{d}t + 0 = \int_a^b f(t)\mathrm{d}t > 0,$$

由介值定理知 $F(x)$ 在 (a,b) 内至少有一个零点. 又

$$F'(x) = f(x) + \frac{1}{f(x)} \geqslant 2\sqrt{f(x)} \cdot \frac{1}{\sqrt{f(x)}} = 2 > 0,$$

故 $F(x)$ 在 $[a,b]$ 上严格单调递增,因而 $F(x)$ 的零点不多于一个,所以方程在 (a,b) 内有惟一的根.

例 12 证明不等式

$$\ln(1+\sqrt{2}) \leqslant \int_0^1 \frac{\mathrm{d}x}{\sqrt{1+x^n}} \leqslant 1 \quad (n \geqslant 2).$$

证明 显然 $\dfrac{1}{\sqrt{2}} \leqslant \dfrac{1}{\sqrt{1+x^n}} \leqslant 1 \; (0 \leqslant x \leqslant 1)$. 故

$$\frac{1}{\sqrt{2}} \leqslant \int_0^1 \frac{1}{\sqrt{1+x^n}}\mathrm{d}x \leqslant 1.$$

所以上式右边不等式成立,但左边不等式不是所要证的不等式,说明被积函数缩小时缩的太小了.考察下面的不等式:

$$\frac{1}{\sqrt{1+x^n}} \geqslant \frac{1}{\sqrt{1+x^2}}, \quad 0 \leqslant x \leqslant 1, \, n \geqslant 2,$$

从而

$$\int_0^1 \frac{\mathrm{d}x}{\sqrt{1+x^n}} \geqslant \int_0^1 \frac{\mathrm{d}x}{\sqrt{1+x^2}} = \ln(x+\sqrt{1+x^2}) \Big|_0^1$$

$$= \ln(1+\sqrt{2}),$$

即要证的左边不等式成立.

例 13 已知 $f(x)$ 在 $[0,\pi]$ 上连续,且

$$\int_0^\pi f(x)\mathrm{d}x = 0, \quad \int_0^\pi f(x)\cos x\mathrm{d}x = 0,$$

试证在 $(0,\pi)$ 内至少存在两个不同的点 ξ_1, ξ_2,使 $f(\xi_1)=f(\xi_2)=0$ 成立.

证明 考虑 $f(x)$ 的一个原函数为 $\int_0^x f(t)\mathrm{d}t$,故取辅助函数为

$$F(x) = \int_0^x f(t)\mathrm{d}t, \quad 0 \leqslant x \leqslant \pi,$$

则有 $F(0)=0$,$F(\pi)=0$. 又因为

$$0 = \int_0^\pi f(x)\cos x\mathrm{d}x = \int_0^\pi \cos x\mathrm{d}F(x)$$

$$= F(x)\cos x \Big|_0^\pi - \left(-\int_0^\pi F(x)\sin x\mathrm{d}x \right)$$

$$= \int_0^\pi F(x)\sin x\mathrm{d}x,$$

所以,存在 $\xi \in (0,\pi)$,使 $F(\xi)\sin\xi=0$. 因若不然,则在 $(0,\pi)$ 内,$F(x)\sin x$ 恒为正或 $F(x)\sin x$ 恒为负,均与 $\int_0^\pi F(x)\sin x\mathrm{d}x=0$ 矛盾. 但当 $\xi \in (0,\pi)$ 时,$\sin\xi \neq 0$,故 $F(\xi)=0$,由以上所证得 $F(0)=F(\xi)=F(\pi)=0$,$0<\xi<\pi$.

再对 $F(x)$ 在 $[0,\xi]$,$[\xi,\pi]$ 上分别应用罗尔定理,知至少存在 $\xi_1 \in (0,\xi)$,$\xi_2 \in (\xi,\pi)$,使 $F'(\xi_1)=F'(\xi_2)=0$,即 $f(\xi_1)=f(\xi_2)=0$.

例 14 设 $f(x)$ 在区间 $[-a,a]$($a>0$)上有二阶连续导数,

$f(0)=0$,证明在$[-a,a]$上至少存在一点η,使

$$a^3 f''(\eta) = 3\int_{-a}^{a} f(x)\mathrm{d}x$$

成立.

证明　考虑到要证明的等式有二阶导数,故应用泰勒公式.由泰勒公式得

$$f(x)=f(0)+f'(0)x+\frac{1}{2}f''(\xi)x^2$$

$$=f'(0)x+\frac{1}{2}f''(\xi)x^2,$$

ξ介于$0,x$之间,将上式两端从$-a$到a积分得

$$\int_{-a}^{a}f(x)\mathrm{d}x=\int_{-a}^{a}f'(0)x\mathrm{d}x+\frac{1}{2}\int_{-a}^{a}f''(\xi)x^2\mathrm{d}x$$

$$=\frac{1}{2}\int_{-a}^{a}f''(\xi)x^2\mathrm{d}x.$$

（**注**　不可从上式中推出

$$\int_{-a}^{a}f(x)\mathrm{d}x=f''(\xi)\int_{-a}^{a}\frac{1}{2}x^2\mathrm{d}x=\frac{1}{3}a^3f''(\xi).$$

因为$f''(\xi)$中的ξ是x的函数,不能将$f''(\xi)$从积分号内提到积分号外.）

因为$f''(x)$在$[-a,a]$上连续,故一定存在最大值M和最小值m,即$m\leqslant f''(x)\leqslant M$, $x\in(-a,a)$. 于是

$$\int_{-a}^{a}mx^2\mathrm{d}x\leqslant\int_{-a}^{a}f''(\xi)x^2\mathrm{d}x\leqslant\int_{-a}^{a}Mx^2\mathrm{d}x,$$

即

$$\frac{2}{3}ma^3\leqslant\int_{-a}^{a}f''(\xi)x^2\mathrm{d}x\leqslant\frac{2}{3}Ma^3,$$

即

$$m\leqslant\frac{3}{a^3}\int_{-a}^{a}f(x)\mathrm{d}x\leqslant M.$$

从而由介值定理知,存在$\eta\in[-a,a]$,使得$f''(\eta)=\dfrac{3}{a^3}\int_{-a}^{a}f(x)\mathrm{d}x$成立,即

$$a^3 f''(\eta) = 3 \int_{-a}^{a} f(x) \mathrm{d}x.$$

例 15 设 $f(x)$ 是周期为 T 的可积函数,证明:
$$\int_{a}^{a+T} f(x) \mathrm{d}x = \int_{0}^{T} f(x) \mathrm{d}x,$$

其中 a 为任意实数.

证明 由定积分的可加性,有
$$\int_{a}^{a+T} f(x) \mathrm{d}x = \int_{a}^{0} f(x) \mathrm{d}x + \int_{0}^{T} f(x) \mathrm{d}x + \int_{T}^{a+T} f(x) \mathrm{d}x$$
$$= - \int_{0}^{a} f(x) \mathrm{d}x + \int_{0}^{T} f(x) \mathrm{d}x + \int_{T}^{a+T} f(x) \mathrm{d}x.$$

对于 $\int_{T}^{a+T} f(x) \mathrm{d}x$ 作变换 $x = t + T$,则 $\mathrm{d}x = \mathrm{d}t$. 当 $x = T$ 时,$t = 0$;当 $x = a+T$ 时,$t = a$. 所以
$$\int_{T}^{a+T} f(x) \mathrm{d}x = \int_{0}^{a} f(t) \mathrm{d}t = \int_{0}^{a} f(x) \mathrm{d}x.$$

由此
$$\int_{a}^{a+T} f(x) \mathrm{d}x = - \int_{0}^{a} f(x) \mathrm{d}x + \int_{0}^{T} f(x) \mathrm{d}x + \int_{0}^{a} f(x) \mathrm{d}x$$
$$= \int_{0}^{T} f(x) \mathrm{d}x.$$

例 16 设函数 $f(x)$ 连续,常数 $a > 0$,证明
$$\int_{1}^{a} f\left(x^2 + \frac{a^2}{x^2} \right) \cdot \frac{\mathrm{d}x}{x} = \int_{1}^{a} f\left(x + \frac{a^2}{x} \right) \cdot \frac{1}{x} \mathrm{d}x.$$

证明 比较不等式两边的被积函数,令 $x^2 = u$,于是
$$\int_{1}^{a} f\left(x^2 + \frac{a^2}{x^2} \right) \frac{\mathrm{d}x}{x} = \int_{1}^{a^2} f\left(u + \frac{a^2}{u} \right) \frac{1}{2u} \mathrm{d}u$$
$$= \frac{1}{2} \left(\int_{1}^{a} f\left(u + \frac{a^2}{u} \right) \frac{1}{u} \mathrm{d}u + \int_{a}^{a^2} f\left(u + \frac{a^2}{u} \right) \frac{1}{u} \mathrm{d}u \right)$$
$$= \frac{1}{2} \left(\int_{1}^{a} f\left(x + \frac{a^2}{x} \right) \frac{1}{x} \mathrm{d}x + \int_{a}^{a^2} f\left(x + \frac{a^2}{x} \right) \frac{1}{x} \mathrm{d}x \right).$$

比较积分限,令 $x = \dfrac{a^2}{t}$,得

$$\int_a^{a^2} f\left(x + \frac{a^2}{x}\right)\frac{1}{x}\mathrm{d}x = \int_a^1 f\left(\frac{a^2}{t} + t\right)\frac{t}{a^2}\left(-\frac{a^2}{t^2}\right)\mathrm{d}t$$

$$= \int_1^a f\left(t + \frac{a^2}{t}\right)\frac{1}{t}\mathrm{d}t = \int_1^a f\left(x + \frac{a^2}{x}\right)\frac{1}{x}\mathrm{d}x,$$

所以

$$\int_1^a f\left(x^2 + \frac{a^2}{x^2}\right)\frac{1}{x}\mathrm{d}x = \frac{1}{2} \cdot 2\int_1^a f\left(x + \frac{a^2}{x}\right)\frac{1}{x}\mathrm{d}x$$

$$= \int_1^a f\left(x + \frac{a^2}{x}\right)\frac{1}{x}\mathrm{d}x.$$

例 17 设 $f(x),g(x)$ 在区间 $[-a,a]$ $(a>0)$ 上连续, $g(x)$ 为偶函数,且 $f(x)$ 满足 $f(x)+f(-x)=A$ (A 为常数).

(1) 证明: $\int_{-a}^a f(x)g(x)\mathrm{d}x = A\int_0^a g(x)\mathrm{d}x$;

(2) 利用上面的结果计算定积分 $\int_{-\pi/2}^{\pi/2} |\sin x|\arctan \mathrm{e}^x\mathrm{d}x$.

证明 (1) 注意到区间的对称性及 $g(x)$ 的偶函数性,则

$$\int_{-a}^a f(x)g(x)\mathrm{d}x \xlongequal{u=-x} \int_a^{-a} f(-u)g(-u)\mathrm{d}(-u)$$

$$= \int_{-a}^a f(-u)g(u)\mathrm{d}u,$$

所以

$$\int_{-a}^a f(x)g(x)\mathrm{d}x = \frac{1}{2}\int_{-a}^a [f(x) + f(-x)]g(x)\mathrm{d}x$$

$$= \frac{A}{2}\int_{-a}^a g(x)\mathrm{d}x = A\int_0^a g(x)\mathrm{d}x.$$

(2) 取 $f(x)=\arctan \mathrm{e}^x$, $g(x)=|\sin x|$, $a=\frac{\pi}{2}$, 则 $f(x),g(x)$ 在 $\left[-\frac{\pi}{2},\frac{\pi}{2}\right]$ 上连续, $g(x)$ 为偶函数. 令 $x=0$, 有 $A=2f(0)=\frac{\pi}{2}$, 由 (1) 的结果得

$$\int_{-\frac{\pi}{2}}^{\frac{\pi}{2}} |\sin x| \cdot \arctan \mathrm{e}^x\mathrm{d}x = \frac{\pi}{2}\int_0^{\frac{\pi}{2}} \sin x\mathrm{d}x = \frac{\pi}{2}.$$

例 18 设 $f(x)$ 在 $[a,b]$ 上连续,在 (a,b) 内可导,且 $|f'(x)|\leqslant M,f(a)=f(b)=0$. 证明:

$$\frac{4}{(b-a)^2}\int_a^b f(x)\mathrm{d}x \leqslant M.$$

证明   因为 $f(x)$ 在 $[a,b]$ 上连续,在 (a,b) 内可导,所以由拉格朗日中值定理知

$$f(x) - f(a) = f'(\xi_1)(x-a), \quad a < \xi_1 < x,$$
$$f(x) - f(b) = f'(\xi_2)(x-b), \quad x < \xi_2 < b.$$

又由 $f(a) = f(b) = 0$, $|f'(x)| \leqslant M$,得

$$f(x) = f'(\xi_1)(x-a) \leqslant M(x-a),$$
$$f(x) = f'(\xi_2)(x-b) \leqslant M(b-x),$$

从而

$$\int_a^b f(x)\mathrm{d}x = \int_a^{\frac{a+b}{2}} f(x)\mathrm{d}x + \int_{\frac{a+b}{2}}^b f(x)\mathrm{d}x$$

$$\leqslant \int_a^{\frac{a+b}{2}} M(x-a)\mathrm{d}x + \int_{\frac{a+b}{2}}^b M(b-x)\mathrm{d}x$$

$$= M \frac{(x-a)^2}{2}\Big|_a^{\frac{a+b}{2}} - M \frac{(b-x)^2}{2}\Big|_{\frac{a+b}{2}}^b$$

$$= \frac{M}{2}\Big(\frac{b-a}{2}\Big)^2 + \frac{M}{2}\Big(\frac{b-a}{2}\Big)^2$$

$$= \frac{(b-a)^2}{4}M.$$

所以
$$\frac{4}{(b-a)^2}\int_a^b f(x) \leqslant M.$$

例 19   设 $f(x), g(x)$ 在 $[a,b]$ 上连续. 证明:

（1）柯西-施瓦茨不等式:

$$\Big(\int_a^b f(x)g(x)\mathrm{d}x\Big)^2 \leqslant \int_a^b f^2(x)\mathrm{d}x \cdot \int_a^b g^2(x)\mathrm{d}x;$$

（2）闵可夫斯基不等式:

$$\Big(\int_a^b [f(x) + g(x)]^2\mathrm{d}x\Big)^{\frac{1}{2}} \leqslant \Big(\int_a^b f^2(x)\mathrm{d}x\Big)^{\frac{1}{2}} + \Big(\int_a^b g^2(x)\mathrm{d}x\Big)^{\frac{1}{2}}.$$

证明   （1）设

$$F(t) = \int_a^b [f(x) - t \cdot g(x)]^2 \mathrm{d}x$$

$$= \int_a^b f^2(x)\mathrm{d}x - 2t\int_a^b f(x)g(x)\mathrm{d}x + t^2\int_a^b g^2(x)\mathrm{d}x.$$

因为 $F(t)$ 是 t 的二次三项式, 且 $F(t) \geqslant 0$, 所以其判别式

$$\Delta = \left(-2\int_a^b f(x)g(x)\mathrm{d}x\right)^2 - 4\int_a^b f^2(x)\mathrm{d}x\int_a^b g^2(x)\mathrm{d}x \leqslant 0,$$

即

$$\left(\int_a^b f(x)g(x)\mathrm{d}x\right)^2 \leqslant \int_a^b f^2(x)\mathrm{d}x \cdot \int_a^b g^2(x)\mathrm{d}x.$$

注 学过重积分后, 还可以用重积分证明此结论.

(2) 利用柯西-施瓦茨不等式, 有

$$(右端)^2 = \int_a^b f^2(x)\mathrm{d}x + \int_a^b g^2(x)\mathrm{d}x + 2\sqrt{\int_a^b f^2(x)\mathrm{d}x \cdot \int_a^b g^2(x)\mathrm{d}x}$$

$$\geqslant \int_a^b f^2(x)\mathrm{d}x + \int_a^b g^2(x)\mathrm{d}x + 2\int_a^b f(x)g(x)\mathrm{d}x$$

$$= \int_a^b (f(x) + g(x))^2\mathrm{d}x = (左端)^2.$$

即所证明不等式成立.

注 柯西-施瓦茨不等式是一个很重要的不等式, 在许多不等式的证明中都会用到它.

例 20 设 $f(x)$ 在 $[a,b]$ 上连续, 且 $f(x) > 0$, 证明:

$$\int_a^b f(x)\mathrm{d}x \cdot \int_a^b \frac{\mathrm{d}x}{f(x)} \geqslant (b-a)^2.$$

证法 1 利用柯西-施瓦茨不等式及 $f(x) > 0$, 得

$$\int_a^b f(x)\mathrm{d}x \cdot \int_a^b \frac{\mathrm{d}x}{f(x)} = \int_a^b (\sqrt{f(x)})^2\mathrm{d}x \cdot \int_a^b \frac{\mathrm{d}x}{(\sqrt{f(x)})^2}$$

$$\geqslant \left(\int_a^b \sqrt{f(x)} \cdot \frac{1}{\sqrt{f(x)}}\mathrm{d}x\right)^2$$

$$= (b-a)^2.$$

证法 2 利用函数的单调性, 作辅助函数

$$F(t) = \int_a^t f(x)\mathrm{d}x\int_a^t \frac{\mathrm{d}x}{f(x)} - (t-a)^2,$$

$$F'(t) = f(t) \int_a^t \frac{\mathrm{d}x}{f(x)} + \frac{1}{f(t)} \int_a^t f(x)\mathrm{d}x - 2(t-a)$$

$$= \int_a^t \frac{f(t)}{f(x)}\mathrm{d}x + \int_a^t \frac{f(x)}{f(t)}\mathrm{d}x - 2\int_a^t \mathrm{d}x$$

$$= \int_a^t \left(\frac{f^2(t) + f^2(x)}{f(x)f(t)} - 2 \right)\mathrm{d}x$$

$$\geqslant \int_a^t \left(\frac{2 \cdot f(t)f(x)}{f(x)f(t)} - 2 \right)\mathrm{d}x = 0.$$

所以 $F(t)$ 在 $[a,b]$ 上单调递增,从而 $F(b) \geqslant F(a) = 0$,即原不等式成立.

例 21 求 $\int_0^1 f(x)\mathrm{d}x$,使得

$$2\int_0^1 f(x)\mathrm{d}x + f(x) - x = 0.$$

解 注意到 $\int_0^1 f(x)\mathrm{d}x$ 是常数,设 $\int_0^1 f(x)\mathrm{d}x = a$,则由题设得

$$2a + f(x) - x = 0, \quad 即 \quad f(x) = x - 2a.$$

两边积分 $\int_0^1 f(x)\mathrm{d}x = \int_0^1 x\mathrm{d}x - \int_0^1 2a\mathrm{d}x$,由此得

$$a = \frac{1}{2}x^2 \Big|_0^1 - 2a, \quad a = \frac{1}{6},$$

即

$$\int_0^1 f(x)\mathrm{d}x = \frac{1}{6}.$$

例 22 已知 $f(x) = \int_1^x \frac{\ln(1+t)}{t}\mathrm{d}t$,$x>0$,求 $f(x) + f\left(\frac{1}{x}\right)$ 的值.

解法 1 利用换元法:

$$f(x) + f\left(\frac{1}{x}\right) = \int_1^x \frac{\ln(1+t)}{t}\mathrm{d}t + \int_1^{\frac{1}{x}} \frac{\ln(1+t)}{t}\mathrm{d}t.$$

对于 $\int_1^{\frac{1}{x}} \frac{\ln(1+t)}{t}\mathrm{d}t$,令 $t = \frac{1}{u}$,则 $\mathrm{d}t = -\frac{1}{u^2}\mathrm{d}u$. 当 $t=1$ 时,$u=1$;当 $t = \frac{1}{x}$ 时,$u=x$. 于是

$$\int_1^{\frac{1}{x}} \frac{\ln(1+t)}{t}\mathrm{d}t = -\int_1^x \frac{\ln(1+u) - \ln u}{u}\mathrm{d}u$$

$$= -\int_1^x \frac{\ln(1+t)}{t} dt + \int_1^x \frac{\ln t}{t} dt,$$

从而

$$f(x) + f\left(\frac{1}{x}\right) = \int_1^x \frac{\ln t}{t} dt = \frac{1}{2}\ln^2 x.$$

解法 2　令

$$g(x) = f(x) + f\left(\frac{1}{x}\right), \qquad \qquad ①$$

则

$$g'(x) = f'(x) + f'\left(\frac{1}{x}\right) \cdot \left(\frac{1}{x}\right)'$$

$$= \frac{\ln(1+x)}{x} + \frac{\ln\left(1+\frac{1}{x}\right)}{\frac{1}{x}} \cdot \left(-\frac{1}{x^2}\right) = \frac{\ln x}{x}.$$

由①式知 $g(x)$ 满足 $g(1) = 0$,

$$g(x) = \int \frac{\ln x}{x} dx = \frac{1}{2}\ln^2 x + C,$$

代入 $g(1) = 0$,推出 $C = 0$,所以

$$f(x) + f\left(\frac{1}{x}\right) = \frac{1}{2}\ln^2 x.$$

例 23　指出下面解题过程中的错误,并写出正确的解法

$$\int_0^{\frac{\pi}{2}} \sqrt{1 - \sin 2x} \, dx = \int_0^{\frac{\pi}{2}} \sqrt{\sin^2 x + \cos^2 x - 2\sin x \cos x} \, dx$$

$$= \int_0^{\frac{\pi}{2}} (\sin x - \cos x) \, dx$$

$$= (\sin x - \cos x)\big|_0^{\pi/2} = 0.$$

解　上述解题过程中出现的错误是:当 $0 \leqslant x \leqslant \frac{\pi}{2}$ 时,把 $\sqrt{(\sin x - \cos x)^2}$ 写成了 $\sin x - \cos x$。

正确的解法(如图 5-1)是:

$$\int_0^{\frac{\pi}{2}} \sqrt{1 - \sin 2x} \, dx = \int_0^{\frac{\pi}{2}} \sqrt{\sin^2 x + \cos^2 x - 2\sin x \cos x}$$

90

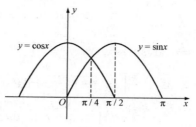

图 5-1

$$= \int_0^{\frac{\pi}{2}} \sqrt{(\sin x - \cos x)^2} \mathrm{d}x = \int_0^{\frac{\pi}{2}} |\sin x - \cos x| \mathrm{d}x$$

$$= \int_0^{\frac{\pi}{4}} (\cos x - \sin x) \mathrm{d}x + \int_{\frac{\pi}{4}}^{\frac{\pi}{2}} (\sin x - \cos x) \mathrm{d}x$$

$$= 2(\sqrt{2} - 1).$$

例 24 求下列定积分：

(1) $\displaystyle\int_{\frac{1}{2}}^{\frac{3}{4}} \frac{\arcsin \sqrt{x}}{\sqrt{x(1-x)}} \mathrm{d}x$；　　　　　(2) $\displaystyle\int_0^1 \sqrt{2x - x^2} \mathrm{d}x$；

(3) $\displaystyle\int_{-\frac{\pi}{2}}^{\frac{\pi}{2}} (x^3 + \sin^2 x) \cos^2 x \mathrm{d}x$.

解 (1) **解法 1** 作变量替换,设法去掉根号,并注意应用换元法计算定积分时,换元必换限. 令 $\sqrt{x} = t$, 则 $x = t^2, \mathrm{d}x = 2t \cdot \mathrm{d}t$. 当 $x = \dfrac{1}{2}$ 时, $t = \dfrac{1}{\sqrt{2}}$; 当 $x = \dfrac{3}{4}$ 时, $t = \dfrac{\sqrt{3}}{2}$. 于是

$$\int_{1/2}^{3/4} \frac{\arcsin \sqrt{x}}{\sqrt{x(1-x)}} \mathrm{d}x = \int_{\sqrt{2}/2}^{\sqrt{3}/2} \frac{\arcsin t}{t \sqrt{1 - t^2}} \cdot 2t \cdot \mathrm{d}t$$

$$= 2 \int_{\sqrt{2}/2}^{\sqrt{3}/2} \frac{\arcsin t}{\sqrt{1 - t^2}} \mathrm{d}t$$

$$= (\arcsin t)^2 \Big|_{\sqrt{2}/2}^{\sqrt{3}/2} = \frac{7\pi^2}{144}.$$

解法 2 凑微分 $\dfrac{1}{\sqrt{x}} \mathrm{d}x = 2\mathrm{d}\sqrt{x}$.

$$\int_{1/2}^{3/4} \frac{\arcsin \sqrt{x}}{\sqrt{x(1-x)}} \mathrm{d}x = 2 \int_{1/2}^{3/4} \frac{\arcsin \sqrt{x}}{\sqrt{1-x}} \mathrm{d}\sqrt{x}$$

$$= 2\int_{1/2}^{3/4} \arcsin\sqrt{x}\,\mathrm{d}\arcsin\sqrt{x}$$

$$= (\arcsin\sqrt{x})^2 \Big|_{1/2}^{3/4} = \frac{7\pi^2}{144}.$$

(2) $\displaystyle\int_0^1 \sqrt{2x-x^2}\,\mathrm{d}x \xlongequal{\text{配方}} \int_0^1 \sqrt{1-(1-x)^2}\,\mathrm{d}x$

$$\xlongequal{u=1-x} \int_1^0 \sqrt{1-u^2}\,(-\mathrm{d}u) = \int_0^1 \sqrt{1-u^2}\,\mathrm{d}u$$

$$\xlongequal{u=\sin t} \int_0^{\frac{\pi}{2}} \sqrt{1-\sin^2 t}\cos t\,\mathrm{d}t$$

$$= \int_0^{\frac{\pi}{2}} \cos^2 t\,\mathrm{d}t = \frac{\pi}{4}.$$

(3) $\displaystyle\int_{-\frac{\pi}{2}}^{\frac{\pi}{2}} (x^3+\sin^2 x)\cos^2 x\,\mathrm{d}x \xlongequal{\text{对称性}} 2\int_0^{\frac{\pi}{2}} (\sin^2 x - \sin^4 x)\,\mathrm{d}x$

$$\xlongequal{\text{递推公式}} 2\left(\frac{1}{2}\cdot\frac{\pi}{2} - \frac{3}{4}\cdot\frac{1}{2}\cdot\frac{\pi}{2}\right) = \frac{\pi}{8}.$$

例 25　计算下列各题：

(1) $\displaystyle\int_0^2 x^3 \mathrm{e}^x\,\mathrm{d}x$；　　　　　　　　(2) $\displaystyle\int_0^3 \arcsin\sqrt{\frac{x}{x+1}}\,\mathrm{d}x$；

(3) 设 $f(x) = \displaystyle\int_1^{x^2} \mathrm{e}^{-t^2}\,\mathrm{d}t$，求 $\displaystyle\int_0^1 xf(x)\,\mathrm{d}x$.

解　(1) 由分部积分法,有

$$I = \int_0^2 x^3 \mathrm{e}^x\,\mathrm{d}x = \int_0^2 x^3\,\mathrm{d}\mathrm{e}^x = x^3 \mathrm{e}^x \Big|_0^2 - \int_0^2 \mathrm{e}^x\,\mathrm{d}x^3$$

$$= 8\mathrm{e}^2 - 3\int_0^2 x^2 \mathrm{e}^x\,\mathrm{d}x = 8\mathrm{e}^2 - 3\int_0^2 x^2\,\mathrm{d}\mathrm{e}^x$$

$$= 8\mathrm{e}^2 - 3x^2\mathrm{e}^x \Big|_0^2 + 3\int_0^2 \mathrm{e}^x\,\mathrm{d}x^2 = -4\mathrm{e}^2 + 6\int_0^2 x\mathrm{e}^x\,\mathrm{d}x$$

$$= -4\mathrm{e}^2 + 6\int_0^2 x\,\mathrm{d}\mathrm{e}^x = -4\mathrm{e}^2 + 6x\mathrm{e}^x \Big|_0^2 - 6\int_0^2 \mathrm{e}^x\,\mathrm{d}x$$

$$= 2\mathrm{e}^2 + 6.$$

(2) 先分部积分,得

$$I = x\arcsin\sqrt{\frac{x}{x+1}}\,\Big|_0^3 - \frac{1}{2}\int_0^3 \frac{\sqrt{x}}{x+1}\,\mathrm{d}x$$

$$= 3\arcsin\frac{\sqrt{3}}{2} - \frac{1}{2}\int_0^3 \frac{\sqrt{x}}{x+1}\mathrm{d}x.$$

再对上式第二个积分用换元法. 令 $\sqrt{x}=t$, 则 $x=t^2$, $\mathrm{d}x=2t\mathrm{d}t$, 于是

$$\int_0^3 \frac{\sqrt{x}}{x+1}\mathrm{d}x = \int_0^{\sqrt{3}} \frac{t}{t^2+1} \cdot 2t \cdot \mathrm{d}t = 2\int_0^{\sqrt{3}} \frac{(t^2+1)-1}{t^2+1}\mathrm{d}t$$

$$= 2(t - \arctan t)\Big|_0^{\sqrt{3}} = 2\sqrt{3} - \frac{2}{3}\pi.$$

$$(3)\ \int_0^1 xf(x)\mathrm{d}x = \frac{1}{2}\int_0^1 f(x)\mathrm{d}x^2 = \frac{x^2}{2}\int_1^{x^2}\mathrm{e}^{-t^2}\mathrm{d}t\Big|_0^1 - \frac{1}{2}\int_0^1 x^2 f'(x)\mathrm{d}x$$

$$= -\frac{1}{2}\int_0^1 2x^3\mathrm{e}^{-x^4}\mathrm{d}x = \frac{1}{4}\int_0^1 \mathrm{e}^{-x^4}\mathrm{d}(-x^4)$$

$$= \frac{1}{4}(\mathrm{e}^{-1}-1).$$

例 26 设

$$f(x) = \begin{cases} \dfrac{1}{1+x}, & x \geqslant 0, \\[2mm] \dfrac{1}{1+\mathrm{e}^x}, & x < 0, \end{cases}$$

求定积分 $\displaystyle\int_0^2 f(x-1)\mathrm{d}x$.

解 令 $x-1=t$, 则 $x=t+1$, $\mathrm{d}x=\mathrm{d}t$, 有

$$\int_0^2 f(x-1)\mathrm{d}x = \int_{-1}^1 f(t)\mathrm{d}t = \int_{-1}^0 f(t)\mathrm{d}t + \int_0^1 f(t)\mathrm{d}t$$

$$= \int_{-1}^0 \frac{1}{1+\mathrm{e}^t}\mathrm{d}t + \int_0^1 \frac{1}{1+t}\mathrm{d}t$$

$$= -\ln(1+\mathrm{e}^{-t})\Big|_{-1}^0 + \ln(1+t)\Big|_0^1 = \ln(1+\mathrm{e}).$$

例 27 设

$$f(x) = \begin{cases} 2x + \dfrac{3}{2}x^2, & -1 \leqslant x < 0, \\[3mm] \dfrac{x\mathrm{e}^x}{(\mathrm{e}^x+1)^2}, & 0 \leqslant x \leqslant 1, \end{cases}$$

求 $F(x)=\displaystyle\int_{-1}^x f(t)\mathrm{d}t$.

分析 计算变上限积分时, 首先画出被积函数 $f(t)$ 所定义的分

段区间,分段函数求积分要分段积分.当上限 x 在定义区间上移动时,根据 $f(t)$ 的分段定义区间,变上限积分函数也要分段表示.

解 当 $-1 \leqslant x < 0$ 时,

$$F(x) = \int_{-1}^{x} f(t)\mathrm{d}t = \int_{-1}^{x}\left(2t + \frac{3}{2}t^2\right)\mathrm{d}t$$

$$= \left(t^2 + \frac{1}{2}t^3\right)\Big|_{-1}^{x} = \frac{1}{2}x^3 + x^2 - \frac{1}{2}.$$

当 $0 \leqslant x \leqslant 1$ 时,

$$F(x) = \int_{-1}^{x} f(t)\mathrm{d}t = \int_{-1}^{0} f(t)\mathrm{d}t + \int_{0}^{x} f(t)\mathrm{d}t$$

$$= \int_{-1}^{0}\left(2t + \frac{3}{2}t^2\right)\mathrm{d}t + \int_{0}^{x}\frac{t\mathrm{e}^t}{(\mathrm{e}^t + 1)^2}\mathrm{d}t$$

$$= \left(t^2 + \frac{1}{2}t^3\right)\Big|_{-1}^{0} - \int_{0}^{x} t\mathrm{d}\left(\frac{1}{\mathrm{e}^t + 1}\right)$$

$$= -\frac{1}{2} - \frac{t}{\mathrm{e}^t + 1}\Big|_{0}^{x} + \int_{0}^{x}\frac{1 + \mathrm{e}^t - \mathrm{e}^t}{\mathrm{e}^t + 1}\mathrm{d}t$$

$$= -\frac{1}{2} - \frac{x}{\mathrm{e}^x + 1} + x - \ln(\mathrm{e}^x + 1) + \ln 2.$$

于是

$$F(x) = \begin{cases} \dfrac{1}{2}x^3 + x^2 - \dfrac{1}{2}, & -1 \leqslant x < 0, \\ x - \dfrac{x}{\mathrm{e}^x + 1} - \ln(\mathrm{e}^x + 1) + \ln 2 - \dfrac{1}{2}, & 0 \leqslant x \leqslant 1. \end{cases}$$

例 28 求 $I_n = \displaystyle\int_{0}^{\pi}\frac{\sin(2n-1)x}{\sin x}\mathrm{d}x$ (n 为正整数).

解 设法建立关于 n 的递推公式.

$$I_n = \int_{0}^{\pi}\frac{\sin(2n-1)x}{\sin x}\mathrm{d}x = \int_{0}^{\pi}\frac{\sin 2nx \cos x - \cos 2nx \sin x}{\sin x}\mathrm{d}x$$

$$= \int_{0}^{\pi}\frac{\sin 2nx \cos x}{\sin x}\mathrm{d}x - \int_{0}^{\pi}\cos 2nx\,\mathrm{d}x$$

$$= \frac{1}{2}\int_{0}^{\pi}\frac{\sin(2n+1)x + \sin(2n-1)x}{\sin x}\mathrm{d}x - \frac{1}{2n}\sin 2nx\Big|_{0}^{\pi}$$

$$= \frac{1}{2}\int_{0}^{\pi}\frac{\sin(2n+1)x}{\sin x}\mathrm{d}x + \frac{1}{2}\int_{0}^{\pi}\frac{\sin(2n-1)x}{\sin x}\mathrm{d}x$$

$$= \frac{1}{2}I_{n+1} + \frac{1}{2}I_n.$$

从而得到递推公式 $I_{n+1}=I_n$,故
$$I_n = I_{n-1} = \cdots = I_2 = I_1.$$
而 $I_1 = \int_0^\pi \dfrac{\sin x}{\sin x}\mathrm{d}x = \pi$, 故
$$I_n = \int_0^\pi \frac{\sin(2n-1)x}{\sin x}\mathrm{d}x = \pi.$$

例 29 计算下列广义积分:

(1) $\displaystyle\int_1^{+\infty}\frac{\arctan x}{x^2}\mathrm{d}x$; (2) $\displaystyle\int_1^{+\infty}\frac{\mathrm{d}x}{\mathrm{e}^{1+x}+\mathrm{e}^{3-x}}$.

解 (1) $\displaystyle\int_1^{+\infty}\frac{\arctan x}{x^2}\mathrm{d}x=\int_1^{+\infty}\arctan x\,\mathrm{d}\left(-\frac{1}{x}\right)$

$$=-\frac{1}{x}\arctan x\,\Big|_1^{+\infty}+\int_1^{+\infty}\frac{\mathrm{d}x}{x(1+x^2)}$$

$$=\frac{\pi}{4}+\int_1^{+\infty}\left(\frac{1}{x}-\frac{x}{1+x^2}\right)\mathrm{d}x$$

$$=\frac{\pi}{4}+\left[\ln x-\frac{1}{2}\ln(1+x^2)\right]\Big|_1^{+\infty}$$

$$=\frac{\pi}{4}+\frac{1}{2}\ln 2.$$

(2) $\displaystyle\int_1^{+\infty}\frac{\mathrm{d}x}{\mathrm{e}^{1+x}+\mathrm{e}^{3-x}}=\int_1^{+\infty}\frac{\mathrm{e}^{x-3}}{\mathrm{e}^{2(x-1)}+1}\mathrm{d}x=\mathrm{e}^{-2}\int_1^{+\infty}\frac{\mathrm{e}^{x-1}}{\mathrm{e}^{2(x-1)}+1}\mathrm{d}x$

$$=\mathrm{e}^{-2}\int_1^{+\infty}\frac{\mathrm{d}(\mathrm{e}^{x-1})}{1+(\mathrm{e}^{x-1})^2}=\mathrm{e}^{-2}\arctan \mathrm{e}^{x-1}\,\Big|_1^{+\infty}=\frac{\pi}{4}\mathrm{e}^{-2}.$$

例 30 计算 $\displaystyle\int_0^{\frac{\pi}{4}}\ln(\sin 2x)\mathrm{d}x$.

分析 此为以 $x=0$ 为瑕点的瑕积分,如果直接积分去掉对数,又会出现很难求解的另两类不同函数乘积的积分,为此可考虑其他特殊方法;要充分利用对数函数的性质、三角公式及换元法等方法.

解 $\displaystyle\int_0^{\frac{\pi}{4}}\ln(\sin 2x)\mathrm{d}x=\int_0^{\frac{\pi}{4}}\ln(2\sin x\cos x)\mathrm{d}x$

$$=\int_0^{\frac{\pi}{4}}(\ln 2+\ln\sin x+\ln\cos x)\mathrm{d}x$$

$$=\frac{\pi}{4}\ln 2+\int_0^{\frac{\pi}{4}}\ln\sin x\,\mathrm{d}x+\int_0^{\frac{\pi}{4}}\ln\cos x\,\mathrm{d}x$$

(对第二个积分,令 $u=\pi/2-x$)

$$= \frac{\pi}{4}\ln 2 + \int_0^{\frac{\pi}{4}} \ln\sin x \, dx + \int_{\frac{\pi}{2}}^{\frac{\pi}{4}} \ln\sin u \,(-du)$$

$$= \frac{\pi}{4}\ln 2 + \int_0^{\frac{\pi}{2}} \ln\sin x \, dx$$

$$(\text{令 } x = 2u)$$

$$= \frac{\pi}{4}\ln 2 + 2\int_0^{\frac{\pi}{4}} \ln(\sin 2u) \, du.$$

移项求得 $\qquad\qquad \int_0^{\frac{\pi}{4}} \ln(\sin 2x) \, dx = -\frac{\pi}{4}\ln 2.$

例 31 求广义积分 $\displaystyle\int_1^{+\infty} \frac{dx}{x\sqrt{x-1}}$.

分析 注意到 $x = 1$ 是瑕点,因此本题既是无穷限广义积分,又是无界函数广义积分.

解 $\displaystyle\int_1^{+\infty} \frac{dx}{x\sqrt{x-1}} = \int_1^2 \frac{dx}{x\sqrt{x-1}} + \int_2^{+\infty} \frac{dx}{x\sqrt{x-1}}$. 令 $\sqrt{x-1} = t$,则 $x = 1 + t^2$, $dx = 2t\,dt$,得

$$\int_1^2 \frac{dx}{x\sqrt{x-1}} = \lim_{\varepsilon \to 0^+} \int_{1+\varepsilon}^2 \frac{dx}{x\sqrt{x-1}} = \lim_{\varepsilon \to 0^+} \int_{\sqrt{\varepsilon}}^1 \frac{2}{1+t^2} dt$$

$$= 2\lim_{\varepsilon \to 0^+} \arctan t \Big|_{\sqrt{\varepsilon}}^1 = \frac{\pi}{2},$$

$$\int_2^{+\infty} \frac{dx}{x\sqrt{x-1}} = \int_1^{+\infty} \frac{2}{1+t^2} dt = 2\arctan t \Big|_1^{+\infty} = \frac{\pi}{2}.$$

所以 $\qquad\qquad \displaystyle\int_1^{+\infty} \frac{dx}{x\sqrt{x-1}} = \frac{\pi}{2} + \frac{\pi}{2} = \pi.$

【五】同步训练

A 级

1. 填空题:

(1) $\displaystyle\int_{-\frac{\pi}{2}}^{\frac{\pi}{2}} (x^3 + 1)\sin^2 x \, dx = $ _____;

(2) 设 $F(x) = \displaystyle\int_a^x f(t) \, dt$ 当自变量 x 有增量 Δx,则函数增量

$\Delta F(x)$ 可表示为_____；

(3) 设 $\varphi(x)$ 可导，则 $\dfrac{\mathrm{d}}{\mathrm{d}x}\displaystyle\int_{\varphi(x)}^{\varphi(x^2)}\sin t^2\mathrm{d}t=$_____；

(4) 函数 $F(x)=\displaystyle\int_0^x(t-1)^2t\mathrm{d}t$ 的凸弧区间是_____；

(5) 函数 $f(x)=\mathrm{e}^{x^2}\sin x+x^2+\cos x$ 在 $[-\pi,\pi]$ 上的平均值是

_____.

2. 利用换元法计算下列积分：

(1) $\displaystyle\int_0^{\frac{1}{\sqrt{3}}}\dfrac{\mathrm{d}x}{(1+5x^2)\sqrt{1+x^2}}$；　　(2) $\displaystyle\int_0^{\frac{\pi}{2}}\dfrac{1}{1+\cos^2x}\mathrm{d}x$；

(3) $\displaystyle\int_0^a\sqrt{ax-x^2}\mathrm{d}x\ (a>0)$；　　(4) $\displaystyle\int_0^{\ln2}\sqrt{\mathrm{e}^x-1}\mathrm{d}x$.

3. 利用分部积分法计算下列积分：

(1) $\displaystyle\int_1^{\mathrm{e}}\dfrac{\ln x}{x^3}\mathrm{d}x$；　　　　　　　(2) $\displaystyle\int_0^{\pi}(x-\pi)\mathrm{e}^{-x}\mathrm{d}x$；

(3) $\displaystyle\int_0^{\frac{4}{3}}\sqrt{x^2+1}\mathrm{d}x$；　　　　　　(4) $\displaystyle\int_0^1 x^3\mathrm{e}^{2x}\mathrm{d}x$.

4. 求 $\displaystyle\int_1^5(|2-x|+|\sin x|)\mathrm{d}x$.

5. 设 $f(x)$ 可导，且 $f(0)=0$，$f'(0)=2$，求 $\displaystyle\lim_{x\to0}\dfrac{\displaystyle\int_0^x f(t)\mathrm{d}t}{x^2}$.

6. 使用定积分方法求极限

$$\lim_{n\to\infty}\left(\dfrac{1}{n^2}+\dfrac{2}{n^2}+\cdots+\dfrac{n-1}{n^2}\right).$$

7. 确定函数 $f(x)$ 及常数 c，使 $\displaystyle\int_c^x f(t)\mathrm{d}t=5x^3+40$.

8. 求 $I(\alpha)=\displaystyle\int_0^1 x|x-\alpha|\mathrm{d}x$.

9. 选择题：

(1) 在下列的积分中，只有（　　）可直接使用牛顿-莱布尼茨公式.

(A) $\displaystyle\int_0^5\dfrac{x^3}{x+1}\mathrm{d}x$；　　　　　　(B) $\displaystyle\int_{-1}^1\dfrac{x}{\sqrt{1-x^2}}\mathrm{d}x$；

(C) $\displaystyle\int_0^4\dfrac{\mathrm{d}x}{(x^{2/3}-5)^2}$；　　　　(D) $\displaystyle\int_{\frac{1}{\mathrm{e}}}^{\mathrm{e}}\dfrac{\mathrm{d}x}{x\ln x}$.

(2) 由曲线 $y = \cos x$ 和直线 $x = 0, x = \pi, y = 0$ 所围成的图形的面积为(   ).

(A) $\displaystyle\int_0^\pi \cos x \mathrm{d}x$;　　　　　　(B) $\displaystyle\int_0^\pi (0 - \cos x) \mathrm{d}x$;

(C) $\displaystyle\int_0^\pi |\cos x| \mathrm{d}x$;　　　　　(D) $\displaystyle\int_0^{\frac{\pi}{2}} \cos x \mathrm{d}x + \int_{\frac{\pi}{2}}^\pi \cos x \mathrm{d}x$.

10. 设 $f(x)$ 可导, 且 $F(x) = x\displaystyle\int_0^x f(t)\mathrm{d}t - \int_0^x 2tf(t)\mathrm{d}t$. 证明:

(1) 若 $f(x)$ 是偶函数, 则 $F(x)$ 也是偶函数;

(2) 若当 $x > 0$ 时, $f(x)$ 为单调递减函数, 则 $F(x)$ 是单调递增函数.

B 级

1. 填空题:

(1) 设 $f(x)$ 连续, 且 $f(x) = x + 2\displaystyle\int_0^1 f(t)\mathrm{d}t$, 则 $f(x) = $ _____;

(2) 设 $f(x)$ 连续且 $\displaystyle\int_0^{x^3} f(t)\mathrm{d}t = x$, 则 $f(8) = $ _____;

(3) 函数 $f(x)$ 具有连续的导数, 则 $\dfrac{\mathrm{d}}{\mathrm{d}x}\displaystyle\int_0^x (x - t)f'(t)\mathrm{d}t = $ _____.

2. 求 $\displaystyle\lim_{n \to \infty}\left(\sqrt{\dfrac{1}{n^2} + \dfrac{1}{n^3}} + \sqrt{\dfrac{1}{n^2} + \dfrac{2}{n^3}} + \cdots + \sqrt{\dfrac{1}{n^2} + \dfrac{n}{n^3}} \right)$.

3. 设正值函数 $f(x)$ 在 $[1, +\infty)$ 上连续, 求

$$F(x) = \int_1^x \left[\left(\dfrac{2}{x} + \ln x \right) - \left(\dfrac{2}{t} + \ln t \right) \right] f(t)\mathrm{d}t$$

的最小值点.

4. 求常数 a, b 使 $\displaystyle\lim_{x \to 0} \dfrac{\displaystyle\int_0^x \dfrac{t^2}{\sqrt{t+a}}\mathrm{d}t}{bx - \sin x} = 1$.

5. 求 $\displaystyle\int_{-2}^2 \max\{1, x^2\}\mathrm{d}x$.

6. 若 $f'(\mathrm{e}^x) = x\mathrm{e}^x$, 且 $f(1) = 0$, 计算

98

$$\int_1^2 \left[2f(x) + \frac{1}{2}(x^2-1) \right] dx.$$

7. 设 $f(x)$ 在 $[a,b]$ 上二阶可导，且 $f''(x) \leqslant 0$，求证

$$\int_a^b f(x)dx \leqslant (b-a)f\left(\frac{a+b}{2} \right).$$

8. 已知 $f(\pi)=1$，$f(x)$ 二阶连续可微，且

$$\int_0^\pi [f(x) + f''(x)]\sin x dx = 3,$$

求 $f(0)$.

9. 若 $f(x)$ 在 $[a,b]$ 上连续，证明：

$$\int_a^b f(x)dx = (b-a)\int_0^1 f[a + (b-a)x]dx.$$

10. 设 $f(x)$ 连续，证明：当 $a>0$ 时，有

$$\int_1^a f\left(x^2 + \frac{a^2}{x^2} \right) \frac{dx}{x} = \int_1^a f\left(x + \frac{a^2}{x} \right) \frac{dx}{x}.$$

11. 设 $f(x)$ 为连续函数，且当 $0 \leqslant x \leqslant \frac{a}{2}$ 时，$f(x)+f(a-x)>$

0，试证 $\int_0^a f(x)dx>0$.

12. 证明：若 $f(x)$ 连续，则有

$$\int_0^{2a} f(x)dx = \int_0^a [f(x) + f(2a-x)]dx.$$

13. 设 $f(x)$ 在 $[0,1]$ 上连续，证明：

$$\int_0^1 e^{f(x)}dx + \int_0^1 e^{-f(x)}dx \geqslant 2.$$

14. 设 $f(x)$ 在 $[0,1]$ 上连续可微，且 $f(0)=0$，$f(1)=1$，试证：

$$\int_0^1 |f'(x) - f(x)|dx \geqslant \frac{1}{e}.$$

15. 设 $f(x)$ 在 $[a,b]$ 上连续，且 $f(x)>0$，又

$$F(x) = \int_a^x f(t)dt + \int_b^x \frac{dt}{f(t)},$$

证明：

(1) $F'(x) \geqslant 2$；

(2) 方程 $F(x)=0$ 在 (a,b) 内有且仅有一个根.

16. 已知函数 $f(x)$ 在 $[-a, a]$ 上连续 $(a > 0)$，且 $f(x) > 0$，又

$$g(x) = \int_{-a}^{a} |x - t| f(t) \mathrm{d}t,$$

证明 $g'(x)$ 在 $(-a, a)$ 上单调增加.

17. 设函数 $f(x)$ 在 $(-\infty, +\infty)$ 上连续，且

$$F(x) = \int_{0}^{x} (x - 2t) f(t) \mathrm{d}t,$$

$f(x)$ 单调减少，证明 $F(x)$ 单调增加.

学 习 札 记

学 习 札 记

专题六　定积分的应用

【一】内容提要

1. 定积分的元素法

用定积分来表达的量 U 应具备以下特征：

（1）所求量 U 与某个变量如 x 的变化区间 $[a,b]$ 及定义在该区间上的一个连续函数 $f(x)$ 有关；

（2）所求量 U 对区间 $[a,b]$ 具有可加性；

（3）部分量 ΔU_i 的近似值为 $f(\xi_i)\Delta x_i$.

将所求量 U 表达成定积分的简化方法——定积分的元素法：

（1）根据具体问题选取积分变量，如 x 并确定它的变化区间 $[a,b]$；

（2）在 $[a,b]$ 中任取一个小区间 $[x,x+\mathrm{d}x]$，采用"以直代曲"、"以均匀代非均匀"的方法求出部分量 ΔU 的近似值，即 $\Delta U \approx \mathrm{d}U = f(x)\mathrm{d}x$——所求量 U 的元素；

（3）计算：$U = \int_a^b \mathrm{d}U = \int_a^b f(x)\mathrm{d}x$.

使用定积分的元素法，正确写出所求量的元素 $\mathrm{d}U$ 是关键，而其中积分变量的选取及积分区间的确定又是写 $\mathrm{d}U$ 的基础.

2. 平面图形的面积公式

（1）直角坐标下的面积公式：

若平面图形如图 6-1 所示，其面积为：

$$S = \int_a^b |y_2(x) - y_1(x)| \, \mathrm{d}x;$$

若平面图形如图 6-2 所示，其面积为：

$$S = \int_c^d |x_2(y) - x_1(y)| \, \mathrm{d}y.$$

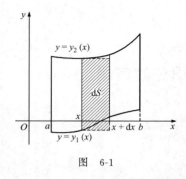

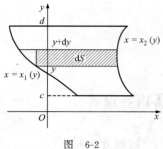

图 6-1   图 6-2

（2）参数方程下的面积公式：

由连续曲线 $\begin{cases} x=\varphi(t), \\ y=\psi(t) \end{cases}$ $(\alpha \leqslant t \leqslant \beta)$ 与直线 $x=a, x=b$ $(\varphi(\alpha)=a,$

$\varphi(\beta)=b)$ 及 x 轴所围图形，如图 6-3 所示，其面积为

$$S = \int_a^b y \mathrm{d}x \xrightarrow[x=\varphi(t)]{y=\psi(t)} \int_\alpha^\beta \psi(t)\varphi'(t)\mathrm{d}t.$$

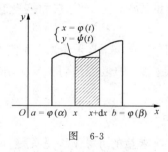

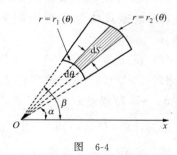

图 6-3   图 6-4

（3）极坐标下的面积公式：

由连续曲线 $r=r_1(\theta)$ 及 $r=r_2(\theta)$ 和两条半射线 $\theta=\alpha, \theta=\beta$ 所围图形，如图 6-4 所示，它的面积为

$$S = \int_\alpha^\beta \frac{1}{2}\left[r_2^2(\theta) - r_1^2(\theta)\right]\mathrm{d}\theta.$$

3. 体积公式

（1）旋转体的体积公式：

平面图形如图 6-5 所示，它是由 $x=a, x=b, y=f(x)$ 及 x 轴所围成，此图形绕 x 轴旋转所产生的旋转体的体积为

$$V_x = \int_a^b \pi y^2 \mathrm{d}x = \int_a^b \pi f^2(x)\mathrm{d}x.$$

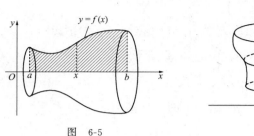

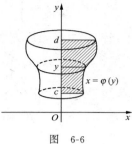

图 6-5　　　　　　　　　　图 6-6

平面图形如图 6-6 所示，它是由 $y=c$，$y=d$，$x=\varphi(y)$ 及 y 轴所围成，此图形绕 y 轴旋转所产生的旋转体的体积为

$$V_y = \int_c^d \pi x^2 \mathrm{d}y = \int_c^d \pi \varphi^2(y)\mathrm{d}y.$$

（2）平行截面面积 $A(x)$ $(a \leqslant x \leqslant b)$ 为已知的立体体积为

$$V = \int_a^b A(x)\mathrm{d}x.$$

4. 平面曲线的弧长公式

需要记住微分三角形，如图 6-7 所示，

$$(\mathrm{d}l)^2 = (\mathrm{d}x)^2 + (\mathrm{d}y)^2.$$

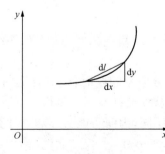

图 6-7

（1）当曲线由直角坐标方程：$y=f(x)$ $(a \leqslant x \leqslant b)$ 给出时，

$$l = \int_a^b \sqrt{1+(y')^2}\,\mathrm{d}x;$$

105

(2) 当曲线由参数方程：$\begin{cases} x=\varphi(t), \\ y=\psi(t) \end{cases}$ $(\alpha \leqslant t \leqslant \beta)$给出时，

$$l = \int_\alpha^\beta \sqrt{(\varphi')^2 + (\psi')^2}\mathrm{d}t;$$

(3) 当曲线由极坐标方程：$r=r(\theta)$ $(\alpha \leqslant \theta \leqslant \beta)$给出时，

$$l = \int_\alpha^\beta \sqrt{r^2 + (r')^2}\mathrm{d}\theta.$$

5. 函数平均值的计算公式

连续函数 $y=f(x)$在$[a,b]$上的平均值为

$$\overline{y} = \frac{1}{b-a}\int_a^b f(x)\mathrm{d}x.$$

6. 物理应用

用定积分可以计算变力做功、水压力、引力等,没有统一的计算公式,主要是根据具体题目要求,用定积分的元素法解之.

【二】基本要求

掌握定积分的元素法,会用元素法计算一些简单的几何量和物理量(如面积、体积、弧长、功、水压力等).

【三】释疑解难

1. 在求解定积分的应用问题时,选择不同的坐标系,计算结果会不同吗?

答 在求解定积分应用问题时,选取合适的坐标系和积分变量是求解的第一步,很重要.选择不同的坐标系,会带来积分变量、积分区间以及被积函数的不同,因而可能会影响到计算的难易程度,但计算结果是完全相同的.

例1 设有底半径为 3 m,高为 2 m 的圆锥形水池装满了水,现用抽水机将水全部抽出,问需做多少功?

解法 1 建立坐标系如图 6-8 所示.

取 y 为积分变量,$y \in [0,2]$,在$[y, y+\mathrm{d}y]$上,

106

$$\Delta W \approx \text{水的重力} \times \text{此层水的体积}$$
$$\times \text{水面到顶面的高度}$$
$$\approx \rho g \pi x^2 \cdot \mathrm{d}y \cdot (2 - y) = \mathrm{d}W,$$

其中 ρ 为水的密度，g 为重力加速度．因为直线 OB 的方程为：$x = \frac{3}{2}y$，于是所做的功为

$$W = \int_0^2 \mathrm{d}W = \int_0^2 \rho g \pi \left(\frac{3}{2} y \right)^2 \cdot (2 - y)\mathrm{d}y$$

$$= \frac{9}{4} \rho g \pi \int_0^2 (2y^2 - y^3)\mathrm{d}y = \frac{9}{4} \rho g \pi \left(\frac{2}{3} y^3 - \frac{y^4}{4} \right) \bigg|_0^2$$

$$= 3\pi \rho g = 29.4\pi (\mathrm{kJ}),$$

其中 $\rho = 1000\,\mathrm{kg/m^3}$，$g = 9.8\,\mathrm{m/s^2}$．

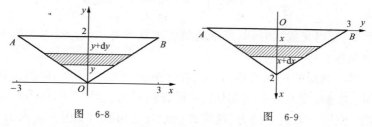

图 6-8   图 6-9

解法 2 建立坐标系如图 6-9 所示．取 x 为积分变量，$x \in [0, 2]$，在 $[x, x + \mathrm{d}x]$ 上，

$$\Delta W \approx \rho g \pi \cdot y^2 \mathrm{d}x \cdot x = \mathrm{d}W,$$

因为直线 CB 的方程为：$\frac{x}{2} + \frac{y}{3} = 1$，即 $y = \frac{3}{2}(2 - x)$，于是所做的功为

$$W = \int_0^2 \mathrm{d}W = \int_0^2 \rho g \pi \left[\frac{3}{2}(2 - x) \right]^2 \cdot x \mathrm{d}x$$

$$= \frac{9}{4} \rho g \pi \int_0^2 (4x - 4x^2 + x^3)\mathrm{d}x$$

$$= \frac{9}{4} \rho g \pi \left(2x^2 - \frac{4}{3} x^3 + \frac{x^4}{4} \right) \bigg|_0^2$$

$$= 3\pi \rho g = 29.4\pi (\mathrm{kJ}).$$

显然坐标系的选择还可有其他方法．比如，坐标系的原点建于点

A 处,请读者自己计算,并比较哪种坐标系计算更简便. 一般地说,应把坐标原点和坐标轴选在特殊的地方,而且越特殊,积分式也就越简单. 注意无论选哪种坐标系,计算结果不应改变.

2. 应用定积分解决问题时,如何确定积分上、下限?

答 一般情况,积分变量确定后,要根据实际问题找出变量的变化范围,并根据"在哪里分割就在哪里累加(积分)"的原则,确定积分上、下限.

例 2 计算由双纽线 $r^2 = 2\cos2\theta$ 所围图形的面积.

解 由 $r^2 = 2\cos2\theta \geqslant 0$ 知 $-\dfrac{\pi}{2} \leqslant 2\theta \leqslant \dfrac{\pi}{2}$,即 $-\dfrac{\pi}{4} \leqslant \theta \leqslant \dfrac{\pi}{4}$. 再由图形的对称性有

$$S = 2\int_{-\frac{\pi}{4}}^{\frac{\pi}{4}} \frac{1}{2}r^2 \mathrm{d}\theta = 2\int_0^{\frac{\pi}{4}} 2\cos2\theta\,\mathrm{d}\theta = 2\sin2\theta\,\bigg|_0^{\frac{\pi}{4}} = 2.$$

3. 使用元素法时,对所求的量要求具有可加性. 问哪些量不具有可加性?

答 这里的可加性指的是代数学中的加法,如长度、面积、体积、质量、功等标量都具有可加性. 不同方向的力、速度等向量不具有可加性. 但同一方向上的力、速度或向量具有可加性. 因此要求力、速度只有分解为同一方向后才具有可加性.

【四】方法指导

用定积分求解几何问题的思路:

1. 求出曲线与曲线、曲线与坐标轴之间的交点.

2. 画出平面草图.

3. 选择适当的积分变量,并确定积分区间.

4. 写出积分表达式.

5. 完成积分运算.

例 1 求由曲线 $y^2 = 2x$ 与 $y^2 = -(x-1)$ 所围图形的面积.

分析 先求交点 $\begin{cases} y^2 = 2x, \\ y^2 = -(x-1), \end{cases}$ 解得 $x = \dfrac{1}{3}$,$y = \pm\dfrac{\sqrt{6}}{3}$,交点

为 $\left(\dfrac{1}{3}, \dfrac{\sqrt{6}}{3}\right)$，$\left(\dfrac{1}{3}, -\dfrac{\sqrt{6}}{3}\right)$，如图 6-10 所示;然后再求定积分.

解法 1 取 x 为积分变量，$x \in [0,1]$，由对称性，所求面积

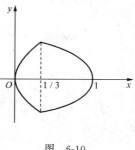

图 6-10

$$S = 2\int_0^{\frac{1}{3}} \sqrt{2x}\,\mathrm{d}x + 2\int_{\frac{1}{3}}^1 \sqrt{1-x}\,\mathrm{d}x$$

$$= \frac{4\sqrt{2}}{3}x^{3/2}\Big|_0^{\frac{1}{3}} - \frac{4}{3}(1-x)^{3/2}\Big|_{\frac{1}{3}}^1$$

$$= \frac{4\sqrt{2}}{3}\cdot\frac{1}{3\sqrt{3}} + \frac{4}{3}\cdot\frac{2\sqrt{2}}{3\sqrt{3}}$$

$$= \frac{4\sqrt{6}}{9}.$$

解法 2 取 y 为积分变量，$y \in \left[-\dfrac{\sqrt{6}}{3}, \dfrac{\sqrt{6}}{3}\right]$，由对称性，所求面积

$$S = 2\int_0^{\frac{\sqrt{6}}{3}}\left[(1-y^2) - \frac{y^2}{2}\right]\mathrm{d}y = 2\left(y - \frac{y^3}{2}\right)\Big|_0^{\frac{\sqrt{6}}{3}} = \frac{4}{9}\sqrt{6}.$$

比较上述两种解法知，解法 2 简单.

注 在用定积分求解几何问题时，(1)要充分利用几何图形的对称性，这样可简化计算;(2)选择适当积分变量可使运算简化，选择的原则：积分区间尽量少分块.

例 2 已知 $f(x) = \int_{-1}^x (1-|t|)\mathrm{d}t \ (x \geqslant -1)$，求曲线 $y = f(x)$ 与 x 轴所围图形的面积.

分析 由于 $f(x)$ 是积分上限的函数，又由于被积函数中有绝对值，所以要先求出分段函数 $y = f(x)$，再求面积.

解 当 $x \leqslant 0$ 时，积分变量 $t \leqslant 0$，所以 $|t| = -t$，于是

$$f(x) = \int_{-1}^x (1-|t|)\mathrm{d}t = \int_{-1}^x (1-(-t))\mathrm{d}t$$

$$= \left(t + \frac{t^2}{2}\right)\Big|_{-1}^x = \frac{1}{2}(x+1)^2;$$

109

当 $x > 0$ 时,积分变量 t 从小于 0 到大于 0,于是

$$f(x) = \int_{-1}^{x} (1 - |t|)\mathrm{d}t = \int_{-1}^{0} (1 + t)\mathrm{d}t + \int_{0}^{x} (1 - t)\mathrm{d}t$$

$$= 1 - \frac{1}{2}(x - 1)^2.$$

所以

$$f(x) = \begin{cases} \dfrac{1}{2}(x + 1)^2, & -1 \leqslant x \leqslant 0, \\ 1 - \dfrac{1}{2}(x - 1)^2, & x > 0. \end{cases}$$

求曲线与 x 轴交点,由 $\dfrac{1}{2}(x+1)^2 = 0$ 得 $x = -1$,由 $1 - \dfrac{1}{2}(x-1)^2$ $= 0$ 可解得 $x = 1 + \sqrt{2}$,$x = 1 - \sqrt{2}$(舍去),得交点 $(-1, 0)$,$(1 + \sqrt{2}, 0)$. 取 x 为积分变量,$x \in [-1, 1 + \sqrt{2}]$,于是

$$S = \int_{-1}^{1 + \sqrt{2}} |f(x)|\mathrm{d}x$$

$$= \int_{-1}^{0} \frac{1}{2}(x + 1)^2 \mathrm{d}x + \int_{0}^{1 + \sqrt{2}} \left[1 - \frac{1}{2}(x - 1)^2 \right] \mathrm{d}x$$

$$= \frac{1}{6}(x + 1)^3 \Big|_{-1}^{0} + \left[x - \frac{1}{6}(x - 1)^3 \right] \Big|_{0}^{1 + \sqrt{2}}$$

$$= \frac{1}{6} + 1 + \sqrt{2} - \frac{2\sqrt{2}}{6} - \frac{1}{6} = 1 + \frac{2\sqrt{2}}{3}.$$

注意 求由一条曲线与 x 轴所围图形的面积不必画出图形,但要求出曲线与 x 轴的交点,并注意曲线在交点范围内有 x 轴上方、下方部分,所以面积元素应为 $\mathrm{d}S = |f(x)|\mathrm{d}x$.

例 3 求笛卡儿叶形线 $x^3 + y^3 - 3axy = 0$ 所围图形的面积.

分析 此曲线是在直角坐标系下给出的. 若用直角坐标计算,需将隐函数化为显函数,而此问题十分困难,这时可以考虑用极坐标.

解 将 $\begin{cases} x = r\cos\theta, \\ y = r\sin\theta \end{cases}$ 代入原方程得

$$r^3(\cos^3\theta + \sin^3\theta) = 3ar^2\sin\theta\cos\theta,$$

即 $r = \dfrac{3a\sin\theta\cos\theta}{\cos^3\theta + \sin^3\theta}$. 由于 $r \geqslant 0$,所以 $\dfrac{3a\sin\theta\cos\theta}{\cos^3\theta + \sin^3\theta} \geqslant 0$. 于是 $\theta \in$

$\left[\pi,\dfrac{3\pi}{2}\right]$，又 $r(0)=r\left(\dfrac{\pi}{2}\right)=0$，所以 $\theta\in\left[0,\dfrac{\pi}{2}\right]$，于是所求面积

$$S=\int_0^{\frac{\pi}{2}}\frac{1}{2}r^2(\theta)\mathrm{d}\theta=\frac{1}{2}\int_0^{\frac{\pi}{2}}\frac{9a^2\sin^2\theta\cos^2\theta}{(\cos^3\theta+\sin^3\theta)^2}\mathrm{d}\theta$$

$$=\frac{9}{2}a^2\int_0^{\frac{\pi}{2}}\frac{\sin^2\theta\cos^2\theta}{(1+\tan^3\theta)^2\cos^6\theta}\mathrm{d}\theta$$

$$=\frac{3}{2}a^2\int_0^{\frac{\pi}{2}}\frac{\mathrm{d}(1+\tan^3\theta)}{(1+\tan^3\theta)^2}$$

$$=-\frac{3}{2}a^2\cdot\frac{1}{1+\tan^3\theta}\bigg|_0^{\frac{\pi}{2}}=\frac{3}{2}a^2.$$

例 4　求曲线 $y=\sin x$ 在区间 $[0,\pi]$ 内的一条切线，使得该切线与直线 $x=0,x=\pi$ 及曲线 $y=\sin x$ 所围图形的面积最小.

分析　这是利用定积分求平面图形的面积与函数最值的综合应用题. 首先应先求出曲线上任一点 $A(t,\sin t)$ 处的切线方程，然后再利用定积分求出所围图形的面积 $S(t)$，最后求 $S(t)$ 的最小值.

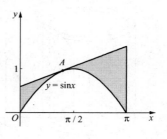

图　6-11

解　依题意作草图 6-11. 设切点 $A(t,\sin t)$，则过此点的切线方程为 $y-\sin t=(\cos t)\cdot(x-t)$，即 $y=x\cos t-t\cos t+\sin t$，于是切线与直线 $x=0,x=\pi$ 及曲线 $y=\sin x$ 所围图形（见图 6-11 中阴影部分）的面积为

$$S=\int_0^\pi(x\cos t-t\cos t+\sin t-\sin x)\mathrm{d}x$$

$$=\left(\frac{x^2}{2}\cos t-tx\cos t+x\sin t+\cos x\right)\bigg|_0^\pi$$

$$=\left(\frac{\pi^2}{2}-\pi t\right)\cos t+\pi\sin t-2,$$

$$S'(t)=-\pi\cos t-\sin t\left(\frac{\pi^2}{2}-\pi t\right)+\pi\cos t$$

$$= (\sin t) \cdot \left(\pi t - \frac{\pi^2}{2} \right).$$

令 $S'(t) = 0$ 得 $t = \frac{\pi}{2} \in (0, \pi)$ 是惟一根. 由于

$$S''(t) = \cos t \left(\pi t - \frac{\pi^2}{2} \right) + \pi \sin t, \quad S'' \left(\frac{\pi}{2} \right) = \pi > 0,$$

所以 $S(t)$ 在 $t = \frac{\pi}{2}$ 取得最小值, 最小值为 $S \left(\frac{\pi}{2} \right) = \pi - 2$, 所求切线方程为 $y = 1$.

例 5 证明: 由连续曲线 $y = f(x)$ 与直线 $x = a, x = b, y = 0$ $(b > a \geqslant 0)$ 所围图形绕 y 轴旋转而成的旋转体的体积为

$$V = 2\pi \int_a^b x |f(x)| \mathrm{d}x \quad (\text{圆柱壳法}).$$

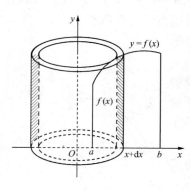

图 6-12

证明 如图 6-12, 取 x 为积分变量, $x \in [a, b]$, 任取 $[x, x + \mathrm{d}x] \subset [a, b]$, 将对应旋转体的体积 V 的元素 $\mathrm{d}V$ 取成面积元素 $|y| \mathrm{d}x$ 绕 y 轴以 x 为旋转半径所产生的旋转体的体积——圆柱壳的体积, 即

$$\mathrm{d}V = (\text{圆周长}) \times \text{高} \times \text{厚度}$$
$$= 2\pi x \cdot |y| \cdot \mathrm{d}x,$$

于是所求旋转体的体积为

$$V = \int_a^b 2\pi x |y| \mathrm{d}x$$
$$= 2\pi \int_a^b x |f(x)| \mathrm{d}x.$$

注意 圆柱壳的高应为正, 而曲线 $y = f(x)$ 在 $[a, b]$ 内可正可负, 所以高应取为 $|f(x)|$.

例 6 证明: 由光滑曲线 $y = f(x)$ $(a \leqslant x \leqslant b)$ 绕 x 轴旋转所得旋转体的表面积为

$$S = \int_a^b 2\pi |f(x)| \sqrt{1 + [f'(x)]^2} \mathrm{d}x.$$

证明 如图 6-13 所示, 我们取 x 为积分变量, $x \in [a, b]$, 任取

$[x,x+\mathrm{d}x]\subset[a,b]$,将对应旋转体的表面积 S 的面积元素 $\mathrm{d}S$ 取成弧长元素 $\mathrm{d}l$ 绕 x 轴以 y 为旋转半径所产生的圆台的侧面积,即

$$\mathrm{d}S = 圆周长 \times 弧长 = 2\pi \cdot |y| \cdot \mathrm{d}l,$$

于是所求表面积为

$$S = \int_a^b 2\pi|y|\mathrm{d}l = 2\pi\int_a^b |f(x)|\sqrt{1+[f'(x)]^2}\mathrm{d}x.$$

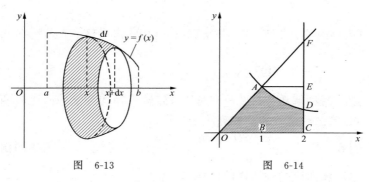

图 6-13   图 6-14

例7 求由曲线 $y=\dfrac{1}{x}$,$y=x$,$y=0$,$x=2$ 所围图形绕 $x=2$ 旋转而成的旋转体的体积.

解 求交点

$$\begin{cases} y = 1/x, \\ y = x, \end{cases} \quad \begin{cases} y = 1/x, \\ x = 2, \end{cases} \quad \begin{cases} y = x, \\ x = 2, \end{cases}$$

得 $A(1,1)$,$D\left(2,\dfrac{1}{2}\right)$,$F(2,2)$,作草图如图 6-14 所示.

解法 1 取 y 为积分变量,所求体积可看做由四边形 $AOBCDE$ 绕 $x=2$ 旋转所得体积"减去"由图形 ADE 绕 $x=2$ 旋转所得体积,即

$$V = \pi\int_0^1 (2-y)^2\mathrm{d}y - \pi\int_{\frac{1}{2}}^1 \left(2-\frac{1}{y}\right)^2\mathrm{d}y$$

$$= -\frac{\pi}{3}(2-y)^3\Big|_0^1 - \pi\left(4y-4\ln y-\frac{1}{y}\right)\Big|_{\frac{1}{2}}^1$$

$$= -\frac{\pi}{3}+\frac{8\pi}{3}-\pi(4-1-2-4\ln 2+2)$$

$$= \pi\left(4\ln 2 - \frac{2}{3}\right).$$

解法 2 取 x 为积分变量,用圆柱壳法,所求体积可看做由图形 AOB 绕 $x=2$ 旋转所得体积"加上"由图形 $ABCD$ 绕 $x=2$ 旋转所得体积,即

$$V = \int_0^1 2\pi(2-x)x\mathrm{d}x + \int_1^2 2\pi(2-x)\cdot\frac{1}{x}\mathrm{d}x$$

$$= \left(2\pi x^2 - \frac{2\pi}{3}x^3\right)\Big|_0^1 + (4\pi\ln x - 2\pi x)\Big|_1^2$$

$$= \pi\left(4\ln 2 - \frac{2}{3}\right).$$

注 两种解法中,绕 $x=2$ 旋转,旋转半径均为 $2-x$,比较两种解法知,第二种解法即圆柱壳法更易计算.

例 8 求摆线 $\begin{cases} x=a(t-\sin t), \\ y=a(1-\cos t) \end{cases}$ 的一拱与直线 $y=a$ 围成的图形绕 x 轴旋转而成的旋转体的体积$(a>0)$.

解 求交点

$$\begin{cases} y=a(1-\cos t), \\ y=a, \end{cases} \qquad \begin{cases} y=a(1-\cos t), \\ y=0 \end{cases}$$

得 $\cos t=0$ 及 $\cos t=1$,解得 $t=\dfrac{\pi}{2}$,$t=\dfrac{3\pi}{2}$,$t=0$,$t=2\pi$. $t=\dfrac{\pi}{2}$ 对应 $A\left(a\left(\dfrac{\pi}{2}-1\right),a\right)$,$t=\dfrac{3\pi}{2}$ 对应 $E\left(a\left(\dfrac{3\pi}{2}+1\right),a\right)$,$t=0$ 对应 $O(0,0)$,$t=2\pi$ 对应 $D(2\pi a,0)$,如图 6-15 所示.

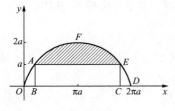

图 6-15

取 x 为积分变量,则由摆线与 x 轴的交点知

114

$$x \in \left[a\left(\frac{\pi}{2} - 1 \right), a\left(\frac{3\pi}{2} + 1 \right) \right],$$

该体积可看做由图形 $ABCEF$ 绕 x 轴旋转所得体积"减去"由图形 $ABCE$ 绕 x 轴旋转所得体积,即

$$V_x = \int_{a\left(\frac{\pi}{2}-1\right)}^{a\left(\frac{3\pi}{2}+1\right)} \pi y^2 \mathrm{d}x - \int_{a\left(\frac{\pi}{2}-1\right)}^{a\left(\frac{3\pi}{2}+1\right)} \pi a^2 \mathrm{d}x = \int_{a\left(\frac{\pi}{2}-1\right)}^{a\left(\frac{3\pi}{2}+1\right)} \pi(y^2 - a^2)\mathrm{d}x$$

$$= \int_{\frac{\pi}{2}}^{\frac{3\pi}{2}} \pi \left[a^2(1 - \cos t)^2 - a^2 \right] \mathrm{d}a(t - \sin t)$$

$$= \pi a^3 \int_{\frac{\pi}{2}}^{\frac{3\pi}{2}} (\cos^2 t - 2\cos t)(1 - \cos t)\mathrm{d}t$$

$$= \pi a^3 \int_{\frac{\pi}{2}}^{\frac{3\pi}{2}} (3\cos^2 t - \cos^3 t - 2\cos t)\mathrm{d}t$$

$$= \pi a^3 \int_{\frac{\pi}{2}}^{\frac{3\pi}{2}} \left(\frac{3 + 3\cos 2t}{2} + \sin^2 t \cos t - 3\cos t \right) \mathrm{d}t$$

$$= \pi a^3 \left(\frac{3}{2}t + \frac{3\sin 2t}{4} + \frac{\sin^3 t}{3} - 3\sin t \right) \Big|_{\pi/2}^{3\pi/2}$$

$$= \pi a^3 \left(\frac{3}{2}\pi - \frac{2}{3} + 6 \right) = \pi a^3 \left(\frac{3}{2}\pi + \frac{16}{3} \right).$$

注意 在用定积分求面积、体积时,如果曲线方程由参数式给出,那么在列积分式时,一般采用直角坐标系. 在计算时,把参数式代入积分式中,这时相当于作定积分的变量代换,需注意的是这时积分上、下限必须随之改变.

该题容易出现的错误是

$$V = \int_{a\left(\frac{\pi}{2}-1\right)}^{a\left(\frac{3\pi}{2}+1\right)} \pi(y - a)^2 \mathrm{d}x.$$

一般地,由 $y = f(x), y = g(x)$ $(f(x) \geqslant g(x)), x = a, x = b$ $(a < b)$ 所围图形绕 x 轴旋转所得旋转体的体积为两部分之差,即

$$V_x = \int_a^b \pi f^2(x)\mathrm{d}x - \int_a^b \pi g^2(x)\mathrm{d}x = \pi \int_a^b [f^2(x) - g^2(x)]\mathrm{d}x.$$

115

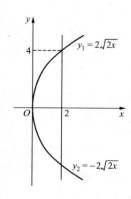

图　6-16

容易出现的错误是

$$V_x = \pi \int_a^b [f(x) - g(x)]^2 \mathrm{d}x.$$

例 9　由直线 $x=2$ 与抛物线 $y^2=8x$ 所围图形绕直线 $y=4$ 旋转,求旋转体的表面积.

解　求交点

$$\begin{cases} y^2 = 8x, \\ x = 2 \end{cases}$$

得 $(2,4),(2,-4)$,如图 6-16 所示.该旋转体的表面积由三条曲线 $y_1 = 2\sqrt{2x}$, $y_2 = -2\sqrt{2x}$, $x=2$ 绕直线 $y=4$ 旋转所得,用公式 $S = \int_a^b 2\pi |y| \mathrm{d}l$,于是所求表面积为

$$S = \int_0^2 2\pi(4 - 2\sqrt{2x})\mathrm{d}l + \int_0^2 2\pi(4 + 2\sqrt{2x})\mathrm{d}l + \pi(2 \times 4)^2$$

$$= 16\pi \int_0^2 \sqrt{1 + \left(2\sqrt{2} \cdot \frac{1}{2\sqrt{x}}\right)^2}\mathrm{d}x + 64\pi$$

$$= 16\pi \int_0^2 \sqrt{1 + \frac{2}{x}}\mathrm{d}x + 64\pi = 16\pi \int_0^2 \frac{\sqrt{2x+4}}{\sqrt{2x}}\mathrm{d}x + 64\pi$$

$$\xrightarrow{t = \sqrt{2x}} 16\pi \int_0^2 \frac{\sqrt{t^2+4}}{t} \cdot t\,\mathrm{d}t + 64\pi$$

$$= 16\pi \int_0^2 \sqrt{t^2 + 4}\,\mathrm{d}t + 64\pi$$

$$\xrightarrow{t = 2\tan\theta} 16\pi \int_0^{\frac{\pi}{4}} 2\sec\theta \cdot 2\sec^2\theta\,\mathrm{d}\theta + 64\pi$$

$$= 16\pi \times 2(\sec\theta\tan\theta + \ln|\sec\theta + \tan\theta|)\Big|_0^{\frac{\pi}{4}} + 64\pi$$

$$= 32\pi(\sqrt{2} + 2 + \ln|\sqrt{2} + 1|).$$

注意　该题容易忽略由直线 $x=2$ 绕 $y=4$ 旋转而成的曲面的面积 64π.另外,在计算过程中用到不定积分

116

$$\int \frac{1}{\cos^3\theta}\mathrm{d}\theta = \frac{\sin\theta}{2\cos^2\theta} + \frac{1}{2}\int \frac{1}{\cos\theta}\mathrm{d}\theta$$

$$= \frac{\sin\theta}{2\cos^2\theta} + \frac{1}{2}\ln|\sec\theta + \tan\theta|.$$

例 10 求曲线 $y=x^{2/3}$ 在 $x=-1$ 与 $x=8$ 之间的弧长.

解 因为函数 $y=x^{2/3}$ 在 $x=0$ 不可导,所以求弧长公式

$$l = \int_a^b \sqrt{1+y'^2}\mathrm{d}x$$

不能用,从 $y=x^{2/3}$ 中解出 $x=\pm y^{3/2}$ (多值函数). 由 $x\in[-1,0]$ 知取 $x_1=-y^{3/2}$, $y\in[0,1]$;由 $x\in[0,8]$ 知取 $x_2=y^{3/2}$, $y\in[0,4]$. 于是所求弧长为

$$l = \int_0^1 \sqrt{1+x_1'^2}\mathrm{d}y + \int_0^4 \sqrt{1+x_2'^2}\mathrm{d}y$$

$$= \int_0^1 \sqrt{1+\frac{9}{4}y}\,\mathrm{d}y + \int_0^4 \sqrt{1+\frac{9}{4}y}\,\mathrm{d}y$$

$$= \frac{8}{27}\left(1+\frac{9}{4}y\right)^{3/2}\Big|_0^1 + \frac{8}{27}\left(1+\frac{9}{4}y\right)^{3/2}\Big|_0^4$$

$$= \frac{1}{27}[13\sqrt{13} + 80\sqrt{10} - 16].$$

例 11 求曲线 $y=\int_{-\pi/2}^{x}\sqrt{\cos t}\,\mathrm{d}t$ 的弧长.

分析 所给曲线是积分上限的函数,要求此曲线的全长,需确定函数的定义域,而积分上限的函数的定义域是使被积函数连续的那些自变量的全体.

解 因为 $\cos t \geqslant 0$,所以 $-\pi/2 \leqslant t \leqslant \pi/2$,即函数定义域 $-\pi/2 \leqslant x \leqslant \pi/2$,于是所求弧长

$$l = \int_{-\frac{\pi}{2}}^{\frac{\pi}{2}}\sqrt{1+y'^2}\,\mathrm{d}x = 2\int_0^{\frac{\pi}{2}}\sqrt{1+\cos x}\,\mathrm{d}x$$

$$= 2\sqrt{2}\int_0^{\frac{\pi}{2}}\cos\frac{x}{2}\,\mathrm{d}x = 4\sqrt{2}\sin\frac{x}{2}\Big|_0^{\pi/2}$$

$$= 4\sqrt{2}\cdot\frac{\sqrt{2}}{2} = 4.$$

例 12 求曲线 $r = a\sin^3\dfrac{\theta}{3}$ 的全长 $(a > 0)$.

解 本题难点在于确定 θ 的变化范围, 即积分上、下限. 由 $r > 0$ 即 $\sin^3\dfrac{\theta}{3} \geqslant 0$, 得 $0 \leqslant \theta \leqslant 3\pi$, 于是所求弧长为

$$l = \int_0^{3\pi} \sqrt{r^2 + r'^2}\,\mathrm{d}\theta = \int_0^{3\pi} \sqrt{a^2\sin^6\dfrac{\theta}{3} + a^2\sin^4\dfrac{\theta}{3}\cos^2\dfrac{\theta}{3}}\,\mathrm{d}\theta$$

$$= a\int_0^{3\pi}\sin^2\dfrac{\theta}{3}\,\mathrm{d}\theta = a\int_0^{3\pi}\dfrac{1 - \cos\dfrac{2\theta}{3}}{2}\,\mathrm{d}\theta$$

$$= a\left(\dfrac{\theta}{2} - \dfrac{1}{2}\cdot\dfrac{3}{2}\sin\dfrac{2\theta}{3}\right)\Big|_0^{3\pi} = \dfrac{3\pi}{2}a.$$

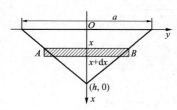

图 6-17

例 13 设底为 a、高为 h 的三角形平板垂直沉没在水中, 其中底 a 与水面平齐, 求平板每侧所受的压力.

解 建立坐标系, 如图 6-17 所示.

取 x 为积分变量, $x \in [0, h]$, 在 $[x, x+\mathrm{d}x]$ 上

压力 $\Delta F \approx$ 水的重力 $\times$ 深度 $\times$ 面积

$$= \rho g \cdot x \cdot AB \cdot \mathrm{d}x = \mathrm{d}F,$$

其中 $AB = \dfrac{a}{h}(h - x)$, $\rho = 1000\,\mathrm{kg/m^3}$, $g = 9.8\,\mathrm{m/s^2}$. 于是所求压力为

$$F = \int_0^h \mathrm{d}F = \int_0^h \rho g x \dfrac{a}{h}(h - x)\,\mathrm{d}x = \dfrac{a\rho g}{h}\left(\dfrac{hx^2}{2} - \dfrac{x^3}{3}\right)\Big|_0^h$$

$$= \dfrac{h^2 a\rho g}{6}\,(\mathrm{N}).$$

例 14 半径为 R(单位: m)的球沉入水中, 它与水面相切, 球的密度与水相同, 现将球从水中取出, 需做多少功?

分析 由于球的密度与水相同, 所以球在水中移动的部分因重力与浮力相互抵消, 外力不做功, 而在水外移动时需克服重力做功, 所以球只有离开水面时, 才需做功, 球体可看做是由一叠平行于水面的小薄圆片组成.

解法 1 建立坐标系,如图 6-18 所示,圆的方程为 $x^2+y^2=2Ry$,取 y 为积分变量,$y\in[0,2R]$.任取一小薄圆片$[y,y+\mathrm{d}y]\subset[0,2R]$,对这一小薄圆片从水面移到图示位置,提升高度为 y,所做功元素为

$$\mathrm{d}W = y\cdot\mathrm{d}M = y\rho g\mathrm{d}V = \rho g\pi x^2 y\mathrm{d}y$$
$$= \rho g\pi y(2Ry - y^2)\mathrm{d}y,$$
$$W = \int_0^{2R}\mathrm{d}W = \int_0^{2R}\rho g\pi y(2Ry - y^2)\mathrm{d}y$$
$$= \rho g\pi\left(\frac{2R}{3}y^3 - \frac{y^4}{4}\right)\Big|_0^{2R} = \frac{4}{3}\pi\rho gR^4(\mathrm{J}).$$

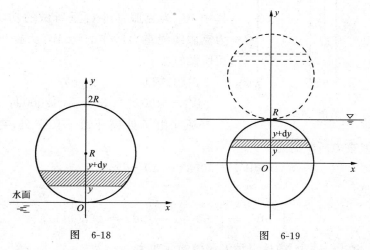

图　6-18　　　　　　　　图　6-19

解法 2 建立坐标系,如图 6-19,圆的方程为 $x^2+y^2=R^2$,取 y 为积分变量, $y\in[-R,R]$.任取$[y,y+\mathrm{d}y]$,则提升高度为 $R+y$,
$$\mathrm{d}W = (R + y)\mathrm{d}M,$$
$$\mathrm{d}W = (R + y)\rho g\pi(R^2 - y^2)\mathrm{d}y,$$
$$W = \int_{-R}^R (R + y)\rho g\pi(R^2 - y^2)\mathrm{d}y$$
$$= \rho g\pi\cdot 2\left(R^3 y - R\frac{y^3}{3}\right)\Big|_0^R$$
$$= \rho g\pi\frac{4}{3}R^4(\mathrm{J}).$$

例 15 为清除井底的污泥,用缆绳将抓斗放入井底,抓起污泥后提出井口,如图 6-20 所示.已知井深 30 m,抓斗自重 400 N,缆绳每米重 50 N,抓斗抓起的污泥重 2000 N,提升速度为 3 m/s.在提升过程中,污泥以 20 N/s 的速率从抓斗缝隙中漏掉,现将抓起污泥的抓斗提升到井口,问克服重力需做多少焦耳的功?

说明:① 1 N×1 m=1 J, m, N, s, J 分别表示米、牛顿、秒、焦耳.
② 抓斗的高度及位于井口上方的缆绳长度忽略不计.

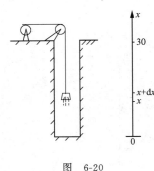

图 6-20

解法 1 作 x 轴为纵轴,如图 6-20 所示.将抓起污泥的抓斗提升到井口需做功

$$W = W_1 + W_2 + W_3,$$

其中 W_1 为克服抓斗自重所做的功,W_2 为克服缆绳重力所作的功,W_3 为提出污泥所做的功.

由题意知

$$W_1 = 400\,\text{N} \times 30\,\text{m} = 12000\,\text{J};$$

抓斗由 x 处提升到 $x+\mathrm{d}x$ 处,克服缆绳重力所做的元功为

$$\mathrm{d}W_2 = 50(30 - x) \cdot \mathrm{d}x,$$

于是

$$W_2 = \int_0^{30} \mathrm{d}W_2 = \int_0^{30} 50(30 - x)\mathrm{d}x = 22500(\text{J});$$

在 $[t, t+\mathrm{d}t]$ 内提出污泥需做的元功为

$$\mathrm{d}W_3 = 3(2000 - 20t)\mathrm{d}t,$$

将污泥从井底提升至井口需用 $\dfrac{30}{3}\,\text{s} = 10\,\text{s}$,于是

$$W_3 = \int_0^{10} \mathrm{d}W_3 = \int_0^{10} 3(2000 - 20t)\mathrm{d}t = 57000(\text{J}).$$

因此共需做功

$$W = 12000\,\text{J} + 22500\,\text{J} + 57000\,\text{J} = 91500\,\text{J}.$$

解法 2 坐标系取法同解法 1.现在推导出抓斗位于 x 处时的总重力,它包括三部分:① 抓斗自重 400 N;② 缆绳重 $50(30-x)$N;

120

③ 污泥重$(2000-20\times x/3)$N，于是总重力为

$$P(x)=\left(400+50(30-x)+2000-20\times\frac{x}{3}\right)N$$

$$=\left(3900-\frac{170}{3}x\right)N,$$

克服重力所做的功为

$$W=\int_0^{30}P(x)\mathrm{d}x=\int_0^{30}\left(3900-\frac{170}{3}x\right)\mathrm{d}x$$

$$=\left(3900\times30-\frac{170}{6}\cdot30^2\right)J=91500\,J.$$

注意 本题为定积分在物理中的应用，尽管条件复杂，但只要抓住变力做功计算中的关键，即求出物体从 x 移到 $x+\mathrm{d}x$ 所做元功 $\mathrm{d}W=P(x)\mathrm{d}x$. 问题就容易解决了. 在解法 1 中，选时间 t 为积分变量，也说明同一题目可以有多种解法.

例 16 设有面密度为 ρ 的圆环形薄板，其内半径为 r_1，外半径为 r_2，质量为 m 的质点 A 位于圆环的中心轴上，离圆环中心为 a，求圆环对质点 A 的引力.

解 建立坐标系如图 6-21 所示. 由于圆环的对称性，圆环对质点 A 的引力在水平方向的分力为零，只需求在 z 轴方向的分力.

取 r 为积分变量，$r\in[r_1,r_2]$，任取小圆环$[r,r+\mathrm{d}r]$，其质量 $\mathrm{d}M=\rho\cdot2\pi r\cdot\mathrm{d}r$，它对质点 A 的引力为

$$\mathrm{d}F=\frac{k\cdot m\cdot\rho\cdot2\pi r\mathrm{d}r}{(a^2+r^2)},$$

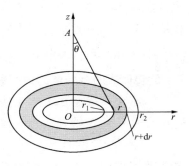

图 6-21

其中 k 为常数. $\mathrm{d}F$ 在 z 轴上分力 $\mathrm{d}F_z=-\mathrm{d}F\cdot\cos\theta$，即

$$\mathrm{d}F_z=-\frac{k\cdot m\cdot\rho\cdot2\pi r\cdot a}{(a^2+r^2)^{3/2}}\mathrm{d}r,$$

于是

$$F_z=\int_{r_1}^{r_2}\mathrm{d}F_z=-\int_{r_1}^{r_2}\frac{km\rho2\pi ra}{(a^2+r^2)^{3/2}}\mathrm{d}r$$

$$=2km\rho\pi a\cdot\frac{1}{\sqrt{a^2+r^2}}\bigg|_{r_1}^{r_2}$$

$$= 2k\pi m\rho a\left[\frac{1}{\sqrt{a^2 + r_2^2}} - \frac{1}{\sqrt{a^2 + r_1^2}}\right].$$

注意 不在同一方向上的力不具有可加性,所以不能对 dF 直接积分,而必须将力 dF 投影到 z 轴上得 dF_z,同一方向上的力才具有可加性,所以能对 dF_z 积分.

【五】同步训练

A 级

1. 求由曲线 $y=x^2,y=x,y=2x$ 所围图形的面积.

2. 求由曲线 $y=x(x-1)(2-x)$ 与 x 轴所围图形的面积.

3. 求由曲线 $y=x+\dfrac{1}{x},x=2,y=2$ 所围图形的面积.

4. 假设曲线 $y=1-x^2$ $(0\leqslant x\leqslant 1)$ 与 x 轴和 y 轴所围区域被曲线 $y=ax^2$ $(a>0)$ 分成面积相等的两部分,试确定 a 的值.

5. 求由曲线 $y=3x-x^2,y=2,x=0$ 所围图形的面积,并求此图形分别绕 x 轴、y 轴旋转而成的旋转体的体积.

6. 求由曲线 $y=\dfrac{x^2}{2},x=1,x=2,y=-1$ 所围图形绕直线 $y=-1$ 旋转而成的旋转体的体积的积分表达式.

7. 求由曲线 $y=2x-x^2,y=0,y=x$ 所围图形的面积,并求此图形分别绕 x 轴、y 轴旋转而成的旋转体的体积.

8. 设 D_1 是由曲线 $y=2x^2,x=a,x=2,y=0$ 所围平面图形,D_2 是由曲线 $y=2x^2,x=a,y=0$ 所围平面图形,其中 $0<a<2$.

(1) 试求 D_1 绕 x 轴旋转所得旋转体的体积 V_1,D_2 绕 y 轴旋转所得旋转体的体积 V_2;

(2) 问当 a 为何值时,$V=V_1+V_2$ 最大?并求此最大值.

9. 设旋转体由曲线 $y=f(x)$ $(f(x)\geqslant 0),x=0,x=a(a>0)$,$y=0$ 所围图形绕 x 轴旋转而成,其体积为

$$V(a) = \frac{1}{3}\pi a^3\left[\frac{1}{3} + \ln(a + 1)\right],$$

试求 $f(x)$.

10. 试求由 $xy \leqslant 4, y \geqslant 1, x > 0$ 所夹的图形绕 y 轴旋转而成的旋转体的体积.

11. 设 $f(x), g(x)$ 在区间 $[a, b]$ 上连续,且 $g(x) < f(x) < m$(m 为常数),求由曲线 $y = f(x), y = g(x), x = a, x = b$ 所围图形绕直线 $y = m$ 旋转而成的旋转体的体积.

12. 设点 $A(a, 0)$ ($a > 0$),曲边梯形 $OABC$ 的面积为 D_1,其曲边 $\overset{\frown}{CB}$ 是由方程 $y = x^2 + \dfrac{1}{2}$ 确定的,梯形 $OABC$ 的面积为 D,求证:

$$\frac{D}{D_1} < \frac{3}{2}.$$

13. 设有过原点的三条曲线 C_1, C_2, C_3,已知 C_1 的方程 $y = \dfrac{1}{2} x^2$,C_2 的方程 $y = x^2$. 过 C_2 上任一点 $M_2(x, y)$,作平行于 y 轴的直线交 C_1 于 M_1,又过 M_2 作平行于 x 轴直线交 C_3 于 M_3. 如果图形 OM_2M_3 与 OM_1M_2 的面积始终保持相等,试求曲线 C_3 的方程.

14. 以半径为 R 的球的直径为轴线钻一个半径为 a ($0 < a < R$) 的圆柱形孔,求所剩部分的体积.

15. 设 $y = f(x)$ 是 $x \geqslant 0$ 的非负连续函数,$V(t)$ 表示由 $y = f(x), x = 0, x = t$ ($t > 0$),$y = 0$ 所围图形绕直线 $x = t$ 旋转而成的旋转体的体积,求 $V(t), V'(t), V''(t)$.

16. 求由曲线 $y = (x - 1)(x - 2)$ 与 x 轴所围图形绕 y 轴旋转而成的旋转体的体积.

17. 求由抛物线 $y = x^2 - x$,直线 $y = 1 + \dfrac{x}{2}$ 和 $x = 0$ 所围图形绕 y 轴旋转而成的旋转体的体积.

18. 求由两曲线 $r = \sqrt{2} \cos\theta, r^2 = \sqrt{3} \sin 2\theta$ 所围公共部分的面积.

19. 求曲线 $(x^2 + y^2)^3 = 4a^2 x^2 y^2$ ($a > 0$) 所围图形的面积.

20. 求下列曲线的一段弧长:

(1) $y = \displaystyle\int_0^x \sqrt{\sin t}\, \mathrm{d}t$ ($0 \leqslant x \leqslant \pi$);

$$(2) \begin{cases} x = \displaystyle\int_1^t \dfrac{\cos u}{u}\,\mathrm{d}u, \\ y = \displaystyle\int_1^t \dfrac{\sin u}{u}\,\mathrm{d}u \end{cases} \left(1 \leqslant t \leqslant \dfrac{\pi}{2}\right).$$

21. 设半径为 R 的半球形水池充满了水,现在把水从池中抽出,当抽出的水所做的功为将水全部抽完所做功的一半时,问水面的高度 h 下降了多少?

22. 设有半径为 a 的圆板竖直浸没在水中,圆心到水面的距离为 b $(b > a)$,求此圆板一侧所受的压力.

23. 设一容器的壁是由抛物线 $y = x^2$ 绕 y 轴旋转而成的旋转抛物面,开口向上,其内盛有高为 H 的液体. 现将半径为 r 的小铁球浸没在液体中,试求液面上升的高度 h.

24. 设两质点的质量为 m_1, m_2,相距为 a,现将其中一个质点沿两质点的延长线向外移动距离 l,求克服引力所做的功.

25. 求函数 $y = 2xe^{-x}$ 在 $[0, 2]$ 上的平均值.

B 级

1. 求抛物线 $(y-2)^2 = x-1$ 上纵坐标为 $y_0 = 3$ 处的切线方程,并求该切线与抛物线及 x 轴所围图形的面积.

2. 求曲线 $y = \sqrt{x}$ 的一条切线 L,使该曲线与切线 L 及直线 $x=0, x=2$ 所围图形的面积最小,并求出该面积.

3. 在曲线 $y = x^2 (x \geqslant 0)$ 上某一点 A 作一切线,使之与曲线及 x 轴所围图形的面积为 $\dfrac{1}{12}$,试求:

(1) 切点 A 的坐标;

(2) 过切点 A 的切线方程;

(3) 由上述所围平面图形绕 x 轴旋转所产生的旋转体的体积.

4. 在抛物线 $y = x^2 - 1$ 上取一点 $P(a, a^2-1)$,过点 P 引抛物线 $y = x^2$ 的两条切线. 证明:两切线与抛物线 $y = x^2$ 所围图形的面积与点 P 的位置无关.

5. 设函数 $f(x)$ 在区间 $[a, b]$ 上连续,且在 (a, b) 内 $f'(x) > 0$. 证明:在 (a, b) 内存在惟一的 ξ,使曲线 $y = f(x)$ 与两直线 $y = f(\xi)$,

$x=a$ 所围图形的面积 S_1 是曲线 $y=f(x)$ 与两直线 $y=f(\xi)$，$x=b$ 所围图形的面积 S_2 的 3 倍.

6. 求两椭圆 $x^2+\dfrac{y^2}{3}=1$ 和 $\dfrac{x^2}{3}+y^2=1$ 公共部分的面积.

7. 假设由曲线 $y=\mathrm{e}^{-x}$ $(x\geqslant 0)$、x 轴、y 轴和直线 $x=\xi$ $(\xi>0)$ 所围平面图形绕 x 轴旋转所成旋转体的体积为 $V(\xi)$，求 $V(\xi)$ 及满足 $V(a)=\dfrac{1}{2}\lim\limits_{\xi\to+\infty}V(\xi)$ 的 a.

8. 设 $f(x)$ 是 $[0,1]$ 上的任一非负连续函数.

（1）试证：存在 $x_0\in(0,1)$，使得在区间 $[0,x_0]$ 上以 $f(x_0)$ 为高的矩形面积 S_1 等于在区间 $[x_0,1]$ 上以 $y=f(x)$ 为曲边的曲边梯形的面积 S_2；

（2）又设 $f(x)$ 在 $(0,1)$ 内可导，且 $f'(x)>-\dfrac{2f(x)}{x}$，证明（1）中的 $x_0\in(0,1)$ 是惟一的.

9. 求由曲线 $x^2+(y-b)^2=a^2(a<b)$ 绕 x 轴旋转所成的圆环面的表面积.

10. 在由椭圆域 $x^2+\dfrac{y^2}{4}\leqslant 1$ 绕 y 轴旋转所成的椭球体上，以 y 轴为中心轴打一个圆孔，使剩下部分的体积恰好等于椭球体体积的一半，求圆孔的半径.

11. 求由曲线 $y=\mathrm{e}^{-x}\sqrt{\sin x}$ $(0\leqslant x<+\infty)$ 绕 x 轴旋转所得立体的体积.

12. 证明：双纽线 $r^2=2a^2\cos 2\theta$ $(a>0)$ 的全长 l 可表示为
$$l=4\sqrt{2}\,a\int_0^1\dfrac{\mathrm{d}x}{\sqrt{1-x^4}}.$$

13. 求由曲线 $\begin{cases}x=\cos^3 t,\\ y=\sin^3 t\end{cases}$ 在第一象限中与 $x+y=1$ 所围的图形绕 $x+y=1$ 旋转所成旋转体的表面积.

14. 一容器的外表面由 $y=x^2$ $(0\leqslant y\leqslant H)$ 绕 y 轴旋转而成，其容积为 $72\pi\mathrm{m}^3$，盛满了水，现将水吸出 $64\pi\mathrm{m}^3$，问至少需要做多少功？

15. 以每秒为 a 的流量往半径为 R 的半球形水池内注水，

（1）求当池中水深为 $h(0<h<R)$ 时，水面上升的速度；

（2）若再将满池水全部抽出,至少需做多少功?

16. 过原点作曲线 $y=\sqrt{x-1}$ 的切线,求由此曲线、切线及 x 轴围成的平面图形绕 x 轴旋转而成的旋转体的表面积.

17. 一半径为 R 的圆周,线密度为 ρ,l 为过圆环中心且垂直圆环所在平面的直线,l 上距圆环中心 a 处有一质量为 m 的质点,求圆环对质点的引力.

18. 设有一薄板其边缘为一抛物线,垂直沉入水中,若顶点恰在水平面上,抛物线方程为 $x=\dfrac{5}{9}y^2$. 试求薄板所受的静压力;将薄板下沉多深,压力加倍(抛物线的深度 20,跨径为 12)?

19. 求质量为 M,长为 l 的均匀细棒对在同一直线上距棒一端点为 s 的质量为 m 的质点的引力,且求将该质点移至无穷远所做的功.

20. 求由 $y=x$ 与 $y=4x-x^2$ 所围成的区域绕 $y=x$ 旋转所成旋转体的体积.

学习札记

学 习 札 记

第一学期模拟试题一

（内容范围为专题一至专题六）

一、解答题(每小题 6 分,共 18 分)

1. 计算 $\lim\limits_{x\to\infty}\left(1-\dfrac{2}{x}\right)^{3x}$ 的值.

2. 求函数 $\rho=\varphi\sin\varphi+\cos\varphi$ 的导数 $\dfrac{\mathrm{d}\rho}{\mathrm{d}\varphi}$.

3. 设曲线方程为 $\begin{cases} x=t+2+\sin t, \\ y=t+\cos t, \end{cases}$ 求此曲线在 $x=2$ 处的切线方程.

二、解答题(每小题 6 分,共 24 分)

1. 已知 $\begin{cases} x=k\sin t+\sin kt, \\ y=k\cos t+\cos kt, \end{cases}$ 其中 k 为非零常数,求 $\dfrac{\mathrm{d}y}{\mathrm{d}x}\Big|_{t=0}$ 的值.

2. 设 $y=\sin x\cdot\cos x\cdot\cos 2x\cdot\cos 4x$,求 y'.

3. 求极限 $\lim\limits_{x\to 0}\dfrac{3^x+3^{-x}-2}{x^2}$.

4. 求不定积分 $\displaystyle\int\dfrac{\mathrm{e}^{3x}-1}{\mathrm{e}^x-1}\mathrm{d}x$.

三、解答题(每小题 6 分,共 24 分)

1. 按定积分几何意义,说明下列等式成立:

$$\int_0^1(2x+1)\mathrm{d}x=2.$$

2. 设 $\varphi(x)=\displaystyle\int_x^0 f(t)\mathrm{d}t$,其中 $f(x)$ 是连续函数,求 $\varphi'(x)$.

3. 计算定积分 $\displaystyle\int_{-1}^1\dfrac{1}{1+x^2}\mathrm{d}x$.

4. 求 $\lim\limits_{a\to 0}\dfrac{1}{a}\displaystyle\int_0^a\dfrac{\ln(2+x)}{1+x^2}\mathrm{d}x$.

四、(10 分)　若曲线 $y=f(x)$ 上点 (x,y) 处的切线斜率与 x^3 成正比例,并知该曲线通过点 $A(1,6)$ 和 $B(2,-9)$,求该曲线的方程.

五、(7 分) 要使由曲线 $y^2 = ax$ $(a>0)$、直线 $x = 3$ 和 $y = 0$ 所围成的 x 轴上方的平面图形的面积为 6，a 值应是多少？

六、(10 分) 计算定积分 $\int_{-\frac{\pi}{3}}^{\frac{\pi}{3}} \dfrac{x\sin x}{\cos^2 x}\mathrm{d}x.$

七、(7 分) 设 $y = f(x)$ 对一切 x 满足方程

$$xf''(x) + 3x[f'(x)]^2 = 1 - \mathrm{e}^{-x},$$

且 $f(x)$ 在 $x = x_0 \neq 0$ 处有极值，试论证：$f(x_0)$ 是极大值还是极小值？

第一学期模拟试题二

(内容范围为专题一至专题六)

一、单项选择题(每小题 5 分,共 25 分)

1. 设 $f(x)$ 在点 $x=2$ 处连续,且

$$f(x)=\begin{cases} \dfrac{x^2-3x+2}{x-2}, & x\neq 2, \\ a, & x=2, \end{cases}$$

则 $a=($).

(A) 0;   (B) 1;   (C) 2;   (D) -2.

2. 下列命题中正确的为( ).

(A) 若 x_0 为 $f(x)$ 的极值点,则必有 $f'(x_0)=0$;

(B) 若 $f'(x_0)=0$,则点 x_0 必为 $f(x)$ 的极值点;

(C) 若 $f(x)$ 在 (a,b) 内既有极大值,也有极小值,则极大值必大于极小值;

(D) 若 $f(x)$ 在 x_0 处可导,且点 x_0 为 $f(x)$ 的极值点,则必有 $f'(x_0)=0$.

3. 若函数 $y=k\tan 2x$ 的一个原函数为 $\dfrac{2}{3}\ln\cos 2x$,则 $k=$ ( ).

(A) $-\dfrac{2}{3}$;   (B) $\dfrac{3}{2}$;   (C) $\dfrac{3}{4}$;   (D) $-\dfrac{4}{3}$.

4. 极限 $\lim\limits_{x\to\infty}\left(1+\dfrac{a}{x}\right)^{bx+d}$ 等于( ).

(A) e;   (B) e^b;   (C) e^{ab};   (D) e^{ab+d}.

5. 设 $f(x)=e^{-x}$,则 $\displaystyle\int\dfrac{f'(\ln x)}{x}\mathrm{d}x$ 等于( ).

(A) $-\dfrac{1}{x}+C$;   (B) $\dfrac{1}{x}+C$;

(C) $-\ln x+C$;   (D) $\ln x+C$.

二、计算题(每小题 6 分,共 24 分)

1. 已知当 $x \to \infty$ 时, $f(x)$ 与 $\dfrac{1}{x^3}$ 为等价无穷小量, $g(x)$ 与 $\dfrac{2}{x^2}$ 为等价无穷小量,求极限 $\lim\limits_{x \to \infty} \dfrac{xf(x)}{3g(x)}$.

2. 设由方程 $x^2 y + xy^2 + 2y^3 = 1$ 确定函数 $y = y(x)$,求 y'.

3. 求定积分 $\displaystyle\int_{-1}^{1} (x + \sqrt{1-x^2})^2 \mathrm{d}x$.

4. 求曲线 $\begin{cases} x = \dfrac{3at}{1+t^2}, \\ y = \dfrac{3at^2}{1+t^2} \end{cases}$ 在对应于 $t=2$ 处的切线方程.

三、解答题(每小题 7 分,共 21 分)

1. 计算极限 $\lim\limits_{x \to 0} \dfrac{\mathrm{e}^{2x} - 2\mathrm{e}^x + 1}{x^2 \cos x}$.

2. 设 $y = \ln x + \sqrt{1-x}\, \arcsin x$,求 y'.

3. 计算积分 $\displaystyle\int x(\arctan x)^2 \mathrm{d}x$.

四、综合题(每小题 8 分,共 16 分)

1. 设 $f(x) = \displaystyle\int_0^x \dfrac{\sin t}{\pi - t} \mathrm{d}t$,计算 $\displaystyle\int_0^\pi f(x)\mathrm{d}x$.

2. 确定 a,b,c 的值,使函数 $y = x^3 + ax^2 + bx + c$ 在点 $(-1,1)$ 处有一拐点,并且在 $x=0$ 处取到极大值.

五、应用题(14 分)

已知曲线 l 的参数方程为

$$\begin{cases} x = at^3, \\ y = t^2 - bt \end{cases} \quad (a > 0, b > 0),$$

且 l 在 $t=1$ 所对应的点处的切线斜率为 $\dfrac{1}{3}$,试确定 a,b 的值,使曲线 l 与 x 轴所围成的图形面积最大.

第一学期模拟试题三

(内容范围为专题一至专题六)

一、试解下列各题(共 26 分)

1. (6 分) 设 $f(x)=e^{2x}$,试直接用导数定义求 $f'(x)$.

2. (6 分) 设 $y=\ln\sqrt{\dfrac{1-\cos 2x}{x^2}}$,求 y'.

3. (7 分) 求极限 $\lim\limits_{x\to 0}\dfrac{\sin x-x\cos x}{\sin^3 x}$.

4. (7 分) 已知 $F(x)$ 在 $[-1,1]$ 上连续,在 $(-1,1)$ 内 $F'(x)=$
$\dfrac{1}{\sqrt{1-x^2}}$,且 $F(1)=\dfrac{3\pi}{2}$,求 $F(x)$.

二、试解下列各题(共 26 分)

1. (6 分) 求 $\lim\limits_{x\to\infty}\dfrac{(4x^2-3)^3(3x-2)^4}{(6x^2+7)^5}$.

2. (6 分) 设 $y=y(x)$ 由方程 $xy=\arctan\dfrac{x}{y}$ 所确定,求 y'.

3. (7 分) 求极限 $\lim\limits_{x\to 0}\left(\cot x-\dfrac{1}{x}\right)$.

4. (7 分) 确定 $y=\ln x-x$ 的单调区间.

三、试解下列各题(每小题 8 分,共 24 分)

1. 指出函数 $f(x)=\dfrac{x^2-1}{x^2-x}$ 的间断点,并判别其类型.

2. 设 $f(x)=(x-1)(x-2)^2(x-3)^3(x-4)^4$,求 $f'(1)$ 及 $f'(3)$.

3. 求不定积分 $\displaystyle\int\dfrac{\cos x}{\sqrt{2+\cos 2x}}dx$.

四、(12 分) 计算定积分 $\displaystyle\int_0^{\sqrt{\ln 2}} x^3 e^{-x^2}dx$.

五、(12 分) 已知曲边三角形由抛物线 $y^2=2x$ 及直线 $x=0$,

$y=1$ 所围成,求：

（1）曲边三角形的面积；

（2）该曲边三角形绕 $y=1$ 旋转所成旋转体的体积.

专题七　向量代数与空间解析几何

【一】内容提要

1. 空间点的坐标,空间两点间的距离,定比分点.

2. 向量的概念,向量的模,单位向量,向径,两向量的夹角,投影定理,向量的分解及向量的坐标,方向余弦与方向数,向量的加减法及数乘,向量的数量积及向量积,两个向量平行及垂直的条件.

3. 曲面方程的概念,球面,旋转曲面,柱面,空间曲线的方程(一般式、参数式),螺旋线,空间曲线向坐标面上的投影.

4. 平面方程,两平面间的夹角,两平面平行及垂直的条件,点到平面的距离.

5. 空间直线的方程,两直线的夹角,两直线平行和垂直的条件,直线与平面的夹角,直线与平面的平行及垂直条件.

6. 常用的二次曲面.

【二】基本要求

1. 理解向量的概念.

2. 掌握向量的运算(线性运算、点乘法、叉乘法);掌握两个向量夹角的求法与两个向量垂直、平行的条件.

3. 熟悉单位向量、方向余弦及向量的坐标表达式;熟练掌握用坐标表达式进行向量运算.

4. 熟悉平面的方程和直线的方程及其求法.

5. 理解曲面方程的概念;掌握常用二次曲面的方程及其图形;掌握以坐标轴为旋转轴的旋转曲面及母线平行于坐标轴的圆柱面方程.

6. 知道空间曲线的参数方程和一般方程.

【三】释疑解难

1. 空间一点的坐标和向量的坐标都是三元有序实数组,它们的区别在哪里?

答 首先是几何意义不同.空间点坐标的三个数分别是该点在 x 轴、y 轴、z 轴上的投影在各自轴上所对应的实数,而向量坐标的三个数则是与该向量相等的向径的终点依次在 x 轴、y 轴、z 轴上的投影.

其次,它们的对应关系不同.空间一点和它的坐标是一一对应的,同一坐标不可能同时代表两个不同的点.对于向量来说,向径 $\overrightarrow{OM}$ 与点 $M(x,y,z)$ 一一对应,而自由向量仅与它的坐标一一对应,只要是相等的向量,它们的坐标都相同.自由向量与起点的位置无关,自由向量的坐标一般不是向量终点的坐标.

因此,在实际计算中一定要注意区分点坐标和向量坐标的不同表示.

2. 命题"若 $\boldsymbol{a} \neq \boldsymbol{0}$,且 $\boldsymbol{a} \cdot \boldsymbol{b} = \boldsymbol{a} \cdot \boldsymbol{c}$ 或 $\boldsymbol{a} \times \boldsymbol{b} = \boldsymbol{a} \times \boldsymbol{c}$,则 $\boldsymbol{b} = \boldsymbol{c}$"是真命题吗?

答 不是.在数量积及向量积运算中向量的这种消去律是不能成立的,例如,若取 $\boldsymbol{a} = \{1,0,1\}$,$\boldsymbol{b} = \{1,1,0\}$,$\boldsymbol{c} = \{0,1,1\}$,则 $\boldsymbol{a} \cdot \boldsymbol{b} = \boldsymbol{a} \cdot \boldsymbol{c} = 1$,但是 $\boldsymbol{b} \neq \boldsymbol{c}$;若取 $\boldsymbol{a} = \{1,0,1\}$,$\boldsymbol{b} = \{1,1,0\}$,$\boldsymbol{c} = \{0,1,-1\}$,则 $\boldsymbol{b} - \boldsymbol{c} = \{1,0,1\}$,因此 $\boldsymbol{a} \times (\boldsymbol{b} - \boldsymbol{c}) = \boldsymbol{0}$,即 $\boldsymbol{a} \times \boldsymbol{b} = \boldsymbol{a} \times \boldsymbol{c}$,但 $\boldsymbol{b} \neq \boldsymbol{c}$.

3. 是否所有的三元二次方程都是表示曲面?

答 不一定.我们知道,三元二次方程 $F(x,y,z) = 0$ 所表示的曲面称为二次曲面,如椭圆锥面、椭球面、单叶双曲面、双叶双曲面、椭圆抛物面、双曲抛物面及以二次曲线为准线的柱面等曲面均为二次曲面.但是,三元二次方程的图形不都是曲面,有时会出现"退化"情况,有可能表示曲线甚至点,例如方程

$$x^2 + y^2 + 4z^2 - 2x - 4y - 8z + 9 = 0,$$

即

$$(x-1)^2 + (y-2)^2 + 4(z-1)^2 = 0,$$

它表示的是一个点$(1,2,1)$.

4. 柱面方程是否一定为不完全三元方程?

答 不一定.一般地,不完全三元方程可表示母线平行于坐标轴的柱面,而柱面的母线可以不平行于坐标轴,例如方程$x+y+z=0$就表示母线不平行于坐标轴的柱面(平面),但它是三元完全方程.

5. 两个曲面所围成的立体在坐标面上的投影区域必定是该两曲面交线在该坐标面上的投影曲线所围成的区域吗?

答 不一定.例如,考虑由球面$x^2+y^2+z^2=4z$及平面$z=1$所围成的$z\geqslant1$部分的立体,该立体在Oxy平面的投影区域为$x^2+y^2\leqslant4$,而这两曲面交线在Oxy平面上的投影曲线所围成的区域却为$x^2+y^2\leqslant3$(见图7-1).

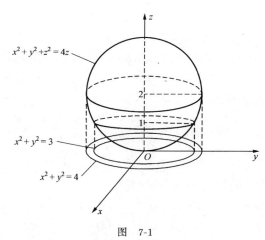

图 7-1

【四】方法指导

例1 已知$|\boldsymbol{a}|=2$,$|\boldsymbol{b}|=2\sqrt{3}$,$|\boldsymbol{a}+\boldsymbol{b}|=2$,求$(\widehat{\boldsymbol{a},\boldsymbol{b}})$.

分析 对两个向量的夹角,可由向量的加法定义,利用余弦定理求,也可以用向量的数量积来求,即

$$\cos(\widehat{\boldsymbol{a},\boldsymbol{b}})=\frac{\boldsymbol{a}\cdot\boldsymbol{b}}{|\boldsymbol{a}||\boldsymbol{b}|}.$$

解法 1　如图 7-2 所示,假设平行四边形两条邻边分别对应向量 a,b,一条对角线对应向量 $a+b$,则利用余弦定理得

$$\cos(\widehat{a,b}) = -\cos[\pi - (\widehat{a,b})]$$

$$= -\frac{(2\sqrt{3})^2 + 2^2 - 2^2}{2 \cdot 2\sqrt{3} \cdot 2} = -\frac{\sqrt{3}}{2},$$

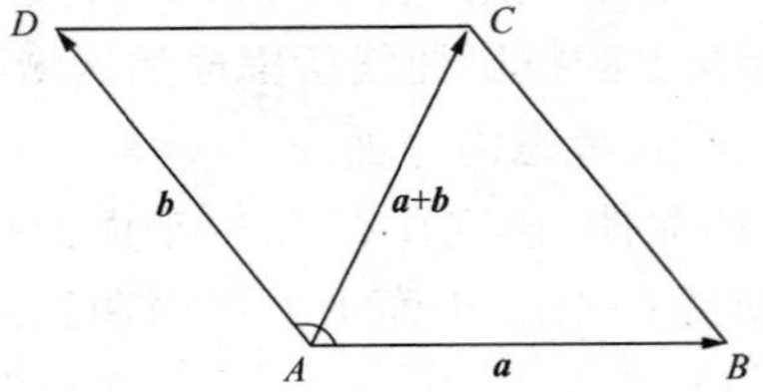

图　7-2

所以 $(\widehat{a,b}) = \frac{5}{6}\pi$.

解法 2　由数量积的性质 $(a+b) \cdot (a+b) = |a+b|^2$ 得

$|a|^2 + |b|^2 + 2a \cdot b = |a+b|^2$,　即　$a \cdot b = -6$,

再由数量积的定义得

$$\cos(\widehat{a,b}) = \frac{a \cdot b}{|a||b|} = -\frac{\sqrt{3}}{2},$$

所以 $(\widehat{a,b}) = \frac{5}{6}\pi$.

例 2　在下列等式中,正确的是(　　).

(A) $a \cdot (b \times c) = a \cdot (c \times b)$;　　(B) $a \cdot (b \times c) = (a \cdot b)c$;

(C) $a \cdot (b \times c) = (a \times b) \times c$;　　(D) $a \cdot (b \times c) = (a \times b) \cdot c$.

分析　根据向量的数量积和向量积的定义和性质,容易推出(A),(B),(C)均不正确,只能是(D)正确.亦可用向量的坐标进行计算,验证(D)的正确性,或者由混合积的性质得到.

解　因为 $b \times c = -c \times b$,所以(A)不正确.(B)和(C)的左端是数,而右端是向量,故(B)和(C)均不成立.下面通过坐标进行计算验证(D)正确.

设 $a = \{a_x, a_y, a_z\}$, $b = \{b_x, b_y, b_z\}$, $c = \{c_x, c_y, c_z\}$,则

$$a \cdot (b \times c) = a_x \begin{vmatrix} b_y & b_z \\ c_y & c_z \end{vmatrix} - a_y \begin{vmatrix} b_x & b_z \\ c_x & c_z \end{vmatrix} + a_z \begin{vmatrix} b_x & b_y \\ c_x & c_y \end{vmatrix}$$

138

$$= \begin{vmatrix} a_x & a_y & a_z \\ b_x & b_y & b_z \\ c_x & c_y & c_z \end{vmatrix}.$$

同理

$$(\boldsymbol{a} \times \boldsymbol{b}) \cdot \boldsymbol{c} = \boldsymbol{c} \cdot (\boldsymbol{a} \times \boldsymbol{b}) = \begin{vmatrix} c_x & c_y & c_z \\ a_x & a_y & a_z \\ b_x & b_y & b_z \end{vmatrix}$$

$$= \begin{vmatrix} a_x & a_y & a_z \\ b_x & b_y & b_z \\ c_x & c_y & c_z \end{vmatrix}.$$

所以(D)正确.

例 3 如图 7-3 所示,若向量 $\boldsymbol{c}$ 垂直于向量 $\boldsymbol{a}$ 和 $\boldsymbol{b}$,则它必垂直于向量 $\lambda_1\boldsymbol{a}+\lambda_2\boldsymbol{b}$,其中 λ_1,λ_2 为任意实数.

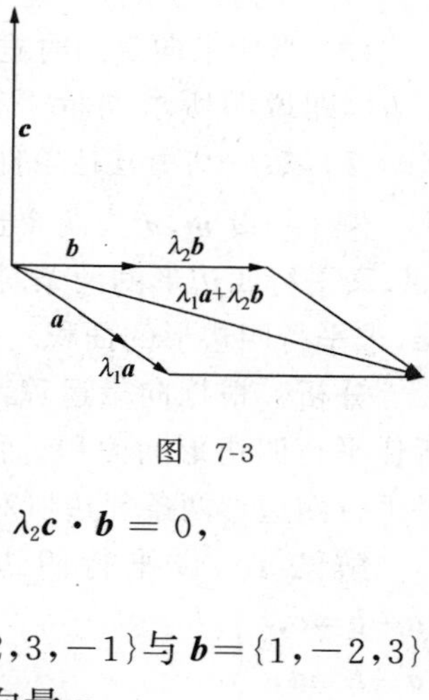

分析 欲证 $\boldsymbol{c}\perp(\lambda_1\boldsymbol{a}+\lambda_2\boldsymbol{b})$,只需利用 $\boldsymbol{c}\cdot\boldsymbol{a}=0$ 与 $\boldsymbol{c}\cdot\boldsymbol{b}=0$ 来证明 $\boldsymbol{c}\cdot(\lambda_1\boldsymbol{a}+\lambda_2\boldsymbol{b})=0$ 即可.

证明 由已知 $\boldsymbol{c}\perp\boldsymbol{a}$ 和 $\boldsymbol{c}\perp\boldsymbol{b}$ 可得

$$\boldsymbol{c}\cdot\boldsymbol{a}=0, \quad \boldsymbol{c}\cdot\boldsymbol{b}=0,$$

于是

图 7-3

$$\boldsymbol{c}\cdot(\lambda_1\boldsymbol{a}+\lambda_2\boldsymbol{b})=\lambda_1\boldsymbol{c}\cdot\boldsymbol{a}+\lambda_2\boldsymbol{c}\cdot\boldsymbol{b}=0,$$

故 $\boldsymbol{c}\perp(\lambda_1\boldsymbol{a}+\lambda_2\boldsymbol{b})$.

例 4 已知向量 $\boldsymbol{x}$ 垂直于向量 $\boldsymbol{a}=\{2,3,-1\}$ 与 $\boldsymbol{b}=\{1,-2,3\}$,且与 $\boldsymbol{c}=\{2,-1,1\}$ 的数量积等于 -6,求向量 $\boldsymbol{x}$.

分析 因 $\boldsymbol{x}$ 同时垂直于 $\boldsymbol{a}$ 与 $\boldsymbol{b}$,故 $\boldsymbol{x}$ 与 $\boldsymbol{a}\times\boldsymbol{b}$ 平行.又依 $\boldsymbol{x}\cdot\boldsymbol{c}=-6$,即可求得 $\boldsymbol{x}$.

解 由已知得

$$\boldsymbol{a}\times\boldsymbol{b}=\begin{vmatrix} \boldsymbol{i} & \boldsymbol{j} & \boldsymbol{k} \\ 2 & 3 & -1 \\ 1 & -2 & 3 \end{vmatrix}=\{7,-7,-7\}.$$

由于 $\boldsymbol{x}$ 与 $\boldsymbol{a}\times\boldsymbol{b}$ 平行,故可设

$$x = \lambda(a \times b) = \{7\lambda, -7\lambda, -7\lambda\}.$$

又 $x \cdot c = -6$,即

$$2 \times 7\lambda + (-1) \times (-7\lambda) + 1 \times (-7\lambda) = 14\lambda = -6,$$

所以 $\lambda = -\dfrac{3}{7}$,于是,所求向量 $x = \{-3, 3, 3\}$.

小结 欲求一个向量,即是求满足一定条件的向量的坐标,常见的有下列几种情况:

(1)当所求向量平行于向量 $a = \{a_x, a_y, a_z\}$(或与之共线)时,可设所求向量为 $p = \{\lambda a_x, \lambda a_y, \lambda a_z\}$,然后利用其他条件求得 λ;

(2)当所求向量垂直于向量 $a = \{a_x, a_y, a_z\}$ 时,设所求向量为 $p = \{x, y, z\}$,则由两向量垂直的性质可得到一个方程 $a_x x + a_y y + a_z z = 0$,再与其他条件所建立的方程联立,可求得 x, y, z;

(3)当所求向量同时垂直于两向量 $a = \{a_x, a_y, a_z\}$ 和 $b = \{b_x, b_y, b_z\}$ 时,即说明所求向量平行于向量 $a \times b$,故可设所求向量为 $p = \lambda(a \times b)$,然后利用其他条件求得 λ.

例 5 设 m, n 为两个已知向量,且 $|m| = 1$,$|n| = 2$,$(\overset{\wedge}{m, n}) = 30°$,又平行四边形的两条对角线分别对应向量 $c = m + 2n$,$d = 3m - 4n$,求平行四边形的面积.

分析 根据向量运算,$|a \times b|$ 在数值上等于向量 a 和 b 为邻边所作平行四边形的面积,而平行四边形的两条对角线所对应的向量是平行四边形两条邻边所对应的向量的和与差.

解法 1 设平行四边形的邻边对应的向量分别为 a, b,由 $\begin{cases} a + b = c, \\ a - b = d, \end{cases}$ 得

$$\begin{cases} a = \dfrac{1}{2}(c + d) = 2m - n, \\ b = \dfrac{1}{2}(c - d) = -m + 3n, \end{cases}$$

故平行四边形面积为

$$\begin{aligned} S &= |a \times b| = |(2m - n) \times (-m + 3n)| \\ &= |6(m \times n) + n \times m| \\ &= 5|m||n|\sin(\overset{\wedge}{m, n}) = 5. \end{aligned}$$

解法 2   另确定一个平行四边形,其邻边对应的向量分别为 c, d. 结合平面几何知识知,所求平行四边形面积等于新确定的平行四边形面积的一半,即 $S = \frac{1}{2}|c \times d|$,于是有

$$S = \frac{1}{2}|(m + 2n) \times (3m - 4n)| = 5|n \times m| = 5.$$

例 6   求平行于平面 π_0: $x + 2y + 3z + 4 = 0$ 且与球面 Σ: $x^2 + y^2 + z^2 = 9$ 相切的平面 π 的方程.

分析   可利用条件 $\pi /\!/ \pi_0$ 写出平面 π 的一般方程式,再利用球心到平面的距离 $d = 3$ 来确定一般式方程中的待定系数.

解   由 $\pi /\!/ \pi_0$,可设平面 π 的方程为

$$x + 2y + 3z + D = 0.$$

因为平面 π 与球面 Σ 相切,所以球心 $(0,0,0)$ 到平面 π 的距离为

$$d = \frac{|x + 2y + 3z + D|}{\sqrt{1 + 1 + 1}} \bigg|_{(x,y,z)=(0,0,0)} = 3,$$

于是得到 $|D| = 3\sqrt{3}$. 故所求平面 π 的方程为

$$x + 2y + 3z + 3\sqrt{3} = 0,$$

或 $$x + 2y + 3z - 3\sqrt{3} = 0.$$

例 7   已知平面过点 $M_0(2,1,-1)$,且在 x 轴和 y 轴上的截距分别为 2 和 1,求平面方程.

分析   在求平面方程时,应根据题目条件,选择三种平面方程的一种确定其中各个系数. 在题设已知条件中有截距时,一般选用截距式较为简单.

解法 1   设所求平面方程的截距方程为

$$\frac{x}{2} + y + \frac{z}{c} = 1,$$

因为平面过点 $M_0(2,1,-1)$,将点 M_0 的坐标代入平面方程有

$$\frac{2}{2} + 1 + \frac{-1}{c} = 1,$$

解得 $c = 1$,所以,所求平面的方程为

$$\frac{x}{2} + y + z = 1, \quad 即 \quad x + 2y + 2z - 2 = 0.$$

解法 2 设所求平面的一般方程为

$$Ax + By + Cz + D = 0,$$

将平面上三点 $(2,1,-1),(2,0,0),(0,1,0)$ 的坐标代入,得

$$\begin{cases} 2A + B - C + D = 0, \\ 2A + D = 0, \\ B + D = 0, \end{cases} \qquad \text{解得} \qquad \begin{cases} A = -\dfrac{1}{2}D, \\ B = -D, \\ C = -D, \end{cases}$$

故所求的平面方程为

$$x + 2y + 2z - 2 = 0.$$

解法 3 因为点 $A(2,0,0),B(0,1,0),M_0(2,1,-1)$ 在所求的平面上,所以可取得平面法向量

$$\boldsymbol{n} = \overrightarrow{AB} \times \overrightarrow{AM_0} = \begin{vmatrix} \boldsymbol{i} & \boldsymbol{j} & \boldsymbol{k} \\ -2 & 1 & 0 \\ 0 & 1 & -1 \end{vmatrix} = \{-1,-2,-2\},$$

故由点法式得所求平面方程为

$$(x-2) + 2y + 2z = 0, \quad \text{即} \quad x + 2y + 2z - 2 = 0.$$

小结 建立平面方程的基本方法是点法式,此方法需找出平面上一点和它的法向量,然后写出平面方程,其难点在于求法向量,常利用向量的向量积运算求法向量;而已知三点的坐标求平面方程,以及求平行于坐标面(轴)或平行于某已知平面且满足另一约束条件的平面方程时,通常用一般式方法,即设所求平面方程为一般式,再由题设条件确定系数 A,B,C 和 D.

例 8 在平面 $\pi : x + y + z + 1 = 0$ 内求垂直于直线 L_1:
$\begin{cases} y - z + 1 = 0, \\ x + 2z = 0 \end{cases}$ 的直线 L 的方程.

分析 设平面 π_1 垂直于直线 L_1,且通过 L_1 与平面 π 的交点 M_0,则所求直线 L 就是平面 π_1 与平面 π 的交线.

解 由题设知,直线 L_1 的方向向量为

$$\boldsymbol{s}_1 = \begin{vmatrix} \boldsymbol{i} & \boldsymbol{j} & \boldsymbol{k} \\ 0 & 1 & -1 \\ 1 & 0 & 2 \end{vmatrix} = \{2,-1,-1\},$$

它与平面 π 的交点为 $M_0(0,-1,0)$, 因此垂直于 L_1 且通过点 M_0 的平面 π_1 的方程为

$$2(x-0)-(y+1)-(z-0)=0,$$

故所求直线 L 的方程为

$$\begin{cases} x+y+z+1=0, \\ 2x-y-z-1=0. \end{cases}$$

说明 求在已知平面内且满足某条件的直线的方程时, 通常用直线的一般式方程.

例 9 已知直线 L 过点 $A(-1,2,-3)$, 且平行于平面 $\pi: 6x-2y-3z+1=0$, 还与直线 $L_1: \dfrac{x-1}{3}=\dfrac{y+1}{2}=\dfrac{z-3}{-5}$ 相交, 试求直线 L 的方程.

分析 1 将所求直线 L 看成是通过两个点的直线, 一个点是 $A(-1,2,-3)$, 另一个点是直线 L 与 L_1 的交点 M_0.

解法 1 两点式法. 设直线 L 与 L_1 的交点为 $M_0(x_0,y_0,z_0)$, 由 M_0 在直线 L_1 上, 并把直线 L_1 的方程化成参数式, 有

$$\begin{cases} x_0=1+3t, \\ y_0=-1+2t, \\ z_0=3-5t. \end{cases}$$

由于向量 $\overrightarrow{AM_0}=\{x_0+1,y_0-2,z_0+3\}$ 平行于平面 π, 若记 π 的法向量为 $\boldsymbol{n}$, 则有 $\overrightarrow{AM_0}\cdot\boldsymbol{n}=0$, 即

$$\begin{aligned} \overrightarrow{AM_0}\cdot\boldsymbol{n} &= 6(x_0+1)-2(y_0-2)-3(z_0+3) \\ &= 6(2+3t)-2(-3+2t)-3(6-5t) \\ &= 29t=0, \end{aligned}$$

解得 $t=0$. 故交点为 $M_0(1,-1,3)$, 所求通过点 A 和点 M_0 的直线方程为

$$\frac{x+1}{x_0+1}=\frac{y-2}{y_0-2}=\frac{z+3}{z_0+3}, \quad 即 \quad \frac{x+1}{2}=\frac{y-2}{-3}=\frac{z+3}{6}.$$

分析 2 将所求直线 L 看做两平面 π_1 和 π_2 的交线, 其中 π_1 为过点 A 且平行于平面 π 的平面, π_2 为直线 L_1 与 L 所在平面.

解法 2 一般式法. 因直线 L 通过点 $A(-1,2,-3)$, 且平行于平面

$$\pi: 6x - 2y - 3z + 1 = 0,$$

故直线 L 在通过点 A 且平行于平面 π 的平面上,即在平面

$$\pi_1: 6(x + 1) - 2(y - 2) - 3(z + 3) = 0$$

上,即亦在 $\pi_1: 6x - 2y - 3z + 1 = 0$ 上.

下面求直线 L 与 L_1 所在平面 π_2. 由于平面 π_2 经过直线 L_1 上的点 $M_1(1, -1, 3)$ (因直线 L_1 在平面 π_2 上),又平面 π_2 的法向量 $\boldsymbol{n}_2$ 既垂直于直线 L_1 的方向向量 $\boldsymbol{s}_1 = \{3, 2, -3\}$,又垂直于直线上的向量 $\overrightarrow{M_1A} = \{-2, 3, -6\}$ (因为两点均在平面 π_2 上),因此

$$\boldsymbol{n}_2 = \boldsymbol{s}_1 \times \overrightarrow{M_1A} = \begin{vmatrix} \boldsymbol{i} & \boldsymbol{j} & \boldsymbol{k} \\ 3 & 2 & -5 \\ -2 & 3 & -6 \end{vmatrix} = \{3, 28, 13\},$$

所以平面 π_2 的方程为

$$3(x - 1) + 28(y + 1) + 13(z - 3) = 0,$$

即
$$3x + 28y + 13z - 14 = 0.$$

故所求直线 L 的方程为

$$\begin{cases} 6x - 2y - 3z + 1 = 0, \\ 3x + 28y + 13z - 14 = 0. \end{cases}$$

例 10 求点 $M_0(1, -1, 0)$ 到直线 $L: \begin{cases} 2y - 3z - 3 = 0, \\ x - y = 0 \end{cases}$ 的距离.

分析 一般的求解步骤为:(1) 作过点 M_0 且垂直于直线 L 的平面 π;(2) 求出 π 与 L 的交点 M_1;(3) 距离 $d = |\overrightarrow{M_0M_1}|$. 亦可利用确定 M_0 与直线任意点的距离最短的方法或者利用公式求 d.

解法 1 直线 L 的参数式方程为

$$\begin{cases} x = 3t, \\ y = 3t, \\ z = 2t - 1, \end{cases} \qquad ①$$

于是过点 $M_0(1, -1, 0)$ 且垂直于直线 L 的平面 π 的方程为

$$3(x - 1) + 3(y + 1) + 2(z - 0) = 0, \quad 即 \quad 3x + 3y + 2z = 0.$$

将直线 L 的参数式方程代入平面 π 的方程,得 $t = \dfrac{1}{11}$,所以直线 L 与平面 π 的交点为 $M_1\left(\dfrac{3}{11}, \dfrac{3}{11}, \dfrac{-9}{11}\right)$. 故点 M_0 到直线 L 的距离为

$$d = |\overrightarrow{M_0 M_1}| = \frac{\sqrt{341}}{11}.$$

解法 2 由直线 L 的参数方程①知直线上任意点 (x,y,z) 与点 $(1,-1,0)$ 之间距离的平方为

$$d^2 = (x-1)^2 + (y+1)^2 + (z-0)^2 = 22\left(t - \frac{1}{11}\right)^2 + \frac{31}{11},$$

其最小值为 $\frac{31}{11}$，故点 M_0 到直线 L 的距离为

$$d = \sqrt{\frac{31}{11}} = \frac{\sqrt{341}}{11}.$$

解法 3 利用点 M_0 到直线 L 的距离公式

$$d = \frac{|\overrightarrow{M_0 M_1} \times \boldsymbol{s}|}{|\boldsymbol{s}|},$$

其中 $\boldsymbol{s}$ 为直线 L 的方向向量，M_1 为 L 上任意点(参看同济大学数学教研室主编的《高等数学》(第 4 版)第 432 页第 14 题).

例 11 求点 $A(3,1,-1)$ 在平面 π：$3x+y+z-20=0$ 上的投影.

分析 解题步骤为：

(1) 求过点 A 且垂直于平面 π 的直线 L；

(2) 求直线 L 与平面的交点 M_0，此即点 A 在平面 π 上的投影.

解 垂直于平面 π 的直线 L 的方向向量可取为 $\boldsymbol{s}=\{3,1,1\}$. 又直线 L 过点 $A(3,1,-1)$，于是直线 L 的参数方程为

$$\begin{cases} x = 3 + 3t, \\ y = 1 + t, \\ z = -1 + t. \end{cases}$$

将直线 L 的方程参数式代入平面 π 的方程有

$$3(3 + 3t) + (1 + t) + (-1 + t) + 20 = 0,$$

解得 $t=1$，于是直线 L 与平面 π 的交点为 $M_0(6,2,0)$，此点即所求投影点.

例 12 证明：三个平面 π_1：$x+y-2z-1=0$，π_2：$x+2y-z+1=0$，π_3：$4x+5y-7z-2=0$ 相交于一条直线.

分析 平面 π_1，π_2 不平行，设其交线为 L，只要证明平面 π_3 经过

直线 L,即 π_3 在以 L 为轴的有轴平面束上.

证法 1 设过直线 $\begin{cases} x+y-2z-1=0, \\ x+2y-z+1=0 \end{cases}$ 的平面束的方程为

$$(x+y-2z-1) + \lambda(x+2y-z+1) = 0,$$

即　　$(1+\lambda)x + (1+2\lambda)y - (2+\lambda)z - (1-\lambda) = 0.$

因为 $\dfrac{1+\lambda}{4} = \dfrac{1+2\lambda}{5} = \dfrac{2+\lambda}{7} = \dfrac{1-\lambda}{2}$ 有解 $\lambda = \dfrac{1}{3}$,所以平面 π_3 属于该平面束,即三平面相交于一条直线.

*****证法 2** 考虑线性方程组

$$\begin{cases} x + y - 2z - 1 = 0, \\ x + 2y - z + 1 = 0, \\ 4x + 5y - 7z - 2 = 0, \end{cases}$$

其系数矩阵和增广矩阵分别为

$$\boldsymbol{A} = \begin{bmatrix} 1 & 1 & -2 \\ 1 & 2 & -1 \\ 4 & 5 & -7 \end{bmatrix}, \quad \widetilde{\boldsymbol{A}} = \begin{bmatrix} 1 & 1 & -2 & 1 \\ 1 & 2 & -1 & -1 \\ 4 & 5 & -7 & 2 \end{bmatrix}.$$

因为 $\boldsymbol{A},\widetilde{\boldsymbol{A}}$ 的秩都是 2,所以方程组有无穷多组解. 又因为 $\boldsymbol{A}$ 中每两行都不成比例,所以三个平面每两个都相交. 综上所述知,三个平面相交于一条直线(注:本证明用到了线性代数的内容,详细内容请参见同济大学数学教研室主编的《线性代数》(第 3 版)第 81 页).

例 13 求与坐标原点 O 及点 $A(3,6,9)$ 的距离之比为 $1:2$ 的点的全体所组成的曲面方程,并判断曲面形状.

分析 曲面是具有某种特征的动点的轨迹,解决此类问题一般有三个步骤:(1) 按动点满足的条件写出数学式子;(2) 将几何等式化为曲面上任一点的坐标满足的代数方程;(3) 验证不在曲面上的点的坐标均不满足所得方程.

解 设 $M(x,y,z)$ 为曲面上任意点,则由条件有

$$2|MO| = |MA|,$$

由此得到

$$(x-3)^2 + (y-6)^2 + (z-9)^2 = 4(x^2 + y^2 + z^2),$$

整理得

$$(x+1)^2 + (y+2)^2 + (z+3)^2 = 56. \qquad ①$$

又因不在曲面上的点不满足 $2|MO|=|MA|$,从而也不满足方程①.

所以,所求曲面的方程为
$$(x+1)^2+(y+2)^2+(z+3)^2=56,$$
该曲面表示球心在 $(-1,-2,-3)$,半径为 $2\sqrt{14}$ 的球面.

例 14　求曲线 $\begin{cases} x^2-y^2=2, \\ z=0 \end{cases}$ 分别绕 x 轴和 y 轴旋转所形成的旋转曲面的方程.

分析　曲线 $\begin{cases} f(x,y)=0, \\ z=0 \end{cases}$ 绕 x 轴旋转所形成的旋转曲面方程是由方程 $f(x,y)=0$ 中的 x 不变,y 换成 $\pm\sqrt{y^2+z^2}$ 而获得的. 对于绕 y 轴旋转有相类似的结论.

解　曲线 $\begin{cases} x^2-y^2=2, \\ z=0 \end{cases}$ 绕 x 轴旋转得到的旋转曲面方程为
$$x^2-(y^2+z^2)=2,$$
绕 y 旋转所得到的旋转曲面方程为
$$(x^2+z^2)-y^2=2.$$

小结　曲线 $\begin{cases} f(x,y)=0, \\ z=0 \end{cases}$ 绕 x 轴旋转所得旋转曲面方程为
$$f(x,\pm\sqrt{y^2+z^2})=0,$$
这是因为关于曲线上的点在旋转过程中有两个不变量:一是横坐标 x 不变;二是到 x 轴的距离不变. 当曲线绕 y 轴旋转时,关于曲线上的点在旋转过程中同样有相应的两个不变量. 根据这两个不变量,很容易求出坐标面上的曲线绕坐标轴旋转所得的旋转曲面方程. 一般,求由某一坐标面上的曲线绕该坐标面上某一个坐标轴旋转而得旋转曲面方程的方法是:绕哪个坐标轴旋转,则原曲线方程中相应的那个变量不变,而将曲线方程中另一个变量改写成该变量与第三个变量平方和的正负平方根.

例 15　试用母线平行于 x 轴和 z 轴的两个投影柱面的方程来表示曲线 Γ:
$$\begin{cases} 2y^2+z^2+4x=4z, \\ y^2+3z^2-8x=12z. \end{cases}$$

147

分析　空间曲线定义为两个曲面的交线,因此,同样一条空间曲线确实可以用不同的曲面相交得到.本题就是用两种不同的方法来表示同一条曲线.

解　从曲线 Γ 的方程 $\begin{cases} 2y^2+z^2+4x=4z, \\ y^2+3z^2-8x=12z \end{cases}$ 中消去 x,得母线平行于 x 轴的投影柱面方程

$$y^2 + z^2 = 4z.$$

同理,消去 z,得到母线平行于 z 轴的投影柱面方程

$$y^2 + 4x = 0.$$

因此,曲线 Γ 的方程又可表示为

$$\begin{cases} y^2 + z^2 - 4z = 0, \\ y^2 + 4x = 0. \end{cases}$$

说明　空间曲线 $\begin{cases} F(x,y,z)=0, \\ G(x,y,z)=0 \end{cases}$ 关于 Oxy 坐标面的投影柱面方程是从 $\begin{cases} F(x,y,z)=0, \\ G(x,y,z)=0 \end{cases}$ 中消去 z 后所得的方程 $H(x,y)=0$;该空间曲线在 Oxy 坐标面上的投影曲线方程为 $\begin{cases} H(x,y)=0, \\ z=0. \end{cases}$ 同理,可以求出该空间曲线关于其他坐标面的投影柱面和在其他坐标面上的投影曲线.

例 16　求由曲面 $z=\sqrt{a^2-x^2-y^2}$,$x^2+y^2-ax=0\ (a>0)$及平面 $z=0$ 所围成的立体 Ω 在 Oxy 坐标面上的投影区域.

分析　高等数学的这部分内容(曲面与空间曲线)几乎没有涉及求空间立体在坐标面上的投影区域,但是,这部分内容在求重积分时又特别重要,值得分析.求空间立体在坐标面上的投影区域的基本方法是求出这一空间的轮廓线在坐标面上的投影.

解　如图 7-4 所示,立体 Ω 在 Oxy 坐标面上的投影区域 D_{xy}为曲面

$$z = \sqrt{a^2 - x^2 - y^2} \quad 与 \quad x^2 + y^2 - ax = 0$$

的交线

$$L: \begin{cases} z = \sqrt{a^2 - x^2 - y^2}, \\ x^2 + y^2 - ax = 0 \end{cases}$$

148

在 Oxy 坐标面上的投影所围成的区域(即这一部分空间立体关于 Oxy 面的轮廓线就是交线 L). 因交线 L 关于 Oxy 坐标面的投影柱面(图中的阴影柱面)是

$$x^2 + y^2 - ax = 0,$$

故所求投影区域 D_{xy} 为

$$\begin{cases} x^2 + y^2 \leqslant ax, \\ z = 0. \end{cases}$$

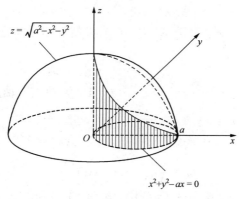

图　7-4

小结　求立体向某坐标面的投影时,一般把立体看作由某些对该坐标面的简单曲面(即单值函数对应的曲面)以及母线垂直于该坐标面的柱面所围成,所以,只要求出这些简单曲面的边界曲线(即这些曲面的交线)在该坐标面上的投影,即可得出立体的投影区域. 当然,如能先画出立体图,则更有利于求投影区域. 搞清这一点,对以后重积分的学习是十分重要的.

【五】同步训练

A　级

1. 选择题:

(1) 若非零向量 $\boldsymbol{a}, \boldsymbol{b}$ 满足 $|\boldsymbol{a} - \boldsymbol{b}| = |\boldsymbol{a} + \boldsymbol{b}|$,则必有(　　　).

(A) $a-b=0$；　　　　　　　　(B) $a+b=0$；

(C) $a \cdot b=0$；　　　　　　　(D) $a-b=a+b$.

(2) 已知 a,b,c 为单位向量，且满足关系式 $a+b+c=0$，则 $a \cdot b$ $+b \cdot c+c \cdot a=($ 　　).

(A) $-\dfrac{3}{2}$；　　(B) -1；　　(C) 1；　　(D) $\dfrac{3}{2}$.

(3) 向量 a,b,c 满足关系式 $a+b+c=0$，则 $a \times b+b \times c+c \times a$ $=($ 　　).

(A) $\mathbf{0}$；　　(B) $a \times b$；　　(C) $2(a \times b)$；　　(D) $3(a \times b)$.

(4) 方程 $3x^2+3y^2-z^2=0$ 表示旋转曲面，它的旋转轴是（ 　　).

(A) x 轴；　　　　　　　　(B) y 轴；

(C) z 轴；　　　　　　　　(D) x 轴或 y 轴.

(5) 直线 L_1：$x-1=\dfrac{y-5}{-2}=z+8$ 与直线 L_2：$\begin{cases} x-y=6, \\ 2y+z=3 \end{cases}$ 的夹角为（ 　　).

(A) $\dfrac{\pi}{6}$；　　(B) $\dfrac{\pi}{4}$；　　(C) $\dfrac{\pi}{3}$；　　(D) $\dfrac{\pi}{2}$.

(6) 在空间直角坐标系中，方程 $2x^2+y^2-z=1$ 的图形是（ 　　).

(A) 椭球面；　　　　　　　(B) 锥面；

(C) 单叶双曲面；　　　　　(D) 椭圆抛物面.

2. 填空题：

(1) 若向量 x 与向量 $a=\{2,-1,2\}$ 共线，并满足等式 $x \cdot a=-18$，则 $x=$_____.

(2) 设向量 $a=2i-j+k$，$b=4i-2j+\lambda k$，则当 $\lambda=$_____时，a 与 b 垂直，当 $\lambda=$_____时，a 与 b 平行.

(3) 方程 $x^2-\dfrac{y^2}{4}+z^2=1$ 表示_____曲面.

(4) 设 $a=\{3,-5,8\}$，$b=\{-1,1,z\}$，且 $|a-b|=|a+b|$，则 z 的值为_____.

(5) 点 $(1,2,1)$ 到平面 $x+2y+2z-13=0$ 的距离是_____.

3. 在 Oxy 坐标面上求一个单位向量，使它与 $a=-4i+3j+7k$

垂直.

4. 已知点 $A(-3,1,6)$ 及点 $B(1,5,-2)$,试在 Oyz 平面上,求一点 P,使得 $|AP|=|BP|$,且点 P 到 Oy,Oz 轴的距离也相等.

5. 说出下列曲面方程的名称(其中 $a>0$):

(1) $x^2+y^2=2az$;　　　(2) $-x^2+y^2=2az$.

6. 设连接两点 $M(3,10,-5)$ 和 $N(0,12,z)$ 的线段平行于平面 $7x+4y+z-1=0$,试确定 N 点的未知坐标 z.

7. 已知 $|\boldsymbol{a}|=3$, $|\boldsymbol{b}|=26$,$|\boldsymbol{a}\times\boldsymbol{b}|=72$,求 $\boldsymbol{a}\cdot\boldsymbol{b}$.

8. 已知直线 L：$\begin{cases} x-y=3, \\ 3x-y+z=1 \end{cases}$ 及点 $P_0(1,0,-1)$,求 P_0 到直线 L 的距离.

9. 设平面与原点的距离为 6,在 x 轴、y 轴、z 轴上的截距依次为 a,b,c,且 $a:b:c=1:3:2$,求此平面的方程.

10. 已知三个非零向量 $\boldsymbol{a},\boldsymbol{b},\boldsymbol{c}$ 中任意两个向量都不平行,但 $\boldsymbol{a}+\boldsymbol{b}$ 与 $\boldsymbol{c}$ 平行,$\boldsymbol{b}+\boldsymbol{c}$ 与 $\boldsymbol{a}$ 平行,试证:$\boldsymbol{a}+\boldsymbol{b}+\boldsymbol{c}=\boldsymbol{0}$.

11. 已知平行四边形 $ABCD$ 的对角线 $\overrightarrow{AC}=\boldsymbol{a}$,$\overrightarrow{BD}=\boldsymbol{b}$,试用 $\boldsymbol{a}$,$\boldsymbol{b}$ 表示平行四边形两邻边上的向量.

12. 设有两点 $A(2,-1,7)$,$B(4,5,-2)$,并已知线段 AB 交 Oxy 平面于 P,且 $AP=\lambda PB$,求 λ 的值.

13. 求一个向量 $\boldsymbol{p}$,使得 $\boldsymbol{p}$ 满足下面三个条件:

(1) $\boldsymbol{p}$ 与 z 轴垂直;

(2) $\boldsymbol{a}=\{3,-1,5\}$, $\boldsymbol{a}\cdot\boldsymbol{p}=9$;

(3) $\boldsymbol{b}=\{1,2,-3\}$, $\boldsymbol{b}\cdot\boldsymbol{p}=-4$.

14. 分别求出点 $M(2,-3,6)$ 到各坐标轴及原点的距离.

15. 已知三角形的顶点分别为 $A(1,-1,2)$,$B(5,-6,2)$ 和 $C(1,3,-1)$,试计算从顶点 B 到边 AC 的高的长度 h_b.

16. 求点 $M_0(-1,6,3)$ 与直线 L：$\begin{cases} x=2, \\ z=-1 \end{cases}$ 间的最近距离 d.

17. 求点 $(2,3,1)$ 在直线 $\dfrac{x+7}{1}=\dfrac{y+2}{2}=\dfrac{z+2}{3}$ 上的投影点的坐标.

18. 求通过两条平行直线

$$L_1: \frac{x-3}{2} = \frac{y}{1} = \frac{z-1}{2} \quad \text{和} \quad L_2: \frac{x+1}{2} = \frac{y-1}{1} = \frac{z}{2}$$

的平面方程.

19. 证明：曲线

$$\begin{cases} 4x - 5y - 10z - 20 = 0, \\ \dfrac{x^2}{25} + \dfrac{y^2}{16} - \dfrac{z^2}{4} = 1 \end{cases}$$

是两相交直线,并求其对称式方程.

20. 指出曲面 $\dfrac{x^2}{4} + \dfrac{y^2}{4} - z^2 = 1$ 的类型,它是由 Oyz 平面上的什么曲线绕什么轴旋转而产生的?

21. 求曲线 $\begin{cases} z = x^2 + y^2, \\ x + y + z = 1 \end{cases}$ 在各坐标平面上的投影曲线.

22. 试证：向量 $p = b - \dfrac{a(a \cdot b)}{|a|^2}$ 垂直于向量 a.

23. 设平行四边形 $ABCD$ 的两条边为 $\overrightarrow{AB} = a - 2b$, $\overrightarrow{AD} = a - 3b$,其中 $|a| = 5$, $|b| = 3$, $(\overset{\wedge}{a,b}) = \dfrac{\pi}{6}$,求此平行四边形的面积.

24. 求通过 y 轴,且和点 $A_1(2,7,3)$ 和 $A_2(-1,1,0)$ 等距离的平面方程.

25. 试求直线 $\begin{cases} x + 2y + 3z - 6 = 0, \\ 2x + 3y - 4z - 1 = 0 \end{cases}$ 的对称式方程和参数方程.

B 级

1. 填空题：

(1) 设 a, b 为非零向量,且满足

$$(a + 3b) \perp (7a - 5b), \quad (a - 4b) \perp (7a - 2b),$$

则 a 与 b 的夹角 $\theta =$ _____.

(2) 向量 $a = \{4, -3, 4\}$ 在向量 $b = \{2, 2, 1\}$ 上投影为 _____.

2. 求通过两点 $P(2, -1, -1)$ 和 $Q(1, 2, 3)$ 且垂直于平面 $2x + 3y - 5z + 6 = 0$ 的平面方程.

152

3. 求过点 $(1,2,-1)$ 且与直线 $\begin{cases} x=-t+2, \\ y=3t-4, \\ z=t-1 \end{cases}$ 垂直的平面方程.

4. 求直线 L：$\dfrac{x-3}{2}=\dfrac{y-1}{3}=z+1$ 绕定直线 $\begin{cases} x=2, \\ y=3 \end{cases}$ 旋转一周所产生的曲面的方程.

5. 已知直线 L：$\dfrac{x-7}{5}=\dfrac{y-4}{1}=\dfrac{z-5}{4}$ 与平面 π：$3x-y+2z-5=0$ 的交点为 M_0，在平面 π 上求一条过点 M_0 且和直线 L 垂直的直线方程.

6. 设有直线

$$L_1：\frac{x+2}{1}=\frac{y-3}{-1}=\frac{z+1}{1}, \quad L_2：\frac{x+4}{2}=\frac{y}{1}=\frac{z-4}{3},$$

试求与直线 L_1,L_2 都垂直且相交的直线方程.

7. 求曲线 $\begin{cases} z=x^2+2y^2, \\ z=2-x^2 \end{cases}$ 关于 Oxy 平面的投影柱面方程与投影曲线方程.

8. 设有一条入射光线的途径为直线 $\begin{cases} x+y-3=0, \\ x+z-1=0, \end{cases}$ 求该光线在平面 $x+y+z+1=0$ 上的反射光线方程.

9. 在通过直线 $\dfrac{x-1}{0}=y-1=\dfrac{z+3}{-1}$ 的所有平面中找出一个平面，使它与原点的距离最远，试求这一平面方程.

10. 设向量 $\boldsymbol{a},\boldsymbol{b},\boldsymbol{c}$ 为三个不共面的向量，且向量 $\boldsymbol{p}$ 同时垂直于向量 $\boldsymbol{a},\boldsymbol{b},\boldsymbol{c}$，试证：$\boldsymbol{p}=\boldsymbol{0}$.

11. 求过三点 $A(-2,3,1)$，$B(4,-1,2)$，$C(3,1,1)$ 的圆周方程.

12. 设单位圆 O 的圆周上有相异两点 P 和 Q，向量 $\overrightarrow{OP}$ 和 $\overrightarrow{OQ}$ 的夹角为 θ $(0<\theta\leqslant\pi)$，a,b 为正的常数，求极限

$$\lim_{\theta\to+0}\frac{1}{\theta^2}\big[\,|a\,\overrightarrow{OP}|+|b\,\overrightarrow{OQ}|-|a\,\overrightarrow{OP}+b\,\overrightarrow{OQ}|\,\big].$$

13. 已知向量 $\overrightarrow{PA}=\{2,-3,6\}$，$\overrightarrow{PB}=\{-1,2,-2\}$，$|\overrightarrow{PC}|=3\sqrt{42}$，且 $\overrightarrow{PC}$ 平分 $\angle APB$，求向量 $\overrightarrow{PC}$.

14. 设有二力 F_1 与 F_2, 已知 $|F_1|=5\,\mathrm{N}$, $|F_2|=3\,\mathrm{N}$, $(\widehat{F_1,F_2})=\dfrac{\pi}{3}$, 求合力 F 的大小和方向.

15. 设有三点 $A(1,2,0)$, $B(-1,3,1)$, $C(2,-1,2)$, 求 $\triangle ABC$ 的面积 S.

16. 用向量证明 $\triangle ABC$ 之三高线交于一点 D(垂心).

17. 在空间求一点 $M(x,y,z)$, 使它到四个已知点 $A(0,2,2)$, $B(-1,4,1)$, $C(2,1,3)$, $D(4,6,-2)$ 的距离都相等.

18. 化简 $(a+2b-c)\cdot[(a-b)\times(a-b-c)]$.

19. 设点 $A(1,0,-1)$ 为向量 $\overrightarrow{AB}$ 的起点, $\overrightarrow{AB}$ 的模为 10, $\overrightarrow{AB}$ 与 x 轴、y 轴的夹角分别为 $\alpha=60°$, $\beta=45°$, 试求:

(1) $\overrightarrow{AB}$ 与 z 轴的夹角 γ;　　(2) 点 B 的坐标.

学 习 札 记

学习札记

专题八　多元函数微分法及其应用

【一】内容提要

1. 多元函数的概念,点函数的概念,区域,二元函数的几何意义.

2. 多元函数的极限,多元函数的连续性,有界闭区域上连续函数的性质.

3. 偏导数的概念,二元函数偏导数的几何意义,高阶偏导数.

4. 全微分的概念,全微分存在的必要条件和充分条件,全微分在近似计算中的应用.

5. 多元复合函数的求导法则,全微分形式的不变性.

6. 隐函数的求导公式.

7. 方向导数,梯度.

8. 空间曲线的切线与法平面,曲面的切平面与法线.

9. 多元函数的极值及其求法,最大值、最小值的求法及其应用,条件极值,拉格朗日乘数法.

【二】基本要求

1. 理解多元函数的概念.

2. 了解二元函数的极限、连续等概念,以及有界闭区域上连续函数的性质.

3. 理解偏导数和全微分的概念;了解全微分存在的必要条件和充分条件.

4. 了解方向导数与梯度的概念并掌握它们的计算方法.

5. 掌握复合函数的求导法,会求二阶偏导数.

6. 会求隐函数(包括由方程组确定的隐函数)的偏导数.

7. 了解曲线的切线与法平面及曲面的切平面与法线,并掌握它们的方程的求法.

8. 理解多元函数极值的概念,会求函数的极值;了解条件极值的概念,会用拉格朗日乘数法求条件极值;会求解一些较简单的最大值和最小值的应用问题.

【三】释疑解难

1. 设函数 $z=f(x,y)$ 在点 $M_0(x_0,y_0)$ 处偏导数存在,问是否函数在点 M_0 处就一定连续?

答 不一定. $z=f(x,y)$ 在 M_0 处偏导数存在,不能保证 $f(x,y)$ 在 M_0 处连续,例如,设

$$z=f(x,y)=\begin{cases} 1, & xy=0, \\ 0, & xy\neq 0, \end{cases}$$

显然,点 (x,y) 沿 x 轴趋向点 $(0,0)$ 时,有

$$\lim_{\substack{x\to 0 \\ y=0}} f(x,y) = \lim_{\substack{x\to 0 \\ y=0}} 1 = 1;$$

点 (x,y) 沿直线 $y=x$ 趋向点 $(0,0)$ 时,有

$$\lim_{\substack{x\to 0 \\ y=x\to 0}} f(x,y) = \lim_{\substack{x\to 0 \\ y=x\to 0}} 0 = 0.$$

所以 $\lim\limits_{(x,y)\to(0,0)} f(x,y)$ 不存在,故 $z=f(x,y)$ 在点 $(0,0)$ 处不连续. 但

$$\frac{\partial f}{\partial x}\Big|_{\substack{x=0 \\ y=0}} = \lim_{\Delta x\to 0}\frac{f(0+\Delta x,0)-f(0,0)}{\Delta x} = \lim_{\Delta x\to 0}\frac{1-1}{\Delta x} = 0,$$

$$\frac{\partial f}{\partial y}\Big|_{\substack{x=0 \\ y=0}} = \lim_{\Delta y\to 0}\frac{f(0,0+\Delta y)-f(0,0)}{\Delta y} = \lim_{\Delta y\to 0}\frac{1-1}{\Delta y} = 0.$$

可见 $f(x,y)$ 在点 $(0,0)$ 处偏导数存在,而在点 $(0,0)$ 处函数不连续.

2. 函数 $z=f(x,y)$ 在点 $M_0(x_0,y_0)$ 处偏导数存在,问函数在点 M_0 处是否必可微? 怎样讨论函数在点 M_0 处是否可微?

答 不一定.首先,可微的定义为:当

$$\Delta z = f(x_0+\Delta x,y_0+\Delta y)-f(x_0,y_0)$$
$$= A\Delta x + B\Delta y + o(\rho)$$

(其中 A,B 为与 $\Delta x,\Delta y$ 无关的常数, $o(\rho)$ 为 $\rho=\sqrt{(\Delta x)^2+(\Delta y)^2}\to$

0 时的高阶无穷小)时,就说 $z=f(x,y)$ 在点 $M_0(x_0,y_0)$ 处可微;其次,已证明 $f(x,y)$ 在点 M_0 处可微时,有 $A=\left.\dfrac{\partial f}{\partial x}\right|_{M_0}$,$B=\left.\dfrac{\partial f}{\partial y}\right|_{M_0}$ $\Bigg($ 显然,若 $\left.\dfrac{\partial f}{\partial x}\right|_{M_0}$ 或 $\left.\dfrac{\partial f}{\partial y}\right|_{M_0}$ 不存在,则 $f(x,y)$ 在点 M_0 处必不可微$\Bigg)$. 综合上述两点可得到 $z=f(x,y)$ 在点 $M_0(x_0,y_0)$ 处可微的充分必要条件为

$$\Delta z - \left.\frac{\partial f}{\partial x}\right|_{M_0}\Delta x - \left.\frac{\partial f}{\partial y}\right|_{M_0}\Delta y = o(\rho) \quad (\rho \to 0),$$

即 $\Delta z-\left.\dfrac{\partial f}{\partial x}\right|_{M_0}\Delta x-\left.\dfrac{\partial f}{\partial y}\right|_{M_0}\Delta y$ 当 $\rho\to0$ 时是 ρ 的高阶无穷小. 这就是说,只要讨论

$$\lim_{\substack{\Delta x\to 0\\ \Delta y\to 0}} \frac{\Delta z - \left.\dfrac{\partial f}{\partial x}\right|_{M_0}\Delta x - \left.\dfrac{\partial f}{\partial y}\right|_{M_0}\Delta y}{\sqrt{(\Delta x)^2+(\Delta y)^2}}$$

是否等于 0,就可确定 $f(x,y)$ 在点 M_0 处是否可微.

例如,函数 $z=f(x,y)=\sqrt{|xy|}$ 在 $(0,0)$ 处有

$$\left.\frac{\partial f}{\partial x}\right|_{\substack{x=0\\ y=0}} = \lim_{\Delta x\to 0}\frac{f(0+\Delta x,0)-f(0,0)}{\Delta x} = \lim_{\Delta x\to 0}\frac{0}{\Delta x} = 0,$$

$$\left.\frac{\partial f}{\partial y}\right|_{\substack{x=0\\ y=0}} = \lim_{\Delta y\to 0}\frac{f(0,0+\Delta y)-f(0,0)}{\Delta y} = \lim_{\Delta y\to 0}\frac{0}{\Delta y} = 0.$$

而

$$\lim_{\substack{\Delta x\to 0\\ \Delta y\to 0}} \frac{\Delta z - \left.\dfrac{\partial f}{\partial x}\right|_{(0,0)}\Delta x - \left.\dfrac{\partial f}{\partial y}\right|_{(0,0)}\Delta y}{\sqrt{(\Delta x)^2+(\Delta y)^2}} = \lim_{\substack{\Delta x\to 0\\ \Delta y\to 0}} \frac{\sqrt{|\Delta x\Delta y|}}{\sqrt{(\Delta x)^2+(\Delta y)^2}},$$

令 $\Delta x,\Delta y$ 沿 $\Delta y=k\Delta x$ 趋于 0 时,上述极限化为

$$\lim_{\substack{\Delta x\to 0\\ \Delta y=k\Delta x\to 0}} \frac{\sqrt{|\Delta x\Delta y|}}{\sqrt{(\Delta x)^2+(\Delta y)^2}} = \lim_{\Delta x\to 0}\frac{\sqrt{|k(\Delta x)^2|}}{\sqrt{(\Delta x)^2(1+k^2)}} = \frac{\sqrt{|k|}}{\sqrt{1+k^2}},$$

当 k 取不同值时, $\dfrac{\sqrt{|k|}}{\sqrt{1+k^2}}$ 不同,因此上式中极限不存在,故该函数在点 $(0,0)$ 处不可微. 但两个偏导数 $\left.\dfrac{\partial f}{\partial x}\right|_{(0,0)}$,$\left.\dfrac{\partial f}{\partial y}\right|_{(0,0)}$ 却存在.

注 （1）二元函数的极限 $\lim\limits_{(x,y)\to(x_0,y_0)} f(x)$ 存在,是指 (x,y) 以任何方式趋于 (x_0,y_0) 时极限都存在而且相等. 因此,要证明极限 $\lim\limits_{(x,y)\to(x_0,y_0)} f(x)$ 不存在,只要证当 (x,y) 以两种不同方式趋于 (x_0,y_0) 时, $f(x,y)$ 趋于不同的值.

（2）由本例知,二元函数 $f(x,y)$ 在点 $M_0(x_0,y_0)$ 处偏导数存在时,不一定有 $f(x,y)$ 在点 M_0 处可微,但可微时,偏导数必存在.

3. 函数 $z=f(x,y)$ 在点 $M_0(x_0,y_0)$ 处连续,问函数在该点 M_0 处是否可微?

答 不一定. 因为当 $f(x,y)$ 中把变量 y 固定在 y_0 后,此时的 $z=f(x,y)$ 便成为 $z=f(x,y_0)$,它是 x 的一元函数,而在一元函数中连续未必可导,所以现在 $z=f(x,y_0)$ 对 x 也可以没有导数,从而 $z=f(x,y)$ 在点 $M_0(x_0,y_0)$ 处可以没有对 x 的偏导数,故 $z=f(x,y)$ 在点 $M_0(x_0,y_0)$ 处可以不可微.

4. 我们已经知道,当 $z=f(x,y)$ 的两个偏导数在点 $M_0(x_0,y_0)$ 连续时, $f(x,y)$ 在 M_0 可微,但反之是否成立?即当 $f(x,y)$ 在 M_0 处可微时,偏导数在该点处是否必连续?

答 不一定. 例如,设

$$z=f(x,y)=\begin{cases} (x^2+y^2)\cos\dfrac{1}{\sqrt{x^2+y^2}}, & x^2+y^2\neq 0, \\ 0, & x^2+y^2=0, \end{cases}$$

用定义可以求得 $\left.\dfrac{\partial f}{\partial x}\right|_{(0,0)}=\left.\dfrac{\partial f}{\partial y}\right|_{(0,0)}=0$,且

$$\frac{\Delta z-\left.\dfrac{\partial f}{\partial x}\right|_{(0,0)}\Delta x-\left.\dfrac{\partial f}{\partial y}\right|_{(0,0)}\Delta y}{\sqrt{(\Delta x)^2+(\Delta y)^2}}$$

$$=\frac{[(\Delta x)^2+(\Delta y)^2]\cos\dfrac{1}{\sqrt{(\Delta x)^2+(\Delta y)^2}}}{\sqrt{(\Delta x)^2+(\Delta y)^2}}$$

$$=\sqrt{(\Delta x)^2+(\Delta y)^2}\cos\frac{1}{\sqrt{(\Delta x)^2+(\Delta y)^2}}\to 0 \quad(\rho\to 0),$$

可见 $f(x,y)$ 在 $M_0(0,0)$ 处可微. 但 $x^2+y^2\neq 0$ 时,有

$$\frac{\partial f}{\partial x} = 2x\cos\frac{1}{\sqrt{x^2+y^2}} + \frac{x}{\sqrt{x^2+y^2}}\sin\frac{1}{\sqrt{x^2+y^2}},$$

$$\frac{\partial f}{\partial y} = 2y\cos\frac{1}{\sqrt{x^2+y^2}} + \frac{y}{\sqrt{x^2+y^2}}\sin\frac{1}{\sqrt{x^2+y^2}},$$

显然 $\lim\limits_{\substack{x\to 0\\y\to 0}}\dfrac{\partial f}{\partial x}$ 及 $\lim\limits_{\substack{x\to 0\\y\to 0}}\dfrac{\partial f}{\partial y}$ 不存在,故 $f(x,y)$ 的偏导数在$(0,0)$处不连续. 由此可见 $f(x,y)$ 的偏导数在$(0,0)$处可微,但不连续.

小结 对于二元函数 $z=f(x,y)$ 有以下明确的结论:

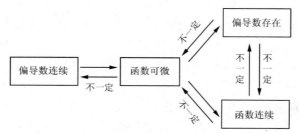

5. 怎样正确使用 $\dfrac{\partial u}{\partial x}$ 与 $\dfrac{\mathrm{d}u}{\mathrm{d}x}$ 等符号?

答 若 u 是 x,y 的函数,则对 x 求导时应该用 $\dfrac{\partial u}{\partial x}$,若 u 只是 x 的函数,则对 x 求导时应该用 $\dfrac{\mathrm{d}u}{\mathrm{d}x}$.

例如,设 $z=\varphi(x^2+y^2)$, $u=x^2+y^2$,问下面四个式子中哪个写法正确?

(1) $\dfrac{\partial z}{\partial x}=\dfrac{\partial \varphi}{\partial u}\cdot\dfrac{\partial u}{\partial x}$;　　　　　(2) $\dfrac{\partial z}{\partial x}=\dfrac{\mathrm{d}\varphi}{\mathrm{d}u}\cdot\dfrac{\mathrm{d}u}{\mathrm{d}x}$;

(3) $\dfrac{\partial z}{\partial x}=\dfrac{\mathrm{d}\varphi}{\mathrm{d}u}\cdot\dfrac{\partial u}{\partial x}$;　　　　　(4) $\dfrac{\partial z}{\partial x}=\dfrac{\partial \varphi}{\partial u}\cdot\dfrac{\mathrm{d}u}{\mathrm{d}x}$.

其答案是第(3)正确,因为 φ 只有一个变量 u,而 $u=x^2+y^2$ 有两个自变量.

【四】方法指导

例 1 求下列极限:

(1) $\lim\limits_{\substack{x\to 1\\y\to 0}}\dfrac{\ln(x+\mathrm{e}^y)}{\sqrt{x^2+y^2}}$;　　(2) $\lim\limits_{\substack{x\to 0\\y\to 0}}\dfrac{\sin(x^2y)-\arcsin(x^2y)}{x^6y^3}$;

(3) $\lim\limits_{\substack{x\to 0\\y\to a}}\dfrac{\sin xy}{x}\ (a\neq 0)$;　　(4) $\lim\limits_{\substack{x\to 0\\y\to 0}}(x+y)\sin\dfrac{1}{x}\sin\dfrac{1}{y}$;

(5) $\lim\limits_{\substack{x\to +\infty\\y\to +\infty}}\left(\dfrac{xy}{x^2+y^2}\right)^{x^2}$.

解　(1)　　$\lim\limits_{\substack{x\to 1\\y\to 0}}\dfrac{\ln(x+\mathrm{e}^y)}{\sqrt{x^2+y^2}}=\dfrac{\ln(1+\mathrm{e}^0)}{\sqrt{1^2+0^2}}=\ln 2.$

(2) 令 $x^2y=t$,则

$$原式=\lim_{t\to 0}\frac{\sin t-\arcsin t}{t^3}=\lim_{t\to 0}\frac{\cos t-(1/\sqrt{1-t^2})}{3t^2}$$

$$=\lim_{t\to 0}\frac{-\sin t+\dfrac{1}{2}(1-t^2)^{-\frac{3}{2}}(-2t)}{6t}=-\frac{1}{3}.$$

(3) **解法 1**　令 $t=xy$,由于

$$\lim_{\substack{x\to 0\\y\to a}}\frac{\sin xy}{xy}=\lim_{t\to 0}\frac{\sin t}{t}=1,$$

故　　　　$\lim\limits_{\substack{x\to 0\\y\to a}}\dfrac{\sin xy}{x}=\lim\limits_{\substack{x\to 0\\y\to a}}\dfrac{\sin xy}{xy}\cdot\lim\limits_{\substack{x\to 0\\y\to a}}y=1\cdot a=a.$

解法 2　由于 $(x,y)\to(0,a)$时,有 $xy\to 0$,因此

$$\sin xy\sim xy\quad ((x,y)\to(0,a)),$$

故　　　　$\lim\limits_{\substack{x\to 0\\y\to a}}\dfrac{\sin xy}{x}=\lim\limits_{\substack{x\to 0\\y\to a}}\dfrac{xy}{x}=a.$

(4) 由于 $(x,y)\to(0,0)$时, $(x+y)\to 0$,且 $\left|\sin\dfrac{1}{x}\sin\dfrac{1}{y}\right|\leqslant 1$,故

$$\lim_{\substack{x\to 0\\y\to a}}(x+y)\sin\frac{1}{x}\sin\frac{1}{y}=0$$

(因为有界量与无穷小之积仍为无穷小).

(5) 由于当 $x>0$, $y>0$ 时,有

$$0<\frac{xy}{x^2+y^2}\leqslant\frac{\dfrac{1}{2}(x^2+y^2)}{x^2+y^2}=\frac{1}{2},$$

于是　　　　$0<\left(\dfrac{xy}{x^2+y^2}\right)^{x^2}\leqslant\left(\dfrac{1}{2}\right)^{x^2},$

而
$$\lim_{\substack{x\to+\infty\\y\to+\infty}} 0 = \lim_{\substack{x\to+\infty\\y\to+\infty}} \left(\frac{1}{2}\right)^{x^2} = 0,$$

故
$$\lim_{\substack{x\to+\infty\\y\to+\infty}} \left(\frac{xy}{x^2+y^2}\right)^{x^2} = 0.$$

小结 从此题中可看到一元极限的很多算法都可在多元中使用,它们是:初等函数的连续性——(1)题;换元——(2)题;极限的四则运算法则——(3)题解法1;等价无穷小代换——(3)题解法2;有界量与无穷小之积仍为无穷小——(4)题;夹逼准则——(5)题.但一元极限中最有效的工具洛必达法则不能在多元极限中使用.

例2 判断下列极限的计算过程是否正确,正确的说明理由,错误的改正之.

(1) $\lim\limits_{\substack{x\to0\\y\to0}} \dfrac{xy}{x^2+y^2}$;

解 令 (x,y) 沿 $y=kx$ 趋于 $(0,0)$,则

$$\lim_{\substack{x\to0\\y=kx\to0}} \frac{xy}{x^2+y^2} = \lim_{x\to0} \frac{x(kx)}{x^2+(kx)^2} = \lim_{x\to0} \frac{k}{1+k^2} = \frac{k}{1+k^2}.$$

因上式的极限值随 k 变,故原式为不存在.

(2) $\lim\limits_{\substack{x\to0\\y\to0}} \dfrac{x^2y}{x^4+y^2}$;

解 令 (x,y) 沿 $y=kx$ 趋于 $(0,0)$,则

$$\lim_{\substack{x\to0\\y=kx\to0}} \frac{x^2y}{x^4+y^2} = \lim_{x\to0} \frac{x^2kx}{x^4+(kx)^2} = \lim_{x\to0} \frac{kx}{x^2+k^2} = 0,$$

故
$$\lim_{\substack{x\to0\\y\to0}} \frac{x^2y}{x^4+y^2} = 0.$$

(3) $\lim\limits_{\substack{x\to0\\y\to0}} \dfrac{x^3+y^3}{x^2-xy+y^2}$;

解 令 $\begin{cases} x=r\cos\theta, \\ y=r\sin\theta, \end{cases}$ 则

$$原式 = \lim_{r\to0} \frac{r^3(\cos^3\theta + \sin^3\theta)}{r^2[\cos^2\theta - \cos\theta\sin\theta + \sin^2\theta]}$$

163

$$= \lim_{r \to 0} r \left| \frac{\cos^3\theta + \sin^3\theta}{1 - \frac{1}{2}\sin 2\theta} \right|,$$

而 $\quad \lim_{r \to 0} r = 0, \quad \left| \dfrac{\cos^3\theta + \sin^3\theta}{1 - \frac{1}{2}\sin 2\theta} \right| \leqslant \dfrac{2}{1 - \frac{1}{2}} = 4,$

所以,原式=0.

答 (1) 正确. 因 (x, y) 沿不同直线 $y = kx$ 趋于 $(0, 0)$ 时函数的极限值不同,故原式为不存在.

(2) 错误. 虽然 (x, y) 沿不同直线 $y = kx$ 趋于 $(0, 0)$ 时函数的极限都存在且相等,但不能说明 (x, y) 沿任意曲线趋于 $(0, 0)$ 时函数的极限都存在且相等. 正确解法是:

令 (x, y) 沿曲线 $y = kx^2$ 趋于 $(0, 0)$,则

$$\lim_{\substack{x \to 0 \\ y = kx^2 \to 0}} \frac{x^2 y}{x^4 + y^2} = \lim_{x \to 0} \frac{x^2(kx^2)}{x^4 + (kx^2)^2} = \lim_{x \to 0} \frac{k}{1 + k^2} = \frac{k}{1 + k^2}.$$

因上式的极限值随 k 变,故原式为不存在.

(3) 正确. 因作极坐标变换后,$r \to 0$ 时,不论 θ 怎么变,总有

$$\left| \frac{\cos^3\theta + \sin^3\theta}{1 - \frac{1}{2}\sin 2\theta} \right| \leqslant 4,$$

故由有界变量与无穷小之积仍是无穷小得到正确结论.

例 3 设 $f(x, y) = \sqrt{x}\ln(x + y)$,求 $\dfrac{\partial^2 f}{\partial y^2}\Big|_{(1, y)}$.

解 因为 $\dfrac{\partial^2 f}{\partial y^2}\Big|_{(1, y)} = \dfrac{\partial^2}{\partial y^2} f(1, y)$,而 $f(1, y) = \ln(1 + y)$,故

$$\frac{\partial^2 f}{\partial y^2}\Big|_{(1, y)} = [\ln(1 + y)]'' = -\frac{1}{(1 + y)^2}.$$

注意 $\dfrac{\partial^2 f}{\partial y^2}\Big|_{(1, y)} = \dfrac{\partial^2}{\partial y^2} f(1, y)$ 是正确的,因为对 y 求偏导数时,视 x 为常量,故二阶偏导数 $\dfrac{\partial^2 f}{\partial y^2}$ 在点 $(1, y)$ 处的值 $\left(即 \dfrac{\partial^2 f}{\partial y^2}\Big|_{(1, y)} \right)$ 与 $f(1, y)$ 对 y 的二阶导数是相等的. 但是

$$\frac{\partial^2 f}{\partial y^2}\Big|_{(x, 1)} \neq \frac{\partial^2}{\partial y^2} f(x, 1) = 0.$$

164

事实上,由

$$\frac{\partial^2 f}{\partial y^2} = \frac{\partial}{\partial y}\left(\frac{\partial f}{\partial y}\right) = \frac{\partial}{\partial y}\left(\frac{\sqrt{x}}{x+y}\right) = -\frac{\sqrt{x}}{(x+y)^2}$$

知

$$\left.\frac{\partial^2 f}{\partial y^2}\right|_{(x,1)} = -\frac{\sqrt{x}}{(x+1)^2}.$$

例 4 设

$$f(x,y) = x^2\cos(1-y) + (y-1)\sin\sqrt{\frac{x-1}{y}},$$

求 $\left.\dfrac{\partial f}{\partial x}\right|_{(x,1)}$, $\left.\dfrac{\partial f}{\partial y}\right|_{(1,y)}$.

解 因为

$$\left.\frac{\partial f}{\partial x}\right|_{(x,1)} = \frac{\partial}{\partial x}f(x,1), \quad \left.\frac{\partial f}{\partial y}\right|_{(1,y)} = \frac{\partial}{\partial y}f(1,y),$$

而

$$f(x,1) = x^2, \quad f(1,y) = \cos(1-y),$$

故

$$\left.\frac{\partial f}{\partial x}\right|_{(x,1)} = (x^2)' = 2x,$$

$$\left.\frac{\partial f}{\partial y}\right|_{(1,y)} = [\cos(1-y)]' = \sin(1-y).$$

注意 用上述方法求 $\left.\dfrac{\partial f}{\partial x}\right|_{(x,1)}$ 或 $\left.\dfrac{\partial f}{\partial y}\right|_{(1,y)}$,较先求出偏导数 $\dfrac{\partial f}{\partial x}$, $\dfrac{\partial f}{\partial y}$,再分别以 $y=1$ 代入 $\dfrac{\partial f}{\partial x}$, $x=1$ 代入 $\dfrac{\partial f}{\partial y}$ 要简便得多,但要注意

$$\left.\frac{\partial f}{\partial x}\right|_{(1,y)} \neq \frac{\partial}{\partial x}f(1,y), \quad \left.\frac{\partial f}{\partial y}\right|_{(x,1)} \neq \frac{\partial}{\partial y}f(x,1).$$

例 5 设

$$z = \begin{cases} \dfrac{x^2 y^2}{(x^2+y^2)^{3/2}}, & x^2+y^2 \neq 0, \\ 0, & x^2+y^2 = 0. \end{cases}$$

(1) 求函数 z 的全微分;

(2) 问在 $(0,0)$ 点,函数是否连续?是否可导?是否可微?一阶偏导数是否连续?

解 (1) 当 $(x,y)\neq(0,0)$ 时,有

$$z'_x = \frac{2xy^4 - x^3 y^2}{(x^2+y^2)^{5/2}}, \quad z'_y = \frac{2yx^4 - y^3 x^2}{(y^2+x^2)^{5/2}},$$

故

$$\mathrm{d}z = z'_x\mathrm{d}x + z'_y\mathrm{d}y = \frac{(2xy^4 - x^3y^2)\mathrm{d}x + (2yx^4 - y^3x^2)\mathrm{d}y}{(x^2 + y^2)^{5/2}}.$$

又因为

$$z'_x(0,0) = \lim_{\Delta x \to 0}\frac{z(0 + \Delta x, 0) - z(0,0)}{\Delta x} = \lim_{\Delta x \to 0}\frac{0 - 0}{\Delta x} = 0,$$

且由对称性原理有 $z'_y(0,0) = 0$, 于是

$$\lim_{\rho \to 0}\frac{\Delta z - [z'_x(0,0)\Delta x + z'_y(0,0)\Delta y]}{\rho}$$

$$= \lim_{\substack{\Delta x \to 0 \\ \Delta y \to 0}}\frac{[z(0 + \Delta x, 0 + \Delta y) - z(0,0)] - (0 \cdot \Delta x + 0 \cdot \Delta y)}{\sqrt{\Delta x + \Delta y}}$$

$$= \lim_{\substack{\Delta x \to 0 \\ \Delta y \to 0}}\frac{\left(\frac{\Delta x^2 \Delta y^2}{(\Delta x^2 + \Delta y^2)^{3/2}} - 0\right) - 0}{\sqrt{\Delta x^2 + \Delta y^2}} = \lim_{\substack{\Delta x \to 0 \\ \Delta y \to 0}}\frac{\Delta x^2 \Delta y^2}{(\Delta x^2 + \Delta y^2)^2}, \qquad \textcircled{1}$$

而

$$\lim_{\substack{\Delta x \to 0 \\ \Delta y = k\Delta x \to 0}}\frac{\Delta x^2 \Delta y^2}{(\Delta x^2 + \Delta y^2)^2} = \lim_{\Delta x \to 0}\frac{\Delta x^2(k\Delta x)^2}{(\Delta x^2 + (k\Delta x)^2)^2} = \frac{k^2}{(1 + k^2)^2},$$

即上式的极限值随 k 变, 故①式为不存在, 所以 z 在 $(0,0)$ 处不可微.

(2) 令 $\begin{cases} x = r\cos\theta, \\ y = r\sin\theta, \end{cases}$ 因为

$$\lim_{\substack{x \to 0 \\ y \to 0}}z(x,y) = \lim_{\substack{x \to 0 \\ y \to 0}}\frac{x^2y^2}{(x^2 + y^2)^{3/2}} = \lim_{r \to 0}\frac{r^4(\cos^2\theta\sin^2\theta)}{r^3}$$

$$= \lim_{r \to 0}r(\cos^2\theta\sin^2\theta),$$

而 $r \to 0$, $|\cos^2\theta\sin^2\theta| \leqslant 1$, 所以

$$\lim_{\substack{x \to 0 \\ y \to 0}}z(x,y) = \lim_{r \to 0}r(\cos^2\theta\sin^2\theta)$$

$$= 0 = z(0,0),$$

故 z 在 $(0,0)$ 处连续.

由(1)知 z 在 $(0,0)$ 处偏导数存在但不可微.

z'_x, z'_y 在 $(0,0)$ 处不连续. 若不然, 则 z'_x, z'_y 中至少有一个连续,

不妨设 z'_x 在 $(0,0)$ 连续, 由对称性原理 z'_y 也在 $(0,0)$ 处连续, 于是 z

在$(0,0)$处可微,这与前面的结论矛盾,故z'_x,z'_y在$(0,0)$处不连续.

注意 对称性原理:如一个题目的条件中含有x,y,且将条件中的所有x,y互换(即x换为y,同时y换为x)后,题目的条件不变,则对此题目的任一正确的结论,都可将其中的x,y互换,而得到一个新的正确的结论.

例6 设$z=x^2f\left(\dfrac{y}{x},\dfrac{x}{y}+1\right)$,求$\dfrac{\partial z}{\partial x}$,$\dfrac{\partial z}{\partial y}$.

分析 设$z=f(u,v)$,$u=\varphi(x,y)$,$v=\psi(x,y)$,则偏导数公式为

$$\frac{\partial z}{\partial x}=\frac{\partial f}{\partial u}\cdot\frac{\partial u}{\partial x}+\frac{\partial f}{\partial v}\cdot\frac{\partial v}{\partial x},$$

$$\frac{\partial z}{\partial y}=\frac{\partial f}{\partial u}\cdot\frac{\partial u}{\partial y}+\frac{\partial f}{\partial v}\cdot\frac{\partial v}{\partial y}.$$

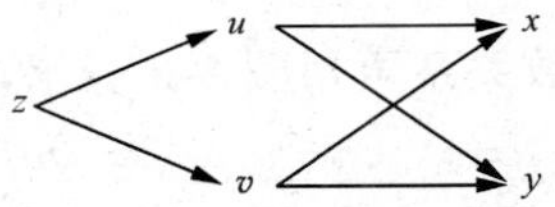

图 8-1

公式中的函数关系可形象地用图 8-1 来表示.例如,每一条带箭头的从z出发到x的路线表示第一个公式中的一项,其中每一个箭头表示该项中的一个偏导数因子,如"$z\rightarrow u$"表示z对u的偏导数.不同路线的结果相加即得公式,故可用"连线相乘,分线相加"来概括上面的公式.

解法1 由题设知

$$\frac{\partial z}{\partial x}=(x^2)'f\left(\frac{y}{x},\frac{x}{y}+1\right)+x^2\left[f\left(\frac{y}{x},\frac{x}{y}+1\right)\right]'_x,$$

而对$\left[f\left(\dfrac{y}{x},\dfrac{x}{y}+1\right)\right]'_x$用相应于图 8-2 所示函数关系的偏导数公式计算,于是

$$\frac{\partial z}{\partial x}=2xf\left(\frac{y}{x},\frac{x}{y}+1\right)+x^2\left[f'_1\cdot\frac{-y}{x^2}+f'_2\cdot\frac{1}{y}\right]$$

$$=2xf-yf'_1+\frac{x^2}{y}f'_2.$$

同理得

$$\frac{\partial z}{\partial y}=x^2\left[f\left(\frac{y}{x},\frac{x}{y}+1\right)\right]'_y=x^2\left[f'_1\cdot\frac{1}{x}+f'_2\cdot\frac{-x}{y^2}\right]$$

$$=xf'_1-\frac{x^3}{y^2}f'_2.$$

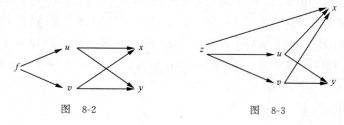

图 8-2　　　　　　　　　　　图　8-3

解法 2　令 $u=\dfrac{y}{x}$，$v=\dfrac{x}{y}+1$，除此之外 z 中还有 x^2，则所给函数关系可用图 8-3 表示，故

$$\frac{\partial z}{\partial x}=\frac{\partial z}{\partial u}\cdot\frac{\partial u}{\partial x}+\frac{\partial z}{\partial v}\cdot\frac{\partial v}{\partial x}+\left[\frac{\partial z}{\partial x}\right]$$

$$=x^2f_1'\cdot\frac{-y}{x^2}+x^2f_2'\cdot\frac{1}{y}+2xf=-yf_1'+\frac{x^2}{y}f_2'+2xf,$$

$$\frac{\partial z}{\partial y}=\frac{\partial z}{\partial u}\cdot\frac{\partial u}{\partial y}+\frac{\partial z}{\partial v}\cdot\frac{\partial v}{\partial y}$$

$$=x^2f_1'\cdot\frac{1}{x}+x^2f_2'\cdot\frac{-x}{y^2}=xf_1'-\frac{x^3}{y^2}f_2'.$$

注意　符号 $\left[\dfrac{\partial z}{\partial x}\right]$ 是指将 u,v 视为常数时 z 对 x 的偏导数，与等式左边 $\dfrac{\partial z}{\partial x}$ 的意义不同.

例 7　设 $z=f\left(x^2y^2,\dfrac{y}{x}\right)$，其中 f 有二阶偏导数，求 $\dfrac{\partial^2 z}{\partial x\partial y}$.

解　令 $u=x^2y^2$，$v=\dfrac{y}{x}$，则 $z=f(u,v)$，于是由 f 的函数关系图（见图 8-4）有

$$\frac{\partial z}{\partial x}=\frac{\partial f}{\partial u}\cdot\frac{\partial u}{\partial x}+\frac{\partial f}{\partial v}\cdot\frac{\partial v}{\partial x}=2xy^2f_u'-\frac{y}{x^2}f_v',$$

$$\frac{\partial^2 z}{\partial x\partial y}=\frac{\partial}{\partial y}\left(2xy^2f_u'-\frac{y}{x^2}f_v'\right)$$

$$=4xyf_u'+2xy^2\frac{\partial}{\partial y}(f_u')-\frac{1}{x^2}f_v'-\frac{y}{x^2}\frac{\partial}{\partial y}(f_v').$$

注意到 f_u,f_v 仍是以 u,v 为中间变量的复合函数，其函数关系图与 f 的函数关系图类似，如图 8-5 所示，故

168

$$\frac{\partial}{\partial y}(f'_u) = f''_{uu}\frac{\partial u}{\partial y} + f''_{uv}\frac{\partial v}{\partial y} = 2x^2 y f''_{uu} + \frac{1}{x}f''_{uv},$$

$$\frac{\partial}{\partial y}(f'_v) = f''_{vu}\frac{\partial u}{\partial y} + f''_{vv}\frac{\partial v}{\partial y} = 2x^2 y f''_{vu} + \frac{1}{x}f''_{vv},$$

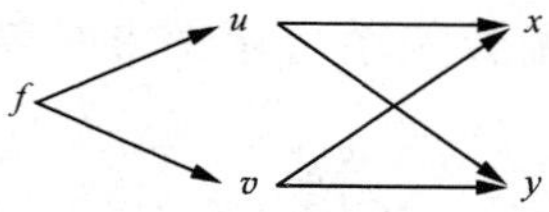

图 8-4 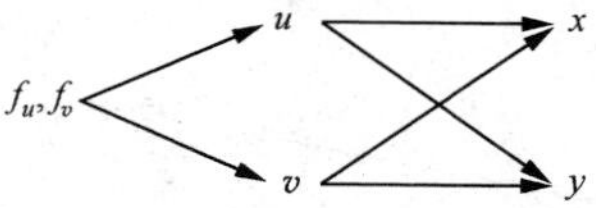 图 8-5

所以

$$\frac{\partial^2 z}{\partial x \partial y} = 4xy f'_u + 2xy^2 \left(2x^2 y f''_{uu} + \frac{1}{x}f''_{uv}\right)$$

$$- \frac{1}{x^2}f'_v - \frac{y}{x^2}\left(2x^2 y f''_{vu} + \frac{1}{x}f''_{vv}\right)$$

$$= 4xy f'_u - \frac{1}{x^2}f'_v + 4x^3 y^3 f''_{uu} + 2y^2 f''_{uv} - 2y^2 f''_{vu} - \frac{y}{x^3}f''_{vv}.$$

注意 （1）上结果可简记为

$$\frac{\partial^2 z}{\partial x \partial y} = 4xy f'_1 - \frac{1}{x^2}f'_2 + 4x^3 y^3 f''_{11} + 2y^2 f''_{12} - 2y^2 f''_{21} - \frac{y}{x^3}f''_{22};$$

（2）这里的 $2y^2 f''_{12}$ 与 $-2y^2 f''_{21}$ 不能合并，因为 f''_{12} 未必等于 f''_{21}.

例 8 设 $z = x^2 f\left(\dfrac{y}{x}, \dfrac{x}{y}+1\right)$，其中 f 有二阶偏导数，求 $\dfrac{\partial^2 z}{\partial x \partial y}$.

解 由例 6 知 $\dfrac{\partial z}{\partial y} = x f'_1 - \dfrac{x^3}{y^2}f'_2$，故

$$\frac{\partial}{\partial x}\left(\frac{\partial z}{\partial y}\right) = \left[x f'_1 - \frac{x^3}{y^2}f'_2\right]'_x$$

$$= f'_1 + x(f'_1)'_x - \frac{3x^2}{y^2}f'_2 - \frac{x^3}{y^2}(f'_2)'_x$$

$$= f'_1 + x\left[f''_{11} \cdot \frac{-y}{x^2} + f''_{12} \cdot \frac{1}{y}\right] - \frac{3x^2}{y^2}f'_2$$

$$- \frac{x^3}{y^2}\left[f''_{21} \cdot \frac{-y}{x^2} + f''_{22} \cdot \frac{1}{y}\right].$$

由于 f 的二阶偏导数连续，故有 $f''_{12} = f''_{21}$. 所以

$$\frac{\partial^2 z}{\partial x \partial y} = \frac{\partial}{\partial x}\left(\frac{\partial z}{\partial y}\right) = f'_1 - \frac{3x^2}{y^2}f'_2 - \frac{y}{x}f''_{11} + 2\frac{x}{y}f''_{12} - \frac{x^3}{y^3}f''_{22}.$$

例 9 设 $z=f(x,u)$，$u=\dfrac{1}{xy}$，其中 f 具有二阶连续偏导数，求 $\dfrac{\partial z}{\partial x}\Big|_{\left(1,\frac{1}{2}\right)}$，$\dfrac{\partial^2 z}{\partial x\partial y}\Big|_{\left(1,\frac{1}{2}\right)}$．

解 所给函数关系可用图 8-6 表示，于是

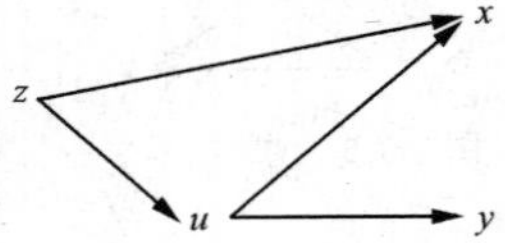

图 8-6

$$\frac{\partial z}{\partial x}=\frac{\partial f}{\partial x}+\frac{\partial f}{\partial u}\cdot\frac{\partial u}{\partial x}$$

$$=\frac{\partial f}{\partial x}+\frac{\partial f}{\partial u}\left(-\frac{1}{x^2 y}\right).$$

因当 $x=1$，$y=\dfrac{1}{2}$ 时，有 $u=2$，故

$$\frac{\partial z}{\partial x}\Big|_{\left(1,\frac{1}{2}\right)}=f'_x(1,2)-2f'_u(1,2).$$

又因为

$$\frac{\partial^2 z}{\partial x\partial y}=\frac{\partial}{\partial y}\left[\frac{\partial f}{\partial x}-\frac{1}{x^2 y}\cdot\frac{\partial f}{\partial u}\right]$$

$$=\frac{\partial^2 f}{\partial x\partial u}\cdot\frac{\partial u}{\partial y}-\frac{1}{x^2}\left[\frac{1}{y}\cdot\frac{\partial^2 f}{\partial u^2}\cdot\frac{\partial u}{\partial y}-\frac{1}{y^2}\cdot\frac{\partial f}{\partial u}\right]$$

$$=\frac{\partial^2 f}{\partial x\partial u}\left(-\frac{1}{xy^2}\right)-\frac{1}{x^2}\left[\frac{1}{y}\cdot\frac{\partial^2 f}{\partial u^2}\left(-\frac{1}{xy^2}\right)-\frac{1}{y^2}\cdot\frac{\partial f}{\partial u}\right],$$

故 $\dfrac{\partial^2 z}{\partial x\partial y}\Big|_{\left(1,\frac{1}{2}\right)}=-4f''_{xu}(1,2)+8f''_{uu}(1,2)+4f'_u(1,2).$

注意 表达式 $\dfrac{\partial z}{\partial x}\Big|_{\left(1,\frac{1}{2}\right)}=f'_x\left(1,\dfrac{1}{2}\right)-2f'_u\left(1,\dfrac{1}{2}\right)$ 是错误的．

例 10 设 $z=f(x,y)$ 由 $F\left(x+\dfrac{z}{y},y+\dfrac{z}{x}\right)=0$ 确定，证明：

$$x\frac{\partial z}{\partial x}+y\frac{\partial z}{\partial y}+xy=z.$$

证法 1 由隐函数求导法则分别求出 $\dfrac{\partial z}{\partial x}$，$\dfrac{\partial z}{\partial y}$ 后代入验证．

在等式 $F\left(x+\dfrac{z}{y},y+\dfrac{z}{x}\right)=0$ 分别对求 x,y 求偏导数，得

$$F'_1\cdot\left(1+\frac{1}{y}\cdot\frac{\partial z}{\partial x}\right)+F'_2\cdot\frac{x\dfrac{\partial z}{\partial x}-z}{x^2}=0,$$

170

$$F_1' \frac{y\dfrac{\partial z}{\partial y} - z}{y^2} + F_2' \cdot \left(1 + \frac{1}{x} \cdot \frac{\partial z}{\partial y}\right) = 0,$$

由此解得

$$\frac{\partial z}{\partial x} = \frac{\dfrac{z}{x^2}F_2' - F_1'}{\dfrac{F_1'}{y} + \dfrac{F_2'}{x}}, \quad \frac{\partial z}{\partial y} = \frac{\dfrac{z}{y^2}F_1' - F_2'}{\dfrac{F_1'}{y} + \dfrac{F_2'}{x}},$$

因此

$$x\frac{\partial z}{\partial x} + y\frac{\partial z}{\partial y} + xy = \frac{x\left(\dfrac{z}{x^2}F_2' - F_1'\right)}{\dfrac{F_1'}{y} + \dfrac{F_2'}{x}} + \frac{y\left(\dfrac{z}{y^2}F_1' - F_2'\right)}{\dfrac{F_1'}{y} + \dfrac{F_2'}{x}} + xy$$

$$= z - xy + xy = z.$$

证法 2 利用一阶微分形式不变性,同时求出 $\dfrac{\partial z}{\partial x}, \dfrac{\partial z}{\partial y}$.

在等式 $F\left(x + \dfrac{z}{y}, y + \dfrac{z}{x}\right) = 0$ 两边求全微分,得

$$F_1' \mathrm{d}\left(x + \frac{z}{y}\right) + F_2' \mathrm{d}\left(y + \frac{z}{x}\right)$$

$$= F_1' \cdot \left(\mathrm{d}x + \frac{y\mathrm{d}z - z\mathrm{d}y}{y^2}\right) + F_2' \cdot \left(\mathrm{d}y + \frac{x\mathrm{d}z - z\mathrm{d}x}{x^2}\right)$$

$$= \left(F_1' - \frac{z}{x^2}F_2'\right)\mathrm{d}x + \left(F_2' - \frac{z}{y^2}F_1'\right)\mathrm{d}y + \left(\frac{F_1'}{y} + \frac{F_2'}{x}\right)\mathrm{d}z = 0,$$

故

$$\frac{\partial z}{\partial x} = \frac{\dfrac{z}{x^2}F_2' - F_1'}{\dfrac{F_1'}{y} + \dfrac{F_2'}{x}}, \quad \frac{\partial z}{\partial y} = \frac{\dfrac{z}{y^2}F_1' - F_2'}{\dfrac{F_1'}{y} + \dfrac{F_2'}{x}}.$$

将 $\dfrac{\partial z}{\partial x}, \dfrac{\partial z}{\partial y}$ 代入 $x\dfrac{\partial z}{\partial x} + y\dfrac{\partial z}{\partial y} + xy = z$ 即可得证.

例 11 设 $w = f(x, y, u)$,其中 f 具有二阶连续偏导数,u 由方程 $u^5 - 5xy + 5u = 1$ 所确定,求 $\dfrac{\partial w}{\partial x}, \dfrac{\partial^2 w}{\partial x^2}$.

分析 本题是关于隐函数与复合函数求偏导数的问题.

解 等式 $u^5 - 5xy + 5u = 1$ 两边对 x 求偏导数,得

$$5u^4 \frac{\partial u}{\partial x} - 5y + 5\frac{\partial u}{\partial x} = 0,$$

解得
$$\frac{\partial u}{\partial x} = \frac{y}{1+u^4},$$

于是
$$\frac{\partial w}{\partial x} = f'_x + f'_u \frac{\partial u}{\partial x} = f'_x + f'_u \frac{y}{1+u^4},$$

$$\frac{\partial^2 w}{\partial x^2} = f''_{xx} + f''_{xu} \frac{\partial u}{\partial x} + \left(f''_{ux} + f''_{uu} \frac{\partial u}{\partial x} \right) \frac{y}{1+u^4} + y f'_u \frac{-4u^3 \dfrac{\partial u}{\partial x}}{(1+u^4)^2}$$

$$= f''_{xx} + \frac{2y f''_{ux}}{1+u^4} + \frac{y^2 f''_{uu}}{(1+u^4)^2} - \frac{4u^3 y^2 f'_u}{(1+u^4)^3}.$$

例 12 求由 $z = \varphi(xy^2, zy)$ 确定的隐函数 $z = f(x,y)$ 的偏导数 $\dfrac{\partial z}{\partial x}, \dfrac{\partial z}{\partial y}, \dfrac{\partial^2 z}{\partial x^2}$.

解法 1 把 $z = \varphi(xy^2, zy)$ 化为 $z - \varphi(xy^2, zy) = 0$，并记
$$F(x,y,z) = z - \varphi(xy^2, zy),$$

则
$$\frac{\partial F}{\partial x} = -\varphi'_1 \cdot y^2, \qquad \frac{\partial F}{\partial y} = -(\varphi'_1 \cdot 2xy + \varphi'_2 \cdot z),$$

$$\frac{\partial F}{\partial z} = 1 - \varphi'_2 \cdot y,$$

故
$$\frac{\partial z}{\partial x} = -\frac{\dfrac{\partial F}{\partial x}}{\dfrac{\partial F}{\partial z}} = -\frac{-\varphi'_1 \cdot y^2}{1 - y\varphi'_2} = \frac{y^2 \varphi'_1}{1 - y\varphi'_2},$$

$$\frac{\partial z}{\partial y} = -\frac{\dfrac{\partial F}{\partial y}}{\dfrac{\partial F}{\partial z}} = -\frac{-(2xy\varphi'_1 + z\varphi'_2)}{1 - \varphi'_2 y} = \frac{2xy\varphi'_1 + z\varphi'_2}{1 - y\varphi'_2},$$

$$\frac{\partial^2 z}{\partial x^2} = \frac{\partial}{\partial x}\left(\frac{\partial z}{\partial x} \right) = \frac{\partial}{\partial x}\left(\frac{y^2 \varphi'_1}{1 - y\varphi'_2} \right)$$

$$= \frac{y^2 (\varphi'_1)'_x \cdot (1 - y\varphi'_2) - y^2 \varphi'_1 \cdot (1 - y\varphi'_2)'_x}{(1 - y\varphi'_2)^2}$$

$$= \frac{y^2 (1 - y\varphi'_2)\left(\varphi''_{11} y^2 + \varphi''_{12} y \dfrac{\partial z}{\partial x} \right) + y^3 \varphi'_1 \cdot \left(\varphi''_{21} y^2 + \varphi''_{22} y \dfrac{\partial z}{\partial x} \right)}{(1 - y\varphi'_2)^2}.$$

172

把 $\dfrac{\partial z}{\partial x}$ 代入上式便得 $\dfrac{\partial^2 z}{\partial x^2}$ 的最后结果.

解法 2　原式不必变形,将原式两边对 x 求偏导得

$$\frac{\partial z}{\partial x} = \varphi_1' \cdot y^2 + \varphi_2' \cdot \frac{\partial(yz)}{\partial x} = \varphi_1' \cdot y^2 + \varphi_2' \cdot y \cdot \frac{\partial z}{\partial x}, \qquad ①$$

移项整理得

$$\frac{\partial z}{\partial x}(1 - y\varphi_2') = y^2\varphi_1', \quad 即 \quad \frac{\partial z}{\partial x} = \frac{y^2\varphi_1'}{1 - y\varphi_2'}.$$

同理可求 $\dfrac{\partial z}{\partial y}$.

在等式①式两边再对 x 求偏导数,得

$$\frac{\partial^2 z}{\partial x^2} = y^2\Big(\varphi_{11}''y^2 + \varphi_{12}''y\frac{\partial z}{\partial x}\Big) + y\Big(\varphi_{21}''y^2 + \varphi_{22}''y\frac{\partial z}{\partial x}\Big)\frac{\partial z}{\partial x} + y\varphi_2'\frac{\partial^2 z}{\partial x^2},$$

整理得

$$\frac{\partial^2 z}{\partial x^2}(1 - y\varphi_2') = y^2\Big(\varphi_{11}''y^2 + \varphi_{12}''y\frac{\partial z}{\partial x}\Big) + y\Big(\varphi_{21}''y^2 + \varphi_{22}''y\frac{\partial z}{\partial x}\Big)\frac{\partial z}{\partial x},$$

再两边除以 $1 - y\varphi_2$,并在右边代入 $\dfrac{\partial z}{\partial x}$ 的具体表达式即得 $\dfrac{\partial^2 z}{\partial x^2}$ 的最后结果.

解法 3　求全微分得

$$\begin{aligned}
\mathrm{d}z &= \varphi_1'\mathrm{d}(xy^2) + \varphi_2'\mathrm{d}(zy) \\
&= \varphi_1'(y^2\mathrm{d}x + 2xy\mathrm{d}y) + \varphi_2'(y\mathrm{d}z + z\mathrm{d}y) \\
&= \varphi_1'y^2\mathrm{d}x + (2xy\varphi_1' + z\varphi_2')\mathrm{d}y + \varphi_2'y\mathrm{d}z,
\end{aligned}$$

于是

$$\mathrm{d}z = \frac{y^2\varphi_1'}{1 - y\varphi_2'}\mathrm{d}x + \frac{2xy\varphi_1' + z\varphi_2'}{1 - y\varphi_2'}\mathrm{d}y,$$

因此

$$\frac{\partial z}{\partial x} = \frac{y^2\varphi_1'}{1 - y\varphi_2'}, \quad \frac{\partial z}{\partial y} = \frac{2xy\varphi_1' + z\varphi_2'}{1 - y\varphi_2'}.$$

同解法 1 求 $\dfrac{\partial^2 z}{\partial x^2}$.

小结　(1) 利用一阶全微分形式不变性求全微分,可以同时求出几个偏导数,而且计算简单明了,使用方便;

(2) 在求带有抽象函数记号的复合函数的二阶偏导数时,常常

会丢掉混合偏导数项,极易出错,在掌握复合函数一阶偏导数求法的基础上,务必注意 f'_u, f'_v(或记为 f'_1, f'_2)仍然是复合函数,其结构仍与 f 一样;

(3) 当 f 具有二阶连续偏导数时,有 $f''_{12} = f''_{21}$.

例 13 设 $y = f(x, t)$,而 t 是由方程 $F(x, y, t) = 0$ 所确定的 x, y 的函数,其中 f, F 都具有一阶连续偏导数,证明:

$$\frac{\mathrm{d}y}{\mathrm{d}x} = \frac{\dfrac{\partial f}{\partial x} \cdot \dfrac{\partial F}{\partial t} - \dfrac{\partial f}{\partial t} \cdot \dfrac{\partial F}{\partial x}}{\dfrac{\partial f}{\partial t} \cdot \dfrac{\partial F}{\partial y} + \dfrac{\partial F}{\partial t}}.$$

证法 1 变量 y, x, t 共 3 个,方程 $y = f(x, t)$,$F(x, y, t) = 0$ 共 2 个,故独立自变量共 $3 - 2 = 1$ 个. 选 x 为独立自变量$\left(\text{因等式左边}\right.$ 是 $\left.\dfrac{\mathrm{d}y}{\mathrm{d}x}\right)$,则 y, t 都是 x 的一元函数,即 $y = y(x)$,$t = t(x)$.

将 $\begin{cases} y = f(x, t), \\ F(x, y, t) = 0 \end{cases}$ 中两方程的两边对 x 求导,得

$$\begin{cases} \dfrac{\mathrm{d}y}{\mathrm{d}x} = \dfrac{\partial f}{\partial x} + \dfrac{\partial f}{\partial t} \cdot \dfrac{\mathrm{d}t}{\mathrm{d}x}, \\ \dfrac{\partial F}{\partial x} + \dfrac{\partial F}{\partial y} \cdot \dfrac{\mathrm{d}y}{\mathrm{d}x} + \dfrac{\partial F}{\partial t} \cdot \dfrac{\mathrm{d}t}{\mathrm{d}x} = 0, \end{cases}$$

解之有
$$\frac{\mathrm{d}y}{\mathrm{d}x} = \frac{\dfrac{\partial f}{\partial x} \cdot \dfrac{\partial F}{\partial t} - \dfrac{\partial f}{\partial t} \cdot \dfrac{\partial F}{\partial x}}{\dfrac{\partial f}{\partial t} \cdot \dfrac{\partial F}{\partial y} + \dfrac{\partial F}{\partial t}}.$$

证法 2 按题设,方程 $F(x, y, t) = 0$ 确定 $t = t(x, y)$,所以 $y = f(x, t(x, y))$ 确定 $y = y(x)$,因此

$$y(x) \equiv f(x, t(x, y(x))). \qquad \text{①}$$

由①式两边对 x 求导得

$$\frac{\mathrm{d}y}{\mathrm{d}x} = \frac{\partial f}{\partial x} + \frac{\partial f}{\partial t} \cdot [t(x, y(x))]'_x = \frac{\partial f}{\partial x} + \frac{\partial f}{\partial t} \cdot \left(\frac{\partial t}{\partial x} + \frac{\partial t}{\partial y} \cdot \frac{\mathrm{d}y}{\mathrm{d}x}\right),$$

$$\text{②}$$

而由 $F(x, y, t) = 0$ 有

174

$$\frac{\partial t}{\partial x} = -\frac{\dfrac{\partial F}{\partial x}}{\dfrac{\partial F}{\partial t}}, \quad \frac{\partial t}{\partial y} = -\frac{\dfrac{\partial F}{\partial y}}{\dfrac{\partial F}{\partial t}},$$

代入②式得

$$\frac{\mathrm{d}y}{\mathrm{d}x} = \frac{\partial f}{\partial x} + \frac{\partial f}{\partial t} \cdot \left[\left(-\frac{\dfrac{\partial F}{\partial x}}{\dfrac{\partial F}{\partial t}} \right) + \left(-\frac{\dfrac{\partial F}{\partial y}}{\dfrac{\partial F}{\partial t}} \right) \frac{\mathrm{d}y}{\mathrm{d}x} \right],$$

即

$$\frac{\partial F}{\partial t} \cdot \frac{\mathrm{d}y}{\mathrm{d}x} = \frac{\partial F}{\partial t} \cdot \frac{\partial f}{\partial x} - \frac{\partial f}{\partial t} \cdot \frac{\partial F}{\partial x} - \frac{\partial f}{\partial t} \cdot \frac{\partial F}{\partial y} \cdot \frac{\mathrm{d}y}{\mathrm{d}x},$$

解之有

$$\frac{\mathrm{d}y}{\mathrm{d}x} = \frac{\dfrac{\partial f}{\partial x} \cdot \dfrac{\partial F}{\partial t} - \dfrac{\partial f}{\partial t} \cdot \dfrac{\partial F}{\partial x}}{\dfrac{\partial f}{\partial t} \cdot \dfrac{\partial F}{\partial y} + \dfrac{\partial F}{\partial t}}.$$

例 14 设变换 $\begin{cases} u = x - 2y, \\ v = x + ay \end{cases}$ 可把方程

$$6\frac{\partial^2 z}{\partial x^2} + \frac{\partial^2 z}{\partial x \partial y} - \frac{\partial^2 z}{\partial y^2} = 0 \qquad \qquad ①$$

(其中 z 有二阶连续偏导数)简化为 $\dfrac{\partial^2 z}{\partial u \partial v} = 0$,求常数 a.

解法 1 根据变换式及所给方程中的偏导数形式,我们可选 x,y 为自变量,u,v 为中间变量,即 $z = z(u, v)$,$u = x - 2y$,$v = x + ay$,因此

$$\frac{\partial z}{\partial x} = \frac{\partial z}{\partial u} \cdot \frac{\partial u}{\partial x} + \frac{\partial z}{\partial v} \cdot \frac{\partial v}{\partial x} = \frac{\partial z}{\partial u} + \frac{\partial z}{\partial v},$$

$$\frac{\partial z}{\partial y} = \frac{\partial z}{\partial u} \cdot \frac{\partial u}{\partial y} + \frac{\partial z}{\partial v} \cdot \frac{\partial v}{\partial y} = -2\frac{\partial z}{\partial u} + a\frac{\partial z}{\partial v},$$

$$\frac{\partial^2 z}{\partial x^2} = \frac{\partial^2 z}{\partial u^2} + 2\frac{\partial^2 z}{\partial u \partial v} + \frac{\partial^2 z}{\partial v^2},$$

$$\frac{\partial^2 z}{\partial x \partial y} = -2\frac{\partial^2 z}{\partial u^2} + (a - 2)\frac{\partial^2 z}{\partial u \partial v} + a\frac{\partial^2 z}{\partial v^2},$$

$$\frac{\partial^2 z}{\partial y^2} = 4\frac{\partial^2 z}{\partial u^2} - 4a\frac{\partial^2 z}{\partial u \partial v} + a^2\frac{\partial^2 z}{\partial v^2}.$$

将以上的二阶偏导数代入方程①,得

$$6 \frac{\partial^2 z}{\partial x^2} + \frac{\partial^2 z}{\partial x \partial y} - \frac{\partial^2 z}{\partial y^2}$$

$$= (10 + 5a) \frac{\partial^2 z}{\partial u \partial v} + (6 + a - a^2) \frac{\partial^2 z}{\partial v^2} = 0.$$

依题意,应有

$$10 + 5a \neq 0, \quad 6 + a - a^2 = 0,$$

解得 $a = 3$,即当 $a = 3$ 时,原方程

$$6 \frac{\partial^2 z}{\partial x^2} + \frac{\partial^2 z}{\partial x \partial y} - \frac{\partial^2 z}{\partial y^2} = 0$$

在变换 $\begin{cases} u = x - 2y, \\ v = x + ay \end{cases}$ 下简化为 $\dfrac{\partial^2 z}{\partial u \partial v} = 0.$

解法 2 由题设可解得 $x = \dfrac{au + 2v}{a + 2}$, $y = \dfrac{-u + v}{a + 2}$,从而

$$\frac{\partial x}{\partial u} = \frac{a}{a + 2}, \quad \frac{\partial x}{\partial v} = \frac{2}{a + 2}, \quad \frac{\partial y}{\partial u} = \frac{-1}{a + 2}, \quad \frac{\partial y}{\partial v} = \frac{1}{a + 2},$$

$$\frac{\partial z}{\partial u} = \frac{\partial z}{\partial x} \cdot \frac{\partial x}{\partial u} + \frac{\partial z}{\partial y} \cdot \frac{\partial y}{\partial u} = \frac{\partial z}{\partial x} \cdot \frac{a}{a + 2} + \frac{\partial z}{\partial y} \cdot \frac{-1}{a + 2}$$

$$\frac{\partial^2 z}{\partial u \partial v} = \frac{a}{a + 2} \left(\frac{\partial^2 z}{\partial x^2} \cdot \frac{\partial x}{\partial v} + \frac{\partial^2 z}{\partial x \partial y} \cdot \frac{\partial y}{\partial v} \right) - \frac{1}{a + 2}$$

$$\cdot \left(\frac{\partial^2 z}{\partial x \partial y} \cdot \frac{\partial x}{\partial v} + \frac{\partial^2 z}{\partial y^2} \cdot \frac{\partial y}{\partial v} \right)$$

$$= \frac{2a}{(a + 2)^2} \cdot \frac{\partial^2 z}{\partial x^2} + \frac{a - 2}{(a + 2)^2} \cdot \frac{\partial^2 z}{\partial x \partial y} - \frac{1}{(a + 2)^2} \cdot \frac{\partial^2 z}{\partial y^2}.$$

②

由题设有

$$\frac{\partial^2 z}{\partial y^2} = 6 \frac{\partial^2 z}{\partial x^2} + \frac{\partial^2 z}{\partial x \partial y},$$

代入②式,得

$$\frac{\partial^2 z}{\partial u \partial v} = \frac{2a - 6}{(a + 2)^2} \cdot \frac{\partial^2 z}{\partial x^2} + \frac{a - 3}{(a + 2)^2} \cdot \frac{\partial^2 z}{\partial x \partial y}.$$

又依题意,应化为 $\dfrac{\partial^2 z}{\partial u \partial v} = 0$,即

$$\frac{2a - 6}{(a + 2)^2} \cdot \frac{\partial^2 z}{\partial x^2} + \frac{a - 3}{(a + 2)^2} \cdot \frac{\partial^2 z}{\partial x \partial y} = 0,$$

于是求得 $a = 3$.

例 15 若函数 $f(x,y,z)$ 对任意的 $t>0$ 满足关系式

$$f(tx,ty,tz) = t^k f(x,y,z),$$

则称 $f(x,y,z)$ 为 k 次齐次函数. 设 $f(x,y,z)$ 可微, 证明: $f(x,y,z)$ 是 k 次齐次函数的充分必要条件是

$$x\frac{\partial f}{\partial x} + y\frac{\partial f}{\partial y} + z\frac{\partial f}{\partial z} = kf(x,y,z).$$

证明 *必要性*

证法 1 $f(x,y,z)$ 是 k 次齐次函数, 即

$$f(tx,ty,tz) = t^k f(x,y,z),$$

两边对 t 求导, 并记 $u=tx, v=ty, w=tz$, 得

$$xf'_u + yf'_v + zf'_w = kt^{k-1}f(x,y,z),$$

两边乘以 t, 则有

$$uf_u + vf_v + wf_w = kt^k f(x,y,z) = kf(u,v,w),$$

即

$$x\frac{\partial f}{\partial x} + y\frac{\partial f}{\partial y} + z\frac{\partial f}{\partial z} = kf(x,y,z).$$

下面再给出另一种证法.

证法 2 令 $t=\dfrac{1}{x}$, 则有

$$f\left(1, \frac{y}{x}, \frac{z}{x}\right) = \frac{1}{x^k} f(x,y,z),$$

故 $f(x,y,z) = x^k f\left(1, \dfrac{y}{x}, \dfrac{z}{x}\right) = x^k F\left(\dfrac{y}{x}, \dfrac{z}{x}\right) = x^k F(\xi, \eta),$

其中 $\xi = \dfrac{y}{x}, \eta = \dfrac{z}{x}$. 这里找到了函数 $f(x,y,z)$ 较具体的表示式 $x^k F(\xi, \eta)$, 于是

$$\frac{\partial f}{\partial x} = kx^{k-1}F(\xi, \eta) + x^k\left(F'_\xi \frac{-y}{x^2} + F'_\eta \frac{-z}{x^2}\right),$$

$$\frac{\partial f}{\partial y} = x^k F'_\xi \frac{1}{x}, \qquad \frac{\partial f}{\partial z} = x^k F'_\eta \frac{1}{x},$$

所以

$$x\frac{\partial f}{\partial x} + y\frac{\partial f}{\partial y} + z\frac{\partial f}{\partial z} = kx^k F(\xi, \eta) + \left(F'_\xi \frac{-y}{x} + F'_\eta \frac{-z}{x}\right)x^k$$

$$+ \left(F'_\xi \frac{y}{x} + F'_\eta \frac{z}{x}\right)x^k$$

$$= kx^k F(\xi, \eta) = kf(x, y, z).$$

充分性 要证 $f(x, y, z)$ 是 k 次齐次函数，即要证

$$f(tx, ty, tz) = t^k f(x, y, z).$$

令 $\varphi(t) = f(tx, ty, tz)$ $(t > 0)$，则

$$\varphi'(t) = xf'_u + yf'_v + zf'_w = \frac{1}{t}(uf'_u + vf'_v + wf'_w)$$

$$= \frac{1}{t} kf(u, v, w) = \frac{1}{t} k\varphi(t),$$

其中 $u = tx$，$v = ty$，$w = tz$，于是得到可分离变量的微分方程

$$\int \frac{\mathrm{d}\varphi}{\varphi(t)} = \int \frac{k}{t} \mathrm{d}t,$$

两边积分得

$$\ln\varphi(t) = k\ln t + \ln C, \quad 即 \quad \varphi(t) = Ct^k.$$

令 $t = 1$ 时，有 $C = \varphi(1) = f(x, y, z)$，故

$$f(tx, ty, tz) = \varphi(t) = t^k f(x, y, z).$$

例 16 设有一座小山，取它的底面所在的平面为 Oxy 坐标面，其底部所占的区域为

$$D = \{(x, y) \mid x^2 + y^2 - xy \leqslant 75\},$$

小山的高度函数为

$$h(x, y) = 75 - x^2 - y^2 + xy.$$

（1）设 $M(x_0, y_0)$ 为区域 D 上一点，问 $h(x, y)$ 在该点沿平面上什么方向的方向导数最大？若记此方向导数的最大值为 $g(x_0, y_0)$，试写出 $g(x_0, y_0)$ 的表达式.

（2）现欲利用此小山开展攀岩活动，为此需要在山脚寻找一个上山坡度最大的点作为攀登的起点，也就是说，要在 D 的边界线 $x^2 + y^2 - xy = 75$ 上找出使（1）中的 $g(x, y)$ 达到最大值的点. 试确定攀登起点的位置.

解 （1）由梯度的几何意义知，$h(x, y)$ 在点 $M(x_0, y_0)$ 处沿梯度

$$\mathrm{grad}h(x, y)\big|_{(x_0, y_0)} = (y_0 - 2x_0)\boldsymbol{i} + (x_0 - 2y_0)\boldsymbol{j}$$

方向的方向导数最大. 方向导数的最大值为该梯度的模，所以

$$g(x_0, y_0) = \sqrt{(y_0 - 2x_0)^2 + (x_0 - 2y_0)^2}$$

$$= \sqrt{5x_0^2 + 5y_0^2 - 8x_0 y_0}.$$

（2）令 $f(x,y) = g^2(x,y) = 5x^2 + 5y^2 - 8xy$，由题意，只需求 $f(x,y)$ 在约束条件 $75 - x^2 - y^2 + xy = 0$ 下的最大值点. 令
$$F(x,y,\lambda) = 5x^2 + 5y^2 - 8xy + \lambda(75 - x^2 - y^2 + xy),$$
考虑方程组

$$\begin{cases} F_x' = 10x - 8y + \lambda(y - 2x) = 0, & ① \\ F_y' = 10y - 8x + \lambda(x - 2y) = 0, & ② \\ 75 - x^2 - y^2 + xy = 0. & ③ \end{cases}$$

①式与②式相加可得

$$(x + y)(2 - \lambda) = 0,$$

从而得 $y = -x$ 或 $\lambda = 2$.

若 $\lambda = 2$，则由①式得 $y = x$，再由③式得

$$x = \pm 5\sqrt{3}, \quad y = \pm 5\sqrt{3};$$

若 $y = -x$，则由③式得 $x = \pm 5$，$y = \mp 5$.

于是得到 4 个可能的极值点：

$$M_1(5, -5), \quad M_2(-5, 5),$$
$$M_3(5\sqrt{3}, 5\sqrt{3}), \quad M_4(-5\sqrt{3}, -5\sqrt{3}).$$

由于

$$f(M_1) = f(M_2) = 450, \quad f(M_3) = f(M_4) = 150,$$

故点 $M_1(5, -5)$ 或 $M_2(-5, 5)$ 可作为攀登的起点.

例 17 设函数 $z = z(x,y)$ 是由方程 $\varphi(cx - az, cy - bz) = 0$ 确定的隐函数，其中 φ 是可微函数，a, b, c 是常数，且 $a\varphi_1' + b\varphi_2' \neq 0$，求 $az_x' + bz_y'$，并指出曲面 $z = z(x,y)$ 是什么曲面.

解 依题意 x, y 是自变量，z 是 x, y 的函数. 对方程
$$\varphi(cx - az, cy - bz) = 0$$
分别对 x, y 求偏导，得

$$\varphi_1' \cdot (c - az_x') + \varphi_2' \cdot (-bz_x') = 0,$$
$$\varphi_1' \cdot (-az_y') + \varphi_2' \cdot (c - bz_y') = 0,$$

解得

$$z_x' = \frac{c\varphi_1'}{a\varphi_1' + b\varphi_2'}, \quad z_y' = \frac{c\varphi_2'}{a\varphi_1' + b\varphi_2'}.$$

于是

$$az'_x + bz'_y = \frac{ac\varphi'_1 + bc\varphi'_2}{a\varphi'_1 + b\varphi'_2} = c. \qquad ①$$

由①式得，$az'_x + bz'_y - c = 0$，即有

$$\{z'_x, z'_y, -1\} \cdot \{a, b, c\} = 0,$$

这说明方程 $z = z(x, y)$ 所表示的空间曲面上的任一点处的法向量 $\boldsymbol{n} = \{z'_x, z'_y, -1\}$ 均与常向量 $\{a, b, c\}$ 垂直，即曲面上任一点处的切平面和向量 $\{a, b, c\}$ 平行，故曲面 $z = z(x, y)$ 是一个母线平行于向量 $\{a, b, c\}$ 的柱面.

例 18　求函数 $z = x^2 + y^2 - 12x + 16y$ 在有界闭域 $x^2 + y^2 \leqslant 25$ 上的最大值和最小值.

分析　函数在有界闭区域 $x^2 + y^2 \leqslant 25$ 上连续，故在其上必存在最大、最小值.

解　(1) 求函数在区域 $x^2 + y^2 < 25$ 内的驻点. 由于方程组

$$\begin{cases} \dfrac{\partial z}{\partial x} = 2x - 12 = 0, \\ \dfrac{\partial z}{\partial y} = 2y + 16 = 0 \end{cases}$$

在 $x^2 + y^2 < 25$ 内无解，故最值必在边界 $x^2 + y^2 = 25$ 上达到；

(2) 考虑 $z = x^2 + y^2 - 12x + 16y$ 在边界 $x^2 + y^2 = 25$ 上的条件极值问题. 设

$$F(x, y, \lambda) = x^2 + y^2 - 12x + 16y + \lambda(x^2 + y^2 - 25),$$

解方程组

$$\begin{cases} F'_x = 2x - 12 + 2\lambda x = 0, \\ F'_y = 2y + 16 + 2\lambda y = 0, \\ x^2 + y^2 - 25 = 0 \end{cases}$$

得驻点 $(3, -4), (-3, 4)$. 计算得

$$z(3, -4) = -75, \quad z(-3, 4) = 125,$$

故最大值为 125，最小值为 -75.

例 19　求椭球面 $x^2 + 2y^2 + 4z^2 = 1$ 与平面 $x + y + z = \sqrt{7}$ 之间的最短距离.

解法 1　用极值方法.

180

设 $M(x,y,z)$ 为椭球面上任一点,则 M 到已知平面的距离为

$$d = \frac{1}{\sqrt{3}}|x + y + z - \sqrt{7}|.$$

问题转化为求 d 在条件 $x^2+2y^2+4z^2=1$ 下的极值,也就等价于求 d^2 在条件 $x^2+2y^2+4z^2=1$ 下的极值. 令

$$F(x,y,z,\lambda) = \frac{1}{3}(x+y+z-\sqrt{7})^2 + \lambda(x^2+2y^2+4z^2-1),$$

解方程组

$$\begin{cases} F'_x = \dfrac{2}{3}(x+y+z-\sqrt{7}) + 2\lambda x = 0, \\[2mm] F'_y = \dfrac{2}{3}(x+y+z-\sqrt{7}) + 4\lambda y = 0, \\[2mm] F'_z = \dfrac{2}{3}(x+y+z-\sqrt{7}) + 8\lambda z = 0, \\[2mm] x^2 + 2y^2 + 4z^2 - 1 = 0 \end{cases}$$

得驻点 $\left(\dfrac{2}{\sqrt{7}}, \dfrac{1}{\sqrt{7}}, \dfrac{1}{2\sqrt{7}}\right)$, $\left(-\dfrac{2}{\sqrt{7}}, -\dfrac{1}{\sqrt{7}}, -\dfrac{1}{2\sqrt{7}}\right)$. 由于

$$d\left(\frac{2}{\sqrt{7}}, \frac{1}{\sqrt{7}}, \frac{1}{2\sqrt{7}}\right) = \frac{\sqrt{21}}{6},$$

$$d\left(-\frac{2}{\sqrt{7}}, -\frac{1}{\sqrt{7}}, -\frac{1}{2\sqrt{7}}\right) = \frac{\sqrt{21}}{2},$$

故所求最短距离为 $\dfrac{\sqrt{21}}{6}$.

解法 2　用几何方法.

当椭球面上某些点处的切平面与已知平面平行时,其中的一个切点与平面的距离即为所求的最短距离.

设椭球面上点 $M(x,y,z)$ 处的切平面平行于已知平面,则由椭球面上点 $M(x,y,z)$ 处的法向量 $\boldsymbol{n}=\{2x,4y,8z\}$ 有

$$\frac{2x}{1} = \frac{4y}{1} = \frac{8z}{1} \xlongequal{\text{记为}} t,$$

即　　　　　　　$x = \frac{1}{2}t, \quad y = \frac{1}{4}t, \quad z = \frac{1}{8}t.$

代入椭球面方程得

$$\frac{1}{4}t^2 + \frac{1}{8}t^2 + \frac{1}{16}t^2 = 1,$$

解得 $t = \pm\dfrac{4}{\sqrt{7}}$，故切点为

$$\left(\frac{2}{\sqrt{7}}, \frac{1}{\sqrt{7}}, \frac{1}{2\sqrt{7}}\right) \quad \text{和} \quad \left(-\frac{2}{\sqrt{7}}, -\frac{1}{\sqrt{7}}, -\frac{1}{2\sqrt{7}}\right).$$

同解法 1 可知最短距离为 $\dfrac{\sqrt{21}}{6}$.

例 20 证明：若 n 个正数 $x_1, x_2, \cdots, x_n$ 的和为 R，则这 n 个正数的乘积的最大值是 $\dfrac{R^n}{n^n}$.

分析 这是一个在条件 $x_1 + x_2 + \cdots + x_n = R$ 下求 $x_1 x_2 \cdots x_n$ 最大值的条件极值问题.

证明 设

$$F(x_1, x_2, \cdots, x_n) = x_1 x_2 \cdots x_n + \lambda(x_1 + x_2 + \cdots + x_n - R),$$

并考虑方程组

$$\begin{cases} F'_{x_1} = x_2 x_3 \cdots x_n + \lambda = 0, \\ F'_{x_2} = x_1 x_3 \cdots x_n + \lambda = 0, \\ \cdots\cdots\cdots\cdots \\ F'_{x_n} = x_1 x_2 \cdots x_{n-1} + \lambda = 0, \\ x_1 + x_2 + \cdots + x_n - R = 0. \end{cases} \qquad ①$$

将方程组①的前 n 个式子分别乘以 $x_1, x_2, \cdots, x_n$，即可得

$$\lambda x_1 = \lambda x_2 = \cdots = \lambda x_n = -x_1 x_2 \cdots x_n,$$

从而得

$$x_1 = x_2 = \cdots = x_n,$$

再代入方程组的最后一个方程，得惟一驻点 $\left(\dfrac{R}{n}, \dfrac{R}{n}, \cdots, \dfrac{R}{n}\right)$.

由实际问题分析，存在最大值，惟一驻点即是最大值点，故其最大值为

$$\max(x_1 x_2 \cdots x_n) = \frac{R}{n} \cdot \frac{R}{n} \cdot \cdots \cdot \frac{R}{n} = \frac{R^n}{n^n}.$$

【五】同步训练

A 级

1. 求函数 $z=\sqrt{x\sin y}$ 的定义域.

2. 设 $z=\sqrt{y}+f(\sqrt{x}-1)$ $(x\geqslant0,y\geqslant0)$,若当 $y=1$ 时 $z=x$,试确定函数 f 及 z.

3. 把正六棱台的侧面积 S 表示为其上、下底边长 x,y 与高 z 的函数.

4. 设 $f(x,y)=|x-y|\varphi(x,y)$,其中 $\varphi(x,y)$ 在点 $(0,0)$ 的某个邻域内连续,欲使 $f'_x(0,0)$ 存在,问 $\varphi(x,y)$ 还应满足什么条件?

5. 设 $z=x^y+y^{\arctan(x/y)}$,求 $\dfrac{\partial z}{\partial x},\dfrac{\partial z}{\partial y}$.

6. 设 $z=[f(x,y)]^x$,其中 f 为可微函数,且 $f>0$,求 $\dfrac{\partial z}{\partial x}$.

7. 证明:

$$f(x,y)=\begin{cases}\dfrac{xy^2}{x^2+y^4}, & (x,y)\neq(0,0),\\[2mm] 0, & (x,y)=(0,0)\end{cases}$$

在点 $(0,0)$ 处不连续,但存在一阶偏导数.

8. 设函数 $f(x,y,z)=\left(\dfrac{x}{y}\right)^{1/z}$,求函数在点 $(1,1,1)$ 处的全微分.

9. 选择题:

(1) $\dfrac{\partial f}{\partial x},\dfrac{\partial f}{\partial y}$ 存在对于函数 $f(x,y)$ 在点 (x,y) 处连续是(　　).

(A) 充分条件;　　　　　　　(B) 必要条件;

(C) 充分必要条件;　　　　　(D) 无关条件.

(2) 若二元函数 $z=f(x,y)$ 在点 $P_0(x_0,y_0)$ 处的两个偏导数 $\dfrac{\partial z}{\partial x},\dfrac{\partial z}{\partial y}$ 存在,则(　　).

(A) $f(x,y)$ 在 P_0 点连续;

(B) 一元函数 $z=f(x,y_0)$ 和 $z=f(x_0,y)$ 分别在 $x=x_0$ 和 $y=y_0$

处连续；

(C) $f(x,y)$ 在 P_0 点的微分为 $\mathrm{d}z = \left.\dfrac{\partial z}{\partial x}\right|_{P_0}\mathrm{d}x + \left.\dfrac{\partial z}{\partial x}\right|_{P_0}\mathrm{d}y$；

(D) $f(x,y)$ 在 P_0 点的梯度为 $\operatorname{grad} f(P_0) = \left.\left\{\dfrac{\partial z}{\partial x}, \dfrac{\partial z}{\partial y}\right\}\right|_{P_0}$.

(3) 下列哪一个条件成立时能够推出 $f(x,y)$ 在 (x_0, y_0) 点可微，且全微分 $\mathrm{d}f = 0$ （　　）.

(A) $f(x,y)$ 在点 (x_0, y_0) 处两个偏导数 $f'_x = 0$，$f'_y = 0$；

(B) $f(x,y)$ 在点 (x_0, y_0) 处的全增量 $\Delta f = \dfrac{\Delta x \Delta y}{\sqrt{(\Delta x)^2 + (\Delta y)^2}}$；

(C) $f(x,y)$ 在点 (x_0, y_0) 处的全增量 $\Delta f = \dfrac{\sin[(\Delta x)^2 + (\Delta y)^2]}{\sqrt{(\Delta x)^2 + (\Delta y)^2}}$；

(D) $f(x,y)$ 在点 (x_0, y_0) 处的全增量

$$\Delta f = [(\Delta x)^2 + (\Delta y)^2]\sin\frac{1}{(\Delta x)^2 + (\Delta y)^2}.$$

(4) 设函数 $f(x,y)$ 在点 $(0,0)$ 处的两个偏导数分别为 $f'_x(0,0) = 3$，$f'_y(0,0) = 1$，则下列命题成立的是（　　）.

(A) $\mathrm{d}f|_{(0,0)} = 3\mathrm{d}x + \mathrm{d}y$；

(B) 函数 $f(x,y)$ 在点 $(0,0)$ 处连续；

(C) 曲线 $\begin{cases} z = f(x,y), \\ y = 0 \end{cases}$ 在点 $(0,0,0)$ 处的切向量为 $\boldsymbol{i} + 3\boldsymbol{k}$；

(D) 极限 $\lim\limits_{(x,y)\to(0,0)} f(x,y)$ 必存在.

(5) 通过曲面 S：$\mathrm{e}^{xyz} + x - y + z = 3$ 上点 $(1,0,1)$ 的切平面（　　）.

(A) 通过 y 轴；　　　　　　(B) 平行于 y 轴；

(C) 垂直于 y 轴；　　　　　(D) (A),(B),(C) 都不对.

(6) 设函数 $f(x,y)$ 有连续的偏导数，且在点 $M(1,-2)$ 的两个偏导数分别为

$$\left.\frac{\partial f}{\partial x}\right|_{(1,-2)} = 1, \qquad \left.\frac{\partial f}{\partial y}\right|_{(1,-2)} = -1,$$

则 $f(x,y)$ 在点 $M(1,-2)$ 增加最快的方向是（　　）.

(A) $\boldsymbol{i}$；　　　(B) $\boldsymbol{j}$；　　　(C) $\boldsymbol{i} + \boldsymbol{j}$；　　　(D) $\boldsymbol{i} - \boldsymbol{j}$.

10. 设 f 具有二阶连续偏导数或导数,求 $\dfrac{\partial z}{\partial x}$,$\dfrac{\partial z}{\partial y}$,$\dfrac{\partial^2 z}{\partial x^2}$,$\dfrac{\partial^2 z}{\partial y^2}$,$\dfrac{\partial^2 z}{\partial x \partial y}$,其中 z 为下列函数:

(1) $z=f(xy^2,x^2y)$;   (2) $z=f(x^2+y^2)$.

11. 设 $w=f(xy,yz)$,其中 f 为可微函数,试验证:
$$xw_x + zw_z = yw_y.$$

12. 设 $z=\mathrm{e}^{xy}$,$y=\varphi(x)$ 为可导函数,求 $\dfrac{\mathrm{d}z}{\mathrm{d}x}$.

13. 设 $\mathrm{e}^z=xyz$,求 $\dfrac{\partial^2 z}{\partial x^2}$.

14. 设函数 $z=f(2x-y)+g(x,xy)$,其中 f 是二阶可导函数,g 具有二阶连续的偏导数,求 $\dfrac{\partial^2 z}{\partial x \partial y}$.

15. 设 $u=x^2+y^2+z^2$,$x=r\cos\theta\sin\varphi$,$y=r\sin\theta\sin\varphi$,$z=r\cos\varphi$,求 $\dfrac{\partial u}{\partial r}$,$\dfrac{\partial u}{\partial \theta}$,$\dfrac{\partial u}{\partial \varphi}$.

16. 设 $w=f(t)$,$t=\varphi(xy,x^2+y^2)$,其中 f 为可导函数,φ 具有连续偏导数,求 $\mathrm{d}w$.

17. 设函数 $r=r(x,y)$,$\theta=\theta(x,y)$ 由方程组 $\begin{cases} x=r\cos\theta, \\ y=r\sin\theta \end{cases}$ 所确定,求 $\dfrac{\partial r}{\partial x}$,$\dfrac{\partial \theta}{\partial x}$.

18. 设 $z=z(x,y)$ 由方程组 $\begin{cases} x=u^2-v^2, \\ y=2uv, \\ z=\ln(u+v) \end{cases}$ 确定,试求 $\dfrac{\partial z}{\partial x}$.

19. 设曲面的方程为 $z=x\mathrm{e}^{\frac{y}{x}}$,点 $M(x,y,z)$ 是该曲面上的任一点,试证:曲面在点 $M(x,y,z)$ 处的法线与向量 $\overrightarrow{OM}$ 垂直.

20. 证明:球面 $x^2+y^2+z^2=a^2$ 上任一点 (x_0,y_0,z_0) 处的法线必通过球心.

21. 求球面 $x^2+y^2+z^2=14$ 与椭球面 $3x^2+y^2+z^2=16$ 在点 $(-1,-2,3)$ 处的交角(即交点处两个切平面的交角).

22. 求函数 $z=\ln(1+x^2+y^2)+1-\dfrac{x^3}{15}-\dfrac{y^2}{4}$ 的驻点.

23. 求函数 $f(x,y)=x^4+y^4-x^2-2xy-y^2$ 在其定义域中的极值点.

24. 求函数 $f(x,y)=x^3+y^3-3xy$ 在有界闭区域 D：$|x|\leqslant 2$，$|y|\leqslant 2$ 上的极小值与最小值.

25. 求函数 $u=\dfrac{x^2}{a^2}+\dfrac{y^2}{b^2}+\dfrac{z^2}{c^2}$ 在已知点 $M(x,y,z)$ 处沿此点的向径 $\boldsymbol{r}$ 的方向导数.

26. 设函数 $z=f(x,y)$ 具有一阶连续偏导数,且 $x=\dfrac{\xi+\eta}{2}$，$y=\dfrac{\xi-\eta}{2}$,试用 $\dfrac{\partial z}{\partial \xi}$，$\dfrac{\partial z}{\partial \eta}$ 变换方程 $\dfrac{\partial z}{\partial x}=\dfrac{\partial z}{\partial y}$.

27. 求函数 $u=\ln(x^2+y^2+z^2)$ 在点 $M(1,2,-2)$ 处的梯度.

28. 求曲面 S：$x^2+2y^2+3z^2=21$ 上平行于平面 $x+4y+6z=0$ 的切平面方程.

29. 求函数 $z=xy$ 在点 $P\left(\dfrac{a}{\sqrt{2}},\dfrac{b}{\sqrt{2}}\right)$ 处沿曲线 $\dfrac{x^2}{a^2}+\dfrac{y^2}{b^2}=1$ 在此点的内法线方向的方向导数 $(a,b>0)$.

B 级

1. 求极限：

(1) $\lim\limits_{\substack{x\to 0\\ y\to 0}}\dfrac{x^3+y^3}{x^2+y^2}$；　　(2) $\lim\limits_{\substack{x\to 0\\ y\to 0}}(x^2+y^2)^{x^2y^2}$.

2. 已知 $u=u(x,y)$ 满足方程

$$\frac{\partial^2 u}{\partial x^2}-\frac{\partial^2 u}{\partial y^2}+A\left(\frac{\partial u}{\partial x}+\frac{\partial u}{\partial y}\right)=0,$$

选择参数 α,β,利用变换 $u(x,y)=v(x,y)\mathrm{e}^{\alpha x+\beta y}$ 将原方程变形,使新方程中不含一阶偏导数项.

3. 设 $z=z(x,y)$ 由方程 $z=\displaystyle\int_{xy}^{z}f(t)\mathrm{d}t$ 确定,其中 $f(t)$ 可导,求 $\dfrac{\partial z}{\partial x}$，$\dfrac{\partial^2 z}{\partial y^2}$.

4. 已知 $z=xyf(xy)+\varphi(x^2-y^2,y^2-x^2)$,且对 $\varphi(u,v)$ 有 $\dfrac{\partial \varphi}{\partial u}=\dfrac{\partial \varphi}{\partial v}$,求证：$x\dfrac{\partial z}{\partial x}-y\dfrac{\partial z}{\partial y}=0$.

5. 设 $z=z(x,y)=\int_0^1 f(t)|xy-t|\mathrm{d}t$,其中 $f(t)$ 在 $[0,1]$ 上连续,且 $0\leqslant x,y\leqslant 1$,求 $\dfrac{\partial^2 z}{\partial x^2}$.

6. 设 $\begin{cases} x=-u^2+v+z, \\ y=u+vz, \end{cases}$ 求 $\dfrac{\partial u}{\partial x}$, $\dfrac{\partial v}{\partial x}$, $\dfrac{\partial u}{\partial z}$.

7. 已知 $\begin{cases} x=\mathrm{e}^u+u\sin v, \\ y=\mathrm{e}^u-u\cos v, \end{cases}$ 求证:$\dfrac{\partial y}{\partial x}=\tan v$.

*8. 设 $f(t)$ 在 $[1,+\infty)$ 上有连续的二阶导数,$f(1)=0$,$f'(1)=1$,且 $z=(x^2+y^2)f(x^2+y^2)$ 满足 $\dfrac{\partial^2 z}{\partial x^2}+\dfrac{\partial^2 z}{\partial y^2}=0$,求 $f(t)$ 在 $[1,+\infty)$ 上的最大值.

9. 设 $u=\sin(y+3z)$,其中 $z=z(x,y)$ 由方程 $z^2y-xz^3-1=0$ 确定,求 $\dfrac{\partial u}{\partial x}\Big|_{(1,0)}$.

10. 设函数 $z=f(x,y)$ 在点 (a,a) 的某个邻域内可微,且已知 $f(a,a)=a$,$\dfrac{\partial f}{\partial x}\Big|_{(a,a)}=b$,$\dfrac{\partial f}{\partial y}\Big|_{(a,a)}=c$,记
$$\varphi(x)=f\{x,f[x,f(x,x)]\}.$$
(1) 求 $\varphi(a)$;   (2) 求 $\dfrac{\mathrm{d}}{\mathrm{d}x}\varphi^2(x)\Big|_{x=a}$.

11. 证明:曲面 $z=xf\left(\dfrac{y}{x}\right)$ 上任一点处的切平面都通过原点.

12. 求由曲线 $\begin{cases} 3x^2+2y^2=12, \\ z=0 \end{cases}$ 绕 y 轴旋转一周所得的旋转曲面在点 $M(0,\sqrt{3},\sqrt{2})$ 处的指向外侧的单位法向量.

13. 设曲面 S 的方程为 $xyz=1$,在 S 上求一点 $P(x,y,z)$ $(x>0,y>0,z>0)$,使它到原点的距离最近,写出该点处的切平面方程.

14. 求椭球面 S:$x^2+2y^2+3z^2=21$ 上某一点 M 处的切平面 π 的方程,使平面 π 过已知直线 L:$\dfrac{x-6}{2}=\dfrac{y-3}{1}=\dfrac{z-\frac{1}{2}}{-1}$.

15. 求 a,b 的值,使得包含圆 $(x-1)^2+y^2=1$ 在其内部的椭圆 $\dfrac{x^2}{a^2}+\dfrac{y^2}{b^2}=1$ $(a>0,b>0,a\neq b)$ 有最小的面积.

16. 求曲线 Γ：$\begin{cases} x^2+y^2+z^2=6, \\ x+y+z=0 \end{cases}$ 在点 $P(-2,1,1)$ 处的切线方程与法平面方程.

17. 求函数 $f(x,y)=x^2+y^2+2xy-2x$ 在有界闭区域 $x^2+y^2\leqslant 1$ 上的最大值和最小值.

18. 求椭球面 $\dfrac{x^2}{a^2}+\dfrac{y^2}{b^2}+\dfrac{z^2}{c^2}=1$ 在第一卦限部分上的切平面与三个坐标面围成的四面体的最小体积.

19. 证明：曲面 $F(nx-lz,ny-mz)=0$ 所有的切平面都平行于某确定直线.

20. 已知曲面 $\mathrm{e}^{2x-z}=f(\pi y-\sqrt{2}\,z)$，且 f 可微，证明该曲面为柱面.

学习札记

学 习 札 记

专题九　重　积　分

【一】内容提要

1. 二重积分定义及几何意义.
2. 二重积分的性质.
3. 二重积分的计算法.
4. 二次积分.
5. 三重积分定义及性质.
6. 三重积分的计算.
7. 三次积分.

【二】基本要求

1. 理解二重积分与三重积分的定义及特性.
2. 熟练掌握二重积分与三重积分的计算方法.
3. 会用重积分解决几何、物理的应用问题.

【三】释疑解难

1. 如何理解二重积分？

答　二重积分是由积分区域以及被积函数按照二重积分的定义决定的极限，这个极限存在与否由区域及被积函数决定.

2. 计算二重积分时，为什么要选择积分次序？

答　当二重积分可以用两种次序的二次积分计算时，积分区域及被积函数的性质将决定一种次序的二次积分的难易程度，选取适当的积分次序可使计算简便.

3. 为什么要利用对称性计算二、三重积分？

答 一般地,重积分计算量比较大,充分利用积分区域的对称性及被积函数的奇偶性计算积分可以简化计算.

4. 二重积分与三重积分有无区别?

答 二重积分与三重积分有形式上的差别,无性质上的差别. 它们都可认为是积分的推广.

【四】方法指导

例 1 将 $I = \iint\limits_{D} f(x,y)\mathrm{d}\sigma$ 化为二次积分,其中 D 为第一象限中,由 $x^2+y^2=8$, $y=0$, $x=\dfrac{1}{2}y^2$ 及 $y=1$ 所围的区域(如图 9-1).

分析 积分区域的特点决定了二重积分计算的难易.

解法 1 $I = \displaystyle\int_0^1 \mathrm{d}y \int_{\frac{1}{2}y^2}^{\sqrt{8-y^2}} f(x,y)\mathrm{d}x$.

解法 2 根据区域 D 的边界曲线,有

$$I = \int_0^{\frac{1}{2}} \mathrm{d}x \int_0^{\sqrt{2x}} f(x,y)\mathrm{d}y + \int_{\frac{1}{2}}^{\sqrt{7}} \mathrm{d}x \int_0^1 f(x,y)\mathrm{d}y$$

$$+ \int_{\sqrt{7}}^{\sqrt{8}} \mathrm{d}x \int_0^{\sqrt{8-x^2}} f(x,y)\mathrm{d}y.$$

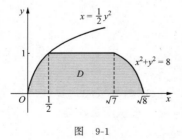

图 9-1

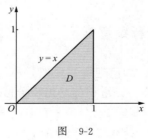

图 9-2

例 2 计算 $I = \iint\limits_{D} x\sin\dfrac{y}{x}\mathrm{d}\sigma$,其中 D 为 $y=x$, $y=0$ 和 $x=1$ 所围成的图形(如图 9-2).

分析 被积函数的特点决定了对 y 先积分方便.

解 $I = \int_0^1 \mathrm{d}x \int_0^x x\sin\dfrac{y}{x}\mathrm{d}y = \int_0^1 (1-\cos 1)x^2 \mathrm{d}x = \dfrac{1}{3}(1-\cos 1).$

例 3 计算 $I = \int_0^1 \mathrm{d}x \int_0^x x\sqrt{1-x^2+y^2}\mathrm{d}y.$

分析 按原顺序计算二次积分计算十分复杂,故需要交换积分顺序.

解 $I = \int_0^1 \mathrm{d}y \int_y^1 x\sqrt{1-x^2+y^2}\mathrm{d}x = -\dfrac{1}{3}\int_0^1 (y^3-1)\mathrm{d}y = 1/4.$

例 4 计算 $I = \iint\limits_{D} \sqrt{|y-x^2|}\mathrm{d}x\mathrm{d}y$,其中 D: $|x| \leqslant 1, 0 \leqslant y \leqslant 2.$

分析 被积函数含有绝对值,首先应去函数的绝对值,通过划积分区域为几个部分区域(图 9-3),使函数在每个区域中恒正或恒负.

解 $I = \iint\limits_{D_1} \sqrt{|y-x^2|}\mathrm{d}x\mathrm{d}y + \iint\limits_{D_2} \sqrt{|y-x^2|}\mathrm{d}x\mathrm{d}y$

$= \int_{-1}^1 \mathrm{d}x \int_0^{x^2} \sqrt{x^2-y}\mathrm{d}y + \int_{-1}^1 \mathrm{d}x \int_{x^2}^2 \sqrt{y-x^2}\mathrm{d}y$

$= \dfrac{2}{3}\int_{-1}^1 (x^2)^{\frac{3}{2}}\mathrm{d}x + \dfrac{2}{3}\int_{-1}^1 (2-x^2)^{\frac{3}{2}}\mathrm{d}x = \dfrac{5}{3} + \dfrac{1}{2}\pi.$

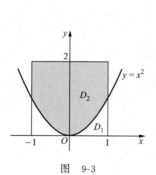

图 9-3

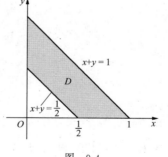

图 9-4

注意 $\int_{-1}^1 (x^2)^{\frac{3}{2}}\mathrm{d}x = \int_{-1}^1 |x^3|\mathrm{d}x \neq \int_{-1}^1 x^3 \mathrm{d}x.$

例 5 设 D 是由直线 $x=0$, $y=0$, $x+y=\dfrac{1}{2}$ 和 $x+y=1$ 所围成.

$I_1 = \iint\limits_{D} \ln(x+y)\mathrm{d}\sigma, \quad I_2 = \iint\limits_{D} (x+y)^2 \mathrm{d}\sigma, \quad I_3 = \iint\limits_{D} (x+y)\mathrm{d}\sigma,$

试用二重积分的性质比较 I_1, I_2, I_3 的大小（如图 9-4）.

分析 二重积分的积分区域相同时,被积函数的大小将决定积分值的大小,因此,首先讨论被积函数在区域 D 内的大小关系.

解 因为在积分区域 D 内,有

$$\frac{1}{2} < x + y < 1, \quad \ln(x+y) < 0, \quad (x+y)^2 > 0,$$

所以在 D 内有

$$\ln(x+y) < (x+y)^2 < x + y,$$

故由积分性质：$I_1 < I_2 < I_3$.

例 6 证明：$\int_0^a \mathrm{d}x \int_0^x \dfrac{f'(y)}{\sqrt{(a-x)(x-y)}} \mathrm{d}y = \pi [f(a) - f(0)]$.

分析 等式左端是一个二次积分,直接计算较难,因此改变积分顺序自左向右证.

证明 左 $= \int_0^a \mathrm{d}x \int_0^x \dfrac{f'(y)}{\sqrt{(a-x)(x-y)}} \mathrm{d}y$

$$= \int_0^a \mathrm{d}y \int_y^a \frac{f'(y)}{\sqrt{(a-x)(x-y)}} \mathrm{d}x$$

$$= \int_0^a f'(y) \mathrm{d}y \int_y^a \frac{\mathrm{d}x}{\sqrt{\left(\dfrac{a-y}{2}\right)^2 - \left(x - \dfrac{a+y}{2}\right)^2}}$$

$$= \int_0^a f'(y) \left(\arcsin \frac{2x - (a+y)}{a-y} \Big|_y^a \right) \mathrm{d}y$$

$$= \pi \int_0^a f'(y) \mathrm{d}y = \pi [f(a) - f(0)]$$

$$= 右.$$

例 7 计算 $I = \int_0^1 f(x) \mathrm{d}x$,其中 $f(x) = \int_1^x \mathrm{e}^{-t^2} \mathrm{d}t$.

分析 I 可以理解为二次积分.

解法 1 $I = \int_0^1 \left[\int_1^x \mathrm{e}^{-t^2} \mathrm{d}t \right] \mathrm{d}x$ （改变积分次序）

$$= -\int_0^1 \left[\int_0^t \mathrm{e}^{-t^2} \mathrm{d}x \right] \mathrm{d}t = -\int_0^1 t \mathrm{e}^{-t^2} \mathrm{d}t = -\frac{1}{2} \left(1 - \frac{1}{\mathrm{e}} \right).$$

解法 2 对 I 进行分部积分,有

$$I = x f(x) \Big|_0^1 - \int_0^1 x \mathrm{e}^{-x^2} \mathrm{d}x = \frac{1}{2} (\mathrm{e}^{-1} - 1).$$

194

例 8 计算 $I = \iint\limits_{D} \sin \sqrt{x^2 + y^2}\,\mathrm{d}x\mathrm{d}y$，其中 D：$\pi^2 \leqslant x^2 + y^2 \leqslant 4\pi^2$

（如图 9-5）.

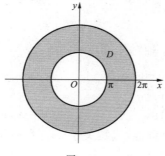

图 9-5

分析 被积函数与积分区域的特点决定了应该利用极坐标计算.

解 $I = \int_0^{2\pi}\mathrm{d}\theta\int_{\pi}^{2\pi}\sin r \cdot r\mathrm{d}r = -6\pi^2$.

例 9 计算 $\iint\limits_{D} |x^2 + y^2 - 2|\mathrm{d}x\mathrm{d}y$，其中区域为

$$D：x^2 + y^2 \leqslant 3.$$

分析 被积函数含有绝对值，应先去绝对值，由积分区域的特点，选用极坐标计算.

解 将积分区域分为 D_1：$x^2 + y^2 \leqslant 2$；D_2：$2 < x^2 + y^2 \leqslant 3$，则

$$\iint\limits_{D} |x^2 + y^2 - 2|\mathrm{d}x\mathrm{d}y$$

$$= \iint\limits_{D_1} |2 - x^2 - y^2|\mathrm{d}x\mathrm{d}y + \iint\limits_{D_2} |x^2 + y^2 - 2|\mathrm{d}x\mathrm{d}y$$

$$= \int_0^{2\pi}\mathrm{d}\theta\int_0^{\sqrt{2}} (2 - r^2) \cdot r\mathrm{d}r + \int_0^{2\pi}\mathrm{d}\theta\int_{\sqrt{2}}^{\sqrt{3}} (r^2 - 2) \cdot r\mathrm{d}r$$

$$= \frac{5}{2}\pi.$$

例 10 计算 $I = \iint\limits_{D} (x+y)\mathrm{d}\sigma$，其中 D 为 $y = x^2$，$y = 4x^2$ 及 $y = 1$

所围区域(如图 9-6).

分析 若区域 D 关于 x 轴对称,则

$$\iint\limits_{D} f(x,y)\mathrm{d}\sigma = \begin{cases} 2\iint\limits_{D_1} f(x,y)\mathrm{d}x\mathrm{d}y, & f(x,-y) = f(x,y), \\ 0, & f(x,-y) = -f(x,y); \end{cases}$$

若区域 D 关于 y 轴对称,则

$$\iint\limits_{D} f(x,y)\mathrm{d}\sigma = \begin{cases} 2\iint\limits_{D_1} f(x,y)\mathrm{d}\sigma, & f(-x,y) = f(x,y), \\ 0, & f(-x,y) = -f(x,y). \end{cases}$$

题中区域具有对称性,函数关于 x,y 具有奇、偶性,应利用对称性进行计算.

解 由于区域 D 关于 y 轴对称,则有 $\iint\limits_{D} x\mathrm{d}\sigma = 0$,且

$$I = \iint\limits_{D} x\mathrm{d}\sigma + \iint\limits_{D} y\mathrm{d}\sigma = 2\iint\limits_{D_2} y\mathrm{d}\sigma = 2\int_0^1 \mathrm{d}y \int_{\frac{\sqrt{y}}{2}}^{\sqrt{y}} y\mathrm{d}x = \frac{2}{5}.$$

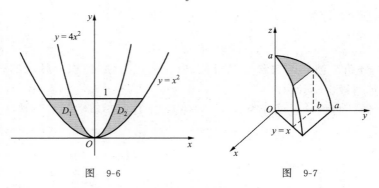

图 9-6   图 9-7

例 11 求圆柱面 $y^2 + z^2 = a^2$ 在第一卦限中被平面 $y = b$ ($0 < b < a$)与平面 $x = y$ 所截下部分的面积,且求出 $y^2 + z^2 = a^2$,$y = b$,$x = y$ 在第一卦限中所围的体积(图 9-7).

分析 由面积公式

$$S = \iint\limits_{D} \sqrt{1 + \left(\frac{\partial z}{\partial x}\right)^2 + \left(\frac{\partial z}{\partial y}\right)^2}\mathrm{d}x\mathrm{d}y,$$

196

且 $\dfrac{\partial z}{\partial x}=0$, $\dfrac{\partial z}{\partial y}=\dfrac{-y}{\sqrt{a^2-y^2}}$,故在计算二重积分时,应选下面顺序的二次积分.

解 由面积公式

$$S=\iint\limits_{D}\sqrt{1+\left(\frac{\partial z}{\partial x}\right)^2+\left(\frac{\partial z}{\partial y}\right)^2}\mathrm{d}x\mathrm{d}y,$$

其中 D：$0\leqslant y\leqslant b$, $0\leqslant x\leqslant y$. 于是

$$S=\int_0^b\mathrm{d}y\int_0^y\sqrt{1+\frac{y^2}{a^2-y^2}}\mathrm{d}x$$

$$=a\int_0^b\frac{y}{\sqrt{a^2-y^2}}\mathrm{d}y=a\cdot(a-\sqrt{a^2-b^2}).$$

所求体积

$$V=\iint\limits_{D}\sqrt{a^2-y^2}\mathrm{d}x\mathrm{d}y=\int_0^b\mathrm{d}y\int_0^y\sqrt{a^2-y^2}\mathrm{d}x$$

$$=\int_0^b\sqrt{a^2-y^2}\,y\mathrm{d}y$$

$$=\frac{1}{3}\left[a^3-(a^2-b^2)^{3/2}\right].$$

例 12 设 $f(x,y)$ 在单位圆上有连续的偏导数且在边界上取值为零,证明:

$$f(0,0)=\lim_{\varepsilon\to0}\frac{-1}{2\pi}\iint\limits_{D}\frac{x\dfrac{\partial f}{\partial x}+y\dfrac{\partial f}{\partial y}}{x^2+y^2}\mathrm{d}x\mathrm{d}y,$$

其中 D 为圆环域：$\varepsilon^2\leqslant x^2+y^2\leqslant1$.

分析 因为积分区域为圆环域,被积函数中含有 x^2+y^2,故利用极坐标证明.

证明 令 $x=r\cos\theta$, $y=r\sin\theta$,则

$$\frac{\partial f}{\partial r}=\frac{\partial f}{\partial x}\cdot\frac{\partial x}{\partial r}+\frac{\partial f}{\partial y}\cdot\frac{\partial y}{\partial r}=\frac{\partial f}{\partial x}\cos\theta+\frac{\partial f}{\partial y}\sin\theta,$$

$$r\frac{\partial f}{\partial r}=r\frac{\partial f}{\partial x}\cos\theta+r\frac{\partial f}{\partial y}\sin\theta=x\frac{\partial f}{\partial x}+y\frac{\partial f}{\partial y}.$$

于是

$$I = \iint\limits_{D} \frac{x\dfrac{\partial f}{\partial x} + y\dfrac{\partial f}{\partial y}}{x^2 + y^2}\mathrm{d}x\mathrm{d}y = \iint\limits_{D} \frac{r\dfrac{\partial f}{\partial r}}{r^2}r\mathrm{d}r\mathrm{d}\theta$$

$$= \int_0^{2\pi}\mathrm{d}\theta\int_{\varepsilon}^1 \frac{\partial f}{\partial r}\mathrm{d}r = \int_0^{2\pi}\big[f(r\cos\theta,r\sin\theta)\big|_{\varepsilon}^1\big]\mathrm{d}\theta$$

$$= \int_0^{2\pi}f(\cos\theta,\sin\theta)\mathrm{d}\theta - \int_0^{2\pi}f(\varepsilon\cos\theta,\varepsilon\sin\theta)\mathrm{d}\theta.$$

因为 $f(x,y)$ 在单位圆边界上取值为零,故 $f(\cos\theta,\sin\theta)=0$,利用定积分中值定理可知

$$I = -\int_0^{2\pi}f(\varepsilon\cos\theta,\varepsilon\sin\theta)\mathrm{d}\theta = -2\pi f(\varepsilon\cos\theta^*,\varepsilon\sin\theta^*),$$

其中 $\theta^* \in [0,2\pi]$,故

$$\lim_{\varepsilon \to 0}\frac{(-1)}{2\pi} \cdot (-2\pi)f(\varepsilon\cos\theta^*,\varepsilon\sin\theta^*) = f(0,0).$$

结论得证.

例 13 计算三重积分 $\iiint\limits_{\Omega}z\mathrm{d}x\mathrm{d}y\mathrm{d}z$,$\Omega$ 为由平面 $x=1$,$y=x$,$x=2$,$2z=y$,$z=0$ 围成(如图 9-8).

分析 穿 Ω 内部且平行于 z 轴的直线与 Ω 的边界的交点不多于两点,可利用直角坐标计算.

解 将三重积分化为三次积分得:

$$\iiint\limits_{\Omega}z\mathrm{d}x\mathrm{d}y\mathrm{d}z = \int_1^2\mathrm{d}x\int_0^x\mathrm{d}y\int_0^{\frac{y}{2}}z\mathrm{d}z$$

$$= \frac{1}{8}\int_1^2\mathrm{d}x\int_0^x y^2\mathrm{d}y = \frac{1}{24}\int_1^2 x^3\mathrm{d}x = \frac{5}{32}.$$

例 14 计算三重积分

$$\iiint\limits_{\Omega}\sqrt{x^2 + y^2}z\mathrm{d}x\mathrm{d}y\mathrm{d}z,$$

其中 Ω 为由圆柱面 $x^2+y^2=4$,平面 $z=0$,$y+z=2$ 围成(如图 9-9).

分析 由于积分区域及被积函数的特点,利用柱面坐标可以简化计算.

198

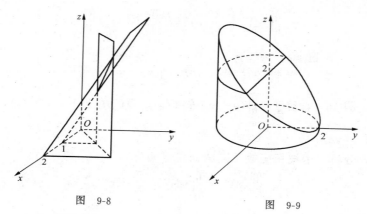

图 9-8　　　　　　　　　　　　　　图 9-9

解　将三重积分化为柱坐标的三次积分得

$$\iiint_{\Omega}\sqrt{x^2+y^2}z\mathrm{d}x\mathrm{d}y\mathrm{d}z=\iiint_{\Omega}\sqrt{r^2}z\mathrm{d}x\mathrm{d}y\mathrm{d}z$$

$$=\int_0^{2\pi}\mathrm{d}\theta\int_0^2 r^2\mathrm{d}r\int_0^{2-r\sin\theta}z\mathrm{d}z$$

$$=\int_0^{2\pi}\mathrm{d}\theta\int_0^2\left(2r^2-2r^3\sin\theta+\frac{1}{2}r^4\sin^2\theta\right)\mathrm{d}r$$

$$=\int_0^{2\pi}\left(\frac{16}{3}-8\sin\theta+\frac{16}{5}\sin^2\theta\right)\mathrm{d}\theta$$

$$=\frac{208}{15}\pi.$$

例 15　计算 $I=\iiint_{\Omega}(x+z)\mathrm{d}V$，$\Omega$ 为区域

$$x^2+y^2+z^2\leqslant 1,\quad z\geqslant 0.$$

分析　由于积分区域 Ω 具有对称性，而 $\iiint_{\Omega}x\mathrm{d}V$，$\iiint_{\Omega}z\mathrm{d}V$ 中被积函数具有奇偶性，所以利用对称性计算.

解　由被积函数 x 是 Ω 上的奇函数，及区域 Ω 的对称性知 $\iiint_{\Omega}x\mathrm{d}V=0$，所以

$$I = \iiint\limits_{\Omega} x \mathrm{d}V + \iiint\limits_{\Omega} z \mathrm{d}V = \iiint\limits_{\Omega} z \mathrm{d}V = 4 \iiint\limits_{\Omega'} z \mathrm{d}V$$

$$= 4 \int_0^{\frac{\pi}{2}} \mathrm{d}\theta \int_0^{\frac{\pi}{2}} \sin\varphi \cos\varphi \mathrm{d}\varphi \int_0^1 r^3 \mathrm{d}r = \frac{\pi}{4}.$$

例 16 计算 $I = \iiint\limits_{\Omega} (x+y+z)\mathrm{d}V$，$\Omega$ 为区域 $x^2+y^2+z^2 \leqslant 1, x \geqslant 0, y \geqslant 0, z \geqslant 0$.

分析 由被积函数及区域 Ω 的特点知：

$$\iiint\limits_{\Omega} x \mathrm{d}V = \iiint\limits_{\Omega} y \mathrm{d}V = \iiint\limits_{\Omega} z \mathrm{d}V.$$

解 $I = 3 \iiint\limits_{\Omega} z \mathrm{d}V$（利用球面坐标）

$$= 3 \int_0^{\frac{\pi}{2}} \mathrm{d}\theta \int_0^{\frac{\pi}{2}} \sin\varphi \cos\varphi \mathrm{d}\varphi \int_0^1 \rho^3 \mathrm{d}\rho = \frac{3}{16}\pi.$$

例 17 计算 $\iiint\limits_{\Omega} (x^2+y^2)\mathrm{d}V$，其中 Ω 是曲线 $\begin{cases} y^2 = 2z, \\ x = 0 \end{cases}$ 绕 z 轴旋转一周而成的曲面与两平面 $z=2, z=8$ 所围成的区域（如图 9-10）.

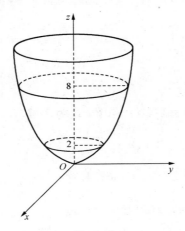

图 9-10

分析 应先求出旋转曲面方程 $x^2+y^2=2z$ 后计算三重积分.

解法 1 用直角坐标系计算.

$$\iiint\limits_{\Omega}(x^2+y^2)\mathrm{d}V = \int_{-4}^{4}\mathrm{d}x\int_{-\sqrt{16-x^2}}^{\sqrt{16-x^2}}\mathrm{d}y\int_{\frac{1}{2}(x^2+y^2)}^{8}(x^2+y^2)\mathrm{d}z$$

$$-\int_{-2}^{2}\mathrm{d}x\int_{-\sqrt{4-x^2}}^{\sqrt{4-x^2}}\mathrm{d}y\int_{\frac{1}{2}(x^2+y^2)}^{2}(x^2+y^2)\mathrm{d}z$$

(计算量大,略).

解法 2 用柱面坐标计算

$$\iiint\limits_{\Omega}(x^2+y^2)\mathrm{d}V = \int_{0}^{2\pi}\mathrm{d}\theta\int_{2}^{4}r\mathrm{d}r\int_{\frac{1}{2}r^2}^{8}r^2\mathrm{d}z + \int_{0}^{2\pi}\mathrm{d}\theta\int_{0}^{2}r\mathrm{d}r\int_{2}^{8}r^2\mathrm{d}z$$

(计算过程略).

解法 3 用先二次积分后定积分方法,有 $D_z:x^2+y^2\leqslant 2z$,故

$$\iiint\limits_{\Omega}(x^2+y^2)\mathrm{d}V = \int_{2}^{8}\mathrm{d}z\iint\limits_{D_z}(x^2+y^2)\mathrm{d}x\mathrm{d}y$$

$$= \int_{2}^{8}\mathrm{d}z\left(\int_{0}^{2\pi}\mathrm{d}\theta\int_{0}^{\sqrt{2z}}r^3\mathrm{d}r\right)$$

$$= 2\pi\int_{2}^{8}z^2\mathrm{d}z = 336\pi.$$

例 18 证明 $\iiint\limits_{\Omega}f(z)\mathrm{d}V = \pi\int_{-1}^{1}f(u)(1-u^2)\mathrm{d}u$,其中,$\Omega$ 是球体 $x^2+y^2+z^2\leqslant 1$.

分析 将 Ω 投影在 z 轴上后,$-1\leqslant z\leqslant 1$,与要证明的定积分区间相同,故将三重积分用先二重积分后定积分的方法证明.

证明 用垂直于 z 的平面截 Ω 后 $D_z:x^2+y^2\leqslant 1-z^2$,

$$\iiint\limits_{\Omega}f(z)\mathrm{d}V = \int_{-1}^{1}\mathrm{d}z\iint\limits_{D_z}f(z)\mathrm{d}x\mathrm{d}y = \pi\int_{-1}^{1}f(z)(1-z^2)\mathrm{d}z$$

$$= \pi\int_{-1}^{1}f(u)(1-u^2)\mathrm{d}u.$$

【五】同步训练

A   级

1. 一薄板(不记厚度)位于 Oxy 平面上的区域为 $D:0\leqslant x\leqslant 1$,

$0 \leqslant y \leqslant 2$,该薄板上分布有表面为 $\delta(x,y)$ 的电荷,写出这一薄板上全部电荷的二重积分及二次积分表达式.

2. 一薄板在 Oxy 平面上,占有区域 D,板的面密度为 $u(x,y)$,板以角速度 ω 绕 Ox 轴旋转,写出板的动能表达式.

3. 估算下列积分值:

(1) $\iint\limits_{D}(x+y+10)\mathrm{d}\sigma$,其中 D:$x^2+y^2 \leqslant 4$;

(2) $\iint\limits_{D}(x+xy-y^2-x^2)\mathrm{d}\sigma$,其中 D:$0 \leqslant x \leqslant 1,0 \leqslant y \leqslant 2$.

4. 不计算积分,确定下列积分的值:

(1) $\iint\limits_{D}(x+y^2\sin x)\mathrm{d}\sigma$,其中 D:$x^2+y^2 \leqslant 4,y \geqslant 0$;

(2) $\iint\limits_{D}(x^2y)\mathrm{d}\sigma$,其中 D:$0 \leqslant x \leqslant 1,-1 \leqslant y \leqslant 1$.

5. 将二重积分 $I=\iint\limits_{D}f(x,y)\mathrm{d}\sigma$ 化为二次积分(两种次序),其中区域 D 给定如下:

(1) D 由 $y^2=8x$ 与 $x^2=y$ 所围区域;

(2) D 由 $x=3,x=5,x-2y+1=0$ 及 $x-2y+7=0$ 所围区域;

(3) D 由 $x^2+y^2 \leqslant 1,y \geqslant x,x \geqslant 0$ 所围区域;

(4) D 由 $|x|+|y| \leqslant 1$ 所围区域.

6. 改变下列积分次序:

(1) $\displaystyle\int_0^a \mathrm{d}x \int_{\frac{a^2-x^2}{2a}}^{\sqrt{a^2-x^2}} f(x,y)\mathrm{d}y$;

(2) $\displaystyle\int_0^1 \mathrm{d}x \int_0^{x^2} f(x,y)\mathrm{d}y + \int_1^3 \mathrm{d}x \int_0^{\frac{3-x}{2}} f(x,y)\mathrm{d}y$;

(3) $\displaystyle\int_{-1}^0 \mathrm{d}x \int_{-x}^{2-x^2} f(x,y)\mathrm{d}y + \int_0^1 \mathrm{d}x \int_x^{2-x^2} f(x,y)\mathrm{d}y$.

7. 计算二次积分 $\displaystyle\int_1^4 \mathrm{d}y \int_{\sqrt{y}}^2 \frac{\ln x}{x^2-1}\mathrm{d}x$.

8. 将积分

$$I = \int_0^2 dx \int_{\sqrt{2x-x^2}}^{\sqrt{4x-x^2}} f(x,y)dy + \int_2^4 dx \int_0^{\sqrt{4x-x^2}} f(x,y)dy$$

化为极坐标的二次积分.

9. 计算二次积分 $\int_0^1 dx \int_x^1 x^2 e^{-y^2} dy$.

10. 选用适当坐标系计算下列积分：

(1) $\iint\limits_D y dx dy$，其中 D 为 $x^2 + y^2 = a^2$ 所围的第一象限中的区域；

(2) $\iint\limits_D e^{-(x^2+y^2)} dx dy$，其中 D 为 $x^2 + y^2 = 1$ 所围的区域；

(3) $\iint\limits_D |xy| dx dy$，其中 D 为 $x^2 + y^2 \leqslant R^2$ 所围的区域；

(4) $\iint\limits_D |y - x^2| dx dy$，其中 D 为 $0 \leqslant x \leqslant 1, 0 \leqslant y \leqslant 1$；

(5) $\iint\limits_D |x^2 + y^2 - 4| dx dy$，其中 D 为 $x^2 + y^2 \leqslant 9$ 所围的区域；

(6) $\iint\limits_D \sqrt{1 - \sin^2(x+y)} dx dy$，其中 D 为 $0 \leqslant x \leqslant \dfrac{\pi}{2}, 0 \leqslant y \leqslant \dfrac{\pi}{2}$；

(7) $I = \iint\limits_D \ln(x^2 + y^2) dx dy$，其中 D 为 $\xi^2 \leqslant x^2 + y^2 \leqslant 1$，求 $\lim\limits_{\xi \to 0} I$.

11. 求心形线 $r = a(1 + \cos\theta)$ 与圆 $r = 2a\cos\theta \ (a > 0)$ 所围图形的面积.

12. 求曲面 $x^2 + y^2 + z^2 = a^2$ 在圆柱 $x^2 + y^2 = ax$ 外那部分面积.

13. 求球面 $x^2 + y^2 + z^2 = 25$ 被平面 $z = 3$ 所分成的上半部分曲面的面积.

14. 求由曲面 $z = x^2 + y^2$ 及 $z = 8 - x^2 - y^2$ 所围成的立体的表面积.

15. 求由曲面 $z = 0, x^2 - 2x + y^2 = 0$ 及 $z = \sqrt{x^2 + y^2}$ 所围成的立体体积.

16. 求坐标轴与直线 $2x+y=6$ 所围成三角形均匀薄片的重心.

17. 求由摆线 $x=a(t-\sin t),y=a(1-\cos t)$ $(0\leqslant t\leqslant2\pi)$ 和 x 轴所围均匀薄板的重心.

B 级

1. 利用直角坐标计算下列积分:

(1) $\iiint\limits_{\Omega}xy\mathrm{d}x\mathrm{d}y\mathrm{d}z$,其中 Ω:$1\leqslant x\leqslant2,-2\leqslant y\leqslant1,0\leqslant z\leqslant\dfrac{1}{2}$;

(2) $\iiint\limits_{\Omega}\dfrac{\mathrm{d}x\mathrm{d}y\mathrm{d}z}{(x+y+z)}$,其中 Ω:$1\leqslant x\leqslant2,1\leqslant y\leqslant2,1\leqslant z\leqslant2$;

(3) $\iiint\limits_{\Omega}xyz\mathrm{d}V$,其中 Ω 是由 $x=a$ $(a>0),y=x,z=y,z=0$ 所围成的立体;

(4) $\iiint\limits_{\Omega}\mathrm{e}^{y}\mathrm{d}V$,其中 Ω 是由 $x^2-y^2+z^2=1,y=0,y=2$ 所围成;

(5) $\iiint\limits_{\Omega}\dfrac{y\sin x}{x}\mathrm{d}V$,其中 Ω 是由 $y=\sqrt{x},y=0,z=0,x+z=\dfrac{\pi}{2}$ 所围成的立体.

2. 利用柱面坐标计算下列积分:

(1) $\iiint\limits_{\Omega}\mathrm{e}^{-x^2-y^2}\mathrm{d}V$,其中 Ω:$x^2+y^2\leqslant1,0\leqslant z\leqslant1$;

(2) $\iiint\limits_{\Omega}(x^2+y^2)\mathrm{d}V$,其中 Ω 是 $\begin{cases}y^2=2x,\\z=0\end{cases}$ 绕 z 轴旋转一周而成的曲面与两平面 $z=2,z=8$ 所围成的区域;

(3) $\iiint\limits_{\Omega}z\mathrm{d}V$,其中 Ω:$x^2+y^2\leqslant2,z\leqslant x^2+y^2,z\geqslant0$.

3. 利用球面坐标计算下列积分:

(1) $\iiint\limits_{\Omega}\sqrt{x^2+y^2+z^2}\mathrm{d}V$,其中 Ω:$x^2+y^2\leqslant z^2,x^2+y^2+z^2\leqslant R^2$,$z\geqslant0$;

204

(2) $\iiint\limits_{\Omega}(x^2+y^2)\mathrm{d}V$，其中 Ω：$x\geqslant0,y\geqslant0,a^2\leqslant x^2+y^2+z^2\leqslant R^2$；

(3) $\iiint\limits_{\Omega}\mathrm{e}^{\sqrt{x^2+y^2+z^2}}\mathrm{d}V$，其中 Ω：$x^2+y^2+z^2\leqslant R^2$.

4. 选用适当的坐标系计算下列积分：

(1) $\iiint\limits_{\Omega}2z\mathrm{d}V$，其中 Ω：$x^2+y^2\leqslant8,x^2+2y^2\geqslant z^2$；

(2) $\iiint\limits_{\Omega}\left(\sqrt{x^2+y^2+z^2}+\dfrac{1}{x^2+y^2+z^2}\right)\mathrm{d}V$，其中 Ω 由 $x^2+y^2=z^2$，$z^2=3x^2+3y^2$ 及 $z=1$ 所围成；

(3) $\iiint\limits_{\Omega}|xyz|\mathrm{d}V$，其中 Ω 由 $z=\sqrt{x^2+y^2},z=\sqrt{4-x^2-y^2}$ 所围成.

5. 求曲面 $z=1-x^2,x=1-y^2,z=0$（在第一象限部分）所围成的区域的体积.

6. 求曲面 $x^2+y^2=z^2$ 与 $x^2+y^2=ax$ $(a>0)$ 所围成的立体体积.

7. 若球体 Ω：$x^2+y^2+z^2\leqslant2az$ $(a>0)$ 内点 (x,y,z) 的密度为

$$\mu=\dfrac{k}{x^2+y^2+z^2}\quad(k>0),$$

试求该物体的质量及重心.

8. 已知 Oyz 平面内的一条曲线 $z=y^2$，使其绕 z 轴旋转而成的旋转曲面与 $z=2$ 所围成的立体在任一点的密度为 $\mu=\sqrt{x^2+y^2}$，求该立体对于 z 轴的转动惯量.

9. 求曲面 $x^2+y^2=2-z$ 及 $z=\sqrt{x^2+y^2}$ 所围均匀立体（密度为常数 μ）对于 z 轴的转动惯量.

10. 函数 $f(x)$ 连续，$f(0)=a$，函数

$$F(t)=\iiint\limits_{\Omega}[z+f(x^2+y^2+z^2)]\mathrm{d}V,$$

其中 Ω 是由 $0\leqslant z\leqslant\sqrt{t^2-x^2-y^2}$ 及 $z\geqslant\sqrt{x^2+y^2}$ 所围成的区域，求

$$\lim_{t \to 0} \frac{F(t)}{t^3}.$$

11. 设 $f(\mu)$ 可微，$f(0)=0$，试求

$$\lim_{t \to 0} \frac{1}{\pi t^4} \iiint\limits_{x^2+y^2+z^2 \leqslant t^2} f(\sqrt{x^2 + y^2 + z^2})\mathrm{d}V.$$

12. 在半径为 R 的均匀半球体的大圆上，外接一个半径与球面半径相等，材料相同的均匀圆柱体，为使外接后立体质心位于球心上，该圆柱体的高应为多少？

学 习 札 记

学 习 札 记

专题十　曲线积分与曲面积分

【一】内容提要

1. 对弧长的曲线积分(也叫做第一类曲线积分)的概念和性质及计算方法.

2. 对坐标的曲线积分(也叫做第二类曲线积分)的概念和性质及计算方法.

3. 两类曲线积分之间的联系及相互转化.

4. 格林公式,平面曲线积分与路径无关的条件.

5. 对面积的曲面积分(也叫做第一类曲面积分)的概念和性质及计算方法.

6. 对坐标的曲面积分(也叫做第二类曲面积分)的概念和性质及计算方法.

7. 两类曲面积分之间的联系及相互转化.

8. 高斯公式、斯托克斯公式.

9. 通量与散度、环流量与旋度.

【二】基本要求

1. 理解两类曲线积分和曲面积分的概念与性质.

2. 熟练掌握曲线积分和曲面积分的计算方法(包括他们的相互转化).

3. 能够应用高斯公式、斯托克斯公式,平面曲线积分与路径无关的条件简化有关的计算.

4. 了解关于通量与散度、环流量与旋度的概念并会有关的计算.

【三】释疑解难

1. 对弧长的曲线积分化为定积分时,积分下限必定小于积分上限,而对坐标的曲线积分化为定积分时,下限对应曲线的起点,上限对应曲线的终点.

答 对于第一类曲线积分,曲线是无向的,由定义,

$$\int_l f(x,y)\mathrm{d}s = \sum_{i=1}^{n} f(\xi_i, \eta_i)\Delta s_i,$$

Δs_i 为弧微分,由弧长的计算方法,下限应小于上限,而第二类曲线积分中,曲线是有向的,下限对应起点,上限对应终点.

2. 应用格林公式,应注意什么?

应用格林公式时,应注意以下几点: $P(x,y),Q(x,y)$ 在区域 G 内具有一阶连续偏导数(注意奇点),G 的边界曲线 L 应取正向.

3. 计算第二类曲面积分时,应注意什么?

计算第二类曲面积分时,要注意侧的选取,不同的侧的投影不同.

4. 应用高斯公式时,应注意什么?

应用高斯公式时,应注意以下几点:

(1) $P(x,y,z),Q(x,y,z),R(x,y,z)$ 在区域 Ω 上具有一阶连续偏导数(也即要注意奇点);

(2) Ω 的边界曲面 Σ 是分片光滑的闭曲面.

【四】方法指导

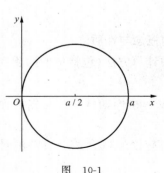

图 10-1

例 1 计算 $\oint_L \sqrt{x^2+y^2}\mathrm{d}s$,其中 L:圆周 $x^2+y^2=ax$ (图 10-1).

分析 关于第一类曲线积分的计算,大致有以下几种:

(1) 若曲线 L 的方程为 $y=\varphi(x)$,$x\in[a,b]$,且 $y=\varphi(x)$ 在 $x\in[a,b]$ 上具有连续导数,则

$$\int_L f(x,y)\mathrm{d}s = \int_a^b f[x,\varphi(x)]\sqrt{1+[\varphi'(x)]^2}\mathrm{d}x.$$

（2）若曲线 L 的方程为 $x=\psi(y), y\in[c,d]$ 且 $x=\psi(y)$ 在 $y\in$ $[c,d]$ 上具有连续导数，则

$$\int_L f(x,y)\mathrm{d}s = \int_c^d f[\psi(y),y]\sqrt{1+[\psi'(y)]^2}\mathrm{d}y.$$

（3）若曲线 L 的方程为 $\begin{cases} x=\varphi(t), \\ y=\psi(t), \end{cases} t\in[\alpha,\beta]$，且 $x=\varphi(t)$，$y=\psi(t)$ 在 $t\in[\alpha,\beta]$ 上具有连续导数，则

$$\int_L f(x,y)\mathrm{d}s = \int_\alpha^\beta f[\varphi(t),\psi(t)]\sqrt{[\varphi'(t)]^2+[\psi'(t)]^2}\mathrm{d}t.$$

解法 1　L 的方程为 $\begin{cases} x=\dfrac{a}{2}(1+\cos\theta), \\ y=\dfrac{a}{2}\sin\theta, \end{cases} \theta\in[0,2\pi], \mathrm{d}s=\dfrac{a}{2}\mathrm{d}\theta,$

则有

$$原式 = 2\int_0^\pi \frac{a}{2}\sqrt{a\cdot\frac{a}{2}(1+\cos\theta)}\mathrm{d}\theta$$

$$= 2\int_0^\pi \frac{a^2}{2}\left|\cos\frac{\theta}{2}\right|\mathrm{d}\theta = 2a^2.$$

解法 2　L 的方程为：

$$r = a\cos\theta, \quad \theta\in\left[-\frac{\pi}{2},\frac{\pi}{2}\right], \quad \mathrm{d}s = \sqrt{r^2+r'^2}\mathrm{d}\theta = a\mathrm{d}\theta,$$

则有　　　$x = r\cos\theta = a\cos^2\theta, \quad y = r\sin\theta = a\cos\theta\sin\theta,$

$$原式 = \int_{-\frac{\pi}{2}}^{\frac{\pi}{2}} a^2\cos\theta\,\mathrm{d}\theta = 2a^2.$$

例 2　计算 $\displaystyle\int_L e^{\sqrt{x^2+y^2}}\mathrm{d}s$，其中 L：由圆周 $x^2+y^2=a^2$、直线 $y=x$ 及 x 轴在第一象限内所围成的图形的边界（如图 10-2）.

分析　L 属于分段光滑的曲线，应分成三段来求.

解法 1　在线段 OA 上，$\sqrt{x^2+y^2} = $

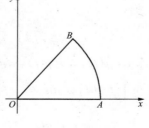

图　10-2

x，$ds=dx$，则

$$\int_{OA} e^{\sqrt{x^2+y^2}} ds = \int_0^a e^x dx = e^a - 1.$$

在圆弧 $\overset{\frown}{AB}$ 上，$x=a\cos\theta$，$y=a\sin\theta$，

$$\sqrt{x^2 + y^2} = a, \quad ds = ad\theta,$$

则

$$\int_{\overset{\frown}{AB}} e^{\sqrt{x^2+y^2}} ds = \int_0^{\frac{\pi}{4}} e^a \cdot ad\theta = \frac{\pi}{4} ae^a,$$

在线段 OB 上，$\sqrt{x^2+y^2}=\sqrt{2}\,x$，$ds=\sqrt{2}\,dx$，则

$$\int_{OB} e^{\sqrt{x^2+y^2}} ds = \int_0^{\frac{\sqrt{2}a}{2}} e^{\sqrt{2}\,x} \sqrt{2}\,dx = e^a - 1,$$

$$原式 = 2(e^a - 1) + \frac{\pi}{4} ae^a.$$

解法 2 在极坐标系下，线段 OA：$\varphi=0$，$ds=dr$；线段 OB：$\varphi=\frac{\pi}{4}$，$ds=dr$；圆弧 $\overset{\frown}{AB}$：$r=a$，$0\leqslant\varphi\leqslant\frac{\pi}{4}$，

$$ds = \sqrt{r^2 + r'^2}\,d\varphi = ad\varphi,$$

$$原式 = \int_0^a e^r dr + \int_0^{\frac{\pi}{4}} e^a \cdot ad\varphi + \int_0^a e^r dr = 2(e^a - 1) + \frac{\pi}{4} ae^a.$$

例 3 计算 $\oint_\Gamma x^2 ds$，Γ 为球面 $x^2+y^2+z^2=a^2$ 与平面 $x+y+z=0$ 的交线（如图 10-3）.

分析 此题为空间曲线上的第一类曲线积分，一般的，若 Γ 的方程为

$$\begin{cases} x = \varphi(t), \\ y = \psi(t), \quad t \in [\alpha, \beta], \\ z = \omega(t), \end{cases}$$

且 $x=\varphi(t)$，$y=\psi(t)$，$z=\omega(t)$ 在 $t\in[\alpha,\beta]$ 上具有连续导数，则有

$$\int_\Gamma f(x,y,z)ds$$

$$= \int_\alpha^\beta f[\varphi(t),\psi(t),\omega(t)] \sqrt{\varphi'^2(t) + \psi'^2(t) + \omega'^2(t)}\,dt.$$

212

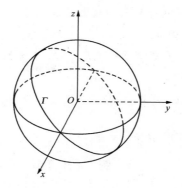

图　10-3

解法 1　方程 $x^2+y^2+z^2=a^2$ 与 $x+y+z=0$ 联立消去 z，得

$$\frac{3}{4}x^2 + \left(y + \frac{x}{2}\right)^2 = \frac{a^2}{2},$$

则 Γ 的参数方程为：

$$x = \sqrt{\frac{2}{3}}a\cos\theta, \quad y = \frac{1}{\sqrt{2}}a\sin\theta - \frac{1}{\sqrt{6}}a\cos\theta,$$

$$z = -\frac{1}{\sqrt{6}}a\cos\theta - \frac{1}{\sqrt{2}}a\sin\theta, \quad 0 \leqslant \theta \leqslant 2\pi,$$

$$ds = \sqrt{x'^2(\theta) + y'^2(\theta) + z'^2(\theta)} = a d\theta,$$

所以

$$\oint_\Gamma x^2 ds = a\int_0^{2\pi} \frac{2}{3}a^2\cos^2\theta\, d\theta = \frac{2}{3}\pi a^3.$$

解法 2　因为

$$\int_\Gamma x^2 ds = \int_\Gamma y^2 ds = \int_\Gamma z^2 ds,$$

则有

$$\int_\Gamma x^2 ds = \frac{1}{3}\int_\Gamma (x^2 + y^2 + z^2) ds = \frac{a^2}{3}\int_\Gamma ds = \frac{2}{3}\pi a^3.$$

注　在第一类曲线积分的计算中，正确应用对称性可简化计算.

例 4　设一柱面螺线 $x = a\cos t$，$y = a\sin t$，$z = bt$（$0 \leqslant t \leqslant 2\pi$）上任一点处的线密度的大小等于该点向径的平方，求这一曲线的质量.

分析　关于质量分布不均匀的曲线的质量，可由对弧长的曲线

213

积分计算,它也可用来计算有质量的曲线的重心和转动惯量.

解 已知密度函数
$$\rho(x,y,z) = x^2 + y^2 + z^2,$$
则由第一类曲线积分
$$M = \int_L (x^2 + y^2 + z^2) \mathrm{d}s = \int_0^{2\pi} (a^2 + b^2 t^2) \sqrt{a^2 + b^2} \mathrm{d}t$$
$$= \frac{2\pi}{3} (3a^2 + 4b^2\pi^2) \sqrt{a^2 + b^2}.$$

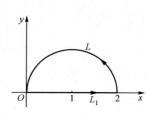

图 10-4

例 5 计算第二类曲线积分
$$\int_L x\mathrm{d}x + xy\mathrm{d}y,$$
L:上半圆周 $x^2 + y^2 = 2x$ 的正向(图 10-4).

分析 关于第二类曲线积分的计算,与第一类曲线积分相似,也分为三种,不同之处在于:第二类曲线积分中的曲线为有向的,因此在化为定积分时,积分上、下限只与曲线的起点和终点有关,而与其大小无关.

解法 1 L 的参数方程为:$x = 1 + \cos\theta$,$y = \sin\theta$,$0 \leqslant \theta \leqslant \pi$.
$$原式 = \int_0^\pi \{(1 + \cos\theta)(-\sin\theta) + (1 + \cos\theta)\sin\theta\cos\theta\}\mathrm{d}\theta$$
$$= -\frac{4}{3}.$$

解法 2 半圆周方程为 $y = \sqrt{2x - x^2}$,x:由 2 变化到 0.
$$原式 = \int_2^0 \left(x + x\sqrt{2x - x^2} \cdot \frac{1 - x}{\sqrt{2x - x^2}} \right)\mathrm{d}x = -\frac{4}{3}.$$

解法 3 补 L_1:$y = 0$,x:由 0 变化到 2.由格林公式,得
$$\int_{L+L_1} x\mathrm{d}x + xy\mathrm{d}y = \iint_D y\mathrm{d}x\mathrm{d}y = \int_0^{\frac{\pi}{2}} \mathrm{d}\theta \int_0^{2\cos\theta} r^2\sin\theta\,\mathrm{d}r = \frac{2}{3},$$
$$原式 = \frac{2}{3} - \int_{L_1} x\mathrm{d}x + xy\mathrm{d}y = \frac{2}{3} - \int_0^2 x\mathrm{d}x$$
$$= \frac{2}{3} - 2 = -\frac{4}{3}.$$

214

解法 4 由 $x^2+y^2=2x$，得

$$x\mathrm{d}x + y\mathrm{d}y = \mathrm{d}x, \quad y\mathrm{d}y = (1-x)\mathrm{d}x, \quad xy\mathrm{d}y = x(1-x)\mathrm{d}x,$$

$$\text{原式} = \int_2^0 [x + x(1-x)]\mathrm{d}x = -\frac{4}{3}.$$

注意 采取补线法时，应注意所补线与曲线构成闭合曲线，还应注意方向．

例 6 计算 $\oint_L \dfrac{x\mathrm{d}y - y\mathrm{d}x}{x^2+y^2}$，其中 L：正向椭圆周 $4x^2+y^2=1$（如图 10-5）．

分析 此题可直接计算，也可应用格林公式，但应注意奇点．

解法 1 L 的参数方程为：

$$x = \frac{1}{2}\cos\theta, \quad y = \sin\theta, \quad 0 \leqslant \theta \leqslant 2\pi.$$

$$
\begin{aligned}
\text{原式} &= \int_0^{2\pi} \frac{\dfrac{1}{2}\cos^2\theta + \dfrac{1}{2}\sin^2\theta}{\dfrac{1}{4}\cos^2\theta + \sin^2\theta}\mathrm{d}\theta \\
&= 2\int_0^{2\pi} \frac{1}{\cos^2\theta + 4\sin^2\theta}\mathrm{d}\theta \\
&= \int_0^{2\pi} \frac{\mathrm{d}2\tan\theta}{1 + 4\tan^2\theta}.
\end{aligned}
$$

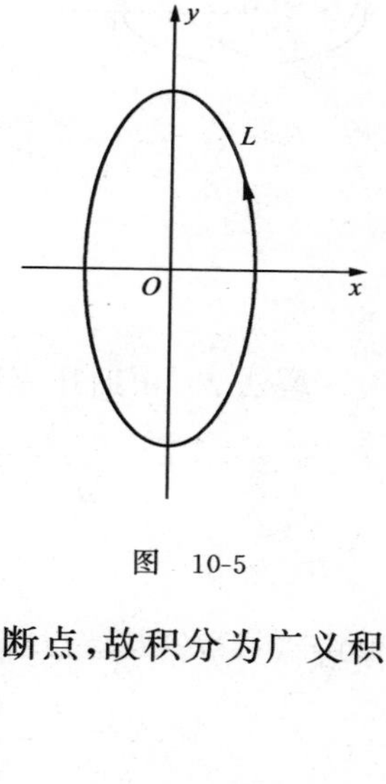

图 10-5

注意到 $\theta = \dfrac{\pi}{2}$，$\theta = \dfrac{3}{2}\pi$ 为被积函数的无穷间断点，故积分为广义积分，因此

$$\text{原式} = \left(\int_0^{\frac{\pi}{2}-0} + \int_{\frac{\pi}{2}+0}^{\pi} + \int_{\pi}^{\frac{3}{2}\pi-0} + \int_{\frac{3}{2}\pi+0}^{2\pi}\right) \frac{\mathrm{d}2\tan\theta}{1 + 4\tan^2\theta} = 2\pi.$$

解法 2 当 $(x,y)\neq(0,0)$，$\dfrac{\partial P}{\partial y} = \dfrac{\partial Q}{\partial x} = \dfrac{y^2-x^2}{(x^2+y^2)^2}$，可补 L_1：$x^2 + y^2 = \varepsilon^2$，$\varepsilon$ 为充分小的正数，方向为逆时针．由格林公式，

$$\oint_{L-L_1} \frac{x\mathrm{d}y - y\mathrm{d}x}{x^2 + y^2} = 0,$$

$$\text{原式} = \oint_{L_1} \frac{x\mathrm{d}y - y\mathrm{d}x}{x^2 + y^2} = \frac{1}{\varepsilon^2} \oint_{L_1} x\mathrm{d}y - y\mathrm{d}x = 2\pi.$$

注意 利用格林公式时,注意奇点.

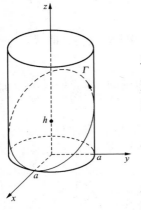

图 10-6

例 7 计算

$$\oint_{\Gamma}(y - z)\mathrm{d}x + (z - x)\mathrm{d}y + (x - y)\mathrm{d}z,$$

Γ 为柱面 $x^2 + y^2 = a^2$ 与平面 $\frac{x}{a} + \frac{z}{h} = 1$ 的交线(图 10-6),从 z 轴正向看 Γ 为逆时针方向.

分析 可以直接计算,也可用斯托克斯公式计算.

解法 1 Γ 的参数方程为:$x = a\cos\theta$, $y = a\sin\theta$, $z = h(1 - \cos\theta)$, $\theta \in [0, 2\pi]$. 将原式化为定积分,

$$\text{原式} = \int_0^{2\pi}(ah\sin\theta + ah\cos\theta - a^2 - ah)\mathrm{d}\theta$$
$$= -2\pi a(a + h).$$

解法 2 由斯托克斯公式,其中

$$\cos\alpha = \frac{h}{\sqrt{a^2 + h^2}}, \quad \cos\beta = 0, \quad \cos\gamma = \frac{a}{\sqrt{a^2 + h^2}},$$

$$\mathrm{d}S = \frac{\sqrt{a^2 + h^2}}{a}\mathrm{d}x\mathrm{d}y,$$

所以

$$\text{原式} = -2\iint_{\Sigma}\mathrm{d}y\mathrm{d}z + \mathrm{d}z\mathrm{d}x + \mathrm{d}x\mathrm{d}y$$

$$= -2\iint_{\Sigma}\left(\frac{h}{\sqrt{a^2 + h^2}} + \frac{a}{\sqrt{a^2 + h^2}}\right)\mathrm{d}S$$

$$= -2\iint_{D_{xy}}\frac{a + h}{a}\mathrm{d}x\mathrm{d}y = -2 \cdot \frac{a + h}{a} \cdot \pi a^2$$

$$= -2\pi a(a + h).$$

注 一般地,若空间曲线的方程可化为参数式方程,直接计算也

216

比较方便,否则考虑应用斯托克斯公式,且化为第一类曲面积分计算比较简单.

例 8 设函数 $f(x)$ 在 $(-\infty,+\infty)$ 上具有一阶连续导数,求第二类曲线积分

$$\int_L \frac{1+y^2 f(xy)}{y}\mathrm{d}x + \frac{x[y^2 f(xy)-1]}{y^2}\mathrm{d}y,$$

其中 L 为从点 $A\left(3,\dfrac{2}{3}\right)$ 至点 $B(1,2)$ 的直线段.

分析 函数 $f(x)$ 未知,被积函数较复杂,应先判断是否与积分路径有关.

解法 1 设

$$P(x,y)=\frac{1+y^2 f(xy)}{y}, \quad Q(x,y)=\frac{x[y^2 f(xy)-1]}{y^2},$$

当 $y\neq 0$ 时,

$$\frac{\partial P}{\partial y}=\frac{\partial Q}{\partial x}=-\frac{1}{y^2}+f(xy)+f'(xy)xy,$$

因此在 Oxy 的上半平面内(不含 x 轴),曲线积分与路径无关,且是某个函数的全微分.

$$
\begin{aligned}
\text{原式} &= \int_L \frac{1}{y}\mathrm{d}x - \frac{x}{y^2}\mathrm{d}y + \int_L f(xy)(y\mathrm{d}x + x\mathrm{d}y)\\
&= \int_L \mathrm{d}\left(\frac{x}{y}\right) + \int_L f(xy)\mathrm{d}(xy)\\
&= \frac{x}{y}\Bigg|_{\left(3,\frac{2}{3}\right)}^{(1,2)} + F(xy)\Bigg|_{\left(3,\frac{2}{3}\right)}^{(1,2)}
\end{aligned}
$$

(设 $F(x)$ 是 $f(x)$ 的原函数)

$$= \frac{1}{2} - \frac{9}{2} + F(2) - F(2) = -4.$$

解法 2 先证明曲线积分与路径无关,同上.

$$\text{原式}=\int_3^1 \frac{3}{2}\Big[1+\frac{4}{9}f\Big(\frac{2}{3}x\Big)\Big]\mathrm{d}x + \int_{\frac{2}{3}}^2 \frac{1}{y^2}[y^2 f(y)-1]\mathrm{d}y$$

$$=-4.$$

例 9 设有一力场,场力的大小与作用点 P 到 z 轴的距离成反

比,方向垂直且指向 z 轴,试求一质点沿圆周 $x = \cos t$,$y = 1$,$z = \sin t$ 从点 $A(1,1,0)$ 沿 t 增长的方向移动到点 $B(0,1,1)$(如图 10-7)时场力所做的功.

分析 变力沿曲线做功,可通过对坐标的曲线积分求得,将变力 $\boldsymbol{F}$ 表示为向量的形式:$\boldsymbol{F} = \{F_x, F_y, F_z\}$,确定曲线 L 的方向,则功

$$W = \int_L F_x \mathrm{d}x + F_y \mathrm{d}y + F_z \mathrm{d}z.$$

若为平面曲线,计算方法类似.

解 由题意知,点 P 所受的力 $\boldsymbol{F}$ 为:$|\boldsymbol{F}| = \dfrac{k}{\sqrt{x^2 + y^2}}$,其中 k 为常数. $\boldsymbol{F}$ 的方向:$\{-x, -y, 0\}$,将此向量单位化:

$$\boldsymbol{F}^0 = \left\{ - \frac{x}{\sqrt{x^2 + y^2}}, - \frac{y}{\sqrt{x^2 + y^2}}, 0 \right\},$$

$$\boldsymbol{F} = |\boldsymbol{F}| \boldsymbol{F}^0 = - \frac{k}{x^2 + y^2} \{x, y, 0\},$$

$$W = \int_L - \frac{k}{x^2 + y^2}(x\mathrm{d}x + y\mathrm{d}y) = -k \int_0^{\frac{\pi}{2}} \frac{-\cos t \sin t}{1 + \cos^2 t} \mathrm{d}t$$

$$= - \frac{k}{2} \int_0^{\frac{\pi}{2}} \frac{\mathrm{d}\cos^2 t}{1 + \cos^2 t} = - \frac{k}{2} \ln(1 + \cos^2 t) \Big|_0^{\frac{\pi}{2}} = \frac{k}{2} \ln 2.$$

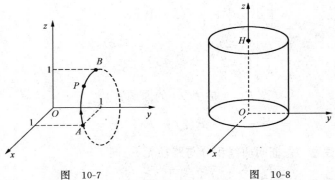

图 10-7   图 10-8

例 10 计算第一类曲面积分 $\displaystyle\iint_{\Sigma} \frac{z}{x^2 + y^2 + z^2} \mathrm{d}S$,$\Sigma$:圆柱面 $x^2 + y^2 = R^2$ 介于平面 $z = 0$ 与 $z = H$ 之间的部分(如图 10-8). 若

218

$$\frac{z}{x^2 + y^2 + z^2}$$

为曲面在其上任一点处的面密度,解释其物理意义.

分析　关于第一类曲面积分的计算,一般地,若光滑曲面 Σ 的方程为 $z=z(x,y)$,Σ 在 Oxy 平面上的投影为 D_{xy},且 $f(x,y,z)$ 在 Σ 上连续,则

$$\iint\limits_{\Sigma} f(x,y,z)\mathrm{d}S = \iint\limits_{D_{xy}} f[x,y,z(x,y)] \sqrt{1 + z_x^2 + z_y^2}\mathrm{d}x\mathrm{d}y.$$

若光滑曲面 Σ 的方程为 $y=y(x,z)$ 或 $x=x(y,z)$,也有类似的计算公式.

对于此题,积分曲面的方程不能写成 $z=z(x,y)$ 的形式,且曲面在 Oxy 平面上的投影是圆周而不是区域,故考虑投影到 Oyz 平面上.

若 $f(x,y,z)$ 为 Σ 的密度,上式即为该曲面的质量.因此第一类曲面积分可计算质量分布不均匀的曲面的质量.

解法 1　曲面的方程为:

$$\Sigma_1: x = \sqrt{R^2 - y^2}, \quad \Sigma_2: x = -\sqrt{R^2 - y^2},$$

Σ_1 和 Σ_2 在 Oyz 平面上的投影域均为:

$$\begin{cases} -R \leqslant y \leqslant R, \\ 0 \leqslant z \leqslant H, \end{cases}$$

$$\mathrm{d}S = \sqrt{1 + x_y^2 + x_z^2}\mathrm{d}y\mathrm{d}z = \frac{R}{\sqrt{R^2 - y^2}}\mathrm{d}y\mathrm{d}z,$$

则

$$\begin{aligned}
原式 &= \iint\limits_{\Sigma_1} \frac{z}{x^2 + y^2 + z^2}\mathrm{d}S + \iint\limits_{\Sigma_2} \frac{z}{x^2 + y^2 + z^2}\mathrm{d}S \\
&= 2\iint\limits_{\Sigma_1} \frac{z}{x^2 + y^2 + z^2}\mathrm{d}S \\
&= 2\iint\limits_{D_{yz}} \frac{z}{R^2 + z^2} \frac{R}{\sqrt{R^2 - y^2}}\mathrm{d}y\mathrm{d}z
\end{aligned}$$

$$= 2\int_0^H \frac{z}{R^2 + z^2}\mathrm{d}z \int_{-R+0}^{R-0} \frac{R}{\sqrt{R^2 - y^2}}\mathrm{d}y$$

$$= \pi R\ln\frac{R^2 + H^2}{R^2}$$

$(y = -R, y = R$ 是被积函数的奇点,所以是广义积分$)$.

若 $\dfrac{z}{x^2+y^2+z^2}$ 为 Σ 的密度,其物理意义为该曲面的质量.

解法 2 曲面的方程为:

$$\Sigma_1 : y = \sqrt{R^2 - x^2}, \quad \Sigma_2 : y = -\sqrt{R^2 - x^2},$$

Σ_1 和 Σ_2 在 Oxz 平面上的投影为

$$\begin{cases} -R \leqslant x \leqslant R, \\ 0 \leqslant z \leqslant H, \end{cases}$$

$$\mathrm{d}S = \sqrt{1 + y_x^2 + y_z^2} = \frac{R}{\sqrt{R^2 - x^2}},$$

则

$$原式 = \iint\limits_{\Sigma_1} \frac{z}{x^2 + y^2 + z^2}\mathrm{d}S + \iint\limits_{\Sigma_2} \frac{z}{x^2 + y^2 + z^2}\mathrm{d}S$$

$$= 2\iint\limits_{\Sigma_1} \frac{z}{x^2 + y^2 + z^2}\mathrm{d}S$$

$$= 2\iint\limits_{D_{xz}} \frac{z}{R^2 + z^2} \frac{R}{\sqrt{R^2 - x^2}}\mathrm{d}x\mathrm{d}z$$

$$= 2\int_0^H \frac{z}{R^2 + z^2}\mathrm{d}z \int_{-R+0}^{R-0} \frac{R}{\sqrt{R^2 - x^2}}\mathrm{d}x$$

$$= \pi R\ln\frac{R^2 + H^2}{R^2}$$

$(x = -R, x = R$ 是被积函数的奇点,所以是广义积分$)$.

例 11 计算第一类曲面积分 $\displaystyle\iint\limits_{\Sigma} |xyz|\mathrm{d}S$,$\Sigma : z = x^2 + y^2$ 被 $z = 1$ 所割下的有限部分(如图 10-9).

分析 被积函数带有绝对值,应通过分割曲面将绝对值去掉,也可以利用对称性计算. 一般地,若曲面 Σ 关于 Oyz 平面对称,记 Σ_1

是 Σ 的 $x \geqslant 0$ 的部分,有:

(1) 若 $f(-x,y,z) = -f(x,y,z)$,

则 $\iint\limits_{\Sigma} f(x,y,z)\mathrm{d}S = 0$;

(2) 若 $f(-x,y,z) = f(x,y,z)$,则

$$\iint\limits_{\Sigma} f(x,y,z)\mathrm{d}S = 2\iint\limits_{\Sigma_1} f(x,y,z)\mathrm{d}S.$$

同理,若曲面 Σ 关于 Oxz 平面或 Oxy 平面对称,若 $f(x,y,z)$ 关于 y 或 z 有奇偶性,也有类似结论.

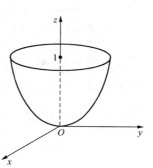

图 10-9

解法 1 记 Σ_i:曲面 Σ 位于第 i 卦限的部分,$i = 1,2,3,4$,

$$\mathrm{d}S = \sqrt{1 + 4x^2 + 4y^2}\mathrm{d}x\mathrm{d}y,$$

$$原式 = \iint\limits_{\Sigma_1} xyz\mathrm{d}S - \iint\limits_{\Sigma_2} xyz\mathrm{d}S + \iint\limits_{\Sigma_3} xyz\mathrm{d}S - \iint\limits_{\Sigma_4} xyz\mathrm{d}S$$

$$= \left(\int_0^{\frac{\pi}{2}} - \int_{\frac{\pi}{2}}^{\pi} + \int_{\pi}^{\frac{3}{2}\pi} - \int_{\frac{3}{2}\pi}^{2\pi} \right) \sin\theta \cos\theta \, \mathrm{d}\theta \int_0^1 r^5 \sqrt{1 + 4r^2}\mathrm{d}r$$

$$= \frac{125\sqrt{5} - 1}{420}.$$

解法 2 由对称性,记 Σ_1 为 Σ 位于第一卦限的部分,则

$$原式 = 4\int_0^{\frac{\pi}{2}} \sin\theta \cos\theta \, \mathrm{d}\theta \int_0^1 r^5 \sqrt{1 + 4r^2} = \frac{125\sqrt{5} - 1}{420}.$$

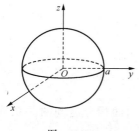

图 10-10

例 12 计算第二类曲面积分

$$\iint\limits_{\Sigma} x^3\mathrm{d}y\mathrm{d}z + y^3\mathrm{d}z\mathrm{d}x + z^3\mathrm{d}x\mathrm{d}y,$$

Σ:球面 $x^2 + y^2 + z^2 = a^2$ 的外侧(图 10-10).

分析 关于第二类曲面积分的计算,若曲面的方程为 $z = z(x,y)$,γ 是曲面的法向量与 z 轴正向的夹角,D_{xy} 是 Σ 在 Oxy 平面上的投影,则有

$$\iint\limits_{\Sigma} R(x,y,z)\mathrm{d}x\mathrm{d}y = \pm \iint\limits_{D_{xy}} R[x,y,z(x,y)]\mathrm{d}x\mathrm{d}y,$$

γ 是锐角时上式取正,γ 是钝角时上式取负,其他情况有类似结论.

解法 1 记 Σ_1:上半球面的上侧,Σ_2:下半球面的下侧,

$$\begin{aligned}
\iint\limits_{\Sigma} z^3\mathrm{d}x\mathrm{d}y &= \iint\limits_{\Sigma_1} z^3\mathrm{d}x\mathrm{d}y + \iint\limits_{\Sigma_2} z^3\mathrm{d}x\mathrm{d}y \\
&= \iint\limits_{\Sigma_1} (\sqrt{a^2-x^2-y^2})^3\mathrm{d}x\mathrm{d}y \\
&\quad - \iint\limits_{\Sigma_2} (-\sqrt{a^2-x^2-y^2})^3\mathrm{d}x\mathrm{d}y \\
&= 2\int_0^{2\pi}\mathrm{d}\theta\int_0^a (a^2-r^2)^{\frac{3}{2}}r\mathrm{d}r = \frac{4}{5}\pi a^5,
\end{aligned}$$

由对称性知,

$$\iint\limits_{\Sigma} x^3\mathrm{d}y\mathrm{d}z = \iint\limits_{\Sigma} y^3\mathrm{d}z\mathrm{d}x = \frac{4}{5}\pi a^5,$$

故原式$=\dfrac{12}{5}\pi a^5$.

解法 2 设 Ω 为球面围成的体积,由高斯公式,

$$\begin{aligned}
\text{原式} &= \iiint\limits_{\Omega}\left(\frac{\partial P}{\partial x}+\frac{\partial Q}{\partial y}+\frac{\partial R}{\partial z}\right)\mathrm{d}x\mathrm{d}y\mathrm{d}z \\
&= \iiint\limits_{\Omega} 3(x^2+y^2+z^2)\mathrm{d}x\mathrm{d}y\mathrm{d}z \\
&= 3\int_0^{2\pi}\mathrm{d}\theta\int_0^{\pi}\mathrm{d}\varphi\int_0^a r^4\sin\varphi\mathrm{d}r = \frac{12}{5}\pi a^5.
\end{aligned}$$

例 13 计算 $\iint\limits_{\Sigma}(z^2+x)\mathrm{d}y\mathrm{d}z - z\mathrm{d}x\mathrm{d}y$,其中 Σ:$z=\dfrac{1}{2}(x^2+y^2)$ 介于 $z=0,z=2$ 之间的部分的下侧(图 10-11).

分析 此题可直接计算,也可应用两类曲面积分之间的关系或应用高斯公式.

解法 1 将曲面 Σ 分为 Σ_1,Σ_2,其中

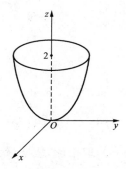

图　10-11

$$\Sigma_1: x = \sqrt{2z - y^2}, \quad D_{yz}: \begin{cases} -2 \leqslant y \leqslant 2, \\ \dfrac{1}{2} y^2 \leqslant z \leqslant 2, \end{cases}$$

取 Σ 的前侧；

$$\Sigma_2: x = -\sqrt{2z - y^2}, \quad D_{yz}: \begin{cases} -2 \leqslant y \leqslant 2, \\ \dfrac{1}{2} y^2 \leqslant z \leqslant 2, \end{cases}$$

取 Σ 的后侧. 则

$$\iint\limits_{\Sigma} (z^2 + x)\mathrm{d}y\mathrm{d}z = \iint\limits_{\Sigma_1} (z^2 + x)\mathrm{d}y\mathrm{d}z + \iint\limits_{\Sigma_2} (z^2 + x)\mathrm{d}y\mathrm{d}z$$

$$= \iint\limits_{D_{yz}} (z^2 + \sqrt{2z - y^2})\mathrm{d}y\mathrm{d}z - \iint\limits_{D_{yz}} (z^2 - \sqrt{2z - y^2})\mathrm{d}y\mathrm{d}z$$

$$= 2\iint\limits_{D_{yz}} \sqrt{2z - y^2}\mathrm{d}y\mathrm{d}z$$

$$= 2\int_{-2}^{2} \mathrm{d}y \int_{\frac{1}{2}y^2}^{2} \sqrt{2z - y^2}\mathrm{d}z \quad (\sqrt{2z - y^2} = u)$$

$$= 2\int_{-2}^{2} \mathrm{d}y \int_{0}^{\sqrt{4-y^2}} u^2 \mathrm{d}u = \frac{2}{3}\int_{-2}^{2} (4 - y^2)^{\frac{3}{2}}\mathrm{d}y = 4\pi,$$

而对于 $-\iint\limits_{\Sigma} z\mathrm{d}x\mathrm{d}y$，考虑 $\Sigma: z = \dfrac{1}{2}(x^2 + y^2)$ 的下侧，$D_{xy}: x^2 + y^2 \leqslant 4$，

则有

223

$$-\iint_{\Sigma} z\mathrm{d}x\mathrm{d}y = \iint_{D_{xy}} \frac{1}{2}(x^2 + y^2)\mathrm{d}x\mathrm{d}y = \int_0^{2\pi}\mathrm{d}\theta\int_0^2 \frac{1}{2}r^3\mathrm{d}r = 4\pi.$$

故原式$=8\pi$.

解法 2 考虑

$$\mathrm{d}y\mathrm{d}z = \cos\alpha\mathrm{d}S, \quad \mathrm{d}x\mathrm{d}y = \cos\gamma\mathrm{d}S,$$

$$\mathrm{d}y\mathrm{d}z = \frac{\cos\alpha}{\cos\gamma}\mathrm{d}x\mathrm{d}y,$$

我们将曲面 $z = \frac{1}{2}(x^2 + y^2)$,取下侧,法向量为$\{x, y, -1\}$,

$$\cos\alpha = \frac{x}{\sqrt{x^2 + y^2 + 1}}, \quad \cos\gamma = \frac{-1}{\sqrt{x^2 + y^2 + 1}},$$

$$\mathrm{d}y\mathrm{d}z = -x\mathrm{d}x\mathrm{d}y,$$

$$\iint_{\Sigma}(z^2 + x)\mathrm{d}y\mathrm{d}z = \iint_{\Sigma}(z^2 + x)(-x)\mathrm{d}x\mathrm{d}y$$

$$= \iint_{D_{xy}} x\left[\frac{1}{4}(x^2 + y^2)^2 + x\right]\mathrm{d}x\mathrm{d}y$$

$$= \int_0^{2\pi}\mathrm{d}\theta\int_0^2 r\cos\theta\left(\frac{1}{4}r^4 + r\cos\theta\right)r\mathrm{d}r = 4\pi,$$

$$\iint_{\Sigma} -z\mathrm{d}x\mathrm{d}y = -\iint_{D_{xy}}(-z)\mathrm{d}x\mathrm{d}y = 4\pi.$$

故原式$=8\pi$.

解法 3 补 Σ_1:$z=2$,取下侧,应用高斯公式得

$$\oiint_{\Sigma+\Sigma_1}(z^2 + x)\mathrm{d}y\mathrm{d}z - z\mathrm{d}x\mathrm{d}y = 0,$$

$$原式 = -\left[\iint_{\Sigma_1}(z^2 + x)\mathrm{d}y\mathrm{d}z - z\mathrm{d}x\mathrm{d}y\right]$$

$$= -\iint_{\Sigma_1}(z^2 + x)\mathrm{d}y\mathrm{d}z + \iint_{\Sigma_1} z\mathrm{d}x\mathrm{d}y$$

$$= 0 + \iint_{D_{xy}} 2\mathrm{d}x\mathrm{d}y = 8\pi.$$

注 上述三种解法中,应用高斯公式最为简便,而前两种较繁,

224

因此解题时选择什么样的方法至关重要.

例 14 计算

$$\iint\limits_{\Sigma} \frac{x\mathrm{d}y\mathrm{d}z + y\mathrm{d}z\mathrm{d}x + z\mathrm{d}x\mathrm{d}y}{\sqrt{(x^2 + y^2 + z^2)^3}},$$

其中 Σ 为曲面

$$1 - \frac{z}{5} = \frac{(x-2)^2}{16} + \frac{(y-1)^2}{9} \quad (z \geqslant 0)$$

的上侧.

分析 此题直接计算较繁,考虑应用高斯公式,首先需补面,可补 $z=0$ 的下侧,但这里出现了奇点,因此需要做一些变化.

解 补 $\Sigma_1: z=0$ 及 $\Sigma_2: z=\sqrt{\varepsilon^2-(x^2+y^2)}$ 的下侧,ε 是较小的正数. 设

$$f(x,y,z) = \frac{x\mathrm{d}y\mathrm{d}z + y\mathrm{d}z\mathrm{d}x + z\mathrm{d}x\mathrm{d}y}{\sqrt{(x^2 + y^2 + z^2)^3}},$$

由高斯公式,

$$\iint\limits_{\Sigma} f(x,y,z) + \iint\limits_{\Sigma_1} f(x,y,z) + \iint\limits_{\Sigma_2} f(x,y,z) = 0,$$

$$\text{原式} = -\frac{1}{\varepsilon^2}\iint\limits_{\Sigma_2} x\mathrm{d}y\mathrm{d}z + y\mathrm{d}z\mathrm{d}x + z\mathrm{d}x\mathrm{d}y = 2\pi.$$

例 15 计算

$$\oint_{\Gamma}(y^2 - z)^2\mathrm{d}x + (2z^2 - x^2)\mathrm{d}y + (3x^2 - y^2)\mathrm{d}z,$$

其中 Γ 是平面 $x+y+z=2$ 与柱面 $|x|+|y|=1$ 的交线,从 z 轴正向看去,Γ 为逆时针方向.

分析 此题可直接求,也可应用斯托克斯公式.直接求时一般将空间曲面方程化为参数方程,而此方程直接转化不易,可应用以下命题:若 Γ 在 Oxy 平面上的投影曲线为 L,其正向与 Γ 的正向相对应,有

$$\int P(x,y,z)\mathrm{d}x + Q(x,y,z)\mathrm{d}y$$

$$= \int_L P[x,y,\varphi(x,y)]\mathrm{d}x + Q[x,y,\varphi(x,y)]\mathrm{d}y,$$

$$\int_\Gamma R(x,y,z)\mathrm{d}z = \int_L R[x,y,\varphi(x,y)](\varphi'_x\mathrm{d}x + \varphi'_y\mathrm{d}y).$$

解法 1　记 Γ 在 Oxy 平面上的投影曲线为 L，$z=2-x-y$，$\mathrm{d}z$ $=-\mathrm{d}x-\mathrm{d}y$，$D=\{(x,y)\,|\,|x|+|y|\leqslant 1\}$，则有

$$
\begin{aligned}
\text{原式} &= \oint_L [y^2 - (2-x-y)^2]\mathrm{d}x + [2(2-x-y)^2 - x^2]\mathrm{d}y \\
&\quad + (3x^2 - y^2)(-\mathrm{d}x - \mathrm{d}y) \\
&= \oint_L (-4x^2 + y^2 - 2xy + 4x + 4y - 4)\mathrm{d}x \\
&\quad + (-2x^2 + 3y^2 + 4xy - 8x - 8y + 8)\mathrm{d}y \\
&= \iint_D [(-4x + 4y - 8) - (2y - 2x + 4)]\mathrm{d}x\mathrm{d}y = -24.
\end{aligned}
$$

解法 2　记 Σ 为平面 $x+y+z=2$ 被柱面 $|x|+|y|=1$ 截得的部分，取上侧，其法向量为 $\boldsymbol{n}=\{1,1,1\}$，则

$$\cos\alpha = \frac{1}{\sqrt{3}}, \quad \cos\beta = \frac{1}{\sqrt{3}}, \quad \cos\gamma = \frac{1}{\sqrt{3}},$$

$$
\begin{aligned}
\text{原式} &= \iint_\Sigma (-2y - 4z - 6x - 2z - 2x - 2y)\cdot\frac{1}{\sqrt{3}}\mathrm{d}S \\
&= -\iint_{D_{xy}} [8x + 4y + 6(2-x-y)]\mathrm{d}x\mathrm{d}y = -24.
\end{aligned}
$$

例 16　求柱面 $x^2+y^2=a^2$ 被平面 $x+z=0$，$x-z=0$（$x>0$，$y>0$）所截部分的面积.

分析　关于曲面面积的计算，一般地，有三种方法：

(1) 通过二重积分计算，上一章已经作了介绍，这里不再赘述.

(2) 若求柱面的面积，可利用对弧长的曲线积分. 方法如下：柱面 $\varphi(x,y)=0$ 介于 $z_1(x,y)\leqslant z\leqslant z_2(x,y)$ 的面积为：

$$S = \int_L [z_2(x,y) - z_1(x,y)]\mathrm{d}s,$$

其中 L：柱面在 Oxy 平面上的投影.

(3) 也可利用对面积的曲面积分计算：$S=\iint_\Sigma \mathrm{d}S$，$\Sigma$ 为所求的曲面.

226

解法 1 由于 $z_1 = -x, z_2 = x, L: x^2 + y^2 = a^2 \ (x > 0, y > 0)$，$\mathrm{d}s = a\mathrm{d}\theta$，则

$$S = \int_L x - (-x)\mathrm{d}s = 2\int_L x\mathrm{d}s = 2a^2.$$

解法 2 利用方法(3)，

$$S = \iint\limits_{\Sigma} \mathrm{d}S = \iint\limits_{D_{xz}} \frac{a}{\sqrt{a^2 - x^2}}\mathrm{d}x\mathrm{d}z$$

$$= \int_0^a \mathrm{d}x \int_{-x}^{x} \frac{a}{\sqrt{a^2 - x^2}}\mathrm{d}z = 2a^2.$$

例 17 已知 $\boldsymbol{a}, \boldsymbol{b}$ 是常向量，且 $\boldsymbol{a} \times \boldsymbol{b} = \{1, 1, 1\}$，$\boldsymbol{r} = \{x, y, z\}$，$\boldsymbol{A} = (\boldsymbol{a} \cdot \boldsymbol{r})\boldsymbol{b}$.

(1) 证明：$\mathrm{rot}\boldsymbol{A} = \boldsymbol{a} \times \boldsymbol{b}$；

(2) 求向量场 $\boldsymbol{A}$ 沿曲线 Γ 的环流量，其中 Γ 是曲面 $x^2 + y^2 + z^2 = 1$ 与平面 $x + y + z = 0$ 的交线，从 z 轴正向看 Γ 为逆时针方向.

分析 梯度、散度、旋度是几个容易混淆的概念，需特别注意. 关于向量场的环流量可看做是第二类曲面积分的物理意义，计算时用斯托克斯公式较简便.

解 (1) 设 $\boldsymbol{a} = \{a_x, a_y, a_z\}$，$\boldsymbol{b} = \{b_x, b_y, b_z\}$，则

$$\boldsymbol{A} = (\boldsymbol{a} \cdot \boldsymbol{r})\boldsymbol{b} = (xa_x + ya_y + za_z)\{b_x, b_y, b_z\},$$

$$\mathrm{rot}\boldsymbol{A} = \begin{vmatrix} \boldsymbol{i} & \boldsymbol{j} & \boldsymbol{k} \\ \dfrac{\partial}{\partial x} & \dfrac{\partial}{\partial y} & \dfrac{\partial}{\partial z} \\ (xa_x + ya_y + za_z)b_x & (xa_x + ya_y + za_z)b_y & (xa_x + ya_y + za_z)b_z \end{vmatrix}$$

$$= \{a_y b_z - a_z b_y, a_z b_x - a_x b_z, a_x b_y - a_y b_x\}$$

$$= \boldsymbol{a} \times \boldsymbol{b} = \{1, 1, 1\}.$$

(2) 记 Σ 为平面 $x + y + z = 0$ 上被 Γ 所围的有限部分，取上侧，$\boldsymbol{n} = \left\{\dfrac{1}{\sqrt{3}}, \dfrac{1}{\sqrt{3}}, \dfrac{1}{\sqrt{3}}\right\}$，则向量场 $\boldsymbol{A}$ 沿曲线 Γ 的环流量为

$$\iint\limits_{\Sigma} \mathrm{rot}\boldsymbol{A} \cdot \boldsymbol{n}\mathrm{d}S = \iint\limits_{\Sigma} \{1, 1, 1\}\left\{\frac{1}{\sqrt{3}}, \frac{1}{\sqrt{3}}, \frac{1}{\sqrt{3}}\right\}\mathrm{d}S$$

$$= \sqrt{3} \iint\limits_{\Sigma} \mathrm{d}S = \sqrt{3}\pi.$$

【五】同步训练

A 级

1. 计算 $\int_L x\sin y\,ds$,其中 L 为原点 $(0,0)$ 至点 $(3,1)$ 的直线段.

2. 计算 $\int_L (x-y)^2\,ds$,其中 L 为原点 $(0,0)$ 至点 $(0,1)$ 的直线段及 $y=\sqrt{1-x^2}$ 从点 $(0,1)$ 至点 $(1,0)$ 的圆弧.

3. 计算 $\oint_C (x+y)\,ds$,其中 C 是以点 $(0,0)$,$(1,0)$,$(0,1)$ 为顶点的三角形的边界.

4. 计算 $\int_\Gamma \dfrac{z^2}{x^2+y^2}\,ds$,其中 Γ 为 $x=a\cos\theta$,$y=a\sin\theta$,$z=a\theta$,$0\leqslant\theta\leqslant 2\pi$.

5. 有一铁丝成半圆周形 $y=\sqrt{1-x^2}$,其上任一点处的线密度的大小等于该点的纵坐标,求该铁丝的质量.

6. 一金属丝的方程为 $x=e^t\cos t$,$y=e^t\sin t$,$z=e^t$,$0\leqslant t\leqslant t_0$,它在每一点的密度与该点到原点距离的平方成反比,且在点 $(1,0,1)$ 处为 1,求它的质量.

7. 计算 $\oint_L x\mathrm{d}y+y\mathrm{d}x$,其中 L 为两条坐标轴与直线 $\dfrac{x}{2}+\dfrac{y}{3}=1$ 构成的三角形的正向边界.

8. 计算 $\int_L xy\mathrm{d}x+(y-x)\mathrm{d}y$,其中 L 为抛物线 $y=x^2$ 从点 $(0,0)$ 至点 $(1,1)$ 的弧段.

9. 计算 $\oint_L (x^2+y^2)\mathrm{d}x+(x^2-y^2)\mathrm{d}y$,其中 L 为以 $A(1,0)$,$B(2,0)$,$C(2,1)$,$D(1,1)$ 为顶点的正方形,方向取正向.

10. 计算 $\int_L e^x(\cos y\mathrm{d}x-\sin y\mathrm{d}y)$,其中 L 为从点 $(\pi,0)$ 至点 $(0,\pi)$ 的直线段.

11. 计算 $\oint_L y\mathrm{d}x+x\mathrm{d}y$,其中 L 为从点 $(-R,0)$ 至点 $(R,0)$ 的上半圆周 $x^2+y^2=R^2$.

12. 计算 $\int_L (y-x)\mathrm{d}x+(x+y)\mathrm{d}y$，其中 L 为从点 $(1,0)$ 至点 $(3,2)$ 的任意曲线弧.

13. 计算 $\int_L (y+2xy)\mathrm{d}x+(x^2+2x+y^2)\mathrm{d}y$，其中 L 为由点 $A(4,0)$ 至点 $B(0,0)$ 的上半圆周 $x^2+y^2=4x$.

14. 计算 $\oint_L \mathrm{e}^x(1-\cos y)\mathrm{d}x-\mathrm{e}^x(1-\sin y)\mathrm{d}y$，其中 L 为 $0<x<\pi$，$0<y<\sin x$ 所围区域的正向边界.

15. 计算 $\int_\Gamma \dfrac{x\mathrm{d}x+y\mathrm{d}y+z\mathrm{d}z}{\sqrt{x^2+y^2+z^2-x-y+2z}}$，其中 Γ 为从点 $(1,1,1)$ 到点 $(4,4,4)$ 的一直线段.

16. 设有一平面力场，其场力的大小等于作用点横坐标的平方，方向为纵轴负向，求质点沿抛物线 $y=x^2$ 从点 $(0,0)$ 移动到点 $(1,1)$ 时场力所做的功.

17. 把对坐标的曲线积分 $\int_L x^2 y\mathrm{d}x-x\mathrm{d}y$ 化为对弧长的曲线积分，其中 L 为曲线 $y=x^2$ 从点 $(0,0)$ 至点 $(1,1)$ 的弧段.

18. 证明曲线积分 $\int_L \dfrac{y}{x^2}\mathrm{d}x-\dfrac{1}{x}\mathrm{d}y$ 在右半平面内与路径无关，并求 $\int_{(1,3)}^{(3,1)} \dfrac{y}{x^2}\mathrm{d}x-\dfrac{1}{x}\mathrm{d}y$.

19. 计算星形线 $x=a\cos^3 t$，$y=a\sin^3 t$，$0\leqslant t\leqslant 2\pi$ 所围区域的面积.

20. 计算 $\iint\limits_\Sigma z^2\mathrm{d}S$，其中 Σ 为柱面 $x^2+y^2=4$ 介于 $0\leqslant z\leqslant 2$ 的部分.

21. 计算 $\iint\limits_\Sigma (x+y+z)\mathrm{d}S$，其中 Σ 为锥面 $z=\sqrt{x^2+y^2}$ 被平面 $z=1$ 所截下的有限部分.

22. 计算 $\iint\limits_\Sigma \sqrt{1+4z}\mathrm{d}S$，其中 Σ 为抛物面 $z=x^2+y^2$ 被平面 $z=1$ 所截下的有限部分.

23. 计算 $\iint\limits_\Sigma \mathrm{d}S$，其中 Σ 为球面 $x^2+y^2+z^2=2z$ 夹在锥面 x^2+y^2

$=z^2$ 内的部分.

24. 求抛物面壳 $z=\dfrac{1}{2}(x^2+y^2)$，$0 \leqslant z \leqslant 1$ 的质量，壳的密度为 $\rho=z$.

25. 计算 $\oiint\limits_{\Sigma}(x+1)\mathrm{d}y\mathrm{d}z+y\mathrm{d}z\mathrm{d}x+\mathrm{d}x\mathrm{d}y$，其中 Σ 为平面 $x+y+z=1$ 与坐标轴所围的第一卦限部分的外侧.

26. 计算 $\iint\limits_{\Sigma}\dfrac{\mathrm{e}^x}{\sqrt{y^2+z^2}}\mathrm{d}y\mathrm{d}z$，其中 Σ 为锥面 $x^2=y^2+z^2$ 被平面 $x=1$，$x=2$ 所截部分的外侧.

27. 计算 $\iint\limits_{\Sigma}z\mathrm{d}x\mathrm{d}y$，其中 Σ 为球面 $z=\sqrt{a^2-(x^2+y^2)}$ 在 $x^2+y^2 \leqslant ax$ $(a>0)$ 内部分的上侧.

28. 计算 $\iint\limits_{\Sigma}x\mathrm{d}y\mathrm{d}z+y\mathrm{d}z\mathrm{d}x+z\mathrm{d}x\mathrm{d}y$，其中 Σ 为柱面 $x^2+y^2=1$ 被平面 $z=0$ 及 $z=1$ 所截部分的外侧.

29. 计算 $\iint\limits_{\Sigma}(6x+4y+3z)\mathrm{d}y\mathrm{d}z$，其中 Σ 为平面 $\dfrac{x}{2}+\dfrac{y}{3}+\dfrac{z}{4}=1$ 在第一卦限部分的前侧.

30. 计算 $\oint_{\Gamma}y\mathrm{d}x+z\mathrm{d}y+x\mathrm{d}z$，其中 Γ 为圆周：
$$\begin{cases} x^2+y^2+z^2=a^2, \\ x+y+z=0, \end{cases}$$
从 x 轴正向看去圆周是逆时针方向的.

B 级

1. 计算 $\oint_{L}(2xy+3x^2+4y^2)\mathrm{d}s$，其中 L 为椭圆 $\dfrac{x^2}{4}+\dfrac{y^2}{3}=1$，周长为 a.

2. 计算 $\int_{L}(x^{\frac{4}{3}}+y^{\frac{4}{3}})\mathrm{d}s$，其中 L 为星形线：
$$x^{\frac{2}{3}}+y^{\frac{2}{3}}=a^{\frac{2}{3}} \quad (a>0).$$

3. (1) 若 L 表示曲线 $\begin{cases} x^2+y^2+z^2=2z, \\ z=1, \end{cases}$ 则

$$\oint_L (x^2 + y^2 + z^2) \mathrm{d}s = \underline{\qquad}.$$

（2）曲线积分 $\oint_L \dfrac{\mathrm{d}s}{x^2 + y^2 + z^2}$ 的值为 $\underline{\qquad}$，其中 L 为 $x^2 + y^2 + z^2 = 5$ 与 $z = 1$ 的交线.

4. 计算 $\displaystyle\int_L |y| \mathrm{d}s$，其中 L 为伯努利双纽线：
$$(x^2 + y^2)^2 = a(x^2 - y^2), \quad a > 0.$$

5. 求曲线 $x = \mathrm{e}^{-t}\cos t$，$y = \mathrm{e}^{-t}\sin t$，$z = \mathrm{e}^{-t}$（$0 < t < +\infty$）的长度.

6. 求柱面 $x^2 + y^2 = a^2$ 被柱面 $z^2 + x^2 = a^2$ 所截下的有限部分的面积.

7. 计算 $\displaystyle\int_L (x^2 + y^2)\mathrm{d}x + (x^2 - y^2)\mathrm{d}y$，其中 L 为有向折线 OAB，$O(0,0)$，$A(1,1)$，$B(2,0)$.

8. 计算 $\displaystyle\oint_\Gamma yz\mathrm{d}x + 3zx\mathrm{d}y - xy\mathrm{d}z$，其中 Γ 为曲线 $\begin{cases} x^2 + y^2 = 4y, \\ 3y - z + 1 = 0, \end{cases}$ 且从 z 轴正向看，Γ 为逆时针方向.

9. 把对坐标的曲线积分 $\displaystyle\int_\Gamma P\mathrm{d}x + Q\mathrm{d}y + R\mathrm{d}z$ 化为对弧长的曲线积分，其中 L 为 $x = t$，$y = t^2$，$z = t^3$，t：由 0 变化到 1.

10. 应用格林公式计算下列曲线积分：

（1）$\displaystyle\int_L (\mathrm{e}^x \sin y - 3y)\mathrm{d}x + (\mathrm{e}^x \cos y - x)\mathrm{d}y$，其中 L 为由原点至点 $A(a,0)$ 的上半圆周 $y = \sqrt{ax - x^2}$，$a > 0$.

（2）$\displaystyle\oint_L (3xy^4 + x^3y^2)\mathrm{d}y - (3x^4y + x^3y^3)\mathrm{d}x$，其中 L 为正向圆周 $x^2 + y^2 = a^2$.

11. 计算 $\displaystyle\oint_L \dfrac{(yx^3 + \mathrm{e}^y)\mathrm{d}x + (xy^3 + x\mathrm{e}^y - 2y)\mathrm{d}y}{9x^2 + 4y^2}$，其中 L 为正向椭圆周 $\dfrac{x^2}{4} + \dfrac{y^2}{9} = 1$.

12. 计算 $\displaystyle\oint_L \dfrac{x - y}{x^2 + y^2}\mathrm{d}x + \dfrac{x + y}{x^2 + y^2}\mathrm{d}y$，其中 L 为正向椭圆周 $4x^2 + y^2 = 1$.

13. 计算 $\oint_L \dfrac{x\mathrm{d}y - y\mathrm{d}x}{4x^2 + y^2}$，其中 L 为正向圆周 $x^2 + y^2 = 1$.

14. 计算 $\displaystyle\int_{\overset{\frown}{ABC}} (a_1 x + a_2 y + a_3)\mathrm{d}x + (b_1 x + b_2 y + b_3)\mathrm{d}y$，其中 a_i, b_i $(i=1,2,3)$ 为常数，$A(-1,0), B(0,1), C(1,0)$，AB 为 $x^2 + y^2 = 1$ 上的一段弧，BC 为 $y = 1 - x^2$ 上的一段弧.

15. 证明 $\left| \displaystyle\int_L P\mathrm{d}x + Q\mathrm{d}y \right| \leqslant lM$，其中 l 是曲线 L 的弧长，M 是 $\sqrt{P^2 + Q^2}$ 在 L 上的最大值.

16. 计算 $\displaystyle\iint_{\Sigma} z\mathrm{d}S$，其中 Σ 为上半球面 $z = \sqrt{R^2 - x^2 - y^2}$.

17. 计算 $\displaystyle\oiint_{\Sigma} f(x,y,z)\mathrm{d}S$，其中 Σ 为球面 $x^2 + y^2 + z^2 = a^2$，而

$$f(x,y,z) = \begin{cases} x^2 + y^2, & z \geqslant \sqrt{x^2 + y^2}, \\ 0, & z < \sqrt{x^2 + y^2}. \end{cases}$$

18. 计算 $\displaystyle\iint_{\Sigma} (ax + by + cz + d)^2 \mathrm{d}S$，其中 Σ 为球面

$$x^2 + y^2 + z^2 = a^2.$$

19. 计算 $\displaystyle\iint_{\Sigma} \dfrac{x^2}{z}\mathrm{d}S$，其中 Σ 为柱面 $x^2 + z^2 = 2az$ 被锥面 $z = \sqrt{x^2 + y^2}$ 所截下的部分.

20. 计算 $\displaystyle\iint_{\Sigma} (x^3\cos\alpha + y^3\cos\beta + z^3\cos\gamma)\mathrm{d}S$，其中 Σ 为锥面 $z = \sqrt{x^2 + y^2}$ $(0 \leqslant z \leqslant h)$，$\cos\alpha, \cos\beta, \cos\gamma$ 为曲面外法线的方向余弦.

21. 计算 $\displaystyle\oiint_{\Sigma} \dfrac{x\mathrm{d}y\mathrm{d}z + z^2\mathrm{d}x\mathrm{d}y}{x^2 + y^2 + z^2}$，其中 Σ 为曲面 $x^2 + y^2 = R^2$ 及两平面 $z = R, z = -R$ 所围成立体表面的外侧.

22. 计算 $\displaystyle\iint_{\Sigma} |xy| z\mathrm{d}x\mathrm{d}y$，其中 Σ 为曲面 $z = x^2 + y^2$ 与平面 $z = 1$ 所围立体表面的外侧.

23. 计算 $\displaystyle\iint_{\Sigma} (8y+1)x\mathrm{d}y\mathrm{d}z + 2(1-y^2)\mathrm{d}z\mathrm{d}x - 4yz\mathrm{d}x\mathrm{d}y$，其中 Σ 为抛物面 $x^2 + z^2 = y - 1$ 的左侧 $(1 \leqslant y \leqslant 3)$.

24. 计算 $\oiint\limits_{\Sigma} x^2 \mathrm{d}y\mathrm{d}z + y^2 \mathrm{d}z\mathrm{d}x + z^2 \mathrm{d}x\mathrm{d}y$，其中 Σ 为球面 $(x-a)^2 + (y-b)^2 + (z-c)^2 = R^2$ 的外侧．

25. 计算 $\oiint\limits_{\Sigma}\left(\dfrac{\mathrm{d}y\mathrm{d}z}{x} + \dfrac{\mathrm{d}z\mathrm{d}x}{y} + \dfrac{\mathrm{d}x\mathrm{d}y}{z}\right)$，其中曲面 Σ 为椭球面 $\dfrac{x^2}{a^2} + \dfrac{y^2}{b^2} + \dfrac{z^2}{c^2} = 1$ 的外侧．

26. 计算 $\oint_{\Gamma} z^2 \mathrm{d}x + x^2 \mathrm{d}y + y^2 \mathrm{d}z$，其中 Γ 为半球面 $z = \sqrt{a^2 - x^2 - y^2}$ 与柱面 $x^2 + y^2 = ax$ 的交线，从 z 轴正向看，Γ 为逆时针方向．

27. 计算 $\oint_{\Gamma} y\mathrm{d}x + z\mathrm{d}y + x\mathrm{d}z$，其中 Γ 为球面 $x^2 + y^2 + z^2 = 2(x+y)$ 与平面 $x+y=2$ 的交线，从 x 轴正向看，Γ 为逆时针方向．

28. 填空：(1) 向量场
$$\boldsymbol{A} = xy^2\boldsymbol{i} + y\mathrm{e}^z\boldsymbol{j} + x\ln(1 + z^2)\boldsymbol{k}$$
在点 $P(1,1,0)$ 处的散度 $\mathrm{div}\boldsymbol{A} = \underline{\qquad}$．

(2) 向量场
$$\boldsymbol{A} = (x^2 - xy)\boldsymbol{i} + (y^2 - yz)\boldsymbol{j} + (z^2 - zx)\boldsymbol{k}$$
在点 $M(1,2,-2)$ 处的旋度 $\mathrm{rot}\boldsymbol{A} = \underline{\qquad}$．

专题十一　无穷级数

【一】内容提要

1. 常数项级数的概念；收敛级数的基本性质.
2. 正项级数及其审敛法；交错级数及其审敛法；绝对收敛与条件收敛.
3. 函数项级数的概念；幂级数及其收敛性；幂级数的运算.
4. 泰勒级数；函数展开成幂级数.
5. 近似计算；欧拉公式.
6. 三角级数；三角函数系的正交性；函数展开成傅里叶级数.
7. 正弦级数和余弦级数.
8. 周期为 $2l$ 的周期函数的傅里叶级数.

【二】基本要求

1. 理解无穷级数收敛、发散以及和的概念；了解无穷级数收敛的必要条件；知道无穷级数的基本性质.
2. 熟悉几何级数和 p 级数的收敛性.
3. 掌握正项级数的比较审敛法、比值审敛法和交错级数的莱布尼茨审敛法.
4. 了解无穷级数绝对收敛与条件收敛的概念，并能根据绝对收敛与收敛的关系判断级数的敛散性.
5. 会求简单幂级数的收敛半径和收敛域.
6. 知道幂级数在收敛区间内的基本性质，并能根据这些性质求幂级数的和函数.
7. 会把一些较简单的函数展开成幂级数.
8. 知道函数展开为傅里叶级数的充分条件，并能将定义在

$[-\pi,\pi]$和$[-l,l]$上的函数展开为傅里叶级数.

【三】释疑解难

1. 数项级数收敛与数列收敛的概念相同吗?

答 不相同.数列$\{u_n\}$收敛是指当$n \to \infty$时,$u_n \to a$;而数项级数$\sum\limits_{n=1}^{\infty} u_n$收敛是指其部分和数列$\{S_n\}$收敛.

2. 如何求幂级数的和函数?

答 一般地,求幂级数的和函数,是以等比级数为基础,利用幂级数和函数的可导性和可积性求出.

3. 把函数展开成麦克劳林级数与把函数展开成x的幂级数一样吗?

答 一样的.事实上,与之等价的说法还有把函数展开成关于x的泰勒级数.

【四】方法指导

例1 判断正项级数$\sum\limits_{n=1}^{\infty} \dfrac{1}{(n+1)(n+2)}$是否收敛,若收敛,求出其和.

分析 由于通项可变为$u_n = \dfrac{1}{n+1} - \dfrac{1}{n+2}$,所以,可用级数收敛的定义判断.

解 由于$u_n = \dfrac{1}{n+1} - \dfrac{1}{n+2}$,所以

$$S_n = \left(\frac{1}{2} - \frac{1}{3}\right) + \left(\frac{1}{3} - \frac{1}{4}\right) + \cdots + \left(\frac{1}{n+1} - \frac{1}{n+2}\right)$$

$$= \frac{1}{2} - \frac{1}{n+2},$$

而$\lim\limits_{n \to \infty} S_n = \lim\limits_{n \to \infty}\left(\dfrac{1}{2} - \dfrac{1}{n+2}\right) = \dfrac{1}{2}$,所以级数$\sum\limits_{n=1}^{\infty} \dfrac{1}{(n+1)(n+2)}$收敛,

其和为$\dfrac{1}{2}$.

例 2 若级数 $\sum\limits_{n=1}^{\infty} a_n$ 与 $\sum\limits_{n=1}^{\infty} c_n$ 都收敛于 S，且成立不等式 $a_n \leqslant b_n \leqslant c_n$ $(n=1,2,\cdots)$，证明级数 $\sum\limits_{n=1}^{\infty} b_n$ 收敛.

分析 根据级数收敛的定义可判断出级数 $\sum\limits_{n=1}^{\infty} b_n$ 收敛.

解 设 $\sum\limits_{n=1}^{\infty} b_n$，$\sum\limits_{n=1}^{\infty} a_n$ 与 $\sum\limits_{n=1}^{\infty} c_n$ 的前 n 项和分别为 S_n, S_n' 及 S_n''，由已知可得

$$\lim_{n\to\infty} S_n' = \lim_{n\to\infty} S_n'' = S, \quad \text{且} \quad S_n' \leqslant S_n \leqslant S_n''.$$

由夹逼准则得 $\lim\limits_{n\to\infty} S_n = S$，于是，级数 $\sum\limits_{n=1}^{\infty} b_n$ 收敛.

例 3 证明级数 $\sum\limits_{n=1}^{\infty} \dfrac{1}{a+bn}$ 是发散的 (a,b 都大于零).

分析 由于 $\sum\limits_{n=1}^{\infty} \dfrac{1}{a+bn}$ 是正项级数，本题可选择比较审敛法的极限形式判断.

解 因为

$$\frac{1}{a+bn} \Big/ \frac{1}{n} \to \frac{1}{b} \quad (n\to\infty),$$

且 $\sum\limits_{n=1}^{\infty} \dfrac{1}{n}$ 发散，所以 $\sum\limits_{n=1}^{\infty} \dfrac{1}{a+bn}$ 是发散的.

例 4 判断 $\sum\limits_{n=1}^{\infty} (-1)^n \dfrac{1}{n^p}$ ($p>0$) 的敛散性，若收敛，指出是绝对收敛还是条件收敛？

分析 解该类型的题，首先判断是否绝对收敛，若不绝对收敛，再判断是否条件收敛.

解 因为

$$\sum_{n=1}^{\infty} \left| (-1)^n \frac{1}{n^p} \right| = \sum_{n=1}^{\infty} \frac{1}{n^p},$$

故下面分情况讨论：

当 $p>1$ 时，$\sum\limits_{n=1}^{\infty} \dfrac{1}{n^p}$ 收敛；当 $0<p\leqslant1$ 时，$\sum\limits_{n=1}^{\infty} \dfrac{1}{n^p}$ 发散.

又当 $0 < p \leqslant 1$ 时,$\sum\limits_{n=1}^{\infty} (-1)^n \dfrac{1}{n^p}$ 是交错级数,由莱布尼茨审敛法知收敛.

综上,当 $p > 1$ 时,$\sum\limits_{n=1}^{\infty} (-1)^n \dfrac{1}{n^p}$ 绝对收敛;当 $0 < p \leqslant 1$ 时,$\sum\limits_{n=1}^{\infty} (-1)^n \dfrac{1}{n^p}$ 条件收敛.

例 5 将函数 $f(x) = \arctan \dfrac{1-2x}{1+2x}$ 展开成 x 的幂级数,并求级数 $\sum\limits_{n=0}^{\infty} \dfrac{(-1)^n}{2n+1}$ 的和.

分析 利用幂级数和函数的可导性和可积性以及等比级数的和函数解决此问题.

解 因为

$$f'(x) = -\frac{2}{1+4x^2} = -2\sum_{n=0}^{\infty} (-1)^n 4^n x^{2n}, \quad x \in \left(-\frac{1}{2}, \frac{1}{2}\right),$$

又 $f(0) = \dfrac{\pi}{4}$,所以

$$\begin{aligned}
f(x) &= f(0) + \int_0^x f'(t)\mathrm{d}t \\
&= \frac{\pi}{4} - 2\int_0^x \left[\sum_{n=0}^{\infty} (-1)^n 4^n t^{2n} \right]\mathrm{d}t \\
&= \frac{\pi}{4} - 2\sum_{n=0}^{\infty} \frac{(-1)^n 4^n}{2n+1} x^{2n+1}, \quad x \in \left(-\frac{1}{2}, \frac{1}{2}\right).
\end{aligned}$$

因为级数 $\sum\limits_{n=0}^{\infty} \dfrac{(-1)^n}{2n+1}$ 收敛,函数 $f(x)$ 在 $x = \dfrac{1}{2}$ 处连续,所以

$$f(x) = \frac{\pi}{4} - 2\sum_{n=0}^{\infty} \frac{(-1)^n 4^n}{2n+1} x^{2n+1}, \quad x \in \left(-\frac{1}{2}, \frac{1}{2}\right].$$

令 $x = \dfrac{1}{2}$,得

$$f\left(\frac{1}{2}\right) = \frac{\pi}{4} - 2\sum_{n=0}^{\infty} \left[\frac{(-1)^n 4^n}{2n+1} \cdot \frac{1}{2^{2n+1}} \right],$$

再由 $f\left(\dfrac{1}{2}\right) = 0$,得

$$\sum_{n=0}^{\infty} \frac{(-1)^n}{2n+1} = \frac{\pi}{4} - f\left(\frac{1}{2}\right) = \frac{\pi}{4}.$$

例 6 判别级数 $\displaystyle\sum_{n=1}^{\infty} \frac{n}{(n+1)!}$ 的敛散性.

分析 $\displaystyle\sum_{n=1}^{\infty} \frac{n}{(n+1)!}$ 是正项级数, 所有判断正项级数收敛的方法都可使用.

解法 1(比值判别法) 因为

$$\lim_{n\to\infty} \frac{u_{n+1}}{u_n} = \lim_{n\to\infty} \frac{n+1}{n(n+2)} = 0 < 1,$$

所以级数收敛.

解法 2(根值判别法) 因为

$$\lim_{n\to\infty} \sqrt[n]{u_n} = \lim_{n\to\infty} \frac{\sqrt[n]{n}}{\sqrt[n]{(n+1)!}},$$

而 $\displaystyle\lim_{n\to\infty} \sqrt[n]{n} = 1$, $\displaystyle\lim_{n\to\infty} \sqrt[n]{(n+1)!} = \infty$, 所以 $\displaystyle\lim_{n\to\infty} \sqrt[n]{u_n} = 0 < 1$, 于是级数收敛.

解法 3(比较判别法的极限形式) 因为

$$\lim_{n\to\infty} \frac{\dfrac{n}{(n+1)!}}{\dfrac{1}{n^2}} = 0,$$

而 $\displaystyle\sum_{n=1}^{\infty} \frac{1}{n^2}$ 是收敛的, 所以级数收敛.

解法 4(比较判别法) 因为

$$\frac{n}{(n+1)!} < \frac{1}{n!} = \frac{1}{1 \cdot 2 \cdots \cdot n} < \frac{1}{2^{n-1}},$$

而 $\displaystyle\sum_{n=1}^{\infty} \frac{1}{2^{n-1}}$ 是收敛的等比级数, 所以级数收敛.

解法 5(正项级数收敛的充要条件) 因为

$$\frac{n}{(n+1)!} < \frac{1}{2^{n-1}},$$

所以

$$S_n = \frac{1}{2!} + \frac{2}{3!} + \cdots + \frac{n}{(n+1)!}$$

$$< 1 + \frac{1}{2} + \frac{1}{2^2} + \cdots + \frac{1}{2^{n-1}} = 2 - \frac{1}{2^{n-1}}.$$

从而正项级数 $\sum\limits_{n=1}^{\infty} \dfrac{n}{(n+1)!}$ 的部分和数列有界,因此所给级数收敛.

例 7 设 $a_n = \displaystyle\int_0^{\pi/4} \tan^n x \mathrm{d}x$.

(1) 求 $\sum\limits_{n=1}^{\infty} \dfrac{1}{n}(a_n + a_{n+2})$ 的值;

(2) 试证:对任意的常数 $\lambda > 0$,级数 $\sum\limits_{n=1}^{\infty} \dfrac{a_n}{n^\lambda}$ 收敛.

分析 解本题的关键是求级数 $\sum\limits_{n=1}^{\infty} \dfrac{1}{n}(a_n + a_{n+2})$ 的通项.

解 (1) 因为

$$\frac{1}{n}(a_n + a_{n+2}) = \frac{1}{n}\int_0^{\pi/4} \tan^n x(1 + \tan^2 x)\mathrm{d}x$$

$$= \frac{1}{n}\int_0^{\pi/4} \tan^n x \sec^2 x \mathrm{d}x \xrightarrow{\tan x = t} \frac{1}{n}\int_0^1 t^n \mathrm{d}t = \frac{1}{n(n+1)},$$

$$S_n = \sum_{i=1}^{n} \frac{1}{i}(a_i + a_{i+2}) = \sum_{i=1}^{n} \frac{1}{i(i+1)} = 1 - \frac{1}{n+1},$$

所以

$$\sum_{n=1}^{\infty} \frac{1}{n}(a_n + a_{n+2}) = \lim_{n \to \infty} S_n = 1.$$

(2) 因为

$$a_n = \int_0^{\pi/4} \tan^n x \mathrm{d}x \xrightarrow{\tan x = t} \int_0^1 \frac{t^n}{1 + t^2}\mathrm{d}t < \int_0^1 t^n \mathrm{d}t = \frac{1}{n+1},$$

所以

$$\frac{a_n}{n^\lambda} < \frac{1}{n^\lambda(n+1)} < \frac{1}{n^{\lambda+1}},$$

由 $\lambda + 1 > 1$,知级数 $\sum\limits_{n=1}^{\infty} \dfrac{1}{n^{\lambda+1}}$ 收敛,从而级数 $\sum\limits_{n=1}^{\infty} \dfrac{a_n}{n^\lambda}$ 收敛.

例 8 求幂级数 $1 + \sum\limits_{n=1}^{\infty} (-1)^n \dfrac{x^{2n}}{2n}(|x| < 1)$ 的和函数 $f(x)$ 及其

极值.

分析 解决本题的思路很清晰,首先应求出幂级数

$$1 + \sum_{n=1}^{\infty} (-1)^n \frac{x^{2n}}{2n} \quad (|x| < 1)$$

的和函数 $f(x)$,然后再求极值.

解 根据幂级数的性质,有

$$f'(x) = \sum_{n=1}^{\infty} (-1)^n x^{2n-1} = -\frac{x}{1+x^2},$$

上式两边从 0 到 x 积分,得

$$f(x) - f(0) = -\int_0^x \frac{t}{1+t^2} \mathrm{d}t = -\frac{1}{2}\ln(1+x^2).$$

由 $f(0) = 1$,得

$$f(x) = 1 - \frac{1}{2}\ln(1+x^2) \quad (|x| < 1).$$

令 $f'(x) = 0$,求得惟一驻点 $x = 0$. 由于

$$f''(x) = -\frac{1-x^2}{(1+x^2)^2}, \quad f''(0) = -1 < 0,$$

可见 $f(x)$ 在 $x = 0$ 处取得极大值,且极大值为 $f(0) = 1$.

例 9 设 $\sum_{n=1}^{\infty} u_n$ 为正项级数,数列 $\{u_n\}$ 单调减少,且 $\sum_{n=1}^{\infty} (-1)^n u_n$ 发散,证明:$\sum_{n=1}^{\infty} \left(\frac{1}{u_n+1}\right)^n$ 收敛.

分析 本题综合性强,需充分挖掘已知条件.

解 因为 $\{u_n\}$ 单调减少,且 $u_n > 0$ $(n = 1, 2, \cdots)$,故 $\{u_n\}$ 有下界,从而 $\lim_{n\to\infty} u_n$ 存在,设 $\lim_{n\to\infty} u_n = u$,则 $u \geq 0$,再由 $\sum_{n=1}^{\infty} (-1)^n u_n$ 发散可知,$u \neq 0$,否则,由莱布尼茨判别法知 $\sum_{n=1}^{\infty} (-1)^n u_n$ 收敛,与题设矛盾,故 $u > 0$,由此可得

$$\frac{1}{u_n+1} < \frac{1}{u+1} < 1, \quad \left(\frac{1}{u_n+1}\right)^n < \left(\frac{1}{u+1}\right)^n,$$

而 $\sum_{n=1}^{\infty} \left(\frac{1}{u+1}\right)^n$ 是公比为 $\frac{1}{u+1} < 1$ 的等比级数,该级数收敛,所以

$\sum\limits_{n=1}^{\infty}\left(\dfrac{1}{u_n+1}\right)^n$ 收敛.

例 10 把函数 $f(x)=\dfrac{1}{x+1}$ 展开成 $(x+4)$ 的幂级数.

分析 直接把函数 $f(x)=\dfrac{1}{x+1}$ 展开成 $(x+4)$ 的幂级数很繁,但只要把 $f(x)=\dfrac{1}{x+1}$ 经过恒等变形,再利用等比级数的幂级数展开式即很容易得到结果.

解 利用等比级数求和公式,有

$$\frac{1}{x+1}=\frac{1}{x+4-3}=\left(-\frac{1}{3}\right)\cdot\frac{1}{1-\dfrac{x+4}{3}}.$$

因为 $\dfrac{1}{1-x}=\sum\limits_{n=0}^{\infty}x^n\ (-1<x<1)$,所以

$$\frac{1}{1-\dfrac{x+4}{3}}=\sum_{n=0}^{\infty}\left(\frac{x+4}{3}\right)^n,$$

这里 $-1<\dfrac{x+4}{3}<1$,即 $-7<x<-1$,于是

$$\frac{1}{x+1}=\left(-\frac{1}{3}\right)\sum_{n=0}^{\infty}\left(\frac{x+4}{3}\right)^n$$

$$=-\sum_{n=0}^{\infty}\frac{(x+4)^n}{3^{n+1}}\quad(-7<x<-1).$$

例 11 利用函数的幂级数展开式求极限:

$$\lim_{x\to\infty}\left[x-x^2\ln\left(1+\frac{1}{x}\right)\right].$$

分析 直接求极限是无法下手的,但只要考虑到把函数 $\ln\left(1+\dfrac{1}{x}\right)$ 展开成幂级数,问题就迎刃而解了.

解 利用

$$\ln(1+x)=x-\frac{x^2}{2}+\frac{x^3}{3}-\frac{x^4}{4}+\cdots+(-1)^n\frac{x^{n+1}}{n+1}+\cdots$$

可得到 $\ln\left(1+\dfrac{1}{x}\right)=\dfrac{1}{x}-\dfrac{1}{2x^2}+\dfrac{1}{3x^3}-\cdots$,于是

242

$$\lim_{x \to \infty}\left[x - x^2\ln\left(1 + \frac{1}{x}\right)\right] = \lim_{x \to \infty}\left[x - x^2\left(\frac{1}{x} - \frac{1}{2x^2} + \frac{1}{3x^3} - \cdots\right)\right]$$

$$= \lim_{x \to \infty}\left(\frac{1}{2} - \frac{1}{3x} + \cdots\right) = \frac{1}{2}.$$

例 12 设幂级数 $\sum\limits_{n=0}^{\infty} a_n x^n$ 的收敛半径是 $R = 3$，求幂级数 $\sum\limits_{n=1}^{\infty} na_n(x-1)^{n+1}$ 的收敛区间.

分析 对非标准幂级数，一般地应通过变量代换化为标准幂级数求解.

解 首先，我们考虑幂级数 $\sum\limits_{n=1}^{\infty} na_n t^{n+1}$，且已知它与幂级数 $\sum\limits_{n=1}^{\infty} na_n t^{n-1}$ 的收敛区间相同.

其次，由于当 $|t| < 3$ 时，有

$$\sum_{n=1}^{\infty} na_n t^{n-1} = \sum_{n=1}^{\infty}(a_n t^n)' = \left(\sum_{n=1}^{\infty} a_n t^n\right)',$$

故根据逐项求导后所得幂级数的收敛半径不变，可知 $\sum\limits_{n=1}^{\infty} na_n t^{n-1}$ 的收敛区间为 $(-3,3)$. 从而 $\sum\limits_{n=1}^{\infty} na_n t^{n+1}$ 的收敛区间为 $(-3,3)$. 这说明 $\sum\limits_{n=1}^{\infty} na_n(x-1)^{n+1}$ 的收敛区间为 $(-2,4)$.

例 13 求 $f(x) = \dfrac{3x+8}{(2x-3)(x^2+4)}$ 在 $x=0$ 处的麦克劳林公式.

分析 由于题目中所给函数较复杂，所以直接展开成麦克劳林公式很繁. 但考虑到所给函数可变为

$$f(x) = \frac{2}{2x-3} - \frac{x}{x^2+4},$$

再利用等比级数的幂级数展开式即可得到结果.

解 首先，作分解 $f(x) = \dfrac{2}{2x-3} - \dfrac{x}{x^2+4}$；其次，参考 $(1+x)^{\alpha}$ 的展开式，再转换形式. 由于

$$f(x) = -\frac{2}{3} \cdot \frac{1}{1 - \frac{2}{3}x} - \frac{x}{4} \cdot \frac{1}{1 + \frac{x^2}{4}},$$

从而有

$$f(x) = -\frac{2}{3} \cdot \sum_{n=0}^{\infty} \left(\frac{2x}{3}\right)^n - \frac{x}{4} \cdot \sum_{n=0}^{\infty} (-1)^n \left(\frac{x^2}{4}\right)^n$$

$$= -\sum_{n=0}^{\infty} \left(\frac{2}{3}\right)^{n+1} x^n + \sum_{n=0}^{\infty} (-1)^n \frac{1}{4^{n+1}} x^{2n+1}, \quad |x| < \frac{3}{2}.$$

例 14 求幂级数 $\sum_{n=1}^{\infty} \frac{1}{n \cdot 3^n}(x-3)^n$ 的收敛半径和收敛域.

分析 题目中所给幂级数是非标准的,一般地应通过变量代换化为标准幂级数求解.

解 令 $x-3=t$,先求幂级数 $\sum_{n=1}^{\infty} \frac{1}{n \cdot 3^n} t^n$ 的收敛域. 由于

$$\left| \frac{1}{(n+1) \cdot 3^{n+1}} \middle/ \frac{1}{n \cdot 3^n} \right| = \frac{1}{3} \cdot \frac{n}{n+1} \to \frac{1}{3} \quad (n \to \infty),$$

得收敛半径 $R=3$.

当 $t=3$ 时,此级数化为 $\sum_{n=1}^{\infty} \frac{1}{n}$,发散;当 $t=-3$ 时,此级数化为

$\sum_{n=1}^{\infty} (-1)^n \frac{1}{n}$,收敛.

综上,此级数收敛域为 $[-3,3)$,从而在 $-3 \leqslant t < 3$ 中再用 $x-3$ 代 t,可得 $-3 \leqslant x-3 < 3$,即 $0 \leqslant x < 6$,这说明原级数的收敛域为 $[0,6)$.

例 15 设 $\varphi(x)$ 在 $(-\infty, +\infty)$ 内连续,周期为 1,且 $\int_0^1 \varphi(x)dx = 0$,$f(x)$ 在 $[0,1]$ 上可导. 设 $a_n = \int_0^1 f(x)\varphi(nx)dx$,试证 $\sum_{n=1}^{\infty} a_n^2$ 收敛.

分析 这是一个级数和微分的综合应用题.

解 令 $F(x) = \int_0^x \varphi(nt)dt$,则 $F(0) = F(1) = 0$,有

$$a_n = \int_0^1 f(x)F'(x)dx = f(x)F(x)\bigg|_0^1 - \int_0^1 f'(x)F(x)dx$$

244

$$= -\int_0^1 f'(x)F(x)\mathrm{d}x.$$

令 $M_1 = \max\limits_{x\in[0,1]} |f'(x)|$，$M_2 = \max\limits_{x\in[0,1]} |\varphi(x)|$，则

$$|a_n| = \left| \int_0^1 f'(x)F(x)\mathrm{d}x \right| \leqslant M_1 \int_0^1 |F(x)|\mathrm{d}x,$$

而

$$|F(x)| = \left| \int_0^x \varphi(nt)\mathrm{d}t \right| = \left| \frac{1}{n} \int_0^{nx} \varphi(t)\mathrm{d}t \right| = \frac{1}{n} \left| \int_{[nx]}^{nx} \varphi(t)\mathrm{d}t \right| \leqslant \frac{M_2}{n},$$

因此，$|a_n| \leqslant \dfrac{M_1 M_2}{n}$，于是 $a_n^2 \leqslant \dfrac{(M_1 M_2)^2}{n^2}$，所以级数 $\sum\limits_{n=1}^{\infty} a_n^2$ 收敛.

【五】同步训练

A 级

1. 填空题：

(1) 设 k,m 为正整数，$a_0 > 0$，$b_0 > 0$，

$$u_n = \frac{a_0 n^m + a_1 n^{m-1} + \cdots + a_{m-1} n + a_m}{b_0 n^k + b_1 n^{k-1} + \cdots + b_{k-1} n + b_k},$$

则 $\sum\limits_{n=1}^{\infty} u_n$ 收敛的充分必要条件是_____；

(2) 级数 $\sum\limits_{n=1}^{\infty} \dfrac{(x+2)^n}{\sqrt{n}}$ 的收敛区间为_____；

(3) 设 $x^2 = \sum\limits_{n=0}^{\infty} a_n \cos nx \ (-\pi \leqslant x \leqslant \pi)$，则 $a_2 =$ _____；

(4) $y = 2^x$ 的麦克劳林展开式中 x^n 项的系数是_____；

(5) $\sum\limits_{n=1}^{\infty} n \left(\dfrac{1}{2} \right)^{n-1} =$ _____.

2. 求下列级数的和：

(1) $\sum\limits_{n=1}^{\infty} \dfrac{1}{n(n+1)(n+2)}$；

(2) $\sum\limits_{n=1}^{\infty} \left[\dfrac{2+(-1)^{n+1}}{3^n} - \dfrac{4}{(n+1)(n+2)} \right]$；

(3) $\sum\limits_{n=1}^{\infty} \dfrac{n}{(n+1)!}$;　　　　(4) $\sum\limits_{n=1}^{\infty} \dfrac{1}{(n+1)\sqrt{n}+n\sqrt{n+1}}$.

3. 判别下列级数的敛散性：

(1) $\sum\limits_{n=2}^{\infty} \dfrac{\ln n}{n^{4/3}}$;　　　　　　　(2) $\sum\limits_{n=1}^{\infty} \dfrac{2^n}{n^2}$;

(3) $\sum\limits_{n=1}^{\infty} \dfrac{1}{(2n-1)2^{2n-1}}$;　　　(4) $\sum\limits_{n=1}^{\infty} \dfrac{(-1)^{n-1}}{1+n}$;

(5) $\sum\limits_{n=0}^{\infty} (-1)^{n+1}\dfrac{\ln(n+1)}{e^n}$;　(6) $\sum\limits_{n=1}^{\infty} (\sqrt{n^2+1}-n)$;

(7) $\sum\limits_{n=1}^{\infty} \dfrac{1}{1+a^{2n}}$;　　　　　(8) $\sum\limits_{n=1}^{\infty} \ln\left(1+\dfrac{1}{n}\right)$;

(9) $\sum\limits_{n=1}^{\infty} \dfrac{n^4}{4^n}$.

4. 确定常数 a,b，使 $\dfrac{3n+5}{3^n} = \dfrac{an+b}{3^{n-1}} - \dfrac{a(n+1)+b}{3^n}$，并利用所得结果求 $\sum\limits_{n=1}^{\infty} \dfrac{3n+5}{3^n}$ 的和.

5. 求幂级数 $\sum\limits_{n=0}^{\infty} \dfrac{2n+1}{n!} x^{2n}$ 的收敛区间及和函数.

6. 将 $f(x) = \dfrac{x}{1+x-2x^2}$ 展开成 x 的幂级数，并指出其收敛区间.

7. 设函数

$$f(x) = \begin{cases} k(x+2l), & -l \leqslant x < 0, \\ kx, & 0 \leqslant x \leqslant l \end{cases}$$

定义在 $[-l, l]$ 上，求 $f(x)$ 以 $2l$ 为周期的傅里叶级数的和函数 $S(x)$ 的表达式.

8. 将函数

$$f(x) = \begin{cases} -\pi/2, & -\pi \leqslant x < -\pi/2, \\ x, & -\pi/2 \leqslant x \leqslant \pi/2, \\ \pi/2, & \pi/2 < x \leqslant \pi \end{cases}$$

展开成以 2π 为周期的傅里叶级数.

246

9. 利用函数的幂级数展开式求极限：$\lim\limits_{x\to 0}\dfrac{x-\arcsin x}{\sin^3 x}$.

10. 求幂级数 $\sum\limits_{n=0}^{\infty}\dfrac{1}{2n+1}x^{2n+1}$ 在收敛域 $(-1,1)$ 内的和函数，并求 $\sum\limits_{n=0}^{\infty}\dfrac{1}{2n+1}\left(\dfrac{1}{2}\right)^{2n}$ 的值.

11. 选择题：

(1) 下列正确的命题有（　　）.

(A) $\sum\limits_{n=1}^{\infty}u_n$ 收敛 $\Longrightarrow\{u_n\}$ 收敛；　　(B) $\{u_n\}$ 收敛 $\Longrightarrow\sum\limits_{n=1}^{\infty}u_n$ 收敛；

(C) $\sum\limits_{n=1}^{\infty}u_n$ 发散 $\Longrightarrow\{u_n\}$ 发散；　　(D) $\{u_n\}$ 发散 $\Longrightarrow\sum\limits_{n=1}^{\infty}u_n$ 发散.

(2) 若 $a_n\leqslant b_n\leqslant c_n$，则（　　）.

(A) $\{a_n\},\{c_n\}$ 收敛且 $a_n\geqslant 0\Longrightarrow\{b_n\}$ 收敛；

(B) $\sum\limits_{n=1}^{\infty}a_n,\sum\limits_{n=1}^{\infty}c_n$ 收敛 $\Longrightarrow\{b_n\}$ 收敛；

(C) $\sum\limits_{n=1}^{\infty}c_n$ 收敛 $\Longrightarrow\sum\limits_{n=1}^{\infty}b_n$ 收敛；

(D) $\sum\limits_{n=1}^{\infty}a_n,\sum\limits_{n=1}^{\infty}c_n$ 收敛 $\Longrightarrow\sum\limits_{n=1}^{\infty}b_n$ 收敛.

(3) 设 $u_n\neq 0\ (n=1,2,\cdots)$，且 $\lim\limits_{n\to\infty}\dfrac{n}{u_n}=1$，则级数

$$\sum\limits_{n=1}^{\infty}(-1)^{n+1}\left(\dfrac{1}{u_n}+\dfrac{1}{u_{n+1}}\right)(\qquad).$$

(A) 发散；　　(B) 绝对收敛；

(C) 条件收敛；　　(D) 收敛性根据所给条件不能判定.

12. 求幂级数 $\sum\limits_{n=1}^{\infty}\dfrac{\ln(1+n)}{n}x^{n-1}$ 的收敛半径和收敛域.

13. (1) 若幂级数 $\sum\limits_{n=1}^{\infty}a_n(x-1)^n$ 在 $x=-1$ 处收敛，试问此幂级数在 $x=2$ 处是否收敛；

(2) 设幂级数 $\sum\limits_{n=1}^{\infty}a_n(x-2)^n$ 在 $x=0$ 处收敛，且在 $x=4$ 处发散，试求其收敛域.

14. 若 $\sum\limits_{n=1}^{\infty} u_n^2$ 与 $\sum\limits_{n=1}^{\infty} v_n^2$ 都收敛,则 $\sum\limits_{n=1}^{\infty} (u_n+v_n)^2$ 与 $\sum\limits_{n=1}^{\infty} |u_n v_n|$ 收敛.

15. 若级数 $\sum\limits_{n=1}^{\infty} (-1)^n u_n 2^n$ 收敛,证明级数 $\sum\limits_{n=1}^{\infty} u_n$ 绝对收敛.

B 级

1. 选择题:

(1) 设 $u_n = (-1)^n \ln\left(1+\dfrac{1}{\sqrt{n}}\right)$,则级数(   ).

(A) $\sum\limits_{n=1}^{\infty} u_n$ 与 $\sum\limits_{n=1}^{\infty} u_n^2$ 都收敛;

(B) $\sum\limits_{n=1}^{\infty} u_n$ 与 $\sum\limits_{n=1}^{\infty} u_n^2$ 都发散;

(C) $\sum\limits_{n=1}^{\infty} u_n$ 发散,而 $\sum\limits_{n=1}^{\infty} u_n^2$ 收敛;

(D) $\sum\limits_{n=1}^{\infty} u_n$ 收敛,而 $\sum\limits_{n=1}^{\infty} u_n^2$ 发散.

(2) 下述选项正确的是(   ).

(A) 若 $\sum\limits_{n=1}^{\infty} u_n^2$ 与 $\sum\limits_{n=1}^{\infty} v_n^2$ 都收敛,则 $\sum\limits_{n=1}^{\infty} (u_n+v_n)^2$ 收敛;

(B) 若 $\sum\limits_{n=1}^{\infty} |u_n v_n|$ 收敛,则 $\sum\limits_{n=1}^{\infty} u_n^2$ 与 $\sum\limits_{n=1}^{\infty} v_n^2$ 都收敛;

(C) 若正项级数 $\sum\limits_{n=1}^{\infty} u_n$ 发散,则 $u_n \geqslant \dfrac{1}{n}$;

(D) 若级数 $\sum\limits_{n=1}^{\infty} u_n$ 收敛,且 $u_n \geqslant v_n$ $(n=1,2,\cdots)$,则级数 $\sum\limits_{n=1}^{\infty} v_n$ 也收敛.

(3) 设幂级数 $\sum\limits_{n=1}^{\infty} a_n x^n$ 与 $\sum\limits_{n=1}^{\infty} b_n x^n$ 的收敛半径分别为 $\dfrac{\sqrt{5}}{3}$ 与 $\dfrac{1}{3}$,则幂级数 $\sum\limits_{n=1}^{\infty} \dfrac{a_n^2}{b_n^2} x^n$ 的收敛半径为(   ).

(A) 5;   (B) $\dfrac{\sqrt{5}}{3}$;   (C) $\dfrac{1}{3}$;   (D) $\dfrac{1}{5}$.

(4) 设 $p_n = \dfrac{a_n + |a_n|}{2}$, $q_n = \dfrac{a_n - |a_n|}{2}$, $n = 1, 2, \cdots$, 则下列命题正确的是(   ).

(A) 若 $\displaystyle\sum_{n=1}^{\infty} a_n$ 条件收敛, 则 $\displaystyle\sum_{n=1}^{\infty} p_n$ 与 $\displaystyle\sum_{n=1}^{\infty} q_n$ 都收敛;

(B) 若 $\displaystyle\sum_{n=1}^{\infty} a_n$ 绝对收敛, 则 $\displaystyle\sum_{n=1}^{\infty} p_n$ 与 $\displaystyle\sum_{n=1}^{\infty} q_n$ 都收敛;

(C) 若 $\displaystyle\sum_{n=1}^{\infty} a_n$ 条件收敛, 则 $\displaystyle\sum_{n=1}^{\infty} p_n$ 与 $\displaystyle\sum_{n=1}^{\infty} q_n$ 的敛散性都不定;

(D) 若 $\displaystyle\sum_{n=1}^{\infty} a_n$ 绝对收敛, 则 $\displaystyle\sum_{n=1}^{\infty} p_n$ 与 $\displaystyle\sum_{n=1}^{\infty} q_n$ 的敛散性都不定.

(5) 设 $\displaystyle\sum_{n=1}^{\infty} u_n^2$ 收敛, 常数 $\lambda > 0$, 则级数 $\displaystyle\sum_{n=1}^{\infty} (-1)^n \dfrac{|u_n|}{\sqrt{n^2 + \lambda}}$ (   ).

(A) 发散; (B) 条件收敛;

(C) 绝对收敛; (D) 收敛性与 λ 有关.

2. 若正项级数 $\displaystyle\sum_{n=1}^{\infty} u_n$ 收敛, 且数列 $\{u_n\}$ 单调, 则 $\lim\limits_{n \to \infty} n u_n = 0$.

3. 设

$$f(x) = \begin{cases} \dfrac{1 + x^2}{x} \arctan x, & x \neq 0, \\ 1, & x = 0, \end{cases}$$

试将 $f(x)$ 展开成 x 的幂级数, 并求级数 $\displaystyle\sum_{n=1}^{\infty} \dfrac{(-1)^n}{1 - 4n^2}$ 的和.

4. 设 $u_n > 0$, 证明数列 $\{(1 + u_1)(1 + u_2) \cdots (1 + u_n)\}$ 与级数 $\displaystyle\sum_{n=1}^{\infty} u_n$ 同时收敛或同时发散.

5. 判别下列级数的敛散性:

(1) $\displaystyle\sum_{n=1}^{\infty} n! \left(\dfrac{\mathrm{e}}{n}\right)^n$; (2) $\displaystyle\sum_{n=1}^{\infty} \left(\dfrac{an}{n+1}\right)^n$.

6. 证明 $\lim\limits_{n \to \infty} \dfrac{n!}{n^n} = 0$.

7. 设 $u_n \geqslant 0$, 且数列 $\{n u_n\}$ 有界, 证明级数 $\displaystyle\sum_{n=1}^{\infty} u_n^2$ 收敛.

8. 设 $f(x)$ 为偶函数，$f(0)=0$，$f''(x)$ 在点 $x=0$ 的某个邻域内连续，证明级数 $\sum\limits_{n=1}^{\infty} f\left(\dfrac{1}{n}\right)$ 绝对收敛.

9. (1) 验证函数

$$y(x) = 1 + \frac{x^3}{3!} + \frac{x^6}{6!} + \cdots + \frac{x^{3n}}{(3n)!} + \cdots \quad (-\infty < x < +\infty)$$

满足微分方程 $y'' + y' + y = \mathrm{e}^x$；

(2) 利用 (1) 的结果求幂级数 $\sum\limits_{n=0}^{\infty} \dfrac{x^{3n}}{(3n)!}$ 的和函数.

10. 求幂级数

$$\sum_{n=0}^{\infty} \frac{1}{n+1} x^{3n} = 1 + \frac{1}{2} x^3 + \frac{1}{3} x^6 + \cdots + \frac{1}{n+1} x^{3n} + \cdots$$

的收敛域.

11. 设 $u_n = 2\sqrt{n} - \sum\limits_{k=1}^{n} \dfrac{1}{\sqrt{k}}$，证明：

(1) $\{u_n\}$ 收敛；   (2) $1 \leqslant \lim\limits_{n \to \infty} u_n \leqslant 2$.

12. 设 $\lim\limits_{n \to \infty} n u_n = 0$，则 $\sum\limits_{n=1}^{\infty} u_n$ 收敛 $\Longleftrightarrow \sum\limits_{n=1}^{\infty} n(u_n - u_{n-1})$ 收敛.

13. 设 $f(x) = \sum\limits_{n=1}^{\infty} \dfrac{x^n}{n^2}$，$x \in [0,1]$，证明：

$$f(x) - f(1-x) + \ln x \ln(1-x) = f(1).$$

14. 设 $f(x) = 2 + |x|$ $(-1 \leqslant x \leqslant 1)$，将其展开成周期为 2 的傅里叶级数，并求出级数 $\sum\limits_{n=1}^{\infty} \dfrac{1}{n^2}$ 的和.

15. 将函数 $f(x) = \ln(1 + x + x^2 + x^3)$ 展开成麦克劳林级数.

学习札记

学 习 札 记

专题十二 微 分 方 程

【一】内容提要

1. 常微分方程的基本概念：微分方程的定义、微分方程的阶、微分方程的解、通解、所有解、初始条件、特解、初值问题、积分曲线.
2. 可分离变量的常微分方程.
3. 齐次微分方程.
4. 一阶线性微分方程.
5. 伯努利方程.
6. 全微分方程.
7. 可用简单的变量代换求解的某些微分方程.
8. 可降阶的高阶微分方程.
9. 线性微分方程解的性质及其解的结构定理.
10. 二阶常系数齐次线性微分方程.
11. 高于二阶的某些常系数齐次线性微分方程.
12. 简单的二阶常系数非齐次线性微分方程.
13. 微分方程的简单应用.

【二】基本要求

1. 了解微分方程的定义、微分方程的阶、微分方程的解、通解、所有解、初始条件、特解、初值问题、积分曲线等概念.
2. 掌握可分离变量的常微分方程及一阶线性微分方程的解法.
3. 会解齐次微分方程、伯努利方程、全微分方程，会用简单的变量代换解某些微分方程.
4. 会用降阶法解下列微分方程：

$$y^{(n)} = f(x), \quad y'' = f(x, y'), \quad y'' = f(y, y').$$

5. 理解线性微分方程解的性质及解的结构定理.

6. 掌握二阶常系数齐次线性微分方程的解法,并会解某些高于二阶的常系数齐次线性微分方程.

7. 会解自由项为多项式、指数函数、正弦函数、余弦函数,以及它们的和与积的二阶常系数非齐次线性微分方程.

8. 会用微分方程解决一些简单的应用问题.

【三】释疑解难

1. 微分方程的解、所有解和通解是一回事吗?

答 不是一回事.满足微分方程的函数,称为该微分方程的解.满足微分方程的函数的全体称为该微分方程的所有解.通解是 n 阶微分方程含有 n 个独立的任意常数的解.通解不一定是所有解.

例 1 判断下列结论是否正确:

(1) 所有微分方程都有通解.

(2) 函数 $y = C_1 \sin ax + 2C_2 \sin ax$ (C_1, C_2 为两个任意常数)为方程 $y'' + ay = 0$ 的通解.

(3) 用分离变量法解微分方程时,对方程变形可能会丢掉原方程的某些解.

解 (1) 错误.例如方程 $y'^2 + 1 = 0$ 无实函数解,$y'^2 + y^2 = 0$ 只有特解 $y = 0$,无通解.

(2) 错误.因为这里的 C_1, C_2 不是两个独立的任意常数.

(3) 正确.例如方程 $x^2 \mathrm{d}y = y^2 \mathrm{d}x$ 的通解为 $\dfrac{1}{y} = \dfrac{1}{x} + C$,分离变量时丢掉了 $x = 0, y = 0$ 两个特解.

例 2 解方程 $\dfrac{\mathrm{d}y}{\mathrm{d}x} = g(y)f(x)$.

解 当 $g(y) \neq 0$ 时,分离变量后两端积分得

$$\int \frac{\mathrm{d}y}{g(y)} = \int f(x)\mathrm{d}x + C.$$

当 $g(y) = 0$ 时,有解 $y = b$,可能失去解 $y = b$.

这时,若求所有解要补上 $y = b$ 这个解,求通解不必补.

254

2. 通解形式惟一吗?

答 通解形式不惟一.

例 3 求微分方程 $y\mathrm{d}x+(x^2-4x)\mathrm{d}y=0$ 的通解.

解 分离变量,得

$$\frac{\mathrm{d}y}{y}=-\frac{\mathrm{d}x}{x^2-4x}, \qquad \frac{\mathrm{d}y}{y}=-\frac{1}{4}\left(\frac{1}{x-4}-\frac{1}{x}\right)\mathrm{d}x.$$

上式两边求不定积分,得

$$\ln y=-\frac{1}{4}\ln\left|\frac{x-4}{x}\right|+C_1$$

$$=\frac{1}{4}\ln\left|\frac{x}{x-4}\right|+C_1, \quad C_1 \text{ 为任意常数}, \qquad ①$$

改写为

$$y^4=\frac{Cx}{4-x}, \quad C \text{ 为任意常数}, \qquad ②$$

或

$$y^4(4-x)=Cx, \quad C \text{ 为任意常数}. \qquad ③$$

①,②,③均为通解.

3. 若函数 $y_1(t),y_2(t),y_3(t)$ 均为非齐次线性方程

$$y''+a(t)y'+b(t)y=f(t)$$

的特解(其中 $a(t),b(t),f(t)$ 为已知函数),则

$$y(t)=(1-C_1-C_2)y_1(t)+C_1y_2(t)+C_2y_3(t)$$

是该方程的通解(其中 C_1,C_2 为任意常数)对吗?

答 不对. 因为当 $\dfrac{y_2(t)-y_1(t)}{y_3(t)-y_1(t)}=k$ (k 为非零常数)时,

$$y(t)=y_1(t)+(C_1k+C_2)[y_3(t)-y_1(t)].$$

设 $C=C_1k+C_2$,则

$$y(t)=y_1(t)+C[y_3(t)-y_1(t)]$$

只有一个独立的任意常数,故

$$y(t)=(1-C_1-C_2)y_1(t)+C_1y_2(t)+C_2y_3(t)$$

不是方程的通解.

注 若说明 $\dfrac{y_2(t)-y_1(t)}{y_3(t)-y_1(t)}\neq$ 常数,即 $y_2(t)-y_1(t)$ 与 $y_3(t)-$

$y_1(t)$ 线性无关,则能说

$$y(t) = (1 - C_1 - C_2)y_1(t) + C_1 y_2(t) + C_2 y_3(t)$$

是方程的通解. 特别要注意正确运用解的结构定理,避免错误套用.

【四】方法指导

例 1   求微分方程 $y' = \dfrac{y}{2x} + \dfrac{1}{2y}\tan\dfrac{y^2}{x}$ 的通解.

分析   通过变量替换 $u = \dfrac{y^2}{x}$ 转化为可分离变量的微分方程.

解   设 $u = \dfrac{y^2}{x}$,则有 $2y \cdot y' = u + xu'$,代入原方程得

$$u + xu' = u + \tan u.$$

整理得 $u' = \dfrac{\tan u}{x}$,分离变量得

$$\frac{\cos u}{\sin u}\mathrm{d}u = \frac{\mathrm{d}x}{x}.$$

两边积分得

$$\ln|\sin u| = \ln|x| + \ln C, \quad 即 \quad \sin u = Cx.$$

通解为

$$\sin\frac{y^2}{x} = Cx \quad (C \ 为任意常数).$$

例 2   求方程 $xy' + 2y = 3x$ 的通解.

分析   这是一阶线性常微分方程,有三种解法:(1) 可转化后看成齐次方程求解;(2) 可化为一阶线性常微分方程标准形式后,代入求解公式;(3) 可看做齐次方程两边乘积分因子后利用全微分求解.

解法 1   看做齐次方程求解.

令 $\dfrac{y}{x} = u$,则 $y' = u + xu'$,代入原微分方程后得

$$u + xu' + 2u = 3, \quad 即 \quad xu' = 3 - 3u.$$

上式两边取不定积分

$$\frac{1}{3}\int\frac{\mathrm{d}u}{1-u} = \int\frac{\mathrm{d}x}{x},$$

积分后得

$$-\frac{1}{3}\ln|1-u| = \ln|x| + \ln C_1,$$

化简得

$$Cx^3(1-u) = 1,$$

即
$$C(x^3 - x^2 y) = 1 \quad (C \text{ 为任意常数}).$$

解法 2 用公式法求解.

将原方程整理成一阶线性常微分方程标准形式：

$$y' + \frac{2}{x}y = 3.$$

代入求通解公式得

$$y = Ce^{-\int \frac{2}{x}dx} + e^{-\int \frac{2}{x}dx}\int 3e^{\int \frac{2}{x}dx}dx = \frac{C}{x^2} + \frac{1}{x^2}\cdot x^3$$

$$= \frac{C}{x^2} + x \quad (C \text{ 为任意常数}).$$

解法 3 将原方程化为 $y' + \frac{2}{x}y = 3$ 后用积分因子法求解.

方程两端同乘 $u(x) = e^{\int \frac{2}{x}dx} = x^2$，得

$$x^2 y' + 2xy = 3x^2,$$

凑成微分形式

$$\frac{d(x^2 y)}{dx} = 3x^2.$$

求不定积分得

$$x^2 y = x^3 + C \quad (C \text{ 为任意常数}).$$

例 3 求微分方程 $y^2 dx - (y^2 + 2xy - x)dy = 0$ 的通解及满足初始条件 $y(1) = 1$ 的特解.

分析 所给方程对自变量不是一阶线性微分方程. 若视 $x = x(y)$，则可写成

$$\frac{dx}{dy} + \frac{1-2y}{y^2}x = 1,$$

此时方程为一阶线性微分方程,利用上例所讲述的公式法或积分因子法均可求出其解. 下面用积分因子法求解.

解　原方程改写成

$$\frac{\mathrm{d}x}{\mathrm{d}y} - \left(1 + \frac{2x}{y} - \frac{x}{y^2}\right) = 0, \quad 即 \quad \frac{\mathrm{d}x}{\mathrm{d}y} + \frac{1-2y}{y^2}x = 1.$$

方程两端乘积分因子

$$u(y) = \mathrm{e}^{\int \frac{1-2y}{y^2}\mathrm{d}x} = \mathrm{e}^{-\frac{1}{y}-\ln y^2} = \frac{1}{y^2}\mathrm{e}^{-\frac{1}{y}}$$

得

$$\frac{\mathrm{d}}{\mathrm{d}y}\left(\frac{1}{y^2}\mathrm{e}^{-\frac{1}{y}} \cdot x\right) = \frac{1}{y^2}\mathrm{e}^{-\frac{1}{y}},$$

$$\frac{x}{y^2}\mathrm{e}^{-\frac{1}{y}} = \int \frac{1}{y^2}\mathrm{e}^{-\frac{1}{y}}\mathrm{d}y + C = \mathrm{e}^{-\frac{1}{y}} + C,$$

得通解

$$x = y^2 + Cy^2\mathrm{e}^{\frac{1}{y}}.$$

由 $y(1)=1$，得 $C=0$，所求特解为 $x=y^2$.

例 4　求 $y' + \frac{2}{x}y = \frac{3y^2}{x^2}$ 的通解.

分析　所给方程可看做齐次方程或伯努利方程求解.

解法 1　所给方程看做齐次方程求解.

令 $\frac{y}{x} = u(x)$，即 $y' = u + x\frac{\mathrm{d}u}{\mathrm{d}x}$，代入到原微分方程得

$$u + x\frac{\mathrm{d}u}{\mathrm{d}x} + 2u = 3u^2.$$

化简整理得

$$\frac{\mathrm{d}u}{\mathrm{d}x} = \frac{3u^2 - 3u}{x},$$

分离变量得

$$\frac{\mathrm{d}u}{u(u-1)} = \frac{3\mathrm{d}x}{x},$$

两边积分得

$$\ln\left|\frac{u-1}{u}\right| = 3\ln|x| + C_1, \quad 即 \quad \frac{u-1}{u} = Cx^3,$$

通解为

$$y = \frac{x}{1 - Cx^3} \quad (C \text{ 为任意常数}).$$

258

解法 2 所给方程看做伯努利方程求解.

将原方程变形为

$$y^{-2}y' + \frac{2}{x}y^{-1} = \frac{3}{x^2}.$$

令 $y^{-1} = z$,上述方程化为

$$\frac{\mathrm{d}z}{\mathrm{d}x} - \frac{2}{x}z = -\frac{3}{x^2}.$$

利用一阶线性微分方程求解公式得

$$z = \mathrm{e}^{\int \frac{2}{x}\mathrm{d}x}\Big[\int\Big(-\frac{3}{x^2}\Big)\mathrm{e}^{-\int \frac{2}{x}\mathrm{d}x}\mathrm{d}x + C\Big] = x^2\Big[\int\Big(-\frac{3}{x^4}\Big)\mathrm{d}x + C\Big]$$

$$= x^2\Big(\frac{1}{x^3} + C\Big) = \frac{1}{x} + Cx^2.$$

将 $z = \dfrac{1}{y}$ 代入上式,得

$$\frac{1}{y} = \frac{1}{x} + Cx^2,$$

通解为
$$y = \frac{x}{1 + Cx^3} \quad (C \text{ 为任意常数}).$$

例 5 求微分方程 $\dfrac{2x}{y^3}\mathrm{d}x + \dfrac{y^2 - 3x^2}{y^4}\mathrm{d}y = 0$ 的通解.

分析 首先判断所给微分方程是否为全微分方程.

判断方法 当 $P(x,y),Q(x,y)$ 在单连通域 G 内具有一阶连续偏导数,且 $\dfrac{\partial P}{\partial y} = \dfrac{\partial Q}{\partial x}$ 在区域 G 内恒成立时,方程

$$P(x,y)\mathrm{d}x + Q(x,y)\mathrm{d}y = 0$$

为全微分方程,其通解为

$$u(x,y) \equiv \int_{x_0}^x P(x,y)\mathrm{d}x + \int_{y_0}^y Q(x,y)\mathrm{d}y = C.$$

当 $\dfrac{\partial P}{\partial y} \neq \dfrac{\partial Q}{\partial x}$ 时,所给方程不是全微分方程,应该变形,可用简单的观察法找积分因子,再求解方程.

解 由所给方程中 $P = \dfrac{2x}{y^3}$, $Q = \dfrac{y^2 - 3x^2}{y^4}$ 得 $\dfrac{\partial P}{\partial y} = -\dfrac{6x}{y^4} = \dfrac{\partial Q}{\partial x}$ (当

259

$y \neq 0$ 时),所以方程是全微分方程.

（1）利用曲线积分求解.

$$u(x,y) = \int_{(0,1)}^{(x,y)} \frac{2x}{y^3}\mathrm{d}x + \frac{y^2 - 3x^2}{y^4}\mathrm{d}y$$

$$= \int_0^x 2x\mathrm{d}x + \int_1^y \frac{y^2 - 3x^2}{y^4}\mathrm{d}y$$

$$= \frac{x^2}{y^3} - \frac{1}{y} + 1.$$

故原方程的通解为 $\frac{x^2}{y^3} - \frac{1}{y} + 1 = C$（$C$ 为任意常数）.

（2）利用原函数法求解.

设原函数为 $u(x,y)$,则 $\frac{\partial u}{\partial x} = \frac{2x}{y^3}$,方程两边对 x 积分得 $u(x,y)$ $= \frac{x^2}{y^3} + \varphi(y)$,方程两边对 y 求偏导得 $\frac{\partial u}{\partial y} = -\frac{3x^2}{y^4} + \varphi'(y)$. 又因为 $\frac{\partial u}{\partial y}$ $= \frac{y^2 - 3x^2}{y^4}$,于是有 $-\frac{3x^2}{y^4} + \varphi'(y) = \frac{y^2 - 3x^2}{y^4}$,即 $\varphi'(y) = \frac{1}{y^2}$,所以 $\varphi(y) = -\frac{1}{y}$. 因此 $u(x,y) = \frac{x^2}{y^3} - \frac{1}{y}$. 故原方程的通解为

$$\frac{x^2}{y^3} - \frac{1}{y} = C \quad （C \text{ 为任意常数}）.$$

（3）分项组合法.

原方程化为

$$\left(\frac{2x}{y^3}\mathrm{d}x - \frac{3x^2}{y^4}\mathrm{d}y \right) + \frac{1}{y^2}\mathrm{d}y = 0,$$

有 $\mathrm{d}\left(\frac{x^2}{y^3} \right) + \mathrm{d}\left(-\frac{1}{y} \right) = 0$,故原方程的通解为

$$\frac{x^2}{y^3} - \frac{1}{y} = C \quad （C \text{ 为任意常数}）.$$

例 6 考察方程 $P(x,y)\mathrm{d}x + Q(x,y)\mathrm{d}y = 0$.

（1）试证明：若方程有一个仅依赖于 x 的积分因子 $u(x)$,则 $u(x) = \mathrm{e}^{\int \varphi(x)\mathrm{d}x}$,其中

$$\varphi(x) = \frac{\frac{\partial P}{\partial y} - \frac{\partial Q}{\partial x}}{Q};$$

(2) 写出方程有仅依赖于 y 的积分因子 $u(y)$ 的条件.

证明　(1) 若 $u(x)$ 是方程的积分因子,则 $uP\mathrm{d}x + uQ\mathrm{d}y = 0$ 是全微分方程,故 $\dfrac{\partial(uP)}{\partial y} = \dfrac{\partial(uQ)}{\partial x}$,即 $u(x)$ 满足偏微分方程

$$u\frac{\partial P}{\partial y} + P\frac{\partial u}{\partial y} = u\frac{\partial Q}{\partial x} + Q\frac{\partial u}{\partial x}.$$

已知 $u = u(x)$ 仅依赖于 x,故 $\dfrac{\partial u}{\partial y} = 0$,$\dfrac{\partial u}{\partial x} = \dfrac{\mathrm{d}u}{\mathrm{d}x}$,则有

$$u\frac{\partial P}{\partial y} = u\frac{\partial Q}{\partial x} + Q\frac{\mathrm{d}u}{\mathrm{d}x},$$

即

$$\frac{1}{u}\cdot\frac{\mathrm{d}u}{\mathrm{d}x} = \frac{\dfrac{\partial P}{\partial y} - \dfrac{\partial Q}{\partial x}}{Q}.$$

此方程左端仅依赖于 x,故右端也仅依赖于 x,即 $\varphi(x) = \dfrac{\dfrac{\partial P}{\partial y} - \dfrac{\partial Q}{\partial x}}{Q}$. 从而有

$$\frac{1}{u}\frac{\mathrm{d}u}{\mathrm{d}x} = \varphi(x), \quad 即 \quad \frac{\mathrm{d}u}{u} = \varphi(x)\mathrm{d}x.$$

两边积分有 $\ln u(x) = \displaystyle\int\varphi(x)\mathrm{d}x$,即 $u(x) = \mathrm{e}^{\int\varphi(x)\mathrm{d}x}$.

注　此题也说明若方程 $P(x,y)\mathrm{d}x + Q(x,y)\mathrm{d}y = 0$ 有一个仅依赖于 x 的积分因子 $u(x)$,则 $\dfrac{\dfrac{\partial P}{\partial y} - \dfrac{\partial Q}{\partial x}}{Q}$ 一定是仅依赖于 x 的函数. 反之亦对.

(2) 将(1)中 P,Q;x,y 的位置交换可知,如果 $\dfrac{\dfrac{\partial Q}{\partial x} - \dfrac{\partial P}{\partial y}}{P}$ 是仅依赖于 y 的函数,则方程 $P(x,y)\mathrm{d}x + Q(x,y)\mathrm{d}y = 0$ 必定有依赖于 y 的积分因子 $u(y)$,$u(y) = \mathrm{e}^{\int\psi(y)\mathrm{d}y}$,其中

$$\psi(y) = \frac{\dfrac{\partial Q}{\partial x} - \dfrac{\partial P}{\partial y}}{P}.$$

例 7　求微分方程 $2xy^3\mathrm{d}x + (x^2y^2 - 1)\mathrm{d}y = 0$ 的通解.

分析　由于 $\dfrac{\partial P}{\partial y} \neq \dfrac{\partial Q}{\partial x}$,故所给方程不是全微分方程,使用例 6 积

分因子法或分项组合法求解方程.

解法 1　由于 $\dfrac{\partial P}{\partial y}=6xy^2$，$\dfrac{\partial Q}{\partial x}=2xy^2$，所以取

$$\psi(y)=\dfrac{\dfrac{\partial Q}{\partial x}-\dfrac{\partial P}{\partial y}}{P}=\dfrac{2xy^2-6xy^2}{2xy^3}=-\dfrac{2}{y},$$

有积分因子

$$u(y)=\mathrm{e}^{\int\psi(y)\mathrm{d}y}=\mathrm{e}^{-\int\frac{2}{y}\mathrm{d}y}=\dfrac{1}{y^2},$$

则

$$\dfrac{1}{y^2}2xy^3\mathrm{d}x+\dfrac{1}{y^2}(x^2y^2-1)\mathrm{d}y=0$$

是全微分方程，故可解得原方程通解 $x^2y+\dfrac{1}{y}=C$（C 为任意常数）.

解法 2　由于 $\dfrac{\partial P}{\partial y}=6xy^2$，$\dfrac{\partial Q}{\partial x}=2xy^2$，使用分项组合法方程改写为

$$(2xy^3\mathrm{d}x+x^2y^2\mathrm{d}y)-\mathrm{d}y=0,$$

方程两边同乘以 $\dfrac{1}{y^2}$，有

$$\dfrac{2xy^3\mathrm{d}x+x^2y^2\mathrm{d}y}{y^2}-\dfrac{\mathrm{d}y}{y^2}=0,$$

则有 $\mathrm{d}(x^2y)+\mathrm{d}\left(\dfrac{1}{y}\right)=0$，故原方程通解为 $x^2y+\dfrac{1}{y}=C$（C 为任意常数）.

例 8　求微分方程 $(1-x)y''=\dfrac{1}{5}\sqrt{1+y'^2}$（$x\in[0,1)$）满足初始条件 $y(0)=0$，$y'(0)=0$ 的特解.

分析　方程为不显含 y 的可降阶的二阶微分方程.

解　令 $y'=p(x)$，$y''=p'(x)$，方程化为

$$(1-x)p'=\dfrac{1}{5}\sqrt{1+p^2}.$$

分离变量得

$$\dfrac{\mathrm{d}p}{\sqrt{1+p^2}}=\dfrac{1}{5(1-x)}\mathrm{d}x,$$

两边积分得

262

$$\ln(p + \sqrt{1 + p^2}) = -\frac{1}{5}\ln(1 - x) + \ln C_1,$$

化简后得通解

$$p + \sqrt{1 + p^2} = \frac{C_1}{\sqrt[5]{1 - x}}.$$

由 $p(0) = y'(0) = 0$ 可得 $C_1 = 1$, 方程化为 $\sqrt{1 + p^2} - p = \sqrt[5]{1 - x}$, 解得

$$p = \frac{1}{2 \cdot \sqrt[5]{1 - x}} - \frac{\sqrt[5]{1 - x}}{2},$$

即

$$\frac{\mathrm{d}y}{\mathrm{d}x} = \frac{1}{2}(1 - x)^{-\frac{1}{5}} - \frac{1}{2}(1 - x)^{\frac{1}{5}}.$$

上式两边积分得

$$y = -\frac{5}{8}(1 - x)^{\frac{4}{5}} + \frac{5}{12}(1 - x)^{\frac{6}{5}} + C_2.$$

又 $y(0) = 0$ 得到 $C_2 = \frac{5}{24}$, 故方程满足 $y(0) = 0$, $y'(0) = 0$ 的特解为

$$y = -\frac{5}{8}(1 - x)^{\frac{4}{5}} + \frac{5}{12}(1 - x)^{\frac{6}{5}} + \frac{5}{24}.$$

例 9 已知 $y_1 = xe^x + e^{2x}$, $y_2 = xe^x + e^{-x}$, $y_3 = xe^x + e^{2x} - e^{-x}$ 是某二阶线性非齐次常系数微分方程的三个解, 试求此微分方程及其通解.

分析 根据线性微分方程解的结构定理.

解法 1 因为 y_1, y_2, y_3 是某二阶线性非齐次微分方程组的三个解, 故 $y_1 - y_3 = e^{-x}$, $y_1 - y_2 = e^{2x} - e^{-x}$ 便是其对应齐次方程组的两个解, 且这两个解是线性无关的. 于是所求微分方程的通解为

$$y = C_3(y_1 - y_3) + C_4(y_1 - y_2) + y_1,$$

即

$$y = C_3 e^{-x} + C_4(e^{2x} - e^{-x}) + xe^x + e^{2x} \quad (C_3, C_4 \text{ 为任意常数}),$$

或者记为

$$y = C_1 e^{2x} + C_2 e^{-x} + xe^x \quad (C_1, C_2 \text{ 为任意常数}),$$

所以

$$y' = 2C_1 e^{2x} - C_2 e^{-x} + e^x + xe^x,$$

$$y'' = 4C_1\mathrm{e}^{2x} + C_2\mathrm{e}^{-x} + 2\mathrm{e}^x + x\mathrm{e}^x,$$

消去任意常数 C_1, C_2 即得到所求微分方程为

$$y'' - y' - 2y = \mathrm{e}^x - 2x\mathrm{e}^x.$$

解法 2　因为 y_1, y_2, y_3 是非齐次方程组的三个解,则它们的共同因子项 $x\mathrm{e}^x$ 必是非齐次方程的一个特解,余下的两个因子 e^{2x} 与 e^{-x} 便是相应齐次方程的两个线性无关解. 由此可知,齐次方程的两个特征根为 $r_1 = -1$,$r_2 = 2$,则特征方程为

$$(r + 1)(r - 2) = r^2 - r - 2 = 0.$$

于是所求的非齐次微分方程为

$$y'' - y' - 2y = f(x).$$

将特解 $\tilde{y} = x\mathrm{e}^x$ 代入上述方程中,得到 $f(x) = \mathrm{e}^x - 2x\mathrm{e}^x$,即

$$y'' - y' - 2y = \mathrm{e}^x - 2x\mathrm{e}^x.$$

由通解结构定理可知此微分方程的通解为

$$y = C_1\mathrm{e}^{2x} + C_2\mathrm{e}^{-x} + x\mathrm{e}^x \quad (C_1, C_2 \text{ 为任意常数}).$$

例 10　求微分方程 $y''(x) - ay(x) = 0$ 的通解,其中 a 为常数.

分析　该方程是二阶常系数线性齐次微分方程,对微分方程中的参数分各种情形加以讨论.

解　该方程的特征方程为 $r^2 - a = 0$.

当 $a > 0$ 时,特征根 $r = \pm\sqrt{a}$,原方程的通解为

$$y = C_1\mathrm{e}^{\sqrt{a}\,x} + C_2\mathrm{e}^{-\sqrt{a}\,x}.$$

当 $a < 0$ 时,特征根 $r = \pm\sqrt{-a} \cdot \mathrm{i}$,原方程的通解为

$$y = C_1\cos\sqrt{-a}\,x + C_2\sin\sqrt{-a}\,x.$$

当 $a = 0$ 时,特征根 $r = 0$ 是二重根,原方程的通解为

$$y = C_1 + C_2x \quad (C_1, C_2 \text{ 为任意常数}).$$

例 11　求微分方程 $y^{(4)} + y = 0$ 的解.

解　特征方程为 $\lambda^4 + 1 = 0$,即 $\lambda^4 = -1$. 将 -1 表示成指数形式 $-1 = \mathrm{e}^{(2k+1)\pi\mathrm{i}}$ $(k = 0, \pm1, \pm2, \cdots)$,特征方程变为 $\lambda^4 = \mathrm{e}^{(2k+1)\pi\mathrm{i}}$ $(k = 0, \pm1, \pm2, \cdots)$. 此方程有 4 个不相等的复根:

$$\lambda_0 = \mathrm{e}^{\frac{\pi\mathrm{i}}{4}} = \cos\frac{\pi}{4} + \mathrm{i}\sin\frac{\pi}{4} = \frac{\sqrt{2}}{2}(1 + \mathrm{i}),$$

$$\lambda_1 = e^{\frac{3\pi i}{4}} = \cos\frac{3\pi}{4} + i\sin\frac{3\pi}{4} = \frac{\sqrt{2}}{2}(-1+i),$$

$$\lambda_2 = e^{\frac{5\pi i}{4}} = \cos\frac{5\pi}{4} + i\sin\frac{5\pi}{4} = \frac{\sqrt{2}}{2}(-1-i),$$

$$\lambda_3 = e^{\frac{7\pi i}{4}} = \cos\frac{7\pi}{4} + i\sin\frac{7\pi}{4} = \frac{\sqrt{2}}{2}(1-i),$$

其中 λ_0 与 λ_3 共轭，λ_1 与 λ_2 共轭.

因而原微分方程的通解为

$$y = e^{\frac{\sqrt{2}}{2}x}\left(C_1\cos\frac{\sqrt{2}}{2}x + C_2\sin\frac{\sqrt{2}}{2}x\right)$$
$$+ e^{-\frac{\sqrt{2}}{2}x}\left(C_3\cos\frac{\sqrt{2}}{2}x + C_4\sin\frac{\sqrt{2}}{2}x\right),$$

其中 C_1, C_2, C_3, C_4 为任意常数.

例 12 $y'' + ay' + by = ce^x$ 的一个特解为 $y = e^{2x} + (1+x)e^x$. 求 a, b, c 的值及方程的通解.

分析 将特解代入微分方程，运用 e^x, xe^x, e^{2x} 线性无关的性质，可求出 a, b, c 的值.

解 (1) 由于 $y' = 2e^{2x} + (2+x)e^x, y'' = 4e^{2x} + (3+x)e^x$，将 y, y', y'' 代入原微分方程得

$(4 + 2a + b)e^{2x} + [(3 + 2a + b) + (1 + a + b)x]e^x = ce^x,$

比较方程两边 e^x 的系数，得

$$\begin{cases} 4 + 2a + b = 0, \\ 3 + 2a + b = c, \\ 1 + a + b = 0, \end{cases}$$

解得

$$\begin{cases} a = -3, \\ b = 2, \\ c = -1, \end{cases}$$

所给微分方程为

$$y'' - 3y' + 2y = -e^x.$$

(2) 求对应齐次方程的通解：

265

由特征方程 $\lambda^2 - 3\lambda + 2 = 0$ 解得特征根 $\lambda_1 = 1$，$\lambda_2 = 2$，所以对应齐次方程的通解为

$$y = C_1 \mathrm{e}^x + C_2 \mathrm{e}^{2x}.$$

(3) 原方程的通解为 $y = C_1 \mathrm{e}^x + C_2 \mathrm{e}^{2x} + x\mathrm{e}^x$.

注　通解中可写成 $x\mathrm{e}^x$ 是因为 e^{2x}，e^x 是齐次方程的解，其中的 $x\mathrm{e}^x$ 写成 $\mathrm{e}^{2x} + (1+x)\mathrm{e}^x$ 也可以.

例 13　求方程 $y'' + 4y' + 4y = \cos 2x$ 的一个特解.

分析　当 $f(x) = P(x)\mathrm{e}^{\alpha x}\cos\beta x$ 或 $f(x) = P(x)\mathrm{e}^{\alpha x}\sin\beta x$ 形式时，其中 $P(x)$ 是多项式，α,β 是实数，一般采用复数法求其特解，其原理为:

若方程 $y'' + py' + qy = P(x)\mathrm{e}^{(\alpha + \mathrm{i}\beta)x}$ $(\lambda_0 = \alpha + \mathrm{i}\beta)$ 有特解 y^*，则其实部和虚部分别是方程 $y'' + py' + qy = P(x)\mathrm{e}^{\alpha x}\cos\beta x$ 和 $y'' + py' + qy = P(x)\mathrm{e}^{\alpha x}\sin\beta x$ 的特解.

解　先求方程

$$y'' + 4y' + 4y = \mathrm{e}^{2\mathrm{i}x} \quad (\lambda_0 = 2\mathrm{i}) \qquad \text{①}$$

的一个特解. 因为方程①对应的齐次方程 $y'' + 4y' + 4y = 0$ 的特征根为 $r_1 = r_2 = -2$，故 $\lambda_0 = 2\mathrm{i}$ 不是特征根. 设方程①的特解为 $y^* = b_0\mathrm{e}^{2\mathrm{i}x}$，并将 $y^* = b_0\mathrm{e}^{2\mathrm{i}x}$ 代入方程①，消去 $\mathrm{e}^{2\mathrm{i}x}$ 得 $b_0 = -\dfrac{\mathrm{i}}{8}$. 故

$$y^* = -\frac{\mathrm{i}}{8}\mathrm{e}^{2\mathrm{i}x} = \frac{1}{8}\sin 2x - \frac{\mathrm{i}}{8}\cos 2x.$$

所以，原方程的一个特解为其实部，记为 y_1^*，$y_1^* = \dfrac{1}{8}\sin 2x$.

注　同时得到方程 $y'' + 4y' + 4y = \sin 2x$ 的一个特解为其虚部，记为 y_2^*，$y_2^* = -\dfrac{1}{8}\cos 2x$.

例 14　设 $f(x)$ 在 $[1, +\infty)$ 连续，满足

$$\int_1^x f^2(t)\mathrm{d}t = \frac{1}{3}\left[x^2 f(x) - f(1)\right],$$

求 $f(x)$.

分析　通过求导转化为齐次方程或伯努利方程求解. 因为

$$\int_1^x f^2(t)\mathrm{d}t + \frac{1}{3}f(1)$$

可导,所以 $x^2f(x)$ 可导,即 $f(x)$ 可导.

解 对题设条件

$$\int_1^x f^2(t)\mathrm{d}t = \frac{1}{3}\big[x^2 f(x) - f(1)\big]$$

两边对 x 求导得

$$f^2(x) = \frac{1}{3}\big[2xf(x) + x^2 f'(x)\big].$$

令 $y=f(x)$,得微分方程 $3y^2 = 2xy + x^2 y'$. 令 $\dfrac{y}{x}=u(x)$ 利用齐次方程或令 $z=\dfrac{1}{y}$ 利用伯努利方程求解得

$$f(x) = \frac{x}{1 + Cx^3} \quad (C \text{ 为任意常数}).$$

例 15 设曲线 $y=f(x)$ 过原点及点 $(2,3)$,$f(x)$ 为单调函数且具有连续导数,今在曲线上任取一点,过该点作两坐标轴的平行线,设其中与 y 轴平行的一条平行线、x 轴及曲线 $y=f(x)$ 所围成的图形的面积为 A_1,另一条平行线、y 轴及曲线 $y=f(x)$ 所围成的图形面积 A_2,且 A_1 是 A_2 的两倍,求曲线 $y=f(x)$.

分析 利用平面图形的面积 A_1,A_2 的关系建立方程求解.

解 如图 12-1 所示,

$$A_1 = \int_0^x f(t)\mathrm{d}t, \quad A_2 = xy - A_1,$$

而 $A_1 = 2A_2$,所以 $3A_1 = 2xy$,即 $3\displaystyle\int_0^x f(t)\mathrm{d}t = 2xf(x)$.

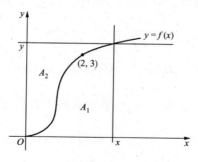

图 12-1

两边对 x 求导得

$$3f(x) = 2f(x) + 2xf'(x), \quad 即 \quad \frac{f'(x)}{f(x)} = \frac{1}{2x},$$

上式两边对 x 积分得 $f(x) = C\sqrt{x}$. 因为点 $(2,3)$ 在曲线 $y=f(x)$ 上,所以可求得 $C = \frac{3}{\sqrt{2}}$. 于是所求曲线为

$$f(x) = \frac{3}{\sqrt{2}}\sqrt{x} = \frac{3}{2}\sqrt{2x}.$$

例 16　设曲线 L 的极坐标方程为 $r=r(\theta)$, $M(r,\theta)$ 为 L 上的任一点, $M_0(2,0)$ 为 L 上一定点. 若极径 OM_0, OM 与曲线 L 所围成的曲边扇形面积值等于 L 上 M_0, M 两点间弧长值的一半,求曲线 L 的方程.

分析　关键是要知道极坐标中求曲边扇形面积和两点间弧长计算公式. 实际上,由曲线 $r(\theta)$ 及射线 $\theta=\alpha$, $\theta=\beta$ 围成的曲边扇形面积为 $\frac{1}{2}\int_{\alpha}^{\beta} r^2(\theta)\mathrm{d}\theta$, 曲线弧 $r=r(\theta)$ $(\alpha \leqslant \theta \leqslant \beta)$ 的长度为

$$\int_{\alpha}^{\beta}\sqrt{r^2(\theta) + r'^2(\theta)}\mathrm{d}\theta,$$

知道了上述两个公式,并根据题中所给的两者之间的关系,便可求得曲线 L 的方程.

解　由已知条件得

$$\frac{1}{2}\int_0^{\theta} r^2 \mathrm{d}\theta = \frac{1}{2}\int_0^{\theta}\sqrt{r^2 + r'^2}\mathrm{d}\theta.$$

上式两边对 θ 求导得 $r^2 = \sqrt{r^2 + r'^2}$, 即 $r' = \pm r\sqrt{r^2 - 1}$, 从而

$$\frac{\mathrm{d}r}{r\sqrt{r^2 - 1}} = \pm \mathrm{d}\theta.$$

因为 $\int \dfrac{\mathrm{d}r}{r\sqrt{r^2-1}} = -\arcsin\dfrac{1}{r} + C$, 所以 $-\arcsin\dfrac{1}{r} + C = \pm\theta$.

由条件 $r(0) = 2$, 知 $C = \dfrac{\pi}{6}$, 故所求曲线 L 的方程为

$$r\sin\left(\frac{\pi}{6} \mp \theta\right) = 1,$$

即 $r = \csc\left(\dfrac{\pi}{6} \mp \theta\right)$, 亦即直线 $x \mp \sqrt{3}\, y = 2$.

【五】同步训练

A 级

1. 求微分方程 $y - xy' = y^2 + y'$ 满足初始条件 $y(0) = 2$ 的特解.

2. 求方程 $y' - \cos\dfrac{x+y}{2} = \cos\dfrac{x-y}{2}$ 的通解.

3. 求微分方程 $xy' - x\sin\dfrac{y}{x} - y = 0$ 满足初始条件 $y(1) = \dfrac{\pi}{2}$ 的特解.

4. 求微分方程 $\dfrac{\mathrm{d}y}{\mathrm{d}x} = \dfrac{y - \sqrt{x^2 + y^2}}{x}$ 的通解.

5. 求微分方程 $y' = x + 3 + \dfrac{2}{x} - \dfrac{y}{x}$ 的通解.

6. 求方程 $(4y - x^2)\mathrm{d}x + x\mathrm{d}y = 0$ 的通解.

7. 求微分方程 $y' = \dfrac{y^2}{y^2 + 2xy - x}$ 的通解.

8. 求微分方程 $(2xy^2 - y)\mathrm{d}x + x\mathrm{d}y = 0$ 的通解.

9. 求微分方程 $x^2 y\mathrm{d}x - (x^3 + y^4)\mathrm{d}y = 0$ 的通解.

10. 求微分方程 $yy' + x = \dfrac{1}{2}\left(\dfrac{x^2 + y^2}{x}\right)^2$ 的通解.

11. 求微分方程 $(3x^2 + 2xe^{-y})\mathrm{d}x + (3y^2 - x^2 e^{-y})\mathrm{d}y = 0$ 的通解.

12. 求微分方程 $y'' = \dfrac{1}{x}y' + xe^x \sin x$ 的通解.

13. 求微分方程 $y'' = \dfrac{1 + y'^2}{2y}$ 的通解.

14. 已知某二阶常系数齐次线性微分方程的一个特解是 $y_1 = e^{mx}$,又知该微分方程所对应的特征方程的判别式为零.

(1) 求该方程;

(2) 求该方程在初始条件 $y(0) = 1, y'(0) = 1$ 的条件下的特解.

15. 设 $y = e^x(C_1 \sin x + C_2 \cos x)$($C_1, C_2$ 为任意常数)为二阶常系数线性齐次微分方程的通解,则该方程为 _____.

16. 设 $y_1 = x$,$y_2 = x + e^{2x}$,$y_3 = x(1 + e^{2x})$ 是二阶常系数线性非

齐次方程的特解,求该微分方程的通解及该方程.

17. 求微分方程 $y''-3y'+2y=4x+\mathrm{e}^{2x}+10\mathrm{e}^{-x}\cos x$ 的通解.

18. 设 $y=y(x)$ 是二阶常系数微分方程 $y''+py'+qy=\mathrm{e}^{3x}$ 满足初始条件 $y(0)=y'(0)=0$ 的特解,则当 $x\to0$ 时,函数 $\dfrac{\ln(1+x^2)}{y(x)}$ 的极限(   ).

(A) 不存在;   (B) 等于 1;   (C) 等于 2;   (D) 等于 3.

19. 求微分方程 $y^{(5)}-\dfrac{1}{x}y^{(4)}=0$ 的通解.

20. 求微分方程 $y^{(4)}-5y''+10y'-6y=0$ 满足初始条件 $y(0)=1$, $y'(0)=0$, $y''(0)=6$, $y'''(0)=-14$ 的特解.

21. 已知 $f(x)$ 可微, $f(0)=1$,确定 $f(x)$ 使曲线积分

$$\int_L [x-f(x)]y\mathrm{d}x+f(x)\mathrm{d}y$$

与路径无关,并计算

$$\int_{(0,0)}^{(1,1)} [x-f(x)]y\mathrm{d}x+f(x)\mathrm{d}y.$$

22. 设 $\varphi(x)$ 具有二阶连续导数,且 $\varphi(0)=0$, $\varphi'(0)=1$.试确定 $\varphi(x)$,使

$$y[\mathrm{e}^x-\varphi(x)]\mathrm{d}x+[\varphi'(x)-2\varphi(x)]\mathrm{d}y=\mathrm{d}u(x,y),$$

并求 $u(x,y)$.

23. 设函数 $f(x)$ 连续,且 $f(x)=\int_0^{2x}f\left(\dfrac{t}{2}\right)\mathrm{d}t+1$,求 $f(x)$.

24. 设曲线 L 位于 Oxy 平面第 I 象限,过 L 上任一点 M 处的切线与 y 轴总相交,交点记为 A,且长度 $|\overline{AM}|=|\overline{OA}|$. 又 L 过点 $\left(\dfrac{3}{2},\dfrac{3}{2}\right)$,求 L 的方程.

25. 设仪器在重力作用下,从海平面由静止开始铅直下沉,在下沉过程中还受到阻力与浮力的作用.设仪器的质量为 m,体积为 B,海水密度为 ρ,仪器所受的阻力与下沉速度成正比,比例系数 $k>0$.试建立仪器的下沉深度 y(从海平面算起)与下沉速度 v 所满足的微分方程,并求函数关系 $y=y(v)$.

26. 求曲线 $y=y(x)$,使曲线上两点 $(0,1)$ 及 (x,y) 之间的弧长

为 $S=\sqrt{y^2-1}$.

27. 假设(1) 函数 $y=f(x)$ $(0\leqslant x<+\infty)$ 满足条件 $f(0)=0$ 和 $0\leqslant f(x)\leqslant e^x-1$;

(2) 平行于 y 轴的动直线 MN 与曲线 $y=f(x)$ 和 $y=e^x-1$ 分别交于点 P_2 和 P_1;

(3) 曲线 $f(x)$、直线 MN 和 x 轴所围成图形的面积恒等于线段 P_1P_2 的长度.

求函数 $y=f(x)$ 的表达式.

B 级

1. 求微分方程 $yy''-y'^2=y^2\ln y$ 的通解.

2. 求微分方程 $xy'(x)-y'(-x)=2x$ 的通解.

3. 设函数 $y=y(x)$ 在任意点处的增量 $\Delta y=\dfrac{y\Delta x}{1+x^2}+\alpha$, 且当 $\Delta x \to 0, \alpha$ 是比 Δx 高阶的无穷小, $y(0)=\pi$, 求 $y(1)$.

4. 设函数 $f(x)$ 具有二阶导数, 试确定 $f(x)$ 使曲线积分

$$\int_L [e^{ux}-2f'(x)-f(x)]y\mathrm{d}x+f'(x)\mathrm{d}y \quad (u \text{ 为常数})$$

与积分路径无关.

5. 求微分方程 $y(y+1)\mathrm{d}x+[x(y+1)+x^2y^2]\mathrm{d}y=0$ 的通解.

6. 已知 $(x-y)\varphi(x^2+y^2)\mathrm{d}x+(x+y)\varphi(x^2+y^2)\mathrm{d}y=0$ 是全微分方程, 并且 $\varphi(1)=1, \varphi(x)$ 为可微函数, 求该微分方程的通解.

7. 设 $y_1(x), y_2(x)$ 为二阶常系数齐次方程 $y''+py'+qy=0$ 的两个特解, 则由 $y_1(x), y_2(x)$ 能够构成该方程的通解, 其充分条件为 (   ).

(A) $y_1(x)y_2'(x)-y_2(x)y_1'(x)=0$;

(B) $y_1(x)y_2'(x)-y_2(x)y_1'(x)\neq 0$;

(C) $y_1(x)y_2'(x)+y_2(x)y_1'(x)=0$;

(D) $y_1(x)y_2'(x)+y_2(x)y_1'(x)\neq 0$.

8. 设函数 $f(u)$ 具有二阶连续导数, 而 $z=f(e^x\sin y)$ 满足方程 $\dfrac{\partial^2 z}{\partial x^2}+\dfrac{\partial^2 z}{\partial y^2}=e^{2x}z$, 求 $f(u)$.

9. 设 $q>0$，方程 $y''+py'+qy=0$ 的所有解当 $x\rightarrow+\infty$ 时，都趋于零，则（　　）.

(A) $p>0$；　　(B) $p\geqslant0$；　　(C) $p<0$；　　(D) $p\leqslant0$.

10. 设函数 $y=y(x)$ 在 $(-\infty,+\infty)$ 内具有二阶导数，并且 $y'\neq0$，$x=x(y)$ 是 $y=y(x)$ 的反函数.

(1) 试将 $x=x(y)$ 所满足的微分方程 $\dfrac{\mathrm{d}^2x}{\mathrm{d}y^2}+(y+\sin x)\left(\dfrac{\mathrm{d}x}{\mathrm{d}y}\right)^3=0$ 变换为 $y=y(x)$ 满足的微分方程.

(2) 求变换后的微分方程满足初始条件 $y(0)=0$，$y'(0)=\dfrac{3}{2}$ 的解.

11. 设函数 $f(x),g(x)$ 满足 $f'(x)=g(x)$，$g'(x)=2\mathrm{e}^x-f(x)$，且 $f(0)=0$，$g(0)=2$，求 $\displaystyle\int_0^\pi\left[\dfrac{g(x)}{1+x}-\dfrac{f(x)}{(1+x)^2}\right]\mathrm{d}x$.

12. 设 $f(x)=x^2-\displaystyle\int_0^x(x-t)f(t)\mathrm{d}t$，其中 $f(x)$ 连续，求 $f(x)$.

13. (1) 验证函数

$$y(x)=1+\dfrac{x^3}{3!}+\dfrac{x^6}{6!}+\dfrac{x^9}{9!}+\cdots+\dfrac{x^{3n}}{(3n)!}+\cdots$$
$$(-\infty<x<+\infty)$$

满足微分方程 $y''+y'+y=\mathrm{e}^x$.

(2) 利用(1)的结果求幂级数 $\displaystyle\sum_{n=0}^\infty\dfrac{x^{3n}}{(3n)!}$.

14. 设有级数 $2+\displaystyle\sum_{n=1}^\infty\dfrac{x^{2n}}{(2n)!}$，

(1) 求此级数的收敛域；

(2) 证明：此级数满足方程 $y''-y=-1$；

(3) 求此级数的和函数.

15. 设物体 A 从点 $(0,1)$ 出发沿 y 轴正向以常数 v 的速度运动. 物体 B 从点 $(-1,0)$ 与 A 同时出发，方向始终指向 A，并以 $2v$ 的速度运动. 建立物体 B 的运动轨迹所满足的微分方程，并写出初始条件.

16. 要设计一个形状为旋转体的水泥桥墩，桥墩高为 h，上底面直径为 $2a$，要求桥墩在任一水平截面上所受的上部桥墩的平均压强

为常数 p,设水泥的密度为 ρ. 试求桥墩的形状.

17. 设函数 $f(x)$ 在闭区间 $[0,1]$ 上连续,在开区间 $(0,1)$ 内大于 0,并满足

$$xf'(x) = f(x) + \frac{3a}{2}x^2 \quad (a \text{ 为常数}).$$

又曲线 $y=f(x)$ 与 $x=1,y=0$ 所围成的图形 S 的面积值为 2,求函数 $y=f(x)$,并问 a 为何值时,图形 S 绕 x 轴旋转一周所得到的旋转体的体积最小.

学习札记

第二学期模拟试题一

（内容范围为专题七至专题十二）

一、填空题（每小题 3 分,共 24 分）

1. 曲面 $\sqrt{x}+\sqrt{y}+2\sqrt{z-1}=4$ 在 $(1,1,2)$ 处的切平面方程是 $x+y+\underline{\qquad}=6$.

2. 设 $z=\arctan\dfrac{y}{x}$,则 $\mathrm{d}z\big|_{\substack{x=2\\y=-1}}=\underline{\qquad}$.

3. 设 D 为 $x^2+y^2\leqslant1$,则 $\iint\limits_{D}(x^3+y^3+x^2+y^2)\mathrm{d}\sigma=\underline{\qquad}$.

4. 设 Ω 是 $z=1-\sqrt{x^2+y^2}$ 及 $z=-\sqrt{1-x^2-y^2}$ 所围成的闭区域,则 $\iiint\limits_{\Omega}f(\sqrt{x^2+y^2},z)\mathrm{d}V$ 在柱坐标系下的三次积分是 $\underline{\qquad}$.

5. 设 L 是直线 $y=-x$ 在 $(0,0)$ 与 $(1,-1)$ 的一段,则
$$\int_L e^{\sqrt{x^2+y^2}}\mathrm{d}s=\underline{\qquad}.$$

6. 幂级数 $\displaystyle\sum_{n=1}^{\infty}nx^{n-1}$ 在 $(-1,1)$ 的和函数是 $\underline{\qquad}$.

7. 幂级数 $\displaystyle\sum_{n=1}^{\infty}\dfrac{2^n+4^n}{n}\left(x-\dfrac{1}{4}\right)^n$ 的收敛区间（不考虑端点）是 $\underline{\qquad}$.

8. 方程 $\dfrac{\mathrm{d}^3y}{\mathrm{d}x^3}+\dfrac{\mathrm{d}^2y}{\mathrm{d}x^2}+\dfrac{\mathrm{d}y}{\mathrm{d}x}+y=0$ 的通解是 $y=\underline{\qquad}$.

二、解答题（每小题 6 分,共 12 分）

1. 设 $z=f(xe^y,x,y)$,其中 f 具有连续的二阶偏导数,求 $\dfrac{\partial z}{\partial x}$, $\dfrac{\partial^2z}{\partial x^2}$.

2. 求解：$xy''-y'\ln y'=0$, $y(1)=0$, $y'(1)=e^2$.

三、解答题(每小题 6 分,共 24 分)

1. 判别级数 $\sum\limits_{n=1}^{\infty} \dfrac{n^b}{a^n}$ $(a>0,b<0)$ 的收敛性.

2. 将 $f(x)=\ln(1+x-2x^2)$ 展为 x 的幂级数.

3. 求抛物面壳 $z=\dfrac{1}{2}(x^2+y^2)$ $(0\leqslant x\leqslant 1)$ 的面积.

4. 设 $\Omega: x^2+y^2+z^2\leqslant z$,其上任一点处的密度为该点到原点的距离,试求 Ω 的质量.

四、计算题(每小题 6 分,共 24 分)

1. 求曲线 $\begin{cases} x^2+y^2+z^2-3z=0, \\ 5x-2y+2z-5=0 \end{cases}$ 在点 $(1,1,1)$ 处的切线方程.

2. 将 $f(x)=\begin{cases} 1, & 0\leqslant x\leqslant 1, \\ 0, & 1\leqslant x\leqslant 2 \end{cases}$ 展为余弦级数.

3. 设 L 为直线 $y=x$ 从 $(0,0)$ 到 $\left(\dfrac{\pi}{2},\dfrac{\pi}{2}\right)$ 的一段弧,试求

$$I = \int_L (2x\cos y + y^2\cos x)\mathrm{d}x + (2y\sin x - x^2\sin y)\mathrm{d}y$$

的值.

4. 设有一质量为 1 的质点作直线运动,从速度 v 等于 0 时刻起,有一个与运动方向一致,大小与时间 t 成正比(比例系数为 $k>0$)的力作用于它,此外还受一个与速度成正比(比例系数为 1)的阻力作用,求质点运动速度与时间的函数关系.

五、综合题(每小题 8 分,共 16 分)

1. 设 Σ 为 $z=\sqrt{x^2+y^2}$ $(0\leqslant z\leqslant 1)$ 的下侧,试求

$$I = \iint\limits_{\Sigma} (y^2 - z)\mathrm{d}y\mathrm{d}z + (z^2 - x)\mathrm{d}z\mathrm{d}x + (x^2 + z^2)\mathrm{d}x\mathrm{d}y.$$

2. 设曲线积分

$$\int_L (x - y)\varphi(x^2 + y^2)\mathrm{d}x + (x + y)\varphi(x^2 + y^2)\mathrm{d}y$$

与积分路径无关,φ 可微分且 $\varphi(1)=1$.

(1) 求函数 $\varphi(x^2+y^2)$;

(2) 计算

$$I = \int_{(1,0)}^{(1,1)} (x - y)\varphi(x^2 + y^2)\mathrm{d}x + (x + y)\varphi(x^2 + y^2)\mathrm{d}y.$$

第二学期模拟试题二

一、填空题(每小题 4 分,共 28 分)

1. 函数 $z=\sqrt{1-x^2-y^2}+\sqrt{x-y}$ 的定义域为_____.

2. 幂级数 $\sum\limits_{n=1}^{\infty}\dfrac{x^n}{n^2}$ 的收敛区间为_____.

3. 椭圆 $\dfrac{x^2}{9}+\dfrac{z^2}{4}=1$ 绕 z 轴旋转而成的曲面方程为_____.

4. 设全微分方程 $y\mathrm{d}x+x\mathrm{d}y=0$,则该方程的通解为_____.

5. 若级数 $\sum\limits_{n=0}^{\infty}u_n$ 的一般项 u_n 不趋于 0 $(n\to\infty)$,则级数 $\sum\limits_{n=0}^{\infty}u_n$

_____.

6. $\lim\limits_{\substack{x\to 0\\y\to 0}}\dfrac{\sin xy}{x}=$_____.

7. 直线 $\dfrac{x}{3}=\dfrac{y}{-2}=\dfrac{z}{7}$ 和平面 $3x-2y+7z=8$ 的关系是

_____.

二、解答题(每小题 6 分,共 12 分)

1. 求函数 $z=\ln(x^2+y^2)$ 的全微分.

2. 求级数 $\sum\limits_{n=1}^{\infty}n^2x^{n-1}$ 的和函数 $(|x|<1)$.

三、(8 分)　从斜边长为 L 的直角三角形中,求有最大周界的直角三角形.

四、计算题(每小题 8 分,共 16 分)

1. 求 $I=\iint\limits_{D}xy^2\mathrm{d}x\mathrm{d}y$,其中 D: $\begin{cases}0\leqslant x\leqslant 1,\\1\leqslant y\leqslant 2.\end{cases}$

2. 求 $I=\int_0^1\mathrm{d}x\int_x^{\sqrt{x}}\dfrac{\sin y}{y}\mathrm{d}y$.

五、(8分)　求曲线积分 $I=\displaystyle\int_L xy^2\mathrm{d}x+(x+y)\mathrm{d}y$，其中 L 为沿抛物线 $y=x^2$ 从点 $O(0,0)$ 到点 $A(1,1)$.

六、(20分)　已知向量 $\boldsymbol{a}=\{1,0,1\}$，$\boldsymbol{b}=\{0,2,0\}$.

1. 求过点 $(1,0,1)$ 与 $\boldsymbol{a}$，$\boldsymbol{b}$ 平行的平面 π 的方程.

2. 求过点 $M(1,8,-1)$ 到平面 π 的距离 d.

3. 求以 $\boldsymbol{a}$，$\boldsymbol{b}$ 为邻边的平行四边形的面积 S.

4. 求 $\cos(\boldsymbol{a},\boldsymbol{b})$. 其中 $(\boldsymbol{a},\boldsymbol{b})$ 表示 $\boldsymbol{a}$ 与 $\boldsymbol{b}$ 的夹角.

七、(8分)　求由两圆柱面 $x^2+y^2=a^2$ 和 $x^2+z^2=a^2$ 相交所围成立体的体积.

第二学期模拟试题三

（内容范围为专题七至专题十二）

一、单项选择题（每小题 4 分,共 20 分）

1. 二元函数

$$f(x,y) = \begin{cases} \dfrac{xy^2}{x^2+y^4}, & (x,y) \neq 0, \\ 0, & (x,y) = 0 \end{cases}$$

在点 $(0,0)$ 处（　　）.

(A) 连续,偏导数存在；

(B) 连续,偏导数不存在；

(C) 不连续,偏导数存在；

(D) 不连续,偏导数不存在.

2. 微分方程 $(x-2xy-y^2)\mathrm{d}y+y^2\mathrm{d}x=0$ 是（　　）.

(A) 变量可分离方程；　　　　(B) 线性方程；

(C) 伯努利方程；　　　　　　(D) 全微分方程.

3. 设函数 $u=\ln(1+x+y^2+z^3)$,则 $\dfrac{\partial u}{\partial x}+\dfrac{\partial u}{\partial y}+\dfrac{\partial u}{\partial z}$ 在点 $(1,1,1)$ 处等于（　　）.

(A) 3；　　(B) 2/3；　　(C) 1/2；　　(D) 3/2.

4. 设幂级数 $\displaystyle\sum_{n=1}^{\infty} a_n x^n$ 在点 $x=3$ 处收敛,则在点 $x=-2$ 处必定（　　）.

(A) 绝对收敛；　　　　　　(B) 条件收敛；

(C) 发散；　　　　　　　　(D) 收敛性不定.

5. 已知曲线积分 $\displaystyle\int_L \dfrac{(x+ky)\mathrm{d}x+y\mathrm{d}y}{(x+y)^2}$ 在第一象限内与路径无关,则 $k=$（　　）.

(A) 2；　　　　(B) 0；　　　　(C) -2；　　　　(D) 1.

二、填空题(每小题 4 分,共 20 分)

1. 函数 $u=2xy-z^2$ 在点 $A(2,-1,1)$ 处沿点 A 指向点 $B(3,1,-1)$ 方向的方向导数为_____.

2. 设区域 D 由 $x=0$,$y=0$,$x+y=1$ 所围成,则 $\iint\limits_{D} xy\mathrm{d}x\mathrm{d}y=$

_____.

3. 若曲线 L 为圆周 $x^2+y^2=a^2$ $(a>0)$,则曲线积分

$$\oint_L \mathrm{e}^{\sqrt{x^2+y^2}}\mathrm{d}s=\underline{\qquad}.$$

4. 曲线 $\begin{cases} x^2-y^2=z, \\ y=x \end{cases}$ 在原点处的法平面方程为_____.

5. 设函数 $f(x,y)=4(x-y)-x^2-y^2$,则 $f(x,y)$ 有极大值

_____.

三、计算题(每小题 8 分,共 40 分)

1. 设 $u=f(x,y,z)$ 有连续偏导数,$y=y(x)$,$z=z(x)$ 分别由方程 $\mathrm{e}^{xy}-y=0$ 和 $\mathrm{e}^z-xz=0$ 所确定,求 $\dfrac{\mathrm{d}u}{\mathrm{d}x}$.

2. 求微分方程 $y'=\mathrm{e}^{x-y}-\mathrm{e}^{-y}$ 的通解.

3. 计算曲面积分 $I=\iint\limits_{\Sigma} x^3\mathrm{d}y\mathrm{d}z+y^3\mathrm{d}z\mathrm{d}x+z^3\mathrm{d}x\mathrm{d}y$,其中 Σ:$z=\sqrt{a^2-x^2-y^2}$ 取上侧.

4. 展开函数 $f(x)=\ln\sqrt{3x+2}$ 为 x 的幂级数,并给出收敛区间.

5. 计算曲线积分:

$$\int_L (y^2\cos x - 2xy^3)\mathrm{d}x + (4 + 2y\sin x - 2x^2y^2)\mathrm{d}y,$$

其中 L 为从点 $A(2,-1)$ 沿曲线 $x=1+y^2$ 到点 $B(2,1)$ 的一段弧.

四、应用题(10 分)

在圆锥面 $Rz=h\sqrt{x^2+y^2}$ 与平面 $z=h$ $(h>0,R>0)$ 所围锥体内作一底面平行于 Oxy 坐标面的最大的长方体,求最大长方体的体积.

五、解答题(10 分)

设函数 $f(u)$ 具有二阶连续导数,而 $z=f(e^x \sin y)$ 满足方程

$$\frac{\partial^2 z}{\partial x^2} + \frac{\partial^2 z}{\partial y^2} = e^{2x} z,$$

求 $f(u)$.

附录一　各专题同步训练答案或提示

专 题 一

A　级

1. (1) $x = 2k$, $k = 0, \pm 1, \cdots$; (2) $[-10, 1] \bigcup (1, 2)$;

(3) $x \in [-1/3, 1]$.

2. (1) $y = (\mathrm{e}^x - \mathrm{e}^{-x})/2$, $x \in \mathbf{R}$; (2) $y = \begin{cases} x - 1, & x < 3, \\ \sqrt{x+1}, & x \geqslant 3. \end{cases}$

3. $f(x) = -2x$.

4. $f(x) = 1 - (1+x)^3$. **提示** $f(x^{1/3} - 1) = 1 - x$, 令 $x^{1/3} - 1 = y$.

5. $f(x) = x^2 + 9$. **6.** $f(x-1) = \begin{cases} (x-1)^2, & x \leqslant 2, \\ 3 - x, & 2 < x \leqslant 3. \end{cases}$

7. (4) $y = u^2$, $u = \ln v$, $v = \cot t$, $t = x/3$;

(5) $y = \ln u$, $u = v^2$, $v = \cot t$, $t = x/3$.

8. (1) 奇函数; (2) 偶函数.

9. $f(0) = 0$. **提示** 令 $x = y = 0$.

10. $f[f(x)] = \begin{cases} 1, & x > 0, \\ 0, & x = 0, \\ -1, & x < 0, \end{cases}$ $f[g(x)] = \begin{cases} 1, & x > 0, \\ -1, & x < 0, \end{cases}$

$g[f(x)] = \begin{cases} 1, & x > 0, \\ -1, & x < 0. \end{cases}$

11. $f[g(x)] = \begin{cases} 1, & x < 0, \\ 0, & x = 0, \\ -1, & x > 0. \end{cases}$

12. (1) (C). (2) (B). (3) (B). (4) (C).

(5) 选(A). 因为对于任意给定的正数 M, 总存在着点

$$x_n = 2n\pi + \frac{\pi}{2} \quad \left(|n| > \frac{2M + \pi}{4\pi} \right),$$

使 $|f(x_n)| = |2n\pi + \pi/2| > M$,故 $f(x)$ 在 $(-\infty, +\infty)$ 内无界.
(C)错. 因为对于任意给定的正数 M,无论正数 X 取多么大,总
有 $x'_n = |2n\pi| > X$(只要 $|n| > X/2\pi$)使

$$f(x'_n) = x'_n \sin x'_n = |2n\pi| |\sin 2n\pi| = 0 < M,$$

故 $f(x)$ 当 $x \to \infty$ 时不是无穷大.

(6) (D). (7) (C). (8) (C). (9) (D). (10) (A).

(11) (B). (12) (D). (13) (D). (14) (D). (15) (D).

(16) (C). (17) (D). (18) (B).

13. **证明** $\forall \varepsilon > 0$,不妨设 $|x-3| < 1$. 因为

$$|x^2 - 9| = |x+3| |x-3| = |x-3+6| |x-3|$$
$$\leqslant (|x-3|+6)|x-3| < 7|x-3| < \varepsilon,$$

取 $\delta = \min\{\varepsilon/7, 1\}$,则当 $|x-3| < \delta$ 时,恒有 $|x^2-9| < \varepsilon$ 成立.

14. 不存在.

16. 因为 $\lim\limits_{x \to x_0} f(x) = a$, $a \neq 0$,所以 $\lim\limits_{x \to x_0} 1/f(x) = 1/a$,给定 $\varepsilon = 1$,

$\exists \delta$,当 $0 < |x - x_0| < \delta$ 时有 $\left| \dfrac{1}{f(x)} - \dfrac{1}{a} \right| < 1$ 成立,从而

$$\left| \frac{1}{f(x)} \right| \leqslant \left| \frac{1}{f(x)} - \frac{1}{a} \right| + \left| \frac{1}{a} \right| < 1 + \frac{1}{|a|}.$$

17. (1) 5. (2) 1/2. (3) 1. (4) m/n.

(5) $n(n+1)/2$. (6) 1/6. (7) 28. (8) 2. (9) 0.

(10) 3/4. **提示** 先分子有理化.

(11) 0. (12) 1/2. (13) 1/2. (14) 1. (15) 1.

(16) $2^{20} \cdot 3^{30}/5^{50}$. **提示** 分子分母同除以 x^{50}. (17) 0.

(18) 0. **提示** 有界变量与无穷小量之积仍为无穷小量.

(19) 0. **提示** 用拉格朗日中值定理.

****18.** (1) 0; (2) -2; (3) 1; (4) 1/2; (5) 1/2; (6) 0;

(7) $-\sqrt{3}$; (8) $-2\ln 2$; (9) $e^{-1/3}$; (10) 1; (11) 1;

(12) e; (13) $(1/4)[\ln a - \ln b]$; (14) 2;

(15) 1; (16) 1.

19. $\lim\limits_{x \to 0} f(x)$ 不存在,$\lim\limits_{x \to 1} f(x) = 2$.

20. (1) $p = 0$ 且 $q = 1$; (2) $p = 0$ 且 $q = 0$;

(3) $p=2/5$, $q=-3$.

21. 原极限 $=\lim\limits_{x\to\infty}\dfrac{(1-1/x)(1-2/x)(1-3/x)(1-4/x)(1-5/x)}{(4-1/x)^{\alpha}}x^{5-\alpha}$

$=4^{-\alpha}\lim\limits_{x\to\infty}x^{5-\alpha}=\beta>0$,

故 $\alpha=5$，$\beta=1/4^5$（因若 $\alpha>5$ 原极限为 0，$\alpha<5$ 原极限不存在）．

22. $a=0$，$b=-1$．

23. $x=1$ 为跳跃间断点，$x=0$ 为可去间断点．

24. $x=0$ 为跳跃间断点．　　**25.** $x=0$ 为跳跃间断点．

26. (1) 可去；　(2) $a=e$；　(3) $x=1$.

27. 令 $F(x)=f(x)-f(x+L)$，对 $F(x)$ 在 $[0,1-L]$ 上用零点定理．

28. $m\leqslant[t_1f(x_1)+t_2f(x_2)]/(t_1+t_2)\leqslant M$ 用介值定理．

29. 至少有三个零点．因为 $f(x)$ 连续且 $m=0$，$M=4$，则 $f(x)$ 在 $[0,1]$ 上可取到 1 和 3，由对称性若 1 和 3 在 $[0,1]$ 端点处取到，则 $F(x)$ 至少有三个零点．若 1 和 3 在 $(0,1)$ 内取到，则 $F(x)$ 至少有四个零点．

30. 右连续，左不连续．　　**31.** $a=1$，$b=-1$．　　**32.** $F''(a)$.

B 级

1. 提示　参见专题二 B 级第 16 题证法 1（第 295 页）.

2. 提示　$f(x)=f(\sqrt{x})=f(x^{1/4})=\cdots=f(x^{1/2^n})$

$=\lim\limits_{n\to\infty}f(x^{1/2^n})=f(\lim\limits_{n\to\infty}x^{1/2^n})=f(1)$.

3. 分析　$\left|\dfrac{a_1+\cdots+a_n}{n}-a\right|=\left|\dfrac{a_1+\cdots+a_n-na}{n}\right|$

$=\left|\dfrac{a_1+\cdots+a_N-Na+(a_{N+1}-a)+\cdots+(a_n-a)}{n}\right|$

$\leqslant\left|\dfrac{a_1+\cdots+a_N-Na}{n}\right|+\dfrac{|a_{N+1}-a|}{n}+\cdots+\dfrac{|a_n-a|}{n}$.

证　由条件知，对任给的 $\varepsilon>0$，存在正整数 N_1，当 $n>N_1$ 时，有

$$|a_n-a|<\varepsilon/2.$$

由于 $a_1+a_2+\cdots+a_{N_1}-N_1a$ 为常数，显然

$$\lim\limits_{n\to\infty}\dfrac{a_1+a_2+\cdots+a_{N_1}-N_1a}{n}=0.$$

于是，存在正整数 N_2，当 $n>N_2$ 时，有

$$\left| \frac{a_1 + a_2 + \cdots + a_{N_1} - N_1 a}{n} \right| < \frac{\varepsilon}{2}.$$

取 $N = \max(N_1, N_2)$，当 $n > N$ 时

$$\left| \frac{a_1 + \cdots + a_n}{n} - a \right|$$

$$= \left| \frac{a_1 + \cdots + a_N - Na}{n} + \frac{a_{N+1} - a + \cdots + a_n - a}{n} \right|$$

$$\leqslant \left| \frac{a_1 + \cdots + a_N - Na}{n} \right| + \left| \frac{a_{N+1} - a}{n} \right| + \cdots + \left| \frac{a_n - a}{n} \right|$$

$$< \frac{\varepsilon}{2} + \frac{n - N}{n} \cdot \frac{\varepsilon}{2} < \frac{\varepsilon}{2} + \frac{\varepsilon}{2} = \varepsilon.$$

4. 提示 $x_{n+1} \geqslant \sqrt{a}$，$\dfrac{x_{n+1}}{x_n} \leqslant 1$.

5. 证 设

$$f_n(x) = x^n + x^{n-1} + \cdots + x - 1,$$

$$f_n(0) = -1, \quad f_n(1) = n - 1 > 0,$$

$f_n(x)$ 连续，由介值定理 $f_n(x)$ 在 $(0,1)$ 内有零点. 又 $f_n'(x) = nx^{n-1} + \cdots + 1 > 0$. $f_n(x)$ 单调递增，故零点惟一，记为 x_n. 由

$$x_n^n + x_n^{n-1} + \cdots + x_n = 1, \quad x_{n-1}^{n-1} + x_{n-1}^{n-2} + \cdots + x_{n-1} = 1.$$

两式相减得：$x_n^n + (x_n - x_{n-1})Q = 0$. 由于 Q 内均是正项，故 $Q > 0$，又 $x_n^n > 0$，所以 $x_n - x_{n-1} < 0$，$x_n < x_{n-1}$. $\{x_n\}$ 单调递减有界，有极限，设为 a. 由 (1) $\dfrac{x_n(1 - x_n^n)}{1 - x_n} = 1$，即 $a/(1-a) = 1$，解出 $a = 1/2$.

6. (1) e^{-1};　(2) $(abc)^{\frac{1}{3}}$;　(3) 1.

7. $3 = (3^n)^{1/n} < (1 + 2^n + 3^n)^{1/n} < (3 \cdot 3^n)^{1/n} \to 3 \ (n \to \infty)$. 故原极限为 3.

8. 因 $b < \sqrt[n]{a^n + b^n} < \sqrt[n]{2} \cdot b \to b \ (n \to \infty)$，由夹逼准则极限为 b.

9. (1) $a = -4, b = a$;　(2) $a = -4, b = 2 + a$;
　　(3) $a \neq -4, b$ 任意取值.

10. $A = 2, B = 1/2$.

11. $a = 1/3, n = 4$. **提示** 用三次洛必达法则.

12. $\displaystyle\int_0^x f(t)\sin t\, dt$ 是 $\displaystyle\int_0^x t\varphi(t)\, dt$ 的高阶无穷小.　　**13.** $\pi x f'(x)$.

14. 证 因为 $F(x)$ 在点 x_0 处连续,且 $F(x_0)>0$,所以存在 $\delta>0$,当 $|x-x_0|<\delta$ 时,

$$|F(x)-F(x_0)|<(1/2)F(x_0),$$

即 $F(x)>(1/2)F(x_0)>0$,所以存在 $U(x_0,\delta)$,当 $x\in U(x_0,\delta)$ 时,$F(x)>0$.

15. 证 任取 $x_0\in(-\infty,+\infty)$,因为 $f(x)$ 在点 x_0 连续,所以存在 $\delta_1>0$,当 $|x-x_0|<\delta_1$ 时,有 $|f(x)-f(x_0)|<1$. 任取 $\varepsilon>0$,因

$$
\begin{aligned}
|f^2(x)-f^2(x_0)| &= |f(x)-f(x_0)||f(x)+f(x_0)| \\
&\leqslant (|f(x)-f(x_0)|+2|f(x_0)|)|f(x)-f(x_0)| \\
&< (1+2|f(x_0)|)|f(x)-f(x_0)|.
\end{aligned}
$$

因为 $f(x)$ 在点 x_0 连续,所以存在 $\delta_2>0$,当 $|x-x_0|<\delta_2$ 时,

$$|f(x)-f(x_0)|<\varepsilon/(1+2|f(x_0)|).$$

故取 $\delta=\min(\delta_1,\delta_2)$,则当 $|x-x_0|<\delta$ 时,恒有 $|f^2(x)-f^2(x_0)|<\varepsilon$ 成立. 故 $f^2(x)$ 在点 x_0 连续,由 x_0 的任意性,所以 $f^2(x)$ 在 $(-\infty,+\infty)$ 内连续.

16. 证 由题意 $f(0)=0$. 因为

$$|f(x)|\leqslant|F(x)|,\qquad \lim_{x\to0}|F(x)|=|F(0)|=0,$$

所以 $$\lim_{x\to0}|f(x)|=0,\qquad \lim_{x\to0}f(x)=0,$$

即 $f(x)$ 在点 $x=0$ 连续.

17. $A=3$. **18.** 连续.

19. $f'(0)=\lim\limits_{x\to0}\dfrac{\mathrm{e}^{-1/x^2}-0}{x}=0$,故 $f'(x)=\begin{cases}(2/x^3)\mathrm{e}^{-1/x^2}, & x\neq0,\\ 0, & x=0,\end{cases}$

$f'(x)$ 连续.

20. 由题设知 $\lim\limits_{x\to0}f(x)=0$,故

$$\lim_{x\to0}\frac{f(x)}{x}=\frac{f(x)-f(0)}{x-0}=f'(0).$$

又

$$\lim_{x\to0}\varphi(x)=\frac{1}{2},\qquad \lim_{x\to0}(1+x)^{\frac{1+x}{x}}=\mathrm{e},$$

$$\lim_{x\to0}\frac{\displaystyle\int_0^{2x}\cos t^2\mathrm{d}t}{x}=\lim_{x\to0}\frac{2\cos 4x^2}{1}=2.$$

故原式 $=\lim\limits_{x\to0}\dfrac{f(x)}{x}\lim\limits_{x\to0}\dfrac{1}{\varphi(x)}\lim\limits_{x\to0}(1+x)^{\frac{1+x}{x}}+\lim\limits_{x\to0}\dfrac{\int_0^{2x}\cos t^2\mathrm{d}t}{x}$

$=2\mathrm{e}f'(0)+2.$

21. 提示 此题先用夹逼定理,然后再在两边用定积分求它们的极限. 易知

$$\dfrac{n}{n+1}\left(\dfrac{1}{n}\sum_{i=1}^n\sin\dfrac{i\pi}{n}\right)<x_n<\dfrac{1}{n}\sum_{i=1}^n\sin\dfrac{i\pi}{n},\quad\lim_{n\to\infty}x_n=\dfrac{2}{\pi}.$$

22. 由 $\lim\limits_{x\to+0}f(x)=3$ 知:对 $\varepsilon=1,\exists\ \delta_1>0,$ 当 $0<x<\delta_1$ 时,

$$|f(x)-3|<1,$$

即 $|f(x)|<4.$ 又 $f(x)$ 在 $[\delta_1,2]$ 上连续. 故 $\exists\ M_1,$ 使 $f(x)$ 在 $[\delta_1,2]$ 上 $|f(x)|\leqslant M_1.$ 取 $M=\max\{4,M_1\},$ 则在 $(0,2]$ 上有 $|f(x)|\leqslant M.$ 证毕.

23. 因 $\lim\limits_{x\to+\infty}f(x)=A>0,$ 故 $\exists\ X\geqslant0,$ 当 $x>X$ 时,$f(x)>\dfrac{A}{2}.$ 则 $x>X$ 时,

$$\int_0^x f(t)\mathrm{d}t=\int_0^X f(t)\mathrm{d}t+\int_X^x f(t)\mathrm{d}t$$

$$\geqslant\int_0^X f(t)\mathrm{d}t+\dfrac{A}{2}(x-X).$$

24. 提示 先作变量代换:

$$\int_0^1 f(nx)\mathrm{d}x=\dfrac{1}{n}\int_0^1 f(nx)\mathrm{d}nx\xrightarrow{nx=t}\dfrac{1}{n}\int_0^n f(t)\mathrm{d}t,$$

然后再用洛必达法则.

专 题 二

A 级

1. (1) D; (2) A; (3) C; (4) D; (5) B; (6) A.

2. (1) $\dfrac{\sec^2 x}{1+x^2}-\dfrac{2x\tan x}{(1+x^2)^2}$; (2) $\dfrac{5}{4}x^{\frac{1}{4}}$; (3) $\dfrac{1}{a+b}\left(2ax+b-\dfrac{c}{x^2}\right)$;

(4) $\dfrac{(\ln x)^x}{x^{\ln x}}\left(\ln\ln x+\dfrac{1}{\ln x}-\dfrac{2\ln x}{x}\right)$;

(5) $-\dfrac{x}{\sqrt{1-x^2}}\arccos x-1+2x$;

(6) $2^{\frac{x}{\ln x}}\dfrac{\ln x-1}{\ln^2 x}\ln 2$;　　　　(7) $\dfrac{1}{x^2}\left(\dfrac{1}{\ln 2}+1-\log_2 x-\ln x\right)$;

(8) $\left(\dfrac{a}{b}\right)^x\left(\dfrac{b}{x}\right)^a\left(\dfrac{x}{a}\right)^b\left(\ln\dfrac{a}{b}+\dfrac{b-a}{x}\right)$;

(9) $y'=x^{x^a}(ax^{a-1}\ln x+x^{a-1})+x^{x^x}[x^x(\ln x+1)\ln x+x^{x-1}]$;

(10) $\sqrt{\mathrm{e}^{\frac{1}{x}}\sqrt{x\sin x}}\left(\dfrac{1}{4x}-\dfrac{1}{2x^2}+\dfrac{1}{4}\cot x\right)$.

3. $[f(x)]'=(3^x)'=3^x\ln 3$,　$f'(x)=3^x\ln 3$,

$[f(3)]'=(3^3)'=0$,　$f'(3)=3^3\ln 3=27\ln 3$,

$[f(\sqrt{x})]'=(3^{\sqrt{x}})'=(3^{\sqrt{x}}\ln 3)(\sqrt{x})'$

$\qquad\qquad =(3^{\sqrt{x}}\ln 3)\cdot\dfrac{1}{2\sqrt{x}}$,

$f'(\sqrt{x})=3^{\sqrt{x}}\ln 3$,

$[f(\sqrt{x})]'|_{x=9}=(3^{\sqrt{x}}\ln 3)\cdot\dfrac{1}{2\sqrt{x}}\Big|_{x=9}=\dfrac{9}{2}\ln 3$,

$f'(\sqrt{x})|_{x=9}=3^{\sqrt{x}}\ln 3|_{x=9}=27\ln 3$.

4. **提示**　用导数定义求：$f'(1)=\lim\limits_{x\to 1}\dfrac{f(x)-f(1)}{x-1}=-99!$.

5. 原式$=\lim\limits_{x\to a}\dfrac{xf(a)-af(a)-af(x)+af(a)}{x-a}$

$\qquad =\lim\limits_{x\to a}\left[f(a)-a\cdot\dfrac{f(x)-f(a)}{x-a}\right]=f(a)-af'(a)$.

6. 原式$=\lim\limits_{x\to 0}\dfrac{f\left(t+\dfrac{x}{a}\right)-f(t)-f\left(t-\dfrac{x}{a}\right)+f(t)}{\dfrac{x}{a}}\cdot\dfrac{1}{a}$

$\qquad =\lim\limits_{x\to 0}\left[\dfrac{f\left(t+\dfrac{x}{a}\right)-f(t)}{\dfrac{x}{a}}+\dfrac{f\left(t-\dfrac{x}{a}\right)-f(t)}{-\dfrac{x}{a}}\right]\cdot\dfrac{1}{a}=\dfrac{2}{a}f'(t)$.

7. 因为 $\lim\limits_{x\to 0}\dfrac{f(x)-f(0)}{x}=\lim\limits_{x\to 0}\arctan\dfrac{1}{x^2}=\dfrac{\pi}{2}$，所以 $f'(0)=\dfrac{\pi}{2}$.

8. **提示**　用导数定义求：

$\qquad \varphi'(0)=\lim\limits_{t\to 0}\dfrac{\varphi(t)-\varphi(0)}{t}=\lim\limits_{t\to 0}\dfrac{f(x_0+at)-f(x_0)}{t}$

$$= af'(x_0) = a^2.$$

9. **提示**　用导数定义求：

$$y'(0) = \lim_{x \to 0} \frac{y(x) - y(0)}{x}$$

$$= \lim_{x \to 0} \frac{[f(a + bx) - f(a)] - [f(a - bx) - f(a)]}{x}$$

$$= 2bf'(a).$$

10. 原式 $= \lim_{x \to 0} \dfrac{f(tx) - f(0) - f(x) + f(0)}{x}$

$$= \lim_{x \to 0} \frac{f(tx) - f(0)}{x} - \lim_{x \to 0} \frac{f(x) - f(0)}{x}$$

$$= tf'(0) - f'(0) = (t-1)f'(0).$$

11. (1) $y = \dfrac{1}{6x^2 + x - 1} = \dfrac{1}{(2x+1)(3x-1)}$

$$= \left(-\frac{2}{5}\right) \frac{1}{2x+1} + \frac{3}{5} \cdot \frac{1}{3x-1},$$

$$y^{(n)} = (-1)^n n! \left[-\frac{2}{5} \cdot \frac{2^n}{(2x+1)^{n+1}} + \frac{3}{5} \cdot \frac{3^n}{(3x-1)^{n+1}} \right].$$

(2) $y = \dfrac{x^3}{1+x} = x^2 - x + 1 - \dfrac{1}{1+x}$,

$$y' = 2x - 1 + \frac{1}{(1+x)^2}, \quad y'' = 2 + \frac{-2}{(1+x)^3},$$

$$y^{(n)} = \left(-\frac{1}{1+x}\right)^{(n)} = (-1)^{n+1} n! \ (x+1)^{-(n+1)}$$

$$= \frac{(-1)^{n+1} n!}{(x+1)^{n+1}} \quad (n \geqslant 3).$$

(3) $y' = [f(ax+b)]' = af'(ax+b), \quad y'' = a^2 f''(ax+b).$

由归纳法可证：$y^{(n)} = a^n f^{(n)}(ax+b)$.

(4) $y = \sin^6 x + \cos^6 x$

$$= (\sin^2 x + \cos^2 x) \cdot (\sin^4 x - \sin^2 x \cos^2 x + \cos^4 x)$$

$$= (\sin^2 x + \cos^2 x)^2 - 3\sin^2 x \cos^2 x$$

$$= 1 - \frac{3}{4}\sin^2 2x = \frac{5}{8} + \frac{3}{8}\cos 4x,$$

$$y^{(n)} = \frac{3}{8}(\cos 4x)^{(n)} = \frac{3}{8} \cdot 4^n \cdot \cos\left(4x + n \cdot \frac{\pi}{2}\right).$$

12. $1/2$.

13. 由反函数求导法则得，$\varphi'(y)=\dfrac{1}{f'(x)}$，于是

$$\varphi'(4)=\frac{1}{f'(2)}=\frac{1}{-\sqrt{5}}=\frac{-\sqrt{5}}{5}.$$

14. 当 $t>0$ 时，有 $\begin{cases}x=3t,\\y=9t^2,\end{cases}$ 当 $t<0$ 时，有 $\begin{cases}x=t,\\y=t^2,\end{cases}$ 于是

$$f'_+(0)=\lim_{\Delta x\to+0}\frac{\Delta y}{\Delta x}=\lim_{\Delta t\to+0}\frac{9(\Delta t)^2}{3\Delta t}=0,$$

$$f'_-(0)=\lim_{\Delta x\to-0}\frac{\Delta y}{\Delta x}=\lim_{\Delta t\to-0}\frac{(\Delta t)^2}{\Delta t}=0,$$

故 $\left.\dfrac{\mathrm{d}y}{\mathrm{d}x}\right|_{t=0}=0.$

15. $\mathrm{d}y=f'[\varphi(x^2)+\psi^2(x)][2x\varphi'(x^2)+2\psi(x)\psi'(x)]\mathrm{d}x.$

16. $y'=\dfrac{2^{xy}y\ln 2-1}{1-2^{xy}x\ln 2}.$

17. (1) $\mathrm{d}y=[3x^2\mathrm{e}^{x^3}\cos 2x-2\mathrm{e}^{x^3}\sin 2x]\mathrm{d}x;$

(2) $\mathrm{d}y=\left(\dfrac{f''}{1+(f')^2}+f'(x)\mathrm{e}^{f(x)}\right)\mathrm{d}x;$

(3) $\mathrm{d}y=-2\sec 2x\mathrm{d}x;$ (4) $\mathrm{d}y=\dfrac{3}{3x+1}\sin[2\ln(3x+1)]\mathrm{d}x;$

(5) $\mathrm{d}y=\dfrac{2x\cos x-(1-x^2)\sin x}{(1-x^2)^2}\mathrm{d}x.$

18. $\mathrm{d}y=-2x\varphi'(2-x^2)f'[\varphi(2-x^2)]\Delta x.$

19. 4.   **20.** $\mathrm{e}\mathrm{d}x.$ **21.** $2x+y=1.$

22. 当 $-1\leqslant x<0$ 时，$0\leqslant x+1<1$，此时

$$f(x)=\frac{1}{2}f(x+1)=\frac{1}{2}(x+1)(-2x-x^2).$$

因为

$$f'_+(0)=\lim_{x\to+0}\frac{f(x)-f(0)}{x-0}=\lim_{x\to+0}\frac{x(1-x^2)}{x}=1,$$

$$f'_-(0)=\lim_{x\to-0}\frac{f(x)-f(0)}{x-0}$$

$$=\lim_{x\to-0}\frac{-\dfrac{1}{2}x(x+1)(2+x)}{x}=-1,$$

即 $f'_+(0)\neq f'_-(0)$,所以 $f'(0)$ 不存在.

23. **提示** 两条曲线在切点处重合并有相同的导数值,得
$$a=b=-1.$$

24. 先求 $f(0)$:

方法 1 由 $\lim\limits_{x\to 0}\dfrac{f(x)}{x}=A$,可得 $\lim\limits_{x\to 0}f(x)=0$. 又 $f(x)$ 在 $x=0$ 处连续,所以 $\lim\limits_{x\to 0}f(x)=f(0)=0$.

方法 2 由 $\lim\limits_{x\to 0}\dfrac{f(x)}{x}=A$,可得
$$\frac{f(x)}{x}=A+\alpha,\quad \text{其中} \lim\limits_{x\to 0}\alpha=0,$$

从而 $$\lim\limits_{x\to 0}f(x)=\lim\limits_{x\to 0}(Ax+\alpha x)=0.$$

又 $f(x)$ 在 $x=0$ 处连续,所以 $\lim\limits_{x\to 0}f(x)=f(0)=0$.

再证可导性:
$$\lim\limits_{x\to 0}\frac{f(x)-f(0)}{x}=\lim\limits_{x\to 0}\frac{f(x)}{x}=A,\quad \text{即}\quad f'(0)=A.$$

25. **解法 1** 设切点坐标为 (x_0,y_0),则 $y_0=\dfrac{1}{x_0}$,切线斜率 k 可以表示为
$$k=\frac{1/x_0}{x_0-2}.$$

另一方面,$k=y'|_{x=x_0}=-1/x_0^2$,解得 $x_0=1$,从而切点为 $(1,1)$,斜率为 $k=-1$. 所以,所求切线方程为
$$y-1=(-1)(x-1)\quad \text{或}\quad y=-x+2.$$

解法 2 设所求切线方程为 $y-0=k(x-2)$,切点坐标 (x_0,y_0),对曲线 $y=1/x$ 有
$$y_0=1/x_0,\quad y'|_{x=x_0}=-1/x_0^2.$$

由于曲线与切线在切点处的函数值和斜率均相等,所以
$$\begin{cases}1/x_0=k(x_0-2),\\ -1/x_0^2=k,\end{cases}\quad \text{解得}\quad \begin{cases}x_0=1,\\ k=-1,\end{cases}$$

故所求切线方程为 $y-1=(-1)(x-1)$或 $y=-x+2$.

26. **提示** 对方程两边关于 t 求导,得 $\cos t=e^{-(x-t)^2}(x'-1)$,注意到

291

$t=0$ 时 $x=1$，于是可求得 $\dfrac{\mathrm{d}^2 x}{\mathrm{d}t^2}\Big|_{t=0}=2\mathrm{e}$.

27. $\mathrm{d}y=\mathrm{e}^{f(x)}\left[\dfrac{1}{x}f'(\ln x)+f'(x)f(\ln x)\right]\mathrm{d}x$.

28. 注意到 $\begin{cases} x=r\cos\theta, \\ y=r\sin\theta, \end{cases}$ 所以 $\dfrac{\mathrm{d}y}{\mathrm{d}x}=\dfrac{2\sin\theta+r\cos\theta}{2\cos\theta-r\sin\theta}$.

29. **提示**　用反证法可直接得证.

30. 设 $t=0$ 时梯子贴靠在墙上，在时刻 t，梯子上端离开初始位置的距离为 S，梯子下端离开墙脚的距离为 x，则

$$S=5-\sqrt{5^2-x^2}.$$

(1) 因为 $\dfrac{\mathrm{d}S}{\mathrm{d}t}=\dfrac{\mathrm{d}S}{\mathrm{d}x}\cdot\dfrac{\mathrm{d}x}{\mathrm{d}t}=\dfrac{x}{\sqrt{25-x^2}}\cdot\dfrac{\mathrm{d}x}{\mathrm{d}t}$，而 $\dfrac{\mathrm{d}x}{\mathrm{d}t}=3$，所以

$$\dfrac{\mathrm{d}S}{\mathrm{d}t}=\dfrac{3x}{\sqrt{25-x^2}}.$$

当 $x=1.4\,\mathrm{m}$ 时，$\dfrac{\mathrm{d}S}{\mathrm{d}t}=0.875\,\mathrm{m/s}$.

(2) 梯子的上、下端速率相同，即 $\dfrac{\mathrm{d}S}{\mathrm{d}t}=\dfrac{\mathrm{d}x}{\mathrm{d}t}$，亦即 $\dfrac{3x}{\sqrt{25-x^2}}=3$，

所以 $x=\dfrac{5\sqrt{2}}{2}\,\mathrm{m}$.

(3) 因 $\dfrac{\mathrm{d}S}{\mathrm{d}t}=4$，即 $\dfrac{3x}{\sqrt{25-x^2}}=4$，所以 $x=4\,\mathrm{m}$.

B　级

1. **提示**　用导数定义求：

$$f'(1)=\lim_{x\to 1}\frac{f(x)-f(1)}{x-1}=\frac{(-1)^{n-1}}{n(n+1)}.$$

2. **提示**　同 A 级中第 24 题，先求出 $f(2)=0$，再用导数定义求得

$$f'(2)=3.$$

3. 注意到 $f(1)=af(0)$，因为

$$\lim_{x\to 0}\frac{f(1+x)-f(1)}{x}=\lim_{x\to 0}\frac{af(x)-f(1)}{x}$$

$$=\lim_{x\to 0}\frac{af(x)-af(0)}{x}=a\lim_{x\to 0}\frac{f(x)-f(0)}{x}$$

$$= af'(0) = ab,$$

所以 $f'(1) = ab$.

4. 原式 $= \mathrm{e}^{\lim\limits_{n\to\infty} n \cdot \ln\left[\frac{f\left(a+\frac{2}{n}\right)}{f(a)}\right]} = \mathrm{e}^{\lim\limits_{n\to\infty} \frac{\ln f\left(a+\frac{2}{n}\right) - \ln f(a)}{\frac{1}{n}}}$

$$= \mathrm{e}^{2\lim\limits_{n\to\infty} \frac{\ln f\left(a+\frac{2}{n}\right) - \ln f(a)}{\frac{2}{n}}} = \mathrm{e}^{2[\ln f(x)]'|_{x=a}} = \mathrm{e}^{2\frac{f'(a)}{f(a)}}.$$

5. 提示 用导数定义求：

$$F'(0) = \lim_{x\to 0} \frac{F(x) - F(0)}{x} = \lim_{x\to 0} \frac{f[\varphi(x)] - f[\varphi(0)]}{x}$$

$$= \lim_{x\to 0} \frac{f\left(x^2 \arctan \frac{1}{x}\right) - f(0)}{x}$$

$$= \lim_{x\to 0} \frac{f\left(x^2 \arctan \frac{1}{x}\right) - f(0)}{x^2 \arctan \frac{1}{x}} \cdot x \arctan \frac{1}{x}$$

$$= f'(0) \cdot 0 = 0.$$

6. 提示 用导数定义求：

$$f'(1) = \lim_{t\to 1} \frac{f(t) - f(1)}{t - 1} = -\frac{99!}{2}\pi.$$

7. 提示 用导数定义求：

$$f'(1) = \lim_{x\to 0} \frac{f(1+x) - f(1)}{x} = \lim_{x\to 0} \frac{(1+x)^{2000} - 1}{x}$$

$$= \lim_{x\to 0} \frac{\sum\limits_{k=0}^{2000} C_{2000}^k x^k - 1}{x} = C_{2000}^1.$$

8. 因为 $f(x)$ 处处可导，所以 $f(x)$ 在 $x=0$ 处可导，从而 $f(x)$ 在 $x=0$ 处连续. 而

$$\lim_{x\to -0} f(x) = \lim_{x\to -0} (\mathrm{e}^{ax} - 1) = 0,$$

$$\lim_{x\to +0} f(x) = \lim_{x\to +0} [b(1 + \sin x) + a + 2] = b + a + 2,$$

所以由 $f(x)$ 在 $x=0$ 处的连续性可知

$$b + a + 2 = 0. \qquad\qquad ①$$

又因为

$$f'_-(0) = \lim_{x \to -0} \frac{f(x) - f(0)}{x} = \lim_{x \to -0} \frac{e^{ax} - 1 - b - a - 2}{x}$$

$$= \lim_{x \to -0} \frac{e^{ax} - 1}{x} = \lim_{x \to -0} \frac{ax}{x} = a,$$

$$f'_+(0) = \lim_{x \to +0} \frac{f(x) - f(0)}{x} = \lim_{x \to +0} \frac{b(1 + \sin x) - b}{x}$$

$$= \lim_{x \to +0} \frac{b\sin x}{x} = b,$$

所以由 $f(x)$ 在 $x = 0$ 处的可导性可知 $a = b$，再由①式可得

$$a = -1, \quad b = -1.$$

9. 因为

$$y' = f'\left(\frac{\ln f(x)}{f(x)}\right) \cdot \frac{1 - \ln f(x)}{f^2(x)} \cdot f'(x),$$

所以 $\mathrm{d}y = f'\left(\dfrac{\ln f(x)}{f(x)}\right) \cdot \dfrac{1 - \ln f(x)}{f^2(x)} \cdot f'(x)\mathrm{d}x.$

10. $1/2.$

11. $y' = \cos\left[f\left(\dfrac{x}{a}\right)\right] \cdot f'\left(\dfrac{x}{a}\right) \cdot \dfrac{1}{a},$

$y'' = \dfrac{1}{a^2}\left\{\cos\left[f\left(\dfrac{x}{a}\right)\right] \cdot f''\left(\dfrac{x}{a}\right) - \sin\left[f\left(\dfrac{x}{a}\right)\right] \cdot \left[f'\left(\dfrac{x}{a}\right)\right]^2\right\}.$

12. $y' = \dfrac{x + y}{x - y}, \quad y'' = \dfrac{2(x^2 + y^2)}{(x - y)^3}.$

13. 方程两边对 x 求导得

$$2 - \sec^2(x - y) \cdot (1 - y') = \sec^2(x - y) \cdot (1 - y'),$$

从而有

$$y' = \sin^2(x - y), \quad y'' = 2\sin(x - y)\cos^3(x - y).$$

14. 先求 $f'(x)$：当 $x \neq 0$ 时，$f'(x) = \dfrac{2}{x^3}e^{-1/x^2}$；

又由定义有

$$f'(0) = \lim_{x \to 0} \frac{f(x) - f(0)}{x} = \lim_{x \to 0} \frac{e^{-1/x^2}}{x}$$

$$\xrightarrow{t = \frac{1}{x}} \lim_{t \to \infty} \frac{t}{e^{t^2}} \xrightarrow{\text{(洛必达)}} \lim_{t \to \infty} \frac{1}{2te^{t^2}} = 0.$$

再讨论 $f'(x)$ 的连续性：

$$\lim_{x\to 0}f'(x)=\lim_{x\to 0}\frac{2}{x^3}\mathrm{e}^{-1/x^2}\xlongequal{t=1/x}\lim_{t\to\infty}\frac{2t^3}{\mathrm{e}^{t^2}}$$

$$\xlongequal{(\text{洛必达})}\lim_{t\to\infty}\frac{3t}{\mathrm{e}^{t^2}}=0=f'(0),$$

即 $f'(x)$ 在 $x=0$ 处连续,从而 $f'(x)$ 在 $(-\infty,+\infty)$ 内连续.

15. $\varphi'(y)=\dfrac{\mathrm{d}x}{\mathrm{d}y}=1\Big/\dfrac{\mathrm{d}y}{\mathrm{d}x}=\dfrac{1}{x^4+x^2+1}$,

$\varphi''(y)=\mathrm{d}(\varphi'(y))/\mathrm{d}y=\dfrac{\mathrm{d}(\varphi'(y))}{\mathrm{d}x}\cdot\dfrac{\mathrm{d}x}{\mathrm{d}y}$

$=\left(\dfrac{1}{x^4+x^2+1}\right)'\cdot\dfrac{1}{x^4+x^2+1}=-\dfrac{4x^3+2x}{(x^4+x^2+1)^3}.$

16. 证法 1 因为 $\sin x\neq 0$ 时, $\left|\dfrac{f(x)}{\sin x}\right|\leqslant 1$,即

$$\left|\frac{a_1\sin x+a_2\sin 2x+\cdots+a_n\sin nx}{\sin x}\right|\leqslant 1,$$

由保号性有

$$\lim_{x\to 0}\left|\frac{a_1\sin x+a_2\sin 2x+\cdots+a_n\sin nx}{\sin x}\right|\leqslant 1,$$

即 $\qquad |a_1+2a_2+\cdots+na_n|\leqslant 1.$

证法 2 由 $f(x)=a_1\sin x+a_2\sin 2x+\cdots+a_n\sin nx$ 可知

$$f'(0)=a_1+2a_2+\cdots+na_n.$$

另一方面,因为

$$|f'(0)|=\lim_{x\to 0}\left|\frac{f(x)-f(0)}{x-0}\right|=\lim_{x\to 0}\left|\frac{f(x)}{x}\right|\leqslant\lim_{x\to 0}\left|\frac{\sin x}{x}\right|=1,$$

所以 $\qquad |a_1+2a_2+\cdots+na_n|\leqslant 1.$

17. 提示 用到洛必达法则.

(1) 因为

$$\lim_{x\to 0}f(x)=\lim_{x\to 0}\frac{g(x)-\cos x}{x}\xlongequal{\frac{0}{0}}\lim_{x\to 0}\frac{g'(x)+\sin x}{1}=g'(0),$$

而要 $f(x)$ 在 $x=0$ 处连续,只要 $\lim\limits_{x\to 0}f(x)=f(0)$,所以

$$a=g'(0).$$

(2) 当 $x\neq 0$ 时,有

$$f'(x)=\left[\frac{g(x)-\cos x}{x}\right]'$$

$$= \frac{[g'(x) + \sin x]x - [g(x) - \cos x]}{x^2};$$

又由定义有

$$f'(0) = \lim_{x \to 0} \frac{f(x) - f(0)}{x - 0} = \lim_{x \to 0} \frac{\dfrac{g(x) - \cos x}{x} - g'(0)}{x}$$

$$= \lim_{x \to 0} \frac{g(x) - \cos x - g'(0)x}{x^2}$$

$$\xlongequal{\frac{0}{0}} \lim_{x \to 0} \frac{g'(x) + \sin x - g'(0)}{2x}$$

$$= \frac{1}{2} \left[\lim_{x \to 0} \frac{\sin x}{x} + \lim_{x \to 0} \frac{g'(x) - g'(0)}{x - 0} \right]$$

$$= \frac{1}{2} [1 + g''(0)].$$

综上可得

$$f'(x) = \begin{cases} \dfrac{[g'(x) + \sin x]x - [g(x) - \cos x]}{x^2}, & x \neq 0, \\ \dfrac{1}{2} [1 + g''(0)], & x = 0. \end{cases}$$

(3) 因为

$$\lim_{x \to 0} f'(x) = \lim_{x \to 0} \frac{[g'(x) + \sin x]x - [g(x) - \cos x]}{x^2}$$

$$= \lim_{x \to 0} \frac{x \sin x}{x^2} + \lim_{x \to 0} \frac{g'(x)x - g'(0)x}{x^2}$$

$$\quad - \lim_{x \to 0} \frac{g(x) - \cos x - g'(0)x}{x^2}$$

$$= 1 + g''(0) - \frac{1}{2} [1 + g''(0)]$$

$$= \frac{1}{2} [1 + g''(0)] = f'(0),$$

所以 $f'(x)$ 在 $x = 0$ 处连续.

18. 因为

$$\lim_{x \to 0} \frac{f(1) - f(1 - x)}{2x} = \frac{1}{2} \lim_{x \to 0} \frac{f[1 + (-x)] - f(1)}{-x}$$

$$= \frac{1}{2} f'(1) = -1,$$

所以 $f'(1) = -2$. 又因为 $f(x+4) = f(x)$,所以
$$f'(x+4) = f'(x),$$

从而 $f'(5) = f'(1) = -2$,于是 $k = f'(5) = -2$,故所求切线方程为 $y - f(5) = -2(x-5)$.

19. 由 $f(xy) = f(x) + f(y)$,令 $x = y = 1$ 有
$$f(1) = f(1) + f(1), \quad 即 \quad f(1) = 0,$$

于是当 $x \neq 0$ 时,有

$$f'(x) = \lim_{\Delta x \to 0} \frac{f(x+\Delta x) - f(x)}{\Delta x} = \lim_{\Delta x \to 0} \frac{f\left[x\left(1+\frac{\Delta x}{x}\right)\right] - f(x)}{\Delta x}$$

$$= \lim_{\Delta x \to 0} \frac{f(x) + f\left(1+\frac{\Delta x}{x}\right) - f(x)}{\Delta x} = \lim_{\Delta x \to 0} \frac{f\left(1+\frac{\Delta x}{x}\right)}{\Delta x}$$

$$= \lim_{\Delta x \to 0} \frac{f\left(1+\frac{\Delta x}{x}\right) - f(1)}{\frac{\Delta x}{x} \cdot x} = f'(1) \cdot \frac{1}{x} = \frac{a}{x},$$

即当 $x \neq 0$ 时,有 $f'(x) = a/x$.

20. 由题设求得

$$f(x) = \begin{cases} x^2, & x > 1, \\ \dfrac{a+b+1}{2}, & x = 1, \\ ax+b, & x < 1. \end{cases}$$

(1) 讨论 $f(x)$ 的连续性:

显然 $f(x)$ 在区间 $(-\infty, 1)$ 及 $(1, +\infty)$ 内连续.

又仅当 $f(1+0) = f(1-0) = f(1)$,即

$$a+b = 1 = \frac{1}{2}(a+b+1), \quad 亦即 \quad a+b = 1$$

时,$f(x)$ 在 $x=1$ 处连续.

故当 $a+b=1$ 时,$f(x)$ 在 $(-\infty, +\infty)$ 内连续.

(2) 讨论 $f(x)$ 的可导性:

显然,当 $x \neq 1$ 时, $f(x)$ 可导.

又因为

$$f'_-(1) = \lim_{x \to -1} \frac{f(x) - f(1)}{x - 1} = \lim_{x \to -1} \frac{ax + b - (a + b)}{x - 1} = a,$$

$$f'_+(1) = \lim_{x \to +1} \frac{f(x) - f(1)}{x - 1} = \lim_{x \to +1} \frac{x^2 - 1}{x - 1} = 2,$$

即仅当 $a = 2$, $b = -1$ 时, $f'_-(1) = f'_+(1)$,此时 $f(x)$ 在 $x = 1$ 处可导.

所以,当 $a = 2$, $b = -1$ 时, $f(x)$ 在 $(-\infty, +\infty)$ 内可导.

专 题 三

A 级

1. $\xi = \pi/2$.　　2. $\xi = (-4 \pm \sqrt{37})/3$.　　3. $\xi = (5 \pm \sqrt{13})/12$.

4. $\theta = (1/\Delta x)(\pm\sqrt{x(x + \Delta x)} - x)$.

5. **提示** 反证法,且利用罗尔定理得出矛盾.

7. 在 $\left(-\infty, \dfrac{2}{3}a\right)$ 及 $(a, +\infty)$ 内单调递增,在 $\left(\dfrac{2}{3}a, a\right)$ 内单调递减.

8. 在 $(-\infty, a)$ 及 $(a, +\infty)$ 内单调递减.

9. 原方程有两个实根,分别在 $(-\infty, -1)$ 和 $(1, +\infty)$ 内.

10. **提示** 用函数单调性.

11. (1) 1;　　(2) $e^{-\frac{1}{3}}$.

12. (1) 极大值 $y\left(\dfrac{1}{2}\right) = \dfrac{84}{8}\sqrt[4]{81}$,极小值 $y(-1) = 0$, $y(5) = 0$;

　　(2) 极大值 $y\left(\dfrac{\pi}{4} + 2k\pi\right) = \dfrac{\sqrt{2}}{2}e^{\frac{\pi}{4} + 2k\pi}$,极小值 $y\left(\dfrac{5\pi}{4} + 2k\pi\right) =$

　　$-\dfrac{\sqrt{2}}{2}e^{\frac{\pi}{4} + 2k\pi}$,其中 $k = 0, \pm 1, \cdots$.

13. $a = \dfrac{1}{4}$, $b = -\dfrac{3}{4}$, $c = 0$, $d = 1$.

14. 当 n 为偶数且 $\varphi(x_0) > 0$ 时, $f(x_0)$ 为极小值;当 n 为偶数且 $\varphi(x_0) < 0$ 时, $f(x_0)$ 为极大值.

15. 极大值 $f(0)=1$，极小值 $f\left(\dfrac{1}{e}\right)=\left(\dfrac{1}{e}\right)^{\frac{2}{e}}$． 　　**16.** B.

17. 凹区间为 $\left(0, ae^{\frac{3}{2}}\right)$，凸区间为 $\left(ae^{\frac{3}{2}}, +\infty\right)$，拐点为 $\left(ae^{\frac{3}{2}}, -\dfrac{3}{2}e^{-\frac{3}{2}}\right)$．

18. 凸区间为 $(-\infty, -1)$，$(1, +\infty)$，凹区间为 $(-1, 1)$，拐点为 $(-1, 2)$，$(1, 2)$．

19. 拐点为 $\left(\dfrac{2}{3}\sqrt{3}\,a, \dfrac{3}{2}a\right)$，$\left(-\dfrac{2}{3}\sqrt{3}\,a, \dfrac{3}{2}a\right)$．

20. $f(1)=1$．　　**21.** $x=0$，$y=1$　　**22.** 6.　　**23.** $\sqrt[3]{3}$．

24. 提示　$f(t)=a^t$ 与 $g(t)=\cos t$ 在 $[x, y]$ 上用柯西中值定理.

25. 提示　用单调性.

26. 极大值为 $f(-1)=e^{-2}$，$f(1)=1$，极小值为 $f(0)=0$.

27. 提示　问题转化为证明凹凸性，$f(t)=t\ln t$.

<h2 style="text-align:center">B　　级</h2>

1. 提示　作辅助函数 $f(x)=c_0 x + \dfrac{c_1}{2}x^2 + \cdots + \dfrac{c_n}{n+1}x^{n+1}$，并在 $[0, 1]$ 上应用罗尔定理.

2. 提示　先 $F(x)$ 在 $[0, 1]$ 上用罗尔定理，$F'(\xi_1)=0$，再 $F'(x)$ 在 $[0, \xi_1]$ 用罗尔定理.

3. 提示　考虑方程 $e^x f(x)=0$ 的根，并用罗尔定理.

4. 提示　作辅助函数 $F(x)=xf(x)$，并用拉格朗日定理.

5. 在 $(-\infty, -2)$ 及 $\left(-\dfrac{3}{2}, 2\right)$ 内单调递增；

在 $\left(-2, -\dfrac{3}{2}\right)$ 及 $(2, +\infty)$ 内单调递减.

6. 三个，分别在区间 $(-\infty, -2)$，$(-2, 0)$ 及 $(0, +\infty)$ 内.

7. 提示　用拉格朗日中值定理，$\dfrac{f(x)}{x}=f'(\xi)$.

8. 提示　利用导数单调性判别法.

9. $n=5$ 时最小，且最小项为 $\sqrt[5]{\dfrac{2}{5}}$.

10. $y=-\dfrac{3}{2}x^2$.　　**11.** 距离 $d=\begin{cases}b, & 0<b\leqslant 2, \\ 2\sqrt{b-1}, & b>2.\end{cases}$

12. 最大值为 132,最小值为 0.　　**13.** $(0,0)$.

14. $\dfrac{x}{x-1}=2+\sum\limits_{k=1}^{3}(-1)^k(x-2)^k+\dfrac{(x-2)^4}{[1+\theta(x-2)]^5}$.

15. $\ln(1+\sin^2 x)=x^2-\dfrac{5}{6}x^4+o(x^4)$.

专 题 四

A 级

1. 选(C).

2. 错在最后一步把不定积分当成算术数进行了减法运算.

3. $\dfrac{1}{3}(1+2\arctan x)^{\frac{3}{2}}+C$. **提示** 凑微分.

4. $\dfrac{1}{2}e^{x^2-2x}+C$. **提示** 凑微分.

5. $\dfrac{1}{\sqrt{2}}\arctan\dfrac{\tan x}{\sqrt{2}}+C$. **提示** 分母提出 $\cos^2 x$,再凑微分.

6. $e^{e^x\cos x}+C$. **提示** 利用 $e^x\cos x$ 的导数凑微分.

7. $-\dfrac{1}{2}\left(\arctan\dfrac{1}{x}\right)^2+C$. **提示** 利用 $\arctan\dfrac{1}{x}$ 的导数凑微分.

8. $\dfrac{1}{2}\arctan x-\dfrac{1}{2}\cdot\dfrac{x}{1+x^2}+C$. **提示** 作正切代换.

9. $\ln|x+\sqrt{x^2-9}|-\dfrac{1}{x}\sqrt{x^2-9}+C$. **提示** 作正割代换.

10. $-\dfrac{1}{x}+\dfrac{\sqrt{1-x^2}}{x}+\arcsin x+C$. **提示** 作正弦代换.

11. $-\dfrac{\sqrt{x^2+a^2}}{a^2 x}+C$. **提示** 用 $t=\dfrac{1}{x}$ 代换.

12. $\dfrac{\sqrt{x^2-1}}{x}-\arcsin\dfrac{1}{x}+C$. **提示** 用 $t=\dfrac{1}{x}$ 代换.

13. $\dfrac{2}{\sqrt{3}\ln 2}\arctan\dfrac{2^{x+1}+1}{\sqrt{3}}+C$. **提示** 令 $2^x=t$.

14. $\dfrac{1}{4}\ln\left|\dfrac{\sqrt{1+e^x}-1}{\sqrt{1+e^x}+1}\right|-\dfrac{1}{4}\ln\left|\dfrac{\sqrt{1-e^x}-1}{\sqrt{1-e^x}+1}\right|-\dfrac{\sqrt{1+e^x}}{4e^x}$

$$+\frac{\sqrt{1-\mathrm{e}^x}}{4\mathrm{e}^x}+C.$$

提示 先令 $\mathrm{e}^x=t$ 化为有理根式,再令 $\sqrt{1-t}=u$, $\sqrt{1+t}=v$ 去掉根号.

15. $(x^5-20x^3+3x^2+118x-1)\sin x+(5x^4-60x^2+6x+118)\cos x$ $+C$. **提示** 用表格法.

16. $\dfrac{k\sin(ax+b)-a\cos(ax+b)}{k^2+a^2}\cdot\mathrm{e}^{kx}+C.$

17. $-\dfrac{1}{4}(\arcsin x)^2\cdot(1-2x^2)+\dfrac{1}{2}x\sqrt{1-x^2}\arcsin x+\dfrac{1}{8}(1-2x^2)$ $+C$. **提示** 先令 $\arcsin x=u$ 作变换,再用表格法.

18. $\dfrac{x^{n+1}}{n+1}\ln x-\dfrac{1}{(n+1)^2}x^{n+1}+C.$

19. $I_n=\dfrac{1}{2(n-1)a^2}\left[\dfrac{x}{(x^2+a^2)^{n-1}}+(2n-3)I_{n-1}\right].$

20. $I_n=\dfrac{1}{n-1}\sec^{n-2}x\cdot\tan x+\dfrac{n-2}{n-1}I_{n-2}.$

21. $-\dfrac{x}{2\sin^2x}-\dfrac{1}{2}\cot x+C.$ **提示** 先凑微分,再分部积分.

22. $\mathrm{e}^x\tan\dfrac{x}{2}+C.$ **提示** 先凑微分,再分部积分.

23. $\dfrac{1}{x+2}\mathrm{e}^x+C.$ **提示** 先凑微分,再分部积分.

24. $\dfrac{x-2}{x+2}\mathrm{e}^x+C.$ **提示** 先凑微分,再分部积分.

25. $-\mathrm{e}^{-x}\mathrm{arccot}\,\mathrm{e}^x-x+\dfrac{1}{2}\ln(1+\mathrm{e}^{2x})+C.$ **提示** 先凑微分,再分部积分.

26. $2\sqrt{x}-3\sqrt[3]{x}+6\sqrt[6]{x}-6\ln(1+\sqrt[6]{x})+C.$ **提示** 令 $x=t^6$.

B 级

1. $\dfrac{1}{2}\ln|x|-\dfrac{1}{20}\ln(x^{10}+2)+C.$

2. $\ln|x|-\dfrac{2}{7}\ln|x^7+1|+C.$

3. $\dfrac{1}{n}(x^n-\ln|x^n+1|)+C.$

301

4. $-\dfrac{1}{33}\dfrac{1}{(x-1)^{99}}-\dfrac{3}{49(x-1)^{98}}-\dfrac{6}{97(x-1)^{97}}-\dfrac{1}{48(x-1)^{96}}+C.$

5. $\ln|x|-\dfrac{1}{10}\ln(x^{10}+1)+\dfrac{1}{10(x^{10}+1)}+C.$

6. $\dfrac{2}{5}x^{\frac{5}{2}}+\dfrac{2}{3}x^{\frac{3}{2}}-\dfrac{2}{5}(x+1)^{\frac{5}{2}}+\dfrac{2}{3}(x+1)^{\frac{3}{2}}+C.$

7. $\dfrac{1}{8}\dfrac{1}{\cos^2\frac{x}{2}}+\dfrac{1}{4}\ln|\csc x-\cot x|+C.$ **提示** 利用

$$1+\cos x=2\cos^2\frac{x}{2},\quad 1=\cos^2\frac{x}{2}+\sin^2\frac{x}{2}$$

简化被积函数.

8. $-2\cos\dfrac{x}{2}+2\sin\dfrac{x}{2}+C.$ **提示** 利用 $\sin x=2\sin\dfrac{x}{2}\cos\dfrac{x}{2}$, $1=$

$\cos^2\dfrac{x}{2}+\sin^2\dfrac{x}{2}$ 简化被积函数.

9. $\dfrac{1}{\cos x}-\tan x+x+C.$ **提示** 分子分母同乘以 $1-\sin x$.

10. $\dfrac{1}{2}(\sin x-\cos x)-\dfrac{1}{2\sqrt{2}}\ln\left|\csc\left(x+\dfrac{\pi}{4}\right)-\cot\left(x+\dfrac{\pi}{4}\right)\right|+C.$

11. $-\dfrac{1}{36}\cos 9x-\dfrac{1}{20}\cos 5x-\dfrac{1}{12}\cos 3x+\dfrac{1}{4}\cos x+C.$ **提示** 利用积化
和差公式化简.

12. $\dfrac{x}{\sqrt{1-x^2}}\arccos x-\dfrac{1}{2}\ln|1-x^2|+C.$ **提示** 令 $\arccos x=u.$

13. $2\sqrt{f(\ln x)}+C.$ **提示** 凑 $\ln x$ 的微分形式.

14. $\displaystyle\int f(x)\mathrm{d}x=\begin{cases}x+C, & x<0,\\[2mm] \dfrac{1}{2}x^2+x+C, & 0\leqslant x\leqslant 1,\\[2mm] x^2+\dfrac{1}{2}+C, & x>1.\end{cases}$

15. $-\dfrac{4}{3}\sqrt{1-x\sqrt{x}}+C.$ **提示** 利用

$$\sqrt{x}\,\mathrm{d}x=\dfrac{2}{3}\mathrm{d}x^{\frac{3}{2}}=\dfrac{2}{3}\mathrm{d}(x\sqrt{x}).$$

16. $(1+x)\arcsin\sqrt{\dfrac{x}{1+x}}-\sqrt{x}+C.$ **提示** 令 $\arcsin\sqrt{\dfrac{x}{1+x}}=t,$

则有 $x=\tan^2 t$, $\mathrm{d}x=2\tan t \cdot \dfrac{1}{\cos^2 t}\mathrm{d}t$,代入被积函数求积分.

专 题 五

A 级

1. (1) $\dfrac{\pi}{2}$;　　　　(2) $\displaystyle\int_x^{x+\Delta x} f(t)\mathrm{d}t$;

(3) $\sin(\varphi(x^2))^2 \cdot \varphi'(x^2) \cdot 2x - \sin(\varphi(x))^2\varphi'(x)$;

(4) $\left(\dfrac{1}{3},1\right)$;　　　　(5) $\dfrac{\pi^2}{3}$.

2. (1) 令 $x=\tan t$,原式 $=\dfrac{\pi}{6}$;

(2) 用 $\sin^2 x+\cos^2 x=1$,令 $\tan x=2u$,原式 $=\dfrac{\pi}{2\sqrt{2}}$;

(3) 原式 $=\dfrac{\pi}{8}a^2$;　　　(4) 原式 $=2-\dfrac{\pi}{2}$.

3. (1) $\dfrac{1}{4}-\dfrac{3}{4}\mathrm{e}^{-2}$; (2) $1-\pi-\mathrm{e}^{-\pi}$; (3) $\dfrac{10}{9}+\dfrac{1}{2}\ln 3$; (4) $\dfrac{1}{8}(\mathrm{e}^2+3)$.

4. 原式 $=7+\cos 1+\cos 5$.

提示 $\displaystyle\int_1^5 |2-x|\mathrm{d}x = \int_1^2 (2-x)\mathrm{d}x + \int_2^5 (x-2)\mathrm{d}x$,

$\displaystyle\int_1^5 |\sin x|\mathrm{d}x = \int_1^\pi \sin x\mathrm{d}x + \int_\pi^5 (-\sin x)\mathrm{d}x$.

5. 1.　　**6.** $\dfrac{1}{2}$.　　**7.** $f(x)=15x^2$, $c=-2$.

8. $I(\alpha)=\begin{cases} \dfrac{1}{3}-\dfrac{\alpha}{2}, & \alpha\leqslant 0, \\[2mm] \dfrac{1}{3}-\dfrac{\alpha}{2}+\dfrac{\alpha^2}{3}, & 0<\alpha<1, \\[2mm] \dfrac{\alpha}{2}-\dfrac{1}{3}, & \alpha\geqslant 1. \end{cases}$

9. (1) (D);　　　　(2) (C).

B 级

1. (1) $x-1$;

(2) **提示** 两边求导,得 $f(x^3) \cdot 3x^2 = 1$,令 $x^3 = 8$,则 $x = 2$,于是在 $f(x^3) = \dfrac{1}{3x^2}$ 中,取 $x^3 = 8$,即 $x = 2$,得 $f(8) = \dfrac{1}{12}$;

(3) $f(x) - f(0)$.

2. 原式 $= \lim\limits_{n \to \infty} \dfrac{1}{n}\left(\sqrt{1 + \dfrac{1}{n}} + \sqrt{1 + \dfrac{2}{n}} + \cdots + \sqrt{1 + \dfrac{n}{n}}\right)$

$\qquad = \displaystyle\int_0^1 \sqrt{1 + x}\,\mathrm{d}x = \dfrac{2}{3}(2\sqrt{2} - 1).$

3. 提示 $F(x) = \left(\dfrac{2}{x} + \ln x\right)\displaystyle\int_1^x f(t)\,\mathrm{d}t - \displaystyle\int_1^x \left(\dfrac{2}{t} + \ln t\right)f(t)\,\mathrm{d}t$,求得

$$F'(x) = \dfrac{x - 2}{x^2}\int_1^x f(t)\,\mathrm{d}t.$$

令 $F'(x) = 0$,得 $x = 1$ 或 2. 由极值判别法可知 $x = 2$ 是使 $F(x)$ 达到最小值的点.

4. 由

$$\lim_{x \to 0} \dfrac{\displaystyle\int_0^x \dfrac{t^2}{\sqrt{t + a}}\,\mathrm{d}t}{bx - \sin x} = \lim_{x \to 0} \dfrac{\dfrac{x^2}{\sqrt{x + a}}}{b - \cos x},$$

分子的极限为 0;则若使该分式的极限为 1,必有 $\lim\limits_{x \to 0}(b - \cos x) = 0$,得 $b = 1$,代入上式有

$$\lim_{x \to 0} \dfrac{x^2}{1 - \cos x} \cdot \dfrac{1}{\sqrt{x + a}} = \lim_{x \to 0} \dfrac{2x}{\sin x}\dfrac{1}{\sqrt{x + a}} = \dfrac{2}{\sqrt{a}} = 1,$$

得 $a = 4$. 即 $a = 4$,$b = 1$.

5. 提示 $f(x) = \max\{1, x^2\}$ 在 $[-2, 2]$ 的不同区间的表达式不一样:

$$f(x) = \begin{cases} 1, & |x| \leqslant 1, \\ x^2, & 1 < |x| \leqslant 2, \end{cases}$$

于是

$$\int_{-2}^2 \max\{1, x^2\}\,\mathrm{d}x = \int_{-2}^{-1} x^2\,\mathrm{d}x + \int_{-1}^1 \mathrm{d}x + \int_1^2 x^2\,\mathrm{d}x = \dfrac{20}{3}.$$

另外还可以用偶函数性质,

$$原式 = 2\left(\int_0^1 \mathrm{d}x + \int_1^2 x^2\,\mathrm{d}x\right) = \dfrac{20}{3}.$$

6. 提示 令 $e^x = t$, 则 $f'(t) = t\ln t$, $f(t) = \dfrac{1}{2}t^2\ln t - \dfrac{1}{4}t^2 + C$, 由 $f(1) = 0$, 得 $C = \dfrac{1}{4}$, 由此有

$$\int_1^2 \Big[2f(x) + \frac{1}{2}(x^2 - 1)\Big]\mathrm{d}x = \frac{1}{3}\Big(8\ln 2 - \frac{7}{3}\Big).$$

7. 提示 不等式的几何解释是很清楚的. 考虑到二阶导数的性质, 可将 $f(x)$ 在 $x_0 = \dfrac{a+b}{2}$ 处使用一阶泰勒公式:

$$f(x) = f\Big(\frac{a+b}{2}\Big) + f'\Big(\frac{a+b}{2}\Big)\Big(x - \frac{a+b}{2}\Big)$$
$$+ \frac{f''(\xi)}{2}\Big(x - \frac{a+b}{2}\Big)^2$$
$$\leqslant f\Big(\frac{a+b}{2}\Big) + f'\Big(\frac{a+b}{2}\Big)\Big(x - \frac{a+b}{2}\Big),$$
$$\int_a^b f(x)\mathrm{d}x \leqslant f\Big(\frac{a+b}{2}\Big)(b - a) + f'\Big(\frac{a+b}{2}\Big)\int_a^b\Big(x - \frac{a+b}{2}\Big)\mathrm{d}x$$
$$= (b - a)f\Big(\frac{a+b}{2}\Big).$$

注 容易计算 $\displaystyle\int_a^b\Big(x - \frac{a+b}{2}\Big)\mathrm{d}x = 0$.

8. 提示 由题目条件, 有

$$\int_0^\pi f''(x)\sin x\,\mathrm{d}x = \int_0^\pi \sin x\,(\mathrm{d}f'(x))$$
$$= f'(x)\sin x\Big|_0^\pi - \int_0^\pi f'(x)\cos x\,\mathrm{d}x$$
$$= -\int_0^\pi \cos x\,(\mathrm{d}f(x))$$
$$= -f(x)\cos x\Big|_0^\pi - \int_0^\pi f(x)\sin x\,\mathrm{d}x$$
$$= f(0) + 1 - \int_0^\pi f(x)\sin x\,\mathrm{d}x,$$

从而

$$\int_0^\pi [f(x) + f''(x)]\sin x\,\mathrm{d}x = f(0) + 1,$$

即 $f(0) + 1 = 3$, 由此得 $f(0) = 2$.

9. 提示　令 $x=a+(b-a)t$.　　**10.** 提示　令 $x^2=t$.

11. 提示　$\displaystyle\int_0^a f(x)\mathrm{d}x=\int_0^{\frac{a}{2}}f(x)\mathrm{d}x+\int_{\frac{a}{2}}^a f(x)\mathrm{d}x$，对于右边第二个

积分，令 $x=a-t$.

12. 提示　$\displaystyle\int_0^{2a}f(x)\mathrm{d}x=\int_0^a f(x)\mathrm{d}x+\int_a^{2a}f(x)\mathrm{d}x$，对于第二个积分，

令 $x=2a-t$.

13. 提示　利用三角不等式.

14. 提示　$f'(x)-f(x)=\mathrm{e}^x[\mathrm{e}^{-x}f(x)]'$.

15. 提示　（1）$F'(x)=f(x)+\dfrac{1}{f(x)}=\dfrac{1+f^2(x)}{f(x)}\geqslant\dfrac{2f(x)}{f(x)}=2$；

（2）用介值定理.

16. 提示　只需证明 $g''(x)>0$.

17. 提示　证明 $F''(x)>0$.

专　题　六

A　级

1. $\dfrac{7}{6}$.　　**2.** $\dfrac{1}{2}$.　　**3.** $\ln2-\dfrac{1}{2}$.

4. $a=3$. 提示　先求出两曲线交点 $\left(\dfrac{1}{\sqrt{1+a}},\dfrac{a}{1+a}\right)$，再用定积分求

两面积相等时的 a.

5. $S=\dfrac{5}{6}$，$V_x=\dfrac{23}{10}\pi$，$V_y=\dfrac{\pi}{2}$. 提示　$V_y=\pi\displaystyle\int_0^2 x^2\mathrm{d}y$，其中 $y=3x-x^2$

代入得

$$V_y=\pi\int_0^1 x^2(3-2x)\mathrm{d}x \text{ 或 } V_y=\int_0^1 2\pi x[2-(3x-x^2)]\mathrm{d}x.$$

6. $\displaystyle\int_1^2\pi\left(\dfrac{x^2}{2}+1\right)^2\mathrm{d}x$.

7. $S=\dfrac{7}{6}$，$V_x=\dfrac{13\pi}{15}$，$V_y=\dfrac{5\pi}{2}$. 提示　由题设有

$$V_y=\pi\int_0^1[(1+\sqrt{1-y})^2-y^2]\mathrm{d}y$$

或 $$V_y = 2\pi\left[\int_0^1 x \cdot x \mathrm{d}x + \int_1^2 x \cdot (2x - x^2)\mathrm{d}x\right].$$

8. (1) $V_1 = \dfrac{4\pi}{5}(32 - a^5)$, $V_2 = \pi a^4$.

(2) $a = 1$ 时，$V = V_1 + V_2$ 最大，最大值 $= \dfrac{129\pi}{5}$.

9. $f(x) = x\sqrt{\ln(x+1) + \dfrac{2x+1}{3x+3}}$.

10. 16π. **提示** 由 $\begin{cases} xy = 4, \\ y = 1 \end{cases}$ 解出交点 $(4,1)$，所以

$$V_y = \pi\int_1^{+\infty}\left(\frac{4}{y}\right)^2\mathrm{d}y = 16\pi.$$

11. $V = \pi\displaystyle\int_a^b [m - g(x)]^2\mathrm{d}x - \pi\int_a^b [m - f(x)]^2\mathrm{d}x$

$= \pi\displaystyle\int_a^b [2m - f(x) - g(x)][f(x) - g(x)]\mathrm{d}x.$

12. **提示** $C\left(0, \dfrac{1}{2}\right)$，$B\left(a, a^2 + \dfrac{1}{2}\right)$，面积

$$D = \frac{1}{2}a(a^2 + 1), \quad D_1 = \frac{1}{3}a\left(a^2 + \frac{3}{2}\right).$$

13. C_3 的方程 $x = \dfrac{3}{4}\sqrt{y}$，即 $y = \dfrac{16}{9}x^2$. **提示** 设 C_3 的方程为 $x = \varphi(y)$，$M_2(\sqrt{y}, y)$，由题意

$$\int_0^y (\sqrt{y} - \varphi(y))\mathrm{d}y = \int_0^{\sqrt{y}}\left(x^2 - \frac{1}{2}x^2\right)\mathrm{d}x,$$

两边对 y 求导即可.

14. $\dfrac{4}{3}\pi(R^2 - a^2)^{3/2}$. **提示** 所剩部分体积看做平面图形绕轴线旋转体的体积，

$$V = 2\pi\int_0^{\sqrt{R^2 - a^2}}[(R^2 - y^2) - a^2]\mathrm{d}y$$

或 $$V = 2\int_a^R 2\pi x\sqrt{R^2 - x^2}\mathrm{d}x.$$

15. $V(t) = 2\pi\displaystyle\int_0^t (t - x)f(x)\mathrm{d}x$，$V'(t) = 2\pi\int_0^t f(x)\mathrm{d}x$，

$V''(t) = 2\pi f(t).$

16. $\dfrac{\pi}{2}$. **提示** $V_y = \pi \displaystyle\int_{-\frac{1}{4}}^{0} \left[\left(\dfrac{3}{2} + \sqrt{y + \dfrac{1}{4}} \right)^2 - \left(\dfrac{3}{2} - \sqrt{y + \dfrac{1}{4}} \right)^2 \right] \mathrm{d}y$

或 $\qquad V_y = 2\pi \displaystyle\int_{1}^{2} x \, |(x-1)(x-2)| \, \mathrm{d}x.$

17. 4π. **提示** 用圆柱壳法 $V = \displaystyle\int_{0}^{2} 2\pi (y_{上} - y_{下}) \mathrm{d}x.$

18. $\dfrac{\pi}{6}$. **提示** 由 $\begin{cases} r = \sqrt{2}\cos\theta, \\ r^2 = \sqrt{3}\sin 2\theta \end{cases}$ 得交点 $\left(\sqrt{\dfrac{3}{2}}, \dfrac{\pi}{6} \right), (0,0),$

$$S = \dfrac{1}{2} \int_{0}^{\frac{\pi}{6}} \sqrt{3}\sin 2\theta \, \mathrm{d}\theta + \dfrac{1}{2} \int_{\frac{\pi}{6}}^{\frac{\pi}{2}} 2\cos^2\theta \, \mathrm{d}\theta = \dfrac{\pi}{6}.$$

19. $\dfrac{\pi}{2}a^2$. **提示** 在极坐标系下计算.

20. (1) 4; (2) $\ln \dfrac{\pi}{2}$.

21. $\sqrt{1 - \dfrac{\sqrt{2}}{2}} R$. **提示** 由题意有

$$\mathrm{d}V = \pi y^2 \mathrm{d}x = \pi (R^2 - x^2)\mathrm{d}x,$$
$$\mathrm{d}W = \rho g \mathrm{d}V \cdot x = \rho g \pi (R^2 - x^2) x \mathrm{d}x,$$

由

$$\dfrac{1}{2} \int_{0}^{R} \rho g \pi (R^2 - x^2) x \mathrm{d}x = \int_{0}^{h} \rho g \pi (R^2 - x^2) x \mathrm{d}x$$

解出 h.

22. $\rho g \pi a^2 b$. **提示** 圆板圆心为坐标原点,水平方向为 x 轴,垂直向上为 y 轴,

$$\mathrm{d}P = \rho g (b - y) 2 \sqrt{a^2 - y^2} \mathrm{d}y, \quad P = \int_{-a}^{a} \mathrm{d}P.$$

23. $\sqrt{H^2 + \dfrac{8}{3} r^3} - H$. **提示** 由

$$\int_{0}^{H+h} \pi x^2 \mathrm{d}y - \int_{0}^{H} \pi x^2 \mathrm{d}y = \dfrac{4}{3}\pi r^3,$$

即 $\displaystyle\int_{H}^{H+h} \pi y \mathrm{d}y = \dfrac{4}{3}\pi r^3$,解出 h 即可.

24. $\dfrac{k m_1 m_2 l}{a(a+l)}$. **提示** 引力 $F = \dfrac{k m_1 m_2}{r^2}$, $W = \displaystyle\int_{a}^{a+l} F \mathrm{d}r.$

25. $1-3e^{-2}$. **提示** $\bar{y}=\dfrac{1}{2}\displaystyle\int_0^2 y\,\mathrm{d}x$.

B 级

1. 9. **提示** 切线方程 $y-3=\dfrac{1}{2}(x-2)$,

$$S=\int_0^3\left[(y-2)^2+1-(2y-4)\right]\mathrm{d}y.$$

2. $y=\dfrac{x}{2}+\dfrac{1}{2}$. **提示** 曲线上过 $(t,\sqrt{t})$ 的切线方程为

$$y-\sqrt{t}=\frac{1}{2\sqrt{t}}(x-t),$$

$$S(t)=\int_0^2\left[\left(\frac{1}{2\sqrt{t}}x+\frac{\sqrt{t}}{2}\right)-\sqrt{x}\right]\mathrm{d}x$$

$$=\frac{1}{\sqrt{t}}+\sqrt{t}-\frac{4\sqrt{2}}{3}.$$

令 $S'(t)=0$ 得 $t=1$,所求切线方程为 $y=\dfrac{x}{2}+\dfrac{1}{2}$,所求最小面积

为 $S(1)=2-\dfrac{4\sqrt{2}}{3}$.

3. (1) $A(1,1)$; (2) $y=2x-1$;

(3) $\dfrac{\pi}{30}$. **提示** 曲线上过 $A(a,a^2)$ 的切线方程为 $y=2ax-a^2$,由

$S=\displaystyle\int_0^a x^2\mathrm{d}x-\dfrac{a^3}{4}=\dfrac{1}{12}$ 得 $a=1$,切线方程为 $y=2x-1$,旋转体的体

积为

$$V=\int_0^1\pi(x^2)^2\mathrm{d}x-\int_{\frac{1}{2}}^1\pi(2x-1)^2\mathrm{d}x=\frac{\pi}{6}.$$

4. **提示** 先求出过点 P 与抛物线相切的两条切线方程,再取 x 为积
分变量,用定积分求出所围面积.

5. **提示** $\forall\, t\in(a,b)$,有

$$S_1(t)=\int_a^t\left[f(t)-f(x)\right]\mathrm{d}x,$$

$$S_2(t)=\int_t^b\left[f(x)-f(t)\right]\mathrm{d}x.$$

设 $F(t) = S_1 - 3S_2$,利用零点定理证明存在 ξ,使 $F(\xi) = 0$. 再利用单调性证明 ξ 的惟一性.

6. $\dfrac{2\sqrt{3}}{3}\pi$. **提示** 利用对称性及极坐标计算简单.

$$r^2 = \frac{3}{3\cos^2\theta + \sin^2\theta},$$

$$S = 8\int_0^{\frac{\pi}{4}} \frac{1}{2}r^2\,\mathrm{d}\theta = 4\int_0^{\frac{\pi}{4}} \frac{3}{3\cos^2\theta + \sin^2\theta}\,\mathrm{d}\theta$$

$$= 12\int_0^{\frac{\pi}{4}} \frac{\mathrm{d}\tan\theta}{3 + \tan^2\theta} = \frac{2\sqrt{3}}{3}\pi.$$

7. $V(\xi) = \dfrac{\pi}{2}(1 - \mathrm{e}^{-2\xi})$, $a = \dfrac{1}{2}\ln 2$.

8. **提示** $S_1 = x_0 f(x_0)$, $S_2 = \displaystyle\int_{x_0}^1 f(t)\,\mathrm{d}t$. 令 $F(x) = x\displaystyle\int_x^1 f(t)\,\mathrm{d}t$,在 $[0,1]$ 上用罗尔定理证明存在 $x_0 \in (0,1)$,使 $F'(x_0) = 0$. 再证 $F'(x)$ 在 $(0,1)$ 内单调减少,即证得 x_0 的惟一性.

9. $4\pi^2 ab$. **提示** 表面积为上半圆与下半圆分别绕 x 轴旋转而成的旋转体的表面积之和,由公式

$$S = 2\pi\int_a^b |y|\,\mathrm{d}l = 2\pi\int_a^b |y|\sqrt{1 + y'^2}\,\mathrm{d}x$$

得

$$S = 2\pi\int_{-a}^a \left[(b + \sqrt{a^2 - x^2}) + (b - \sqrt{a^2 - x^2})\right] \frac{a}{\sqrt{a^2 - x^2}}\,\mathrm{d}x.$$

10. $\sqrt{1 - \dfrac{1}{\sqrt[3]{4}}}$. **提示** 设所求半径为 r,去掉部分的体积为

$$V_1 = 2\int_{2\sqrt{1-r^2}}^2 \pi x^2\,\mathrm{d}y + 4\pi r^2\sqrt{1 - r^2}$$

$$= 2\int_{2\sqrt{1-r^2}}^2 \pi\left(1 - \frac{y^2}{4}\right)\mathrm{d}y + 4\pi r^2\sqrt{1 - r^2}$$

$$= \frac{8\pi}{3}\left[1 - (1 - r^2)^{3/2}\right]$$

或

$$V_1 = 4\pi\int_0^r xy\,\mathrm{d}x = 8\pi\int_0^r x\sqrt{1 - x^2}\,\mathrm{d}x$$

$$= \frac{8\pi}{3}[1 - (1 - r^2)^{3/2}].$$

11. $\dfrac{\pi}{5(1-\mathrm{e}^{-2\pi})}$. **提示** 根据曲线绕 x 轴旋转所得旋转体的体积公式,

$$V = \sum_{n=0}^{\infty} \int_{2n\pi}^{(2n+1)\pi} \pi (\mathrm{e}^{-x}\sqrt{\sin x})^2 \mathrm{d}x$$

$$\xlongequal{x=2n\pi+t} \sum_{n=0}^{\infty} \int_{0}^{\pi} \pi \mathrm{e}^{-4n\pi} \cdot \mathrm{e}^{-2t}\sin t\, \mathrm{d}t$$

$$= \frac{\pi(1+\mathrm{e}^{-2\pi})}{5} \sum_{n=0}^{\infty} \mathrm{e}^{-4n\pi} = \frac{\pi(1+\mathrm{e}^{-2\pi})}{5} \cdot \frac{1}{1-\mathrm{e}^{-4\pi}}$$

$$= \frac{\pi}{5(1-\mathrm{e}^{-2\pi})}.$$

12. 提示 利用对称性

$$l = 4\int_0^{\frac{\pi}{4}} \sqrt{r^2 + (r')^2}\,\mathrm{d}\theta = 4\int_0^{\frac{\pi}{4}} \sqrt{2a^2\cos 2\theta + 2a^2\frac{\sin^2 2\theta}{\cos 2\theta}}\,\mathrm{d}\theta$$

$$= 4\sqrt{2}\,a\int_0^{\frac{\pi}{4}} \frac{\mathrm{d}\theta}{\sqrt{\cos 2\theta}} = 4\sqrt{2}\,a\int_0^{\frac{\pi}{4}} \frac{\mathrm{d}\theta}{\sqrt{\cos^2\theta(1-\tan^2\theta)}},$$

令 $x=\tan\theta$, $\cos^2\theta = \dfrac{1}{1+x^2}$, $\mathrm{d}\theta = \dfrac{\mathrm{d}x}{1+x^2}$, $l = 4\sqrt{2}\,a\displaystyle\int_0^1 \frac{\mathrm{d}x}{\sqrt{1-x^4}}$.

13. $\dfrac{3}{10}\sqrt{2}\,\pi$. **提示** 点 $P(x,y)$ 到直线 $x+y-1=0$ 的距离为 $\rho = \dfrac{1-x-y}{\sqrt{2}}$, 所以

$$\mathrm{d}S = 2\pi\rho\,\mathrm{d}l = 2\pi\frac{1-x-y}{\sqrt{2}}\sqrt{x'^2 + y'^2}\,\mathrm{d}t,$$

将 $\begin{cases} x=\cos^3 t, \\ y=\sin^3 t \end{cases}$ 代入得

$$\mathrm{d}S = \sqrt{2}\,\pi(1 - \cos^3 t - \sin^3 t)3\cos t\sin t\,\mathrm{d}t, \quad S = \int_0^{\frac{\pi}{2}} \mathrm{d}S.$$

14. $W \approx \pi g\rho\dfrac{640}{3}$ (J). **提示** 先求出容器的体积

$$V = \int_0^h \pi x^2 \mathrm{d}y = \frac{1}{2}\pi h^2.$$

当 $V = 72\pi$ 时,$h = 12\,\mathrm{m}$;当 $V_{剩} = 72\pi - 64\pi = 8\pi$ 时,$h = 4\,\mathrm{m}$,即吸出 $64\pi\mathrm{m}^3$ 后液面高度下降成 $4\,\mathrm{m}$. 取 y 为积分变量,$y \in [4, 12]$,

$$\mathrm{d}W = \pi x^2 \mathrm{d}y \cdot \rho g \cdot (12 - y) = \pi \rho g (12 - y) y \mathrm{d}y.$$

15. (1) $\dfrac{\mathrm{d}h}{\mathrm{d}t} = \dfrac{a}{\pi(2Rh - h^2)}$. **提示** 先求出水深为 h 时,水池内水的体积

$$V(h) = \int_0^h \pi x^2 \mathrm{d}y = \pi \int_0^h (2Ry - y^2) \mathrm{d}y.$$

又流量为 a,所以 $V(h) = at$,于是有

$$\pi \int_0^h (2Ry - y^2) \mathrm{d}y = at,$$

两边对 t 求导,注意 $h = h(t)$.

(2) $\dfrac{\pi}{4} R^4 g\,(\mathrm{J})$.

16. $S = S_1 + S_2 = \dfrac{\pi}{6}(11\sqrt{5} - 1)$. **提示** 旋转体的表面积有两部分 S_1, S_2,其中

$$S_1 = \int_1^2 2\pi y \sqrt{1 + y'^2}\,\mathrm{d}x$$

$$= 2\pi \int_1^2 \sqrt{x - 1} \cdot \sqrt{1 + \left(\frac{1}{2\sqrt{x-1}}\right)^2}\,\mathrm{d}x,$$

$$S_2 = \int_0^2 2\pi \cdot \frac{1}{2} x \sqrt{1 + \left(\frac{1}{2}\right)^2}\,\mathrm{d}x, \quad S = S_1 + S_2.$$

17. $\boldsymbol{F} = \left\{0, 0, -\dfrac{2k\pi am\rho R}{(R^2 + a^2)^{3/2}}\right\}$. **提示** 取圆周中心为坐标原点,$Oxy$ 面在圆周面上,质点坐标为 $(0, 0, a)$. 取圆心角 θ 为积分变量,$\theta \in [0, 2\pi]$,引力元素 $\mathrm{d}F = \dfrac{km\rho R \mathrm{d}\theta}{R^2 + a^2}$ 往坐标轴上投影,由对称性得

$$F_x = F_y = 0, \quad F_z = -\int_0^{2\pi} \frac{km\rho Ra}{(R^2 + a^2)^{3/2}}\,\mathrm{d}\theta.$$

18. $1920, 12$. **提示** 水下 x 到 $x + \mathrm{d}x$ 这小块所受静压力

$$dP = x \cdot 2\sqrt{\frac{9x}{5}}\,dx = x \cdot 6\sqrt{\frac{x}{5}}\,dx,$$

$$P_1 = \int_0^{20} dP = \int_0^{20} x \cdot 6\sqrt{\frac{x}{5}}\,dx.$$

若下沉 l，此时薄板受到的静压力 $P_2 = \int_0^{20} (l+x) \cdot 6\sqrt{\frac{x}{5}}\,dx$，由 $P_2 = 2P_1$ 得 $l = 12$.

19. $(1)\ \dfrac{kmM}{l}\left(\dfrac{1}{s} - \dfrac{1}{l+s}\right)$；$\qquad (2)\ \dfrac{kmM}{l}\ln\dfrac{l+s}{s}$.

提示 $(1)\ F = \int_0^l \dfrac{kmM}{l(l+s-x)^2}\,dx$；$\quad (2)\ W = \int_s^{+\infty} F\,dx$.

20. $\dfrac{81}{20}\sqrt{2}\,\pi$. **提示** 以 $y = x$ 为数轴 u 建立坐标系，原点 $u = 0$，在点 $(0,0)$ 方向朝上，曲线 $y = 4x - x^2$ 上任一点 $P(x, 4x - x^2)$ 到直线 $y - x = 0$ 上的距离为 $\rho = \dfrac{|x^2 - 3x|}{\sqrt{2}}$，且 $\cos\dfrac{\pi}{4} = \dfrac{dx}{du}$，即 $du = \sqrt{2}\,dx$，于是

$$V = \int_0^{3\sqrt{2}} \pi\rho^2\,du = \pi\int_0^3 \frac{1}{2}(x^2 - 3x)^2 \cdot \sqrt{2}\,dx.$$

专 题 七

A 级

1. (1) C；　(2) A；　(3) D；　(4) C；　(5) C；　(6) D.

2. (1) $\boldsymbol{x} = \{-4, 2, -4\}$；　　(2) $-10, 2$；　　(3) 旋转双曲面；
(4) 1；　(5) 2.

3. 所求的单位向量为

$$\boldsymbol{b} = \frac{3}{5}\boldsymbol{i} + \frac{4}{5}\boldsymbol{j} \quad \text{或} \quad \boldsymbol{b} = -\frac{3}{5}\boldsymbol{i} - \frac{4}{5}\boldsymbol{j}.$$

4. 所求的点有两个：$P_1(0, 2, 2)$，$P_2\left(0, -\dfrac{2}{3}, \dfrac{2}{3}\right)$.

5. (1) 旋转抛物面；　(2) 双曲面.

6. $z=8$.　　**7.** ± 30.　　**8.** $d=\dfrac{1}{3}\sqrt{93}$.

9. 所求平面方程为

$$6x+2y+3z+42=0 \quad 或 \quad 6x+2y+3z-42=0.$$

10. 提示　令 $a+b=\lambda c$，$b+c=\mu a$，两式相减后，再根据 a 与 c 不平行得到 $\lambda=\mu=-1$ 即可得证.

11. $\overrightarrow{BC}=\dfrac{a+b}{2}$，$\overrightarrow{DC}=\dfrac{a-b}{2}$.　　**12.** $\lambda=\dfrac{7}{2}$.　　**13.** $p=\{2,-3,0\}$.

14. $d_x=3\sqrt{5}$，$d_y=2\sqrt{10}$，$d_z=\sqrt{13}$，$d_o=7$.

15. $h_b=\dfrac{2S}{|\overrightarrow{AC}|}=5$.　　**16.** $d=5$.

17. $(-5,2,4)$.　　**18.** $x+2y-2z-1=0$.

19. 提示　令 $z=0$ 得曲线上两点 $(5,0,0)$，$(0,-4,0)$．过 $(5,0,0)$ 作所给曲线的切线，其方程为

$$\frac{x-5}{0}=\frac{y}{2}=\frac{z}{-1}. \qquad ①$$

直线①是满足所给曲线方程的一条直线；同样可得过 $(0,-4,0)$ 的已知曲线的切线方程是

$$\frac{x}{5}=\frac{y+4}{0}=\frac{z}{2}. \qquad ②$$

这是所求的另一条直线．可证直线①，②相交.

20. 旋转单叶曲面，由双曲线

$$\begin{cases}\dfrac{y^2}{4}-z^2=1,\\ x=0,\end{cases} \quad 或 \quad \begin{cases}\dfrac{x^2}{4}-z^2=1,\\ y=0\end{cases}$$

绕 z 轴旋转而产生.

21. $\begin{cases}x^2+y^2=1-x-y,\\ z=0;\end{cases}$ $\begin{cases}z=x^2+(1-x-z)^2,\\ y=0;\end{cases}$
$\begin{cases}z=y^2+(1-y-z)^2,\\ x=0.\end{cases}$

22. 提示　根据 $p\cdot a=0$ 得证.

23. $15/2$.　　**24.** $3x-z=0$ 或 $x-z=0$.

25. $\dfrac{x+16}{-17}=\dfrac{y-11}{10}=\dfrac{z}{-1}$, $\begin{cases} x=-16-17t, \\ y=11+10t, \\ z=-t. \end{cases}$

B 级

1. （1）$\pi/3$；　　（2）2.

2. $9x-y+3z-16=0$.　　　**3.** $x-3y-z+4=0$.

4. $x^2+y^2-13z^2-4x-6y-18z+3=0$.

5. $\begin{cases} 3x-y+2z-5=0, \\ 5x+y+4z-17=0 \end{cases}$ 或 $\dfrac{x-2}{3}=\dfrac{y-3}{1}=\dfrac{z-1}{-4}$.

6. $\begin{cases} 2x+7y+5z-12=0, \\ 3x-9y+z+8=0. \end{cases}$

7. $x^2+y^2=1$, $\begin{cases} x^2+y^2=1, \\ z=0. \end{cases}$

8. $\dfrac{x-5}{-5}=\dfrac{y+2}{1}=\dfrac{z+4}{1}$.　　　**9.** $x-y-z-3=0$.

11. 提示　空间曲线常用的表示方法共有两种：一般式方程和参数式方程. 要用一般式方程来表示这个圆周，必须要找出两个曲面，使其为这两个曲面的交线. 所求曲线可以看作是通过这三点的平面与过这三点球面相交得到，其方程为

$$\begin{cases} x^2+y^2+z^2+3x+6y-z=25, \\ 2x+5y+8z-19=0. \end{cases}$$

注意，过 A, B, C 三点的球面方程有无数个，但其球心必同时在 AC 及 BC 的垂直平分面上，即球心在两个垂直平分面的交线上，本题取一点 $M_0\left(-\dfrac{3}{2}, -3, \dfrac{1}{2}\right)$ 为球心.

12. $\dfrac{ab}{2(a+b)}$.　　**13.** $\{-3, 15, 12\}$.　　**14.** $7\,\text{N}$, $\sin(\widehat{\boldsymbol{F}_1, \boldsymbol{F}})=\dfrac{3\sqrt{3}}{14}$.

15. $\dfrac{5\sqrt{3}}{2}$.　　**17.** $M(3, 5, 2)$.　　**18.** $3(\boldsymbol{a}\times\boldsymbol{b})\cdot\boldsymbol{c}$.

19. （1）$\gamma=60°$ 或 $120°$；　（2）$B(6, 5\sqrt{2}, 4)$ 或 $B(6, 5\sqrt{2}, -6)$.

专　题　八

A　级

1. $D = \{(x,y) \mid x \geqslant 0, 2n\pi \leqslant y \leqslant (2n+1)\pi,\ n = \pm 1, \pm 2, \cdots\}$

$\qquad \bigcup \{(x,y) \mid x \leqslant 0, (2n+1)\pi \leqslant y \leqslant (2n+2)\pi,$

$\qquad\qquad n = \pm 1, \pm 2, \cdots\}.$

2. $f(x) = x^2 + 2x,\ z = \sqrt{y} + x - 1.$

3. $S = 3(x+y)\sqrt{\dfrac{3}{4}(y-x)^2 + z^2}.$

4. $\varphi(0,0) = 0.$

5. $\dfrac{\partial z}{\partial x} = yx^{y-1} + y^{\arctan(x/y)}\left[\dfrac{y\ln y}{x^2+y^2}\right],$

$\qquad \dfrac{\partial z}{\partial y} = x^y\ln x + y^{\arctan(x/y)}\left[\dfrac{-x\ln y}{x^2+y^2} + \dfrac{1}{y}\arctan\dfrac{x}{y}\right].$

6. $\dfrac{\partial z}{\partial x} = [f(x,y)]^x\left\{\ln f(x,y) + x\dfrac{f'_x(x,y)}{f(x,y)}\right\}.$

8. $\mathrm{d}f\big|_{(1,1,1)} = \mathrm{d}x - \mathrm{d}y.$

9. （1）（D）.

　（2）（B）. 偏导数 $\dfrac{\partial z}{\partial x}\bigg|_{(x_0,y_0)}$ 存在意味着一元函数 $z = f(x,y_0)$ 在点

$x = x_0$ 处可导，所以 $z = f(x,y_0)$ 在点 $x = x_0$ 处连续. 但多元函数
在某一点存在偏导数，即使是存在所有偏导数，也不能推出函数
在该点的连续性，更不能推出函数在该点可微.

　（3）（D）. 当（D）中的条件成立时，有

$$\dfrac{\partial f}{\partial x}\bigg|_{(x_0,y_0)} = \lim_{\Delta x \to 0}\dfrac{\Delta f}{\Delta x} = \lim_{\Delta x \to 0}\Delta x\sin\dfrac{1}{\Delta x^2} = 0,$$

$$\dfrac{\partial f}{\partial x}\bigg|_{(x_0,y_0)} = \lim_{\Delta y \to 0}\dfrac{\Delta f}{\Delta y} = \lim_{\Delta y \to 0}\Delta y\sin\dfrac{1}{\Delta y^2} = 0,$$

又不难看出，当 $\Delta x \to 0$，$\Delta y \to 0$ 时，$f(x,y)$ 在点 (x_0,y_0) 的全增量

$$\Delta f = (\Delta x^2 + \Delta y^2)\sin\dfrac{1}{\Delta x^2 + \Delta y^2}$$

316

与 $(\Delta x^2 + \Delta y^2)^{\frac{1}{2}}$ 相比是高阶无穷小,因此 $f(x, y)$ 在点 (x_0, y_0) 处可微,且 $\mathrm{d}f = \dfrac{\partial f}{\partial x}\mathrm{d}x + \dfrac{\partial f}{\partial y}\mathrm{d}y = 0$.

(4)(C).

(5)(B). 曲面上任一点 M 处的法向量为

$$\mathrm{grad}F(M) = \{F'_x, F'_y, F'_z\}\big|_M,$$

令 $F(x, y, z) = \mathrm{e}^{xyz} + x - y + z - 3$,于是曲面在点 $(1, 0, 1)$ 的法向量为

$$\{yz\mathrm{e}^{xyz} + 1, xz\mathrm{e}^{xyz} - 1, xy\mathrm{e}^{xyz} + 1\}\Big|_{(1,0,1)} = \{1, 0, 1\},$$

故曲面在点 $(1, 0, 1)$ 的法向量垂直于 y 轴,从而切平面平行于 y 轴. 又因原点不在切平面内,故切平面不含 y 轴.

(6)(D).

10. (1) $\dfrac{\partial z}{\partial x} = [f(xy^2, x^2y)]'_x = y^2 f'_1 + 2xy f'_2,$

$\dfrac{\partial z}{\partial y} = 2xy f'_1 + x^2 f'_2,$

$\dfrac{\partial^2 z}{\partial x^2} = [y^2 f'_1 + 2xy f'_2]'_x = y^4 f''_{11} + 4xy^3 f''_{12} + 4x^2 y^2 f''_{22} + 2y f'_2,$

$\dfrac{\partial^2 z}{\partial y^2} = x^4 f''_{22} + 4yx^3 f''_{21} + 4y^2 x^2 f''_{11} + 2x f'_1,$

$\dfrac{\partial^2 z}{\partial x \partial y} = (y^2 f'_1 + 2xy f'_2)'_y$

$\qquad = 2xy^3 f''_{11} + 5x^2 y^2 f''_{12} + 2x^3 y f''_{22} + 2y f'_1 + 2x f'_2.$

(2) $\dfrac{\partial z}{\partial x} = 2xf'$, $\dfrac{\partial^2 z}{\partial x^2} = 2f' + 4x^2 f''$, $\dfrac{\partial^2 z}{\partial x \partial y} = 4xy f''$,

$\dfrac{\partial z}{\partial y} = 2yf'$, $\dfrac{\partial^2 z}{\partial y^2} = 2f' + 4y^2 f''$.

12. $\dfrac{\mathrm{d}z}{\mathrm{d}x} = \mathrm{e}^{x\varphi(x)}[\varphi(x) + x\varphi'(x)].$

13. 因 3 个变量,1 个方程,故 $3 - 1 = 2$ 个自变量,所以 $z = z(x, y)$.
方程 $\mathrm{e}^z = xyz$ 两边对 x 求导,得

$$\mathrm{e}^z z'_x = (xy)'_x z + xy z'_x \quad \text{即} \quad z'_x = \frac{yz}{\mathrm{e}^z - xy} = \frac{z}{xz - x},$$

于是

$$\frac{\partial^2 z}{\partial x^2} = \left(\frac{z}{xz-x}\right)'_x = \frac{z'_x(xz-x) - z(1 \cdot z + xz'_x - 1)}{(xz-x)^2}$$

$$= \frac{-z^3 + 2z^2 - 2z}{x^2(z-1)^3}.$$

14. $\dfrac{\partial^2 z}{\partial x \partial y} = -2f'' + xg''_{12} + xyg''_{22} + g'_2.$

15. $2r, 0, 0.$

16. $\mathrm{d}w = f'(t)\left[(y\varphi'_1 + 2x\varphi'_2)\mathrm{d}x + (x\varphi'_1 + 2y\varphi'_2)\mathrm{d}y\right].$

17. $\dfrac{\partial r}{\partial x} = \cos\theta, \dfrac{\partial \theta}{\partial x} = \dfrac{-\sin\theta}{r}.$

18. $\dfrac{\partial z}{\partial x} = \dfrac{1}{u+v}\left[\dfrac{u}{2(u^2+v^2)} - \dfrac{v}{2(u^2+v^2)}\right] = \dfrac{u-v}{2(u+v)(u^2+v^2)}.$

19. 记 $F(x,y,z) = xe^{\frac{y}{x}} - z$,则曲面的法向量为

$$\boldsymbol{n} = \{F_x, F_y, F_z\} = \left\{e^{\frac{y}{x}}\left(1 - \frac{y}{x}\right), e^{\frac{y}{x}}, -1\right\}.$$

由 $\overrightarrow{OM} = \{x,y,z\}$,得 $\boldsymbol{n} \cdot \overrightarrow{OM} = 0$,即法线与 $\overrightarrow{OM}$ 垂直.

21. $\alpha = \arccos \dfrac{8}{\sqrt{77}}.$ **22.** $(0,0), (2,0), (0,\sqrt{3}), (0,-\sqrt{3}).$

23. 由极值点的充分条件知,点 $(1,1),(-1,-1)$ 均为极小值点,点 $(0,0)$ 的极值性未定.可用极值的定义判断 $(0,0)$ 是否是极值点:因 为 $f(0,0) = 0$,又在点 $(0,0)$ 的某个邻域上,总有这样的点 $(\varepsilon,\varepsilon)(\varepsilon > 0)$,使

$$f(\varepsilon,\varepsilon) = 2\varepsilon^4 - 4\varepsilon^2 = 2\varepsilon^2(\varepsilon^2 - 2) < 0,$$

也总有这样的点 $(\varepsilon,-\varepsilon)(\varepsilon > 0)$ 使

$$f(\varepsilon, -\varepsilon) = 2\varepsilon^4 > 0,$$

故点 $(0,0)$ 不是极值点.

24. 极小值为 $f(1,1) = -1$,最小值为 -28.

25. $\left.\dfrac{\partial u}{\partial r}\right|_M = \dfrac{2u}{r}.$ **27.** $\dfrac{2}{9}\{1,2,-2\}.$

28. 设 $F(x,y,z) = x^2 + 2y^2 + 3z^2 - 21$,切点 $M(x_0, y_0, z_0)$,则

$$\boldsymbol{n} = \{2x_0, 4y_0, 6z_0\} \quad 即 \quad \boldsymbol{n} = 2\{x_0, 2y_0, 3z_0\},$$

于是 $\dfrac{x_0}{1} = \dfrac{2y_0}{4} = \dfrac{3z_0}{6} \xlongequal{\text{记为}} \lambda,$

将 $x_0 = \lambda$, $y_0 = z_0 = 2\lambda$ 代入曲面方程,得 $\lambda = \pm 1$,切平面为
$$(x - 1) + 4(y - 2) + 6(z - 2) = 0,$$
$$(x + 1) + 4(y + 2) + 6(z + 2) = 0.$$

29. 因为 $\dfrac{x^2}{a^2} + \dfrac{y^2}{b^2} = 1$ 在 P 点的法线方向为
$$\boldsymbol{n} = \pm \{F'_x, F'_y\}_P = \pm \left\{\frac{2x}{a^2}, \frac{2y}{b^2}\right\}_P = \pm \left\{\frac{\sqrt{2}}{a}, \frac{\sqrt{2}}{b}\right\},$$

由几何可知椭圆在第一象限的内法线是向左下的,故取
$$\boldsymbol{n} = -\left\{\frac{\sqrt{2}}{a}, \frac{\sqrt{2}}{b}\right\}ab = \{-\sqrt{2}\,b, -\sqrt{2}\,a\},$$

所以 $\qquad \dfrac{\partial z}{\partial n}\Big|_P = \{z'_x, z'_y\}_P \cdot \dfrac{\boldsymbol{n}}{|\boldsymbol{n}|} = \dfrac{-1}{\sqrt{2}}\sqrt{a^2 + b^2}.$

B 级

1. (1) 0; (2) 1.   **2.** $\alpha = -\dfrac{A}{2}$, $\beta = \dfrac{A}{2}$.

3. $\dfrac{\partial z}{\partial x} = \dfrac{yf(xy)}{f(z) - 1}$, $\dfrac{\partial^2 z}{\partial y^2} = \dfrac{x^2 f'[f(z) - 1]^2 - x^2 f^2 f'}{[f(z) - 1]^3}$.

5. $2y^2 f(xy)$.

6. 因有 5 个变量,2 个方程,故有 $5 - 2 = 3$ 个独立自变量. 选 x, y, z 为独立自变量,则 $u = u(x, y, z)$, $v = v(x, y, z)$,于是
$$\frac{\partial u}{\partial x} = \frac{-z}{2uz + 1}, \qquad \frac{\partial v}{\partial x} = \frac{1}{2uz + 1}, \qquad \frac{\partial u}{\partial z} = \frac{z - v}{2uz + 1}.$$

8. $t = \mathrm{e}$ 时, $f(t)$ 在 $[1, +\infty)$ 上有最大值 $f(\mathrm{e}) = \dfrac{1}{\mathrm{e}}$.

提示 方程 $\dfrac{\partial^2 z}{\partial x^2} + \dfrac{\partial^2 z}{\partial y^2} = 0$ 化为
$$r^4 f''(r^2) + 3r^2 f'(r^2) + f(r^2) = 0 \quad (r^2 = x^2 + y^2),$$
解此 Euler 方程得 $f(r^2) = \dfrac{\ln r^2}{r^2}$.

9. $\cos 3$.

10. (1) $\varphi(a) = a$;

(2) $\dfrac{\mathrm{d}\varphi}{\mathrm{d}x}\Big|_{x=a} = b + c[b + c(b + c)]$,

$$\frac{\mathrm{d}}{\mathrm{d}x}\varphi^2(x)\Big|_{x=a}=2\varphi(a)\varphi'(a)=2a\{b+c[b+c(b+c)]\}.$$

12. $\dfrac{1}{\sqrt{5}}(\sqrt{2}\,\boldsymbol{j}+\sqrt{3}\,\boldsymbol{k})$（注：曲面上点 $M(0,\sqrt{3},\sqrt{2})$ 处指向外侧的单位法向量的三个方向余弦 $\cos\alpha,\cos\beta,\cos\gamma$ 均应非负）.

13. 所求点为 $P(1,1,1)$，切平面为 $x+y+z=3$.

14. 切点为 $M_1(3,0,2)$，$M_2(1,2,2)$，切平面为
$$\pi_1:(x-3)+2(z-2)=0,$$
$$\pi_2:(x-1)+4(y-2)+6(z-2)=0.$$

15. 按题意可知椭圆与圆相切，因在切点 $P(x,y)$ 处纵坐标相等，故有
$$1-(x-1)^2=b^2\Big(1-\frac{x^2}{a^2}\Big).$$

因切点 $P(x,y)$ 处导数相等，故有
$$-\frac{x-1}{y}=-\frac{b^2x}{a^2y}.$$

综上两式得 $a^2-a^2b^2+b^4=0$. 原问题即为求函数 $S=\pi ab$ 在约束条件 $a^2-a^2b^2+b^4=0$ 下的最小值问题，可求得 $a=3/\sqrt{2}$，$b=\sqrt{3}/\sqrt{2}$ 是最小值点.

16. 解法 1 因曲线 Γ 是两曲面的交线，故切线是两曲面的切平面的交线，切线方向向量为
$$\boldsymbol{s}=\boldsymbol{n}_F\times\boldsymbol{n}_G=\{F_x',F_y',F_z'\}_P\times\{G_x',G_y',G_z'\}_P,$$
其中 $F=x^2+y^2+z^2-6$，$G=x+y+z-0$，代入计算得
$$\boldsymbol{s}=\{2x,2y,2z\}_P\times\{1,1,1\}_P=\{0,6,-6\},$$
故所求切线为 $\dfrac{x+2}{0}=\dfrac{y-1}{1}=\dfrac{z-1}{-1}$，法平面为 $y-z=0$.

解法 2 将 Γ 的方程看成隐函数，则共有 $3-2=1$ 个独立自变量. 选 y 为独立自变量，则 $x=x(y)$，$z=z(y)$，故 Γ 的参数方程为 $x=x(y)$，$y=y$，$z=z(y)$，Γ 的切线方向为
$$\boldsymbol{s}=\{x_y',y_y',z_y'\}_P.$$

将 Γ 的方程对 y 求导得

$$\begin{cases} 2xx'_y + 2y + 2zz'_y = 0, \\ x'_y + 1 + z'_y = 0, \end{cases} \Rightarrow \begin{cases} x'_y \big|_P = 0, \\ z'_y \big|_P = -1, \end{cases}$$

所以 $s = \{0, 1, -1\}$，故所求切线为

$$\frac{x+2}{0} = \frac{y-1}{1} = \frac{z-1}{-1},$$

法平面为 $y - z = 0$.

17. $f(x, y)$ 在点 $\left(\dfrac{\sqrt{3}}{2}, -\dfrac{1}{2}\right)$ 处取得最小值 $1 - \dfrac{3}{2}\sqrt{3}$，在点 $\left(-\dfrac{\sqrt{3}}{2}, -\dfrac{1}{2}\right)$ 处取得最大值 $1 + \dfrac{3}{2}\sqrt{3}$.

18. $V_{\min} = \dfrac{\sqrt{3}}{2}abc$. **提示** 椭球面上点 (x, y, z) $(x > 0, y > 0, z > 0)$ 处的切平面与三个坐标面围成的四面体体积为

$$V(x, y, z) = \frac{a^2 b^2 c^2}{6xyz},$$

故问题为求

$$V(x, y, z) = \frac{a^2 b^2 c^2}{6xyz}$$

在 $\dfrac{x^2}{a^2} + \dfrac{y^2}{b^2} + \dfrac{z^2}{c^2} = 1$ 上的条件极值问题.

19. **提示** 可证曲面上任一点 (x, y, z) 处的法向量

$$\boldsymbol{n} = \{nF'_1, nF'_2, -(lF'_1 + mF'_2)\}$$

都与方向向量为 $\boldsymbol{s} = \{l, m, n\}$ 的直线垂直.

20. **提示** 曲面上任一点 (x, y, z) 处的法向量为

$$\boldsymbol{n} = \{2e^{2x-z}, -\pi f', -e^{2x-z} + \sqrt{2}f'\}.$$

设定向量为 $\boldsymbol{a} = \{l, m, n\}$，要使

$\boldsymbol{a} \cdot \boldsymbol{n} = 0$ 即 $2le^{2x-z} - m\pi f' - ne^{2x-z} + \sqrt{2}nf' = 0$，
只要 $2l = n$，$m\pi = \sqrt{2}n$，故若取 $l = \pi$，$m = 2\sqrt{2}$，$n = 2\pi$，则有 $\boldsymbol{a} \cdot \boldsymbol{n} = 0$，即曲面上任一点 (x, y, z) 处的法向量 $\boldsymbol{n}$ 垂直于定向量 $\boldsymbol{a} = \{\pi, 2\sqrt{2}, 2\pi\}$，从而过曲面上任一点的切平面平行于以 $\boldsymbol{a}$ 为方向向量的定直线，即该曲面为柱面.

专　题　九

A　级

1. $\iint\limits_{D}\delta(x,y)\mathrm{d}\sigma=\int_0^1\mathrm{d}x\int_0^2\delta(x,y)\mathrm{d}y.$

2. $\dfrac{1}{2}\omega^2\iint\limits_{D}y^2u(x,y)\mathrm{d}\sigma.$

3. (1) $8\pi(5-\sqrt{2})<I<8\pi(5+\sqrt{2})$;　　(2) $-8<I<\dfrac{2}{3}.$

4. (1) 0;　　(2) 0.

5. (1) $I=\int_0^4\mathrm{d}y\int_{\frac{y^2}{8}}^{\sqrt{y}}f(x,y)\mathrm{d}x=\int_0^2\mathrm{d}x\int_{x^2}^{\sqrt{8x}}f(x,y)\mathrm{d}y$;

  (2) $I=\int_2^3\mathrm{d}y\int_3^{2y-1}f(x,y)\mathrm{d}x+\int_3^5\mathrm{d}y\int_3^5f(x,y)\mathrm{d}x$

  $\qquad+\int_5^6\mathrm{d}y\int_{2y-7}^5f(x,y)\mathrm{d}x$

  $\qquad=\int_3^5\mathrm{d}x\int_{\frac{x+1}{2}}^{\frac{x+7}{2}}f(x,y)\mathrm{d}y$;

  (3) $I=\int_0^{\frac{\sqrt{2}}{2}}\mathrm{d}y\int_0^y f(x,y)\mathrm{d}x+\int_{\frac{\sqrt{2}}{2}}^1\mathrm{d}y\int_0^{\sqrt{1-y^2}}f(x,y)\mathrm{d}x$

  $\qquad=\int_0^{\frac{\sqrt{2}}{2}}\mathrm{d}x\int_x^{\sqrt{1-x^2}}f(x,y)\mathrm{d}y$;

  (4) $I=\int_{-1}^0\mathrm{d}y\int_{-y-1}^{y+1}f(x,y)\mathrm{d}x+\int_0^1\mathrm{d}y\int_{y-1}^{1-y}f(x,y)\mathrm{d}x$

  $\qquad=\int_{-1}^0\mathrm{d}x\int_{-x-1}^{x+1}f(x,y)\mathrm{d}y+\int_0^1\mathrm{d}x\int_{-1}^{1-x}f(x,y)\mathrm{d}y.$

6. (1) $I=\int_0^{\frac{a}{2}}\mathrm{d}y\int_{\sqrt{a^2-2ay}}^{\sqrt{a^2-y^2}}f(x,y)\mathrm{d}x+\int_{\frac{a}{2}}^a\mathrm{d}y\int_0^{\sqrt{a^2-y^2}}f(x,y)\mathrm{d}x$;

  (2) $I=\int_0^1\mathrm{d}y\int_{\sqrt{y}}^{3-2y}f(x,y)\mathrm{d}x$;

322

(3) $I = \int_0^1 dy \int_{-y}^{y} f(x,y)dx + \int_1^2 dy \int_{-\sqrt{2-y}}^{\sqrt{2-y}} f(x,y)dx.$

7. $2\ln 2 - 1.$ **8.** $I = \int_0^{\frac{\pi}{2}} d\theta \int_{2\cos\theta}^{4\cos\theta} f(r\cos\theta, r\sin\theta) r dr.$

9. $\dfrac{1}{6}\left(1 - \dfrac{2}{e}\right).$

10. (1) $\dfrac{a^3}{3}$;   (2) $\pi\left(1 - \dfrac{1}{e}\right)$;   (3) $\dfrac{R^4}{2}$;   (4) $\dfrac{11}{30}$;   (5) $\dfrac{41}{2}\pi$;

   (6) $\pi - 2$;   (7) $\pi(\xi^2 - \xi^2\ln\xi^2 - 1)$, $-\pi$.

11. $\dfrac{\pi a^2}{2}.$ **12.** $2\pi a^2 + 4a^2.$ **13.** $20\pi.$ **14.** $\dfrac{\pi}{3}(17\sqrt{17} - 1).$

15. $\dfrac{32}{9}.$ **16.** $(1, 2).$ **17.** $\left(\pi a, \dfrac{3}{4}\pi\right).$

B 级

1. (1) $-\dfrac{9}{8}$;   (2) $\dfrac{7}{2}\ln 2 - \dfrac{3}{2}\ln 5$;   (3) $\dfrac{1}{48}a^6$;

   (4) $3\pi(e^2 - 1)$;   (5) $\dfrac{\pi}{4} - \dfrac{1}{2}.$

2. (1) $\pi\left(1 - \dfrac{1}{e}\right)$;   (2) 236π;   (3) $\dfrac{8}{3}\pi.$

3. (1) $\dfrac{2-\sqrt{2}}{4}R^4\pi$;   (2) $\dfrac{2}{15}(R^5 - a^5)\pi$;

   (3) $4\pi[(R^2 - 2R + 2)e^R - 2].$

4. (1) 0;   (2) 用球面坐标, $\left(\dfrac{\sqrt{2}}{3} - \dfrac{1}{48} - \dfrac{3}{2}\ln 2\right)\pi$;

   (3) 用对称性, $\dfrac{8}{3}.$

5. $\dfrac{135}{68}.$ **6.** $\dfrac{8}{9}a^3.$

7. $2k\pi a$, $\left(0, 0, \dfrac{a}{2}\right).$

8. $\dfrac{32}{15}\pi.$ **9.** $\dfrac{4}{15}\pi\mu.$ **10.** $\dfrac{\sqrt{2}-2}{3}\pi a.$

11. $f'(0).$ **12.** $\dfrac{\sqrt{2}}{2}R.$

专　题　十

A　级

1. $3\sqrt{10}(\sin 1-\cos 1)$.　　2. $\dfrac{\pi}{2}-\dfrac{2}{3}$.　　3. $1+\sqrt{2}$.

4. $\dfrac{8\sqrt{2}}{3}a\pi^3$.　　5. 2.

6. $\sqrt{3}(1-e^{-t_0})$. **提示**　设

$$\rho(x,y,z)=\frac{k}{x^2+y^2+z^2},$$

由 $\rho(1,0,1)=1$ 确定 $k=2$.

7. 0.　　8. $\dfrac{1}{12}$.　　9. 2.　　10. $-(1+e^\pi)$.　　11. 0.

12. $\dfrac{1}{2}$.　　13. 2π.　　14. $-\dfrac{1+e^\pi}{2}$.　　15. $3\sqrt{3}$.　　16. $-\dfrac{1}{2}$.

17. $\displaystyle\int_L\frac{x^2y-2x^2}{\sqrt{1+4x^2}}\mathrm{d}s$.　　18. $\dfrac{8}{3}$.　　19. $\dfrac{3}{8}\pi a^2$.

20. $\dfrac{64}{3}$. **提示**　$\Sigma_1: x=-\sqrt{4-y^2}$, $\Sigma_2: x=\sqrt{4-y^2}$.

21. $\dfrac{2\sqrt{2}}{3}\pi$.　　22. 3π.　　23. 2π.　　24. $\left(\dfrac{3}{4}\sqrt{3}+\dfrac{2}{15}\right)\pi$.

25. $\dfrac{1}{3}$.　　26. $2(e-e^2)\pi$.　　27. $\dfrac{2}{3}a^3\left(\dfrac{\pi}{2}-\dfrac{2}{3}\right)$.　　28. -2π.

29. 72.　　30. $-\sqrt{3}\,a^2\pi$. **提示**　应用斯托克斯公式.

B　级

1. $12a$. **提示**　$3x^2+4y^2=12$.

2. $4a^{\frac{7}{3}}$. **提示**　化为参数方程.

3. (1) 4π;　(2) $\dfrac{4}{5}\pi$.

4. $4a^2\left(1-\dfrac{\sqrt{2}}{2}\right)$. **提示**　应用对称性.　　5. $\sqrt{3}$.

6. $8a^2$. **提示**　(1) 应用对称性,只需计算第一卦限部分,

$$S = \int_L \sqrt{a^2 - x^2}\mathrm{d}s, \quad L: x^2 + y^2 = a^2$$

在第一象限的部分的曲线弧.

$$S = 8\int_0^a \sqrt{a^2 - x^2} \cdot \frac{a}{\sqrt{a^2 - x^2}}\mathrm{d}x = 8a^2.$$

（2）由对称性,

$$S = 8\iint_{\Sigma}\mathrm{d}S = 8\iint_{D_{xz}} \frac{a}{\sqrt{a^2 - x^2}}\mathrm{d}x\mathrm{d}z$$

$$= 8a\int_0^a \mathrm{d}x \int_0^{\sqrt{a^2 - x^2}} \frac{1}{\sqrt{a^2 - x^2}}\mathrm{d}z = 8a^2.$$

7. $\dfrac{4}{3}$.　　**8.** $8a$. **提示**　应用斯托克斯公式.

9. $\displaystyle\int_\Gamma \frac{P + 2xQ + 3yR}{\sqrt{1 + 4x^2 + 9y^2}}\mathrm{d}s$.　　**10.**　（1）$-\dfrac{\pi a^2}{4}$;　（2）$\pi a^6$.

11. 0. **提示**　$9x^2 + 4y^2 = 36$.　　**12.** 2π.

13. π. **提示**　补 $L_1: 4x^2 + y^2 = \delta^2, \delta$ 为充分小的正数.

14. $2a_3 - (b_1 - a_2)\left(\dfrac{\pi}{4} + \dfrac{2}{3}\right)$.

15. **提示**

$$\left|\int_L P\mathrm{d}x + Q\mathrm{d}y\right| = \left|\int_L (P\cos\alpha + Q\cos\beta)\mathrm{d}s\right|$$

$$\leqslant \int_L |P\cos\alpha + Q\cos\beta|\mathrm{d}s$$

$$\leqslant \int_L \sqrt{P^2 + Q^2}\mathrm{d}s \leqslant \max_{(x,y)\in L}\sqrt{P^2 + Q^2}\int_L \mathrm{d}s$$

$$= lM.$$

16. πR^3.

17. $\dfrac{1}{6}(8 - 5\sqrt{2})\pi a^4$. **提示**　Σ 为球面被锥面所截的部分.

18. $4\pi R^2 d^2 + \dfrac{4}{3}\pi(a^2 + b^2 + c^2)R^4$. **提示**　由对称性得:

$$\iint_{\Sigma} x^2 \mathrm{d}S = \iint_{\Sigma} y^2 \mathrm{d}S = \iint_{\Sigma} z^2 \mathrm{d}S,$$

$$\iint\limits_{\Sigma} x \mathrm{d}S = \iint\limits_{\Sigma} y \mathrm{d}S = \iint\limits_{\Sigma} z \mathrm{d}S = 0,$$

$$\iint\limits_{\Sigma} xy \mathrm{d}S = \iint\limits_{\Sigma} yz \mathrm{d}S = \iint\limits_{\Sigma} zx \mathrm{d}S = 0.$$

19. $\dfrac{\sqrt{2}}{2}\pi a^3$.　　**20.** $-\dfrac{1}{10}\pi h^5$.　　**21.** $\dfrac{1}{2}\pi^2 R$.

22. $\dfrac{1}{6}$. **提示**　应用高斯公式,

$$\frac{\partial P}{\partial x} = \frac{\partial Q}{\partial y} = 0, \quad \frac{\partial R}{\partial z} = |xy|,$$

由对称性,原式$=4\iiint\limits_{\Omega_1} xy \mathrm{d}V$,$\Omega_1$：$\Omega$ 在第一卦限的部分.

23. 34π. **提示**　应用高斯公式,补平面 $y=3$ 的右侧.

24. $\dfrac{8}{3}\pi R^3(a+b+c)$. **提示** $\iint\limits_{\Sigma} z^2 \mathrm{d}x\mathrm{d}y = \dfrac{8}{3}\pi R^3 c$,由对称性,

$$\iint\limits_{\Sigma} x^2 \mathrm{d}y\mathrm{d}z = \frac{8}{3}\pi R^3 a, \quad \iint\limits_{\Sigma} y^2 \mathrm{d}z\mathrm{d}x = \frac{8}{3}\pi R^3 b.$$

25. $4abc\left(\dfrac{1}{a^2}+\dfrac{1}{b^2}+\dfrac{1}{c^2}\right)\pi$. **提示**

$$\oiint\limits_{\Sigma} \frac{\mathrm{d}y\mathrm{d}z}{x} = \frac{2}{a}\iint\limits_{\Sigma_1} \frac{\mathrm{d}y\mathrm{d}z}{\sqrt{1-\dfrac{y^2}{b^2}-\dfrac{z^2}{c^2}}}$$

$$= \frac{2}{a}\int_{-b}^{b} \mathrm{d}y \int_{-c\sqrt{1-y^2/b^2}}^{c\sqrt{1-y^2/b^2}} \frac{\mathrm{d}z}{\sqrt{1-\dfrac{y^2}{b^2}-\dfrac{z^2}{c^2}}}$$

$$= \frac{4c}{a}\int_{-b}^{b} \mathrm{d}y \int_{0}^{c\sqrt{1-y^2/b^2}} \frac{1}{\sqrt{1-\dfrac{y^2}{b^2}-\dfrac{z^2}{c^2}}}\mathrm{d}\frac{z}{c}$$

$$= \frac{4c}{a}\int_{-b}^{b} \arcsin \frac{z}{\sqrt{1-\dfrac{y^2}{b^2}}}\Bigg|_{0}^{c\sqrt{1-y^2/b^2}} \mathrm{d}y$$

$$= \frac{4c}{a} \int_{-b}^{b} \frac{\pi}{2} \mathrm{d}y = \frac{4bc}{a} \pi.$$

由对称性，

$$\oiint_{\Sigma} \frac{\mathrm{d}z\mathrm{d}x}{y} = \frac{4ac}{b} \pi, \qquad \oiint_{\Sigma} \frac{\mathrm{d}x\mathrm{d}y}{z} = \frac{4ab}{c} \pi.$$

26. $\frac{\pi}{4} a^3$. **提示** 应用斯托克斯公式，

$$原式 = 2 \iint_{\Sigma} \left(\frac{xy}{a} + \frac{yz}{a} + \frac{x\sqrt{a^2 - x^2 - y^2}}{a} \right) \mathrm{d}S$$

$$= 2 \iint_{D_{xy}} \frac{xy}{\sqrt{a^2 - x^2 - y^2}} \mathrm{d}x\mathrm{d}y + 2 \iint_{D_{xy}} y\mathrm{d}x\mathrm{d}y + 2 \iint_{D_{xy}} x\mathrm{d}x\mathrm{d}y.$$

由对称性，

$$\iint_{D_{xy}} \frac{xy}{\sqrt{a^2 - x^2 - y^2}} \mathrm{d}x\mathrm{d}y = 0, \qquad \iint_{D_{xy}} y\mathrm{d}x\mathrm{d}y = 0,$$

$$2 \iint_{D_{xy}} x\mathrm{d}x\mathrm{d}y = 2 \int_{-\frac{\pi}{2}}^{\frac{\pi}{2}} \mathrm{d}\theta \int_{0}^{a\cos\theta} r\cos\theta \, r\mathrm{d}r = \frac{\pi}{4} a^3.$$

27. $2\sqrt{2}\pi$. **提示** 原式 $= \sqrt{2} \iint_{\Sigma} \mathrm{d}S = \sqrt{2} \cdot 2\pi = 2\sqrt{2}\pi$, Σ 在

Oxy 平面上的投影为圆域：

$$(x-1)^2 + (y-1)^2 \leqslant 2.$$

28. (1) 2； (2) $\{2, -2, 1\}$.

专 题 十 一

A 级

1. (1) $k > m+1$； (2) $[-3, -1)$；

  (3) $\frac{2}{\pi} \int_{0}^{\pi} x^2 \cos 2x \mathrm{d}x$； (4) $\frac{(\ln 2)^n}{n!}$； (5) 4.

2. (1) $\frac{1}{4}$； (2) $-\frac{3}{4}$； (3) 和为 1. **提示** $\frac{n}{(n+1)!} = \frac{1}{n!} - \frac{1}{(n+1)!}$；

  (4) 1.

3. (1) 收敛； (2) 发散； (3) 收敛； (4) 收敛；

(5) 收敛； (6) 发散； (7) 当 $|a|>1$ 时收敛，$|a|\leqslant 1$ 时发散；
(8) 发散； (9) 收敛.

4. **提示** 将等式右端通分整理并比较两端系数可得 $a=\dfrac{3}{2}$，$b=\dfrac{13}{4}$；
又当 $n\to\infty$ 时，
$$S_n \to (a+b) = \frac{3}{2}+\frac{13}{4} = \frac{19}{4}.$$

5. $(-\infty,+\infty)$，$S(x)=(2x^2+1)\mathrm{e}^{x^2}$.

6. $f(x)=\dfrac{1}{3}\displaystyle\sum_{n=0}^{\infty}[1+(-1)^{n+1}2^n]x^n$，收敛区间为 $\left(-\dfrac{1}{2},\dfrac{1}{2}\right)$.

7. $S(x)=\begin{cases} k(x+2l), & -l<x<0, \\ kx, & 0<x<l, \\ kl, & x=0,\ x=\pm l. \end{cases}$

8. $f(x)=\displaystyle\sum_{n=1}^{\infty}\dfrac{1}{n}\left(\dfrac{2}{n\pi}\sin\dfrac{n\pi}{2}-\cos n\pi\right)\sin nx$ $(-\pi<x<\pi)$.

9. $-\dfrac{1}{6}$.   10. $\dfrac{1}{2}\ln\dfrac{1+x}{1-x}$，$\ln 3$.

11. (1) (A),(D)； (2) (B),(D)； (3) (C).

12. $R=1,[-1,1)$.

13. (1) 绝对收敛； (2) $[0,4)$.

14. **提示** 由不等式 $0\leqslant |u_n v_n|\leqslant \dfrac{1}{2}(u_n^2+v_n^2)$，$(u_n+v_n)^2\leqslant u_n^2+2|u_n v_n|+v_n^2$ 得出.

15. **解法 1** 由题设知，$\displaystyle\sum_{n=0}^{\infty}u_n(-2)^n$ 收敛，故级数 $\displaystyle\sum_{n=0}^{\infty}u_n x^n$ 的收敛半径 $R\geqslant 2$. 因为 $x=1\in(-2,2)$，所以幂级数 $\displaystyle\sum_{n=0}^{\infty}u_n x^n$ 在 $x=1$ 处绝对收敛，即级数 $\displaystyle\sum_{n=1}^{\infty}u_n$ 绝对收敛.

解法 2 因为 $\displaystyle\sum_{n=1}^{\infty}(-1)^n u_n 2^n$ 收敛，所以 $\displaystyle\lim_{n\to\infty}(-1)^n u_n 2^n=0$，即 $\displaystyle\lim_{n\to\infty}u_n 2^n=0$. 由极限定义，对于 $\varepsilon=1$，存在 N，当 $n>N$ 时，$|u_n 2^n|<1$，即 $|u_n|<\dfrac{1}{2^n}$. 又因为 $\displaystyle\sum_{n=1}^{\infty}\dfrac{1}{2^n}$ 收敛，所以 $\displaystyle\sum_{n=N+1}^{\infty}\dfrac{1}{2^n}$ 收敛. 由此得 $\displaystyle\sum_{n=N+1}^{\infty}|u_n|$ 收敛，从而 $\displaystyle\sum_{n=1}^{\infty}|u_n|$ 收敛，即 $\displaystyle\sum_{n=1}^{\infty}u_n$ 绝对收敛.

1. (1) (D)；　(2) (A)；　(3) (A)；　(4) (B)；　(5) (C).

3. $f(x) = 1 + \sum\limits_{n=1}^{\infty} \dfrac{(-1)^n 2}{1-4n^2} x^{2n},\ x \in [-1,1]$；

$$\sum\limits_{n=1}^{\infty} \dfrac{(-1)^n}{1-4n^2} = \dfrac{1}{2}[f(1)-1] = \dfrac{\pi}{4} - \dfrac{1}{2}.$$

5. (1) **提示** 用比值判别法；(2) **提示** 用根值判别法.

6. **提示** 首先证明级数 $\sum\limits_{n=1}^{\infty} \dfrac{n!}{n^n}$ 收敛，然后根据级数收敛的必要条件可得出.

8. **提示** 利用泰勒公式将 $f\left(\dfrac{1}{n}\right)$ 用 f'' 和 $\dfrac{1}{n^2}$ 的乘积表示出来，并利用闭区间上连续函数的有界性，将 $\left| f\left(\dfrac{1}{n}\right) \right|$ 放大为 $\dfrac{M}{2} \cdot \dfrac{1}{n^2}$.

9. **提示** (1) 求出 y' 及 y'' 即可观察出；

(2) 即求 $y'' + y' + y = e^x$ 在初始条件 $\begin{cases} y\big|_{x=0} = 1, \\ y'\big|_{x=0} = 0 \end{cases}$ 下的特解：

$$y(x) = \dfrac{2}{3} e^{-\frac{x}{2}} \cos \dfrac{\sqrt{3}}{2} x + \dfrac{1}{3} e^x.$$

10. $[-1,1)$.

15. $\sum\limits_{n=1}^{\infty} \left[\dfrac{x^{2n-1}}{2n-1} + \left(\dfrac{(-1)^{n-1}}{n} - \dfrac{1}{2n} \right) x^{2n} \right],\ -1 < x \leqslant 1.$

专 题 十 二

A 级

1. 特解 $y = -2(x+1)(1-y)$. **提示** 化为可分离变量的微分方程求解.

2. 通解为 $\ln\left(\sec \dfrac{y}{x} + \tan \dfrac{y}{2} \right) = 2\sin \dfrac{x}{2} + C$. **提示** 化为可分离变量的微分方程求解.

3. 特解为 $1 - \cos \dfrac{y}{x} = x\sin \dfrac{y}{x}$. **提示** 化为齐次方程求解.

4. 通解为 $y+\sqrt{x^2+y^2}=C$. **提示** 令 $u=\dfrac{y}{x}$.

5. 通解为 $y=\dfrac{x^2}{3}+\dfrac{3}{2}x+2+C$. **提示** 化为一阶线性微分方程标准形式后求解.

6. 通解为 $-\dfrac{1}{6}x^6+x^4y=C$. **提示** 化为一阶线性微分方程标准形式后求解,也可使用积分因子法或分项组合法求解.

7. 通解为 $x=y^2+Cy^2\mathrm{e}^{\frac{1}{y}}$. **提示** 将 x 看做 y 的函数求解.

8. 通解为 $x^2-\dfrac{x}{y}=C$. **提示** 化为伯努利方程求解或利用分项组合法求解.

9. 通解为 $x^3=Cy^3+3y^4$. **提示** 化为 $\dfrac{\mathrm{d}x}{\mathrm{d}y}-\dfrac{1}{y}x=y^3x^{-2}$,把 x 看做 y 的函数,是伯努利方程 $n=-2$ 的情形.

10. 通解为 $\dfrac{1}{x^2+y^2}=\dfrac{1}{x}+C$. **提示** 令 $u=x^2+y^2$.

11. 通解为 $x^3+y^3+x^2\mathrm{e}^{-y}=C$. **提示** 这是一个全微分方程,可用曲线积分法或原函数法或分项组合法求解.

12. 通解为 $y=\dfrac{1}{2}\left[-x\mathrm{e}^x\cos x+\dfrac{1}{2}\mathrm{e}^x(\cos x+\sin x)\right]+C_1x^2+C_2$. **提示** 方程是不显含 y 的二阶方程,令 $y'=p(x)$.

13. 通解为 $\dfrac{2}{C_1}\sqrt{C_1y-1}=\pm x+C_2$. **提示** 方程是不显含 x 的二阶方程,令 $y'=p(y)$.

14. (1) $y''-2my'+m^2y=0$. **提示** 特征方程判别式 $p^2-4q=0$,说明方程有两个相同特征根 $-\dfrac{p}{2}$,所以 $m=-\dfrac{p}{2}$,即 $p=-2m$,$q=m^2$.

(2) $y=[1+(1-m)x]\mathrm{e}^{mx}$.

15. 方程为 $y''-2y'+2y=0$. **提示** 从通解可知特征方程的特征根为 $\lambda=1\pm\mathrm{i}$,可求出方程的常系数 p,q 得方程.

16. 通解为 $y=(C_1+C_2x)\mathrm{e}^{2x}+x$,方程为 $y''-4y'+4y=4(x-1)$.

提示 由非齐次与齐次方程解的关系,可得齐次方程的两个线性无关的特解 e^{2x},$x\mathrm{e}^{2x}$,再由齐次方程通解的结构定理及非齐次方程解的结构定理,可得二阶常系数线性非齐次方程的通解.再

330

由齐次方程通解形式找出特征根,由根与系数的关系可得方程.

17. 通解为 $y=C_1e^x+C_2e^{2x}+(2x+3)+xe^{2x}+e^{-x}(\cos x-\sin x)$.

提示 根据解的叠加性质和通解结构定理.

18. 正确答案为(C). **提示** 代入初始条件可求出 $y=\dfrac{1}{2}x^2e^{3x}$.

19. 通解为 $y=C_1x^5+C_2x^3+C_3x^2+C_4x+C_5$. **提示** 令 $y^{(4)}=p(x)$ 化为一阶线性微分方程求解.

20. $y=-\dfrac{1}{2}e^x+\dfrac{1}{2}e^{-3x}+e^x(\cos x+\sin x)$.

21. $f(x)=x-1+2e^{-2x}$, $2e^{-1}$. **提示** 利用曲线积分与路径无关的条件建立微分方程求解.

22. $\varphi(x)=\left(\dfrac{1}{2}x^2+x\right)e^x$, $u(x,y)=\left(1-\dfrac{1}{2}x^2\right)e^xy+C$. **提示** 利用全微分条件 $\dfrac{\partial P}{\partial y}=\dfrac{\partial Q}{\partial x}$ 得微分方程 $\varphi''(x)-2\varphi'(x)+\varphi(x)=e^x$.

23. $f(x)=e^{2x}$. **提示** 方程两边求导且注意 $f(0)=1$,求解.

24. L 的方程为 $x^2+y^2=3x$ 或 $y=\sqrt{x(3-x)}$ $(0<x<3)$.

提示 利用导数的几何意义列方程求解.

25. $y=-\dfrac{m}{k}v+\dfrac{mH}{k^2}\ln\dfrac{H}{|H-kv|}$ $(H=mg-B\rho g$, g 为重力加速度). **提示** 利用牛顿第二定律列方程求解.

26. $y=\dfrac{1}{2}(e^x+e^{-x})$. **提示** 由平面曲线的弧长公式与已知条件建立等式关系,两边求导得微分方程,求解.

27. $y=f(x)=\dfrac{1}{2}(e^x-e^{-x})$. **提示** 利用平面图形面积公式与已知条件建立等式,两边求导得微分方程,然后求解.

B 级

1. 通解为 $\ln y=C_1e^x+C_2e^{-x}$. **提示** 方程两边同除以 y^2,将方程化为 $\left(\dfrac{y'}{y}\right)'=\ln y$,即 $(\ln y)''=\ln y$,令 $z=\ln y$ 后可求解. 也可令 $y'=p(y)$,化方程为伯努利方程后求解.

2. 通解为 $y=2x+\ln(x^2+1)-2\arctan x+C$. **提示** 令 $u=-x$,作变量替换后得到的微分方程与所给方程相加,得微分方程

$$(x^2+1)y'(x)=2x^2+2x,$$

然后再用分离变量法求解.

3. $y(1)=\pi \mathrm{e}^{\frac{\pi}{4}}$. **提示** 利用导数定义可得 $y'=\dfrac{y}{1+x^2}$.

4. $f(x)=\begin{cases} (C_1+C_2 x)\mathrm{e}^{-x}+\dfrac{x^2}{2}\mathrm{e}^{-x}, & u=-1, \\[3mm] (C_1+C_2 x)\mathrm{e}^{-x}+\dfrac{1}{(u+1)^2}\mathrm{e}^{ux}, & u\neq -1. \end{cases}$

   提示 利用曲线积分与路径无关的条件建立方程求解.

5. 通解为 $\dfrac{1}{xy}=\ln(1+y)+C$. **提示** 该方程不是全微分方程,用分项组合法求解.

6. 通解为 $\dfrac{1}{2}\ln(x^2+y^2)+\arctan\dfrac{y}{x}=C$. **提示** 由 $\dfrac{\partial P}{\partial y}=\dfrac{\partial Q}{\partial x}$,化为一阶齐次线性微分方程且令 $x^2+y^2=t$,可得 $\varphi'(t)+\dfrac{1}{t}\varphi(t)=0$,解得 $\varphi(t)=\dfrac{1}{t}$,代入原方程用积分因子法或分项组合法求解.

7. 正确答案(B). **提示** 由(B)可推出 $y_1(x),y_2(x)$ 线性无关.

8. $f(u)=C_1\mathrm{e}^{-u}+C_2\mathrm{e}^{u}$. **提示** 令 $u=\mathrm{e}^{x}\sin y$,将方程整理得 $f''(u)-f(u)=0$,然后求解.

9. (A)正确. **提示** 方程 $y''+py'+qy=0$ 的所有解当 $x\to +\infty$ 时,都趋于零的必要条件是两个特征根的实部均负.

10. (1) $y''-y=\sin x$; (2) $y(x)=\mathrm{e}^{x}-\mathrm{e}^{-x}-\dfrac{1}{2}\sin x$.

   提示 由反函数导数公式知 $\dfrac{\mathrm{d}x}{\mathrm{d}y}=\dfrac{1}{y'}$.

11. 原积分值为 $\dfrac{\mathrm{e}^{\pi}+1}{1+\pi}$. **提示** 利用 $f'(x)=g(x)$ 关系,先将积分整理并求解为 $\dfrac{f(\pi)}{1+\pi}$,再通过 $f'(x)=g(x)$, $g'(x)=2\mathrm{e}^{x}-f(x)$ 联立得出二阶线性方程可求出 $f(x)$,从而为定积分定值.

12. 通解为 $f(x)=2(1-\cos x)$. **提示** 方程两边分别求一阶、二阶导数,化为二阶常系数线性微分方程求解.求解变限积分方程时要注意将方程变形过程的同解性.

13. $y(x) = \dfrac{2}{3} \mathrm{e}^{-\frac{x}{2}} \cos \dfrac{\sqrt{3}}{2} x + \dfrac{1}{3} \mathrm{e}^x \, (-\infty < x < +\infty)$. **提示** 微分方程
满足初始条件 $y(0) = 1$, $y'(0) = 0$ 的特解即为所求和函数 $y(x)$.

14. (1) $(-\infty, +\infty)$; (3) $\dfrac{1}{2}(\mathrm{e}^x + \mathrm{e}^{-x}) + 1$.

提示 令 $y = 2 + \displaystyle\sum_{n=1}^{\infty} \dfrac{x^{2m}}{(2n)!}$, 可知满足 $y(0) = 2$, $y'(0) = 0$ 的方
程 $y'' - y = -1$ 的特解, 即为级数的和函数.

15. 方程为 $x \dfrac{\mathrm{d}^2 y}{\mathrm{d}x^2} = -\dfrac{1}{2} \sqrt{1 + \left(\dfrac{\mathrm{d}y}{\mathrm{d}x}\right)^2}$. 初始条件 $y(-1) = 0$,
$y'(-1) = 1$.

提示 这一问题是导数的几何意义与力学意义的综合应用. 规
定物体 A 出发的时刻 $t = 0$, t 时刻物体 A 位于点 $(0, 1 + vt)$, 物
体 B 位于点 $(x(t), y(t))$ 且其速度 $\left(\dfrac{\mathrm{d}x}{\mathrm{d}t}, \dfrac{\mathrm{d}y}{\mathrm{d}t}\right)$ 与 $\overrightarrow{BA}$ 平行, 可得方
程 $x \dfrac{\mathrm{d}y}{\mathrm{d}x} = y - 1 - vt$, 同时有 $\sqrt{\left(\dfrac{\mathrm{d}x}{\mathrm{d}t}\right)^2 + \left(\dfrac{\mathrm{d}y}{\mathrm{d}t}\right)^2} = 2v$. 上述两个方
程消去 t, 即得到物体 B 的运动轨迹所满足的微分方程.

16. $y = a \mathrm{e}^{\frac{\rho g}{2p}(h-x)}$, 其中 ρ 为水泥密度, g 为重力加速度.

提示 建立坐标系, x 轴为桥墩的中心轴, y 轴为水平轴. 设桥墩
侧面的曲线方程为 $y = y(x)$, 利用微分法列方程或积分法列方
程求解. 利用微分法列方程时注意: x 处截面所承受压力为压强
乘以截面面积. 对应的桥墩薄片来说, 下层所承受压力减去上层
所承受压力等于该薄片的重力. 利用积分法列方程时注意: 对
桥墩薄片来说, x 处截面所承受压力等于顶部压力加上该截面
上方桥墩的重力.

17. $a = -5$ 时. **提示** 解微分方程 $xf'(x) = f(x) + \dfrac{3a}{2} x^2$ 得到通解
$f(x) = g(x, a, C)$, C 为任意常数, 再利用定积分计算面积的公式
及题设条件求出 $f(x)$, 确定 a, C 的关系式, 此时 $f(x)$ 含有参
数 a, 图形 S 绕 x 轴旋转一周所得到的旋转体的体积为 $V(a) =$
$\pi \displaystyle\int_0^1 f^2(x) \mathrm{d}x$, 对 $V(a)$ 关于 a 求导数, $V'(a_0) = 0$ 的驻点 a_0, 即为
所求 (为确保 $V(a_0)$ 为最小值, 应验证 $V''(a_0) > 0$).

附录二　第一、第二学期模拟试题答案或提示

第一学期模拟试题一答案

一、1. e^{-6}.　　2. $\dfrac{\mathrm{d}\rho}{\mathrm{d}\varphi}=\varphi\cos\varphi$.　　3. $y=\dfrac{1}{2}x$.

二、1. $\dfrac{\mathrm{d}y}{\mathrm{d}x}\Big|_{t=0}=0$.　　2. $y'=\cos 8x$.　　3. $(\ln 3)^2$.

　　4. $\dfrac{1}{2}e^{2x}+e^x+x+C$.

三、1. 曲线 $y=2x+1$ 与直线 $x=0,x=1$ 以及 x 轴所围三角形的面积等于 2.

　　2. $\varphi'(x)=-f(x)$.　　3. $\dfrac{\pi}{2}$.　　4. $\ln 2$.

四、依题意 $f'(x)=kx^3$,积分有 $f(x)=\dfrac{k}{4}x^4+C$,解得
$$f(x)=-x^4+7.$$

五、$a=3$.

六、$\dfrac{4}{3}\pi-\ln\dfrac{2+\sqrt{3}}{2-\sqrt{3}}$.

七、当 $x=x_0$ 时,有
$$x_0 f''(x_0)+3x_0[f'(x_0)]^2=1-e^{-x_0}.$$
因为 $f(x)$ 在 $x=x_0$ 处有极值,$f'(x_0)=0$,所以
$$x_0 f''(x_0)=1-e^{-x_0}.$$
因为 $x_0\neq 0$,所以 $f''(x_0)=\dfrac{1-e^{-x_0}}{x_0}>0$,所以 $f(x_0)$ 是极小值.

第一学期模拟试题二答案

一、1. (B).　　2. (D).　　3. (D).　　4. (C).　　5. (B).

二、1. $\lim\limits_{x\to\infty}\dfrac{xf(x)}{3g(x)}=\lim\limits_{x\to\infty}\dfrac{x\cdot\dfrac{1}{x^3}}{\dfrac{6}{x^2}}=\dfrac{1}{6}$.

2. 方程两边对 x 求导,得

$$2xy + x^2y' + y^2 + 2xyy' + 6y^2y' = 0,$$

所以 $\qquad\qquad y' = -\dfrac{2xy + y^2}{x^2 + 2xy + 6y^2}.$

3. 令 $x = \sin t\left(-\dfrac{\pi}{2} \leqslant t \leqslant \dfrac{\pi}{2}\right)$,则

$$原积分 = \int_{-\frac{\pi}{2}}^{\frac{\pi}{2}}(\sin t + \cos t)^2\cos t\, dt = \cdots = 2.$$

4. 切线方程: $y - \dfrac{12}{5}a = -\dfrac{4}{3}\left(x - \dfrac{6}{5}a\right).$

三、**1.** 原极限 $= \lim\limits_{x\to 0}\dfrac{1}{\cos x} \cdot \lim\limits_{x\to 0}\dfrac{e^{2x} - 2e^x + 1}{x^2}$

$$= \lim_{x\to 0}\frac{e^{2x} - 2e^x + 1}{x^2} = \lim_{x\to 0}\frac{2e^{2x} - 2e^x}{2x}$$

$$= \lim_{x\to 0}(2e^{2x} - e^x) = 1.$$

2. $y' = \dfrac{1}{x} - \dfrac{\arcsin x}{2\sqrt{1-x}} + \dfrac{1}{\sqrt{1+x}}.$

3. 原积分 $= \dfrac{1}{2}\displaystyle\int(\arctan x)^2 dx^2$

$$= \frac{1}{2}\left[(x\arctan x)^2 - 2\int x^2\arctan x \cdot \frac{1}{1+x^2}dx\right]$$

$$= \frac{1}{2}\left[(x\arctan x)^2 - 2\int\arctan x\, dx + 2\int\frac{\arctan x}{1+x^2}dx\right]$$

$$= \frac{1}{2}\left[(x\arctan x)^2 - 2\left(x\arctan x - \int\frac{x}{1+x^2}dx\right)\right.$$

$$\left. + 2\int\arctan x\, d\arctan x\right]$$

$$= \frac{1}{2}\left[(x\arctan x)^2 - 2x\arctan x + \ln(1+x^2)\right.$$

$$\left. + (\arctan x)^2\right] + C.$$

四、**1.** 根据题意有

$$\int_0^\pi f(x)dx = xf(x)\Big|_0^\pi - \int_0^\pi xf'(x)dx$$

$$= \pi f(\pi) - \int_0^\pi x \cdot \frac{\sin x}{\pi - x}dx$$

$$= \pi \int_0^\pi \frac{\sin x}{\pi - x} dx + \int_0^\pi \frac{(-x)\sin x}{\pi - x} dx$$

$$= \pi \int_0^\pi \frac{\sin x}{\pi - x} dx + \int_0^\pi \frac{(\pi - x)\sin x - \pi \sin x}{\pi - x} dx$$

$$= \pi \int_0^\pi \frac{\sin x}{\pi - x} dx + \int_0^\pi \sin x \, dx - \pi \int_0^\pi \frac{\sin x}{\pi - x} dx$$

$$= \int_0^\pi \sin x \, dx = -\cos x \Big|_0^\pi = 2.$$

2. $a = 3$, $b = 0$, $c = -1$.

五、$a = \dfrac{1}{3}$, $b = \dfrac{5}{3}$.

第一学期模拟试题三答案

一、1. $f'(x) = \lim\limits_{\Delta x \to 0} \dfrac{e^{2(x+\Delta x)} - e^{2x}}{\Delta x} = \lim\limits_{\Delta x \to 0} 2e^{2x} \dfrac{e^{2\Delta x} - 1}{2\Delta x} = 2e^{2x}.$

2. $y = \dfrac{1}{2}\ln(1 - \cos 2x) - \ln|x|$, $\quad y' = \dfrac{\sin 2x}{1 - \cos 2x} - \dfrac{1}{x}.$

3. 原式 $= \lim\limits_{x \to 0} \dfrac{\cos x - \cos x + x\sin x}{3\sin^2 x \cos x} = \lim\limits_{x \to 0} \dfrac{x}{3\sin x \cos x} = \dfrac{1}{3}.$

4. $F' = \dfrac{1}{\sqrt{1 - x^2}},$

$$F(x) = \int \frac{1}{\sqrt{1 - x^2}} dx = \arcsin x + C \quad (-1 < x < 1).$$

因为 $F(x)$ 在 $[-1, 1]$ 上连续且 $F(1) = \dfrac{3}{2}\pi$，所以

$$\arcsin 1 + C = \frac{3}{2}\pi, \quad C = \pi.$$

所以 $\qquad F(x) = \arcsin x + \pi \quad (-1 \leqslant x \leqslant 1).$

二、1. 原式 $= \lim\limits_{x \to \infty} \dfrac{x^6 \cdot x^4 \left(4 - \dfrac{3}{x^2}\right)^3 \left(3 - \dfrac{2}{x}\right)^4}{x^{10}\left(6 + \dfrac{7}{x^2}\right)^5} = \dfrac{4^3 \cdot 3^4}{6^5} = \dfrac{2}{3}.$

2. $y + xy' = \dfrac{1}{1 + \left(\dfrac{x}{y}\right)^2} \cdot \dfrac{y - xy'}{y^2}, \quad y' = \dfrac{y(1 - x^2 - y^2)}{x(1 + x^2 + y^2)}.$

3. 原式 $= \lim\limits_{x \to 0} \dfrac{x\cos x - \sin x}{x\sin x} = \lim\limits_{x \to 0} \dfrac{x\cos x - \sin x}{x^2}$

$$= \lim_{x \to 0} \frac{-x \sin x}{2x} = 0.$$

4. $y' = \dfrac{1-x}{x}$，因此 $y(x)$ 在 $(0,1]$ 上单调递增，在 $[1,+\infty)$ 上单调递减.

三、**1.** $x=0$ 及 $x=1$ 是 $f(x)$ 的间断点. 由于

$$\lim_{x \to 0} f(x) = \lim_{x \to 0} \frac{x^2-1}{x^2-x} = \infty,$$

所以 $x=0$ 是第二类（无穷）间断点；又由于

$$\lim_{x \to 1} f(x) = \lim_{x \to 1} \frac{x^2-1}{x^2-x} = \lim_{x \to 1} \frac{x+1}{x} = 2,$$

所以 $x=1$ 是第一类（可去）间断点.

2. $f'(1) = \lim_{x \to 1} \dfrac{(x-1)(x-2)^2(x-3)^3(x-4)^4}{x-1} = -648,$

$f'(3) = \lim_{x \to 3} \dfrac{(x-1)(x-2)^2(x-3)^3(x-4)^4}{x-3} = 0.$

3. 原式 $= \displaystyle\int \frac{\mathrm{d}(\sin x)}{\sqrt{3-2\sin^2 x}} = \frac{1}{\sqrt{3}} \cdot \sqrt{\frac{3}{2}} \int \dfrac{\mathrm{d}\left(\sqrt{\dfrac{2}{3}}\sin x\right)}{\sqrt{1-\left(\sqrt{\dfrac{2}{3}}\sin x\right)^2}}$

$$= \frac{1}{\sqrt{2}} \arcsin\left(\sqrt{\frac{2}{3}}\sin x\right) + C.$$

四、原式 $\xlongequal{x^2=t} \dfrac{1}{2} \displaystyle\int_0^{\ln 2} t \cdot \mathrm{e}^{-t} \mathrm{d}t = -\frac{1}{2}\left[t \cdot \mathrm{e}^{-t} \Big|_0^{\ln 2} + \frac{1}{2}\int_0^{\ln 2} \mathrm{e}^{-t}\mathrm{d}t \right]$

$$= \frac{1}{4}(1 - \ln 2).$$

五、（1）$S = \displaystyle\int_0^1 \frac{y^2}{2} \mathrm{d}y = \frac{1}{6}$；

（2）$V = \pi \displaystyle\int_0^{\frac{1}{2}} (1-\sqrt{2x})^2 \mathrm{d}x = \pi \int_0^{\frac{1}{2}} (1 - 2\sqrt{2x} + 2x)\mathrm{d}x = \frac{\pi}{12}.$

第二学期模拟试题一答案

一、**1.** $2z$.　　**2.** $\dfrac{1}{5}\mathrm{d}x + \dfrac{2}{5}\mathrm{d}y$.　　**3.** $\dfrac{\pi}{2}$.

4. $\int_0^{2\pi} d\theta \int_0^1 dr \int_{-\sqrt{1-r^2}}^{1-r} f(r,z)r dz$.

5. $e^{\sqrt{2}}-1$. **6.** $\dfrac{1}{(1-x)^2}$. **7.** $\left(0,\dfrac{1}{2}\right)$.

8. $C_1 e^{-x}+C_2\cos x+C_3\sin x$.

二、**1.** $f_1 e^y+f_2$, $e^{2y}f_{11}+2e^y f_{12}+f_{22}$.

2. $y=\dfrac{1}{2}(e^{2x}-e^2)$.

三、**1.** 当 $a>1$ 或 $a=1$ 而 $b<-1$ 时收敛;当 $0<a<1$ 或 $a=1$ 而 $0\geqslant b\geqslant -1$ 时发散.

2. $\displaystyle\sum_{n=1}^{\infty} \frac{(-1)^{n-1}2^n-1}{n}x^n$ $\left(-\dfrac{1}{2}<x\leqslant\dfrac{1}{2}\right)$.

3. $\dfrac{2}{3}\pi(2^{\frac{3}{2}}-1)$. **4.** $\dfrac{\pi}{10}$.

四、**1.** $\dfrac{x-1}{-2}=\dfrac{y-1}{9}=\dfrac{z-1}{14}$.

2. $\dfrac{1}{2}+\dfrac{2}{\pi}\displaystyle\sum_{n=1}^{\infty}\frac{\sin\frac{n\pi}{2}}{n}\cos\frac{n\pi x}{2}$, $x\in\{(0,1)\bigcup(1,2)\}$.

3. $\dfrac{\pi^2}{4}$. **4.** $v=k(t-1+e^{-t})$.

五、**1.** $-\dfrac{3}{4}\pi$. **2.** (1) $\dfrac{1}{x^2+y^2}$; (2) $\dfrac{\pi}{4}+\dfrac{1}{2}\ln 2$.

第二学期模拟试题二答案

一、**1.** $\begin{cases}x^2+y^2\leqslant 1,\\ y\leqslant x.\end{cases}$ **2.** $(-1,1)$. **3.** $\dfrac{x^2+y^2}{9}+\dfrac{z^2}{4}=1$.

4. $xy=C$. **5.** 发散. **6.** 0. **7.** 垂直.

二、**1.** $\dfrac{\partial z}{\partial x}=\dfrac{2x}{x^2+y^2}$, $\dfrac{\partial z}{\partial y}=\dfrac{2y}{x^2+y^2}$,

$dz=\dfrac{\partial z}{\partial x}dx+\dfrac{\partial z}{\partial y}dy=\dfrac{2xdx+2ydy}{x^2+y^2}$.

2. 设 $\forall x\in(-1,1)$,

$$\int_0^x S(x)dx=\sum_{n=1}^{\infty}\int_0^x n^2 x^{n-1}dx=\sum_{n=1}^{\infty}nx^n=x\sum_{n=1}^{\infty}nx^{n-1}.$$

设 $S_1(x)=\displaystyle\sum_{n=1}^{\infty}nx^{n-1}$, 则

$$S_1(x) = \left(\sum_{n=1}^{\infty} x^n \right)' = \left(\frac{x}{1-x} \right)' = \frac{1}{(1-x)^2}.$$

由于 $\int_0^x S(x)\mathrm{d}x = xS_1(x) = \dfrac{x}{(1-x)^2}$，对其两端关于 x 求导，得

$$S(x) = \left[\frac{x}{(1-x)^2} \right]' = \frac{1+x}{(1+x)^3}, \quad x \in (-1,1).$$

三、设两直角边长分别为 $x, y\ (x>0, y>0)$，则其周长为 $S = x + y + L$ 且 $x^2 + y^2 = L^2$. 设拉格朗日函数为

$$F(x,y) = x + y + L + \lambda(L^2 - x^2 - y^2),$$

解方程组 $\begin{cases} F'_x = 1 - 2x\lambda = 0, \\ F'_y = 1 - 2y\lambda = 0, \\ x^2 + y^2 = L^2 \end{cases}$ 得 $\begin{cases} x = \dfrac{\sqrt{2}}{2}L, \\ y = \dfrac{\sqrt{2}}{2}L. \end{cases}$

从而最大周界为

$$S = x + y + L = \frac{\sqrt{2}}{2}L + \frac{\sqrt{2}}{2}L + L = (1 + \sqrt{2})L.$$

四、1. $I = \int_0^1 \mathrm{d}x \int_1^2 xy^2 \mathrm{d}y = \dfrac{7}{6}.$

2. $D_x: \begin{cases} 0 \leqslant x \leqslant 1, \\ \sqrt{x} \leqslant y \leqslant x, \end{cases}$ $\quad D_y: \begin{cases} y^2 \leqslant x \leqslant y, \\ 0 \leqslant y \leqslant 1, \end{cases}$

$I = \int_0^1 \mathrm{d}y \int_{y^2}^y \dfrac{\sin y}{y} \mathrm{d}x = \int_0^1 \dfrac{\sin y}{y}(y - y^2)\mathrm{d}y = 1 - \sin 1.$

五、$I = \int_0^1 [x(x^2)^2 + 2x(x + x^2)]\mathrm{d}x = \dfrac{4}{3}.$

六、1. 取 $\boldsymbol{n} = \boldsymbol{a} \times \boldsymbol{b} = -2\boldsymbol{i} + 2\boldsymbol{k}$，所求平面方程为：$x - z = 0.$

2. $d = \sqrt{2}.$ 　　3. $s = 2\sqrt{2}.$ 　　4. $\cos(\boldsymbol{a}, \boldsymbol{b}) = 0.$

七、$D_1: \begin{cases} 0 \leqslant x \leqslant a, \\ 0 \leqslant y \leqslant \sqrt{a^2 - x^2}. \end{cases}$

$$I = 8 \iint\limits_{D_1} \sqrt{a^2 - x^2}\, \mathrm{d}x\mathrm{d}y = 8\int_0^a \mathrm{d}x \int_0^{\sqrt{a^2 - x^2}} \sqrt{a^2 - x^2}\, \mathrm{d}y$$

$$= 8\int_0^a (a^2 - x^2)\mathrm{d}x = \frac{16}{3}a^3.$$

第二学期模拟试题三答案

一、1. (C).　　2. (B).　　3. (D).　　4. (A).　　5. (A).

二、1. $\dfrac{10}{3}$.　　2. $\dfrac{1}{24}$.　　3. $2a\pi e^a$.　　4. $x+y=0$.　　5. 8.

三、1. $\dfrac{\mathrm{d}u}{\mathrm{d}x}=\dfrac{\partial f}{\partial x}+\dfrac{\partial f}{\partial y}\cdot\dfrac{\partial y}{\partial x}+\dfrac{\partial f}{\partial z}\cdot\dfrac{\partial z}{\partial x}$,由 $e^{xy}-y=0$,两边对 x 求导:

$e^{xy}\left(y+x\dfrac{\mathrm{d}y}{\mathrm{d}x}\right)-\dfrac{\mathrm{d}y}{\mathrm{d}x}=0$,解得 $\dfrac{\mathrm{d}y}{\mathrm{d}x}=\dfrac{ye^{xy}}{1-xe^{xy}}=\dfrac{y^2}{1-xy}$,同理由 e^z-

$xz=0$ 得 $\dfrac{\mathrm{d}z}{\mathrm{d}x}=\dfrac{z}{e^z-x}=\dfrac{z}{xz-x}$,代入得

$$\dfrac{\mathrm{d}u}{\mathrm{d}x}=\dfrac{\partial f}{\partial x}+\dfrac{y^2}{1-xy}\cdot\dfrac{\partial f}{\partial y}+\dfrac{z}{xz-x}\cdot\dfrac{\partial f}{\partial z}.$$

2. 方程化为 $\dfrac{\mathrm{d}y}{\mathrm{d}x}=(e^x-1)e^{-y}$,分离变量 $e^y\mathrm{d}y=(e^x-1)\mathrm{d}x$,两边积分得 $e^y=e^x-x+C$.

3. 用高斯公式:以 Σ_1 表示方向向下的有向平面 $z=0$ (x^2+y^2 $\leqslant a^2$),D_{xy}为 Σ_1 在 Oxy 平面上的投影区域,则

$$\iint\limits_{\Sigma_1}x^3\mathrm{d}y\mathrm{d}z+y^3\mathrm{d}z\mathrm{d}x+z^3\mathrm{d}x\mathrm{d}y=-\iint\limits_{D_{xy}}0^3\mathrm{d}x\mathrm{d}y=0.$$

设 Ω 表示由 Σ 和 Σ_1 所围成的区域,由高斯公式

$$\oiint\limits_{\Sigma+\Sigma_1}x^3\mathrm{d}y\mathrm{d}z+y^3\mathrm{d}z\mathrm{d}x+z^3\mathrm{d}x\mathrm{d}y$$

$$=3\iiint\limits_{\Omega}(x^2+y^2+z^2)\mathrm{d}x\mathrm{d}y\mathrm{d}z$$

$$=3\int_0^{2\pi}\mathrm{d}\theta\int_0^{\frac{\pi}{2}}\sin\varphi\mathrm{d}\varphi\int_0^a r^4\mathrm{d}r=\dfrac{6}{5}\pi a^5,$$

所以　　$I=\oiint\limits_{\Sigma+\Sigma_1}-\iint\limits_{\Sigma_1}=\dfrac{6}{5}\pi a^5-0=\dfrac{6}{5}\pi a^5.$

4. $f(x)=\dfrac{1}{2}\ln 2\left(1+\dfrac{3}{2}x\right)=\dfrac{1}{2}\ln 2+\dfrac{1}{2}\ln\left(1+\dfrac{3}{2}x\right)$.

由 $\ln(1+u)$ 的麦克劳林展开式得:

$$f(x) = \frac{1}{2}\ln 2 + \frac{1}{2}\left(\frac{3}{2}x - \frac{3^2}{2 \cdot 2^2}x^2\right.$$
$$\left. + \cdots + (-1)^{n-1}\frac{3^n}{n \cdot 2^n}x^n + \cdots\right),$$

收敛区间为 $\left(-\dfrac{2}{3}, \dfrac{2}{3}\right)$.

5. 令 BA：$x=2$，y 从 1 变化到 -1.

$$\frac{\partial P}{\partial y} = 2y\cos x - 6xy^2, \qquad \frac{\partial Q}{\partial x} = 2y\cos x - 4xy^2,$$

$$\int_L (y^2\cos x - 2xy^3)\mathrm{d}x + (4 + 2y\sin x - 2x^2y^2)\mathrm{d}y$$

$$= \oint_{L+BA} - \int_{BA}$$

$$= -\iint_D 2xy^2\mathrm{d}x\mathrm{d}y - \int_1^{-1}(4 + 2y\sin 2 - 8y^2)\mathrm{d}y$$

$$= -\int_{-1}^1 \mathrm{d}y\int_{y^2+1}^2 2xy^2\mathrm{d}x + 2\int_0^1(4 - 8y^2)\mathrm{d}y = \frac{184}{105}.$$

四、设长方体的各表面平行于坐标面，且它在第一挂限内的顶点为 (x,y,z)，则长方体的三条边分别为 $2x, 2y, h-z$，从而长方体的体积 $V = 4xy(h-z)$. 条件：$Rz = h\sqrt{x^2+y^2}$ 或 $R^2z^2 = h^2(x^2+y^2)$，故设

$$L = 4xy(h-z) + \lambda(R^2z^2 - h^2(x^2+y^2)).$$

令

$$\begin{cases} L_x = 4y(h-z) - 2h^2\lambda x = 0, \\ L_y = 4x(h-z) - 2h^2\lambda y = 0, \\ L_z = -4xy + 2R^2\lambda z = 0, \\ R^2z^2 = h^2(x^2+y^2), \end{cases}$$

解得 $x = y = \dfrac{\sqrt{2}}{3}R$，$z = \dfrac{2}{3}h$，故最大长方体的体积为

$$V = \frac{8}{27}R^2h.$$

五、$\dfrac{\partial z}{\partial x} = f'(u)\mathrm{e}^x\sin y$，$\dfrac{\partial z}{\partial y} = f'(u)\mathrm{e}^x\cos y$，

$$\frac{\partial^2 z}{\partial x^2} = f''(u)e^{2x}\sin^2 y + f'(u)e^x\sin y,$$

$$\frac{\partial^2 z}{\partial y^2} = f''(u)e^{2x}\cos^2 y - f'(u)e^x\sin y,$$

代入原方程得 $f''(u) - f(u) = 0$，特征方程为：$r^2 - 1 = 0$，解出 $r = \pm 1$，由此得通解

$$f(u) = C_1 e^{-u} + C_2 e^u \quad (C_1, C_2 \text{ 为任意实数}).$$